# 戦間期中国の綿業と企業経営

久保 亨 著

汲古書院

表紙写真説明
　右：青島華新紗廠編『青島華新紗廠特刊』（1937年刊）表紙。第3章参照。
　中：永安紡織印染公司の本社社屋。第5章参照。
　左：晋華紡織公司晋生織染工廠　総管理處編『三廠概況』（1937年刊）表紙。第4章参照。

# 目　　次

序章　中国企業経営史研究の課題と方法 ……………………… 1
　1．中国の企業経営に関する研究のあゆみ　2
　2．政治主義と民族主義の克服　4
　3．経営分析の重要性　6
　4．経営制度、企業家精神、ネットワーク　8
　5．本書の構成　10

第1章　戦間期中国綿業における発展の論理 ………………… 15
　1．中国綿業の衰退没落論批判　16
　2．1930年代の中国綿業研究　18
　3．1970年代以降の研究と主な論点　20
　4．本書第2章～第5章の課題　24

第2章　上海新裕（溥益）紡　――技術者主導の経営改革 ……… 29
　1．新裕（溥益）紡小史　29
　2．経営の隘路　35
　3．中南・金城両銀行と溥益紡　39
　4．技術者主導による経営再建の試み　41
　おわりに　50

第3章　青島華新紡　――日本資本との協調と競争 …………… 57
　1．青島における近代綿業の発展　57
　2．生産と技術　59
　3．製品と市場　65
　4．労資関係の展開　69
　5．原棉問題　72
　6．資金の調達と運用　77
　おわりに　81

第4章　楡次晋華紡 —— 内陸立地企業の存立条件 ················· 87
　1．生産の推移　88
　2．原料と市場　92
　3．資金調達　95
　4．経営の推移　97
　おわりに　102

第5章　中国綿業の地帯構造と経営類型 ························· 105
　1．中国綿業の地帯別発展　107
　2．営業成績の年次推移　114
　3．経営内容の諸類型　119
　4．経営制度の検討　134
　おわりに　138

第6章　民生公司 —— 内陸汽船業の企業経営 ····················· 145
　1．公司の創設 —— 教育救国から実業救国へ ——　146
　2．企業経営の展開過程 —— 1920-30年代の民生公司 ——　150
　3．急成長・高収益を支えたもの　152
　おわりに　159

第7章　戦時上海の商業経営 ····································· 163
　1．戦前期上海の物資流通　164
　2．「孤島の繁栄」—— 戦時上海の経済動向 ——　168
　3．上海の流通構造の変動と軍配組合　176
　おわりに　183

第8章　金城銀行の工業金融 ···································· 187
　1．中国銀行業の工業金融をめぐる研究史　187
　2．金城銀行の経営の特徴とその工業金融　189
　3．周作民の経済思想と日本留学　193
　4．溥益（新裕）紡への貸付と誠孚信託公司　195
　5．永利化学への貸付・投資　200
　おわりに　202

第9章　華僑・留学生の企業 ──────────────────── 211
　　1．「周辺要素」的企業が占めた地位とその役割　212
　　2．「周辺要素」的企業の発展要因　217
　　おわりに　221
第10章　近代中国の企業経営と経営者群像 ───────────── 225
　　1．　鄭観応と上海機器織布局　225
　　2．　張謇と大生紗廠（紡績）　228
　　3．　栄家と申新紗廠　231
　　4．　郭家と永安紗廠　234
　　5．　陳啓沅と広東製糸業　236
　　6．　薛家と永泰絲廠　238
　　7．　蔡声白と美亜織綢廠（絹・人絹織物）　239
　　8．　簡兄弟と南洋煙草公司　241
　　9．　余芝卿と大中華橡膠廠（ゴム雑貨）　242
　　10．胡西園と亜浦耳電器　244
　　11．劉鴻生の石炭－マッチ－セメント多角経営　245
　　12．呉蘊初と天厨味精廠　248
　　13．范旭東と永利化学　250
　　14．厳家と大隆機器廠　252
　　15．盧作孚と民生実業公司（汽船）　254
終　章 ──────────────────────────── 259
補論1　企業史資料集をどう読むべきか ───────────── 265
　　　　──『啓新洋灰公司史料』編集用史料カードの検討──
補論2　中国資本紡の利益率に関する史料の検討 ────────── 269
　　　　──『中国近代経済史統計資料選輯』第4章第45表をめぐって──
付録資料　中国資本紡の経営統計 ─────────────── 275
文献目録 ───────────────────────── 299
あとがき　311
索引　315

図表目次［頁］

表 2-1　溥益(新裕)紡の生産設備と生産量の推移、1918-40 年　　[30]
表 2-2　溥益(新裕)紡の利益率の推移、1932-40 年　　[32]
表 2-3　売上高利益率の比較、1932-34 年　　[36]
表 2-4　製造コストの比較、1934 年　　[36]
表 2-5　綿糸製造コストの比較、1931-32 年　　[36]
表 2-6　溥益棉花買付け量と価格の推移、1931-1932 年　　[37]
表 2-7　綿糸販売価格の比較、1932-1934 年　　[38]
表 2-8　溥益紡の製品構成(綿糸)の推移、1931-1934 年　　[38]
表 2-9　新裕紡織公司常務董事会の出欠表　　[41]
表 2-10　溥益(新裕)紡のコストの推移、1932-37 年　　[42]
表 2-11　溥益紡の工賃単価と労働者数の推移　　[43]
表 2-12　溥益棉花買付け量と価格の推移、1933-1934 年　　[43]
表 2-13　溥益(新裕)紡の棉花買付価格と綿糸販売価格の推移、1932-37 年　　[44]
表 2-14　溥益(新裕)紡売上高利益率推移、1932-38 年　　[46]
表 2-15　誠孚公司と新裕紡の経営幹部略歴　　[49]

図 3-1　青島における綿糸需給の推移、1912-36 年　　[58]
図 3-2　青島華新と在華紡の利益率の推移、1922-37 年　　[79]
表 3-1　青島綿業の生産設備（精紡機，撚糸機，織機）の推移、1919-37 年　　[60]
表 3-2　青島各社生産設備の機種と台数(1935 年)　　[61]
表 3-3　中国各社精紡工程の生産性比較(1933 年)　　[62]
表 3-4　青島綿業の各社別細糸（32 番手以上）生産比率の推移、1925-36 年　　[65]
表 3-5　青島綿業の番手別生産比率の推移、1924-37 年　　[65]
表 3-6　青島の綿糸需給の推移、1912-36 年　　[66]
表 3-7　青島輸入糸の番手別構成推移、1921-27 年　　[67]
表 3-8　青島在華紡原棉使用状況、1927-29 年　　[73]
表 3-9　青島華新紗厰と在華紡各社の経営規模比較(1925 年 12 月,1937 年 6 月)　　[77]
表 3-10　青島華新の利益金と利益率の推移、1920-37 年　　[78]

表 4-1　晋華紡の生産設備と生産量の推移、1924-36 年　　[88]
表 4-2　晋華紡の生産データの比較、1924-36 年　　[89]
表 4-3　晋華紡の労働者、1925-36 年　　[90]
表 4-4　楡次県の人口、1916-35 年　　[91]
表 4-5　楡次県職業別人口、1934 年　　[91]
表 4-6　山西省と主要各県の棉花生産の推移、1916-36 年　　[93]
表 4-7　晋華紡の使用原棉の産地価格、1933-34 年　　[94]
表 4-8　晋華製綿糸の主な販売地域における綿織布業、1935 年　　[95]

表 4-9　晋華紡の固定資産、資本金、借入金の推移、1924-36 年　　［96］
表 4-10　晋華紡の利益率推移、1924-36 年　　［97］
表 4-11　榆次晋華と上海永安の企業経営の比較、1926-30 年　　［98］
表 4-12　晋華紡の綿糸販売量と販売価格の推移、1924-36 年　　［98］
表 4-13　晋華紡の原棉購入量と原棉費用等の推移、1924-36 年　　［99］
表 4-14　大益成紡績の綿糸販売価格の推移、1932-34 年　　［100］

図 5-1　中国資本紡と日本資本在華紡の利益率推移、1922-36 年　　［115］
図 5-2　中国資本紡の地帯別利益率推移、1922-36 年　　［117］
表 5-1　中国資本綿紡績業の分析対象企業一覧　　［106］
表 5-2　中国資本綿紡績業の地帯区分　　［107］
表 5-3　中国資本綿紡績業の地帯別　使用原棉比率、1932 年　　［108］
表 5-4　中国資本綿紡績業の地帯別　製造綿糸比率、1932 年　　［109］
表 5-5　上海永安、申新の綿糸販路、1929-33 年　　［109］
表 5-6　中国綿業における地帯別・資本国籍別の生産設備推移、1922-83 年　　［112］
表 5-7　中国資本綿紡績業の地帯別・企業別の利益率推移、1922-36 年　　［114］
表 5-8　中国資本綿紡績業の地帯別・企業別の収益性関連比率推移、1922-36 年　　［120］
表 5-9　中国資本綿紡績業の 1 紡錘当り資本額の企業間比較、1930 年　　［120］
表 5-10　中国資本綿紡績業の地帯別・企業別の安定性関連比率推移、1922-36 年　　［123］
表 5-11　上海永安の利益金処分、1922-36 年　　［124］
表 5-12　青島華新の利益金処分、1920-36 年　　［124］
表 5-13　中国資本綿紡績業の企業別売上高対支払利息比率の推移、1922-36 年　　［125］
表 5-14　上海永安と天津 3 社の 1 紡錘当り売上高等の比較、1925-28 年　　［126］
表 5-15　天津華新の利益金処分、1919-35 年　　［128］

表 6-1　民生公司の保有船舶と運航路線の推移、1926-37 年　　［151］
表 6-2　民生公司の輸送量の推移、1926-36 年　　［151］
表 6-3　民生公司の営業成績の推移、1926-36 年　　［152］
表 6-4　民生公司の資本金と自己資本比率の推移、1926-36 年　　［153］

表 7-1　戦時上海の物価上昇率、1937-45 年　　［169］
表 7-2　戦時上海の貿易動向、1936-41 年　　［170］
表 7-3　上海の業種別工業生産指数、1937-41 年　　［170］
表 7-4　工業用電力消費量の推移、1937-43 年　　［171］
表 7-5　上海の中国資本紡＊の生産設備推移、1937-41 年　　［171］
表 7-6　大中華マッチの生産と販売の推移、1936-45 年　　［171］
表 7-7　永安紡の経営の推移、1936-43 年　　［171］
表 7-8　大中華マッチの経営の推移、1936-45 年　　［172］
表 7-9　新亜薬廠の経営の推移、1936-45 年　　［172］
表 7-10　上海の百貨店経営の推移、1937-41 年　　［172］

表 7-11　上海紡績業の利益金推移、1938-41 年　　［172］
表 7-12　上海の業種別企業動向、1942-44 年　　［175］
表 7-13　上海の業種別操業率、1943-44 年　　［176］
表 7-14　協大祥の綿布販売の推移、1935-43 年　　［177］
表 7-15　協大祥綿布店の経営の推移、1935-43 年　　［178］

図 8-1　金城銀行と主要 24 行の預金の推移（指数）、1921-32 年　　［189］
図 8-2　金城銀行の資産類構成比率の推移、1917-48 年　　［190］
図 8-3　金城銀行の収益構成比率の推移、1917-48 年　　［191］
表 8-1　金城銀行の分野別融資額の推移、1919-37 年　　［192］
表 8-2　金城銀行の経営者個人向け融資の事例(1937 年 6 月)　　［192］
表 8-3　金城銀行の業種別投資額(1937 年 6 月)　　［192］
表 8-4　金城銀行の業種別企業別鉱工業融資額の推移、1919-37 年　　［196］
表 8-5　上海新裕紡の利益金処分、1938-43 年　　［199］
表 8-6　金城銀行の永利公司向け貸付・社債引受推移、1929-37 年　　［200］
付表 8-1　金城銀行の貸借対照表、負債類各費目別推移、1917-48 年　　［204］
付表 8-2　金城銀行の貸借対照表、資産類各費目別推移、1917-48 年　　［206］
付表 8-3　金城銀行の損益計算書、各費目別推移、1917-48 年　　［208］

表 9-1　主な企業経営者の経歴、その一　　［213］
表 9-2　主な企業経営者の経歴、その二　　［214］
表 9-3　主な企業経営者の経歴、その三　　［215］
表 9-4　その他の周辺要素的企業と経営者略歴（表 9-1・9-2・9-3 掲載企業以外）　　［216］

# 戦間期中国の綿業と企業経営

# 序章　中国企業経営史研究の課題と方法

　近現代中国経済の発展を担った重要な要素の一つは、企業経営であった。個々の企業の活発な経営活動が中国経済全体のダイナミックスを支えてきた。本書は1920～30年代の綿業をはじめとするいくつかの具体的事例に即し、近現代中国における企業経営の発展の論理を考察している。

　近年の経済成長があまりに急激なものであるため、ともすれば我々は、中国経済がごく最近になってから初めて成長を開始したかのような錯覚に陥りやすい。確かに1990年代半ば以降のような急成長は中国経済にとって初めての経験であった。しかしそうした時期を迎えるまでに、実は一世紀半以上に及ぶ曲折に満ちた助走期間が存在したことを、見落とすべきではない。その過程をたどるならば、現在の中国経済は過去の歴史的遺産と様々な問題点を抱えながら存在していること、したがって現時点の姿は大きな転換過程の中のほんの一局面に過ぎないとも見られること、換言すれば、今後中国経済は、時に意想を超えた展開も伴いながら、さらに大きな変貌を遂げていくであろうことを理解できるに違いない[1]。中国経済全般に対する理解について記した以上のような視角は、中国の企業経営に関しても、まったく同じように当てはまる。21世紀を迎え、多くの中国企業が国際市場に進出するようになってから、はじめて世界の人々は中国系企業の活動に対し真剣な眼差しを向けるようになった。しかしそうした中国系企業の力量も、また当然それに関わる様々な特質や問題点も、けっして一朝一夕にしてなったものではない。中国企業に関する歴史的研究が求められる所以はここにある。

　中国の社会経済に関する理解を深めるためには、その一つひとつの基本的な構成単位に即した実証的な研究を蓄積していかなければならない。近現代中国における企業経営の歴史的性格とその発展過程を考察しようとする本書

も、そうした作業の一環に位置する試みである。

## 1．中国の企業経営に関する研究のあゆみ

　冒頭に示したような見方は、戦後、中国に広まっていた通念を大きく改める意味を持つ。中国の一般的な概説書によれば、両大戦間期は中国の民族産業が深刻な危機に陥った時代であり、戦後、共産党が主導した49年革命こそ、中国の企業経営を衰退・没落の道から救いだした画期的なできごとであった。換言すれば、中国のかつての通説的な見方は、1949年の革命によって成立した人民共和国における経済発展をできる限り積極的肯定的に描き出すため、49年以前における産業発展と企業経営の成果をきわめて消極的否定的にしか評価しなかった点に特徴があり、以前は日本の学界でもそうした見解を受容する研究者が多かった[2]。しかしこうした見方は、次節で詳しく検討するように政治主義と民族主義への偏りという大きな問題点を含んでおり、たんに歴史的事実に反するのみならず、戦前来のすぐれた研究成果をも顧みないものであった。日本の場合、1970年代半ば以降、そうした問題点が明確に意識されるようになり、様々な研究者が新たな理論的視角と新たな史料発掘の成果に依拠し、中国企業の発展の論理を探求してきた。本書の最大の関心事も、1920年代から1930年代にかけての時期、いわゆる両大戦間期を主な対象として、近現代中国の企業経営における発展の論理を解明することにある。

　人民共和国において、企業経営に関する研究はこれまでに2度の隆盛期を経験してきた。その第1回は1950年代末から60年代前半にかけてのことであって、共産党政権の下における「資本主義企業の社会主義的改造」と呼ばれた動きが一段落し、資本主義企業時代を批判的に総括する必要性から企業史資料集の編集刊行が進んだことが契機となっていた。この時期の資料集とそれに基づく研究については、かつて野沢豊がまとめたことがある[3]。

　ついで1970年代末から80年代前半にかけ、いわゆる「改革開放」政策の開始にともない、文革期に中断されていた企業経営史に関する研究活動が再開され、すでに編集を終えながら出版されないできた資料集の公刊も進んだ。この第2の隆盛期に位置づけることができた動きを的確に捉えて紹介したの

が川井悟であった[4]。

　そして現在、1990年代以降、中国の市場経済化現象といわれるものが急速に拡大するにつれ、企業経営の歴史的経験に対する関心と興味が中国社会一般の中にも広がるようになり、読み物的な書籍の類が多数、発行されていることも含め、様々な文章が執筆され発表されるようになった[5]。ただしこうした動きが果たして研究史上における第3の隆盛期につながっていくものと言えるのかどうか、にわかには判断し難いところがある。企業経営者の功績の顕彰に終始するかのような叙述が圧倒的な数を占める一方、中国的な企業経営の特質を理論的に分析したり総括するような試みとなると、その数はそれほど多くない。近代中国の企業経営史を専攻する研究者の層が、中国においても日本においても、むしろ以前より薄くなってきているような面も見られる。中国の企業経営史研究を稔り豊かなものにしていくためには、現在までに刊行された関連文献を十分掌握し、その研究成果と問題点を的確に認識し、討論を深めることが求められている。

　以上のような蓄積があるため、中国企業経営史に関する従来の研究文献を網羅的にあげていくならば、その数は相当の量に達し、全貌を把握するのは容易なことではない。ただし幸いなことに、日本における研究動向についていえば、中国における第2の隆盛期に利用可能になった史料をもとに日本国内で進展した研究成果に関し、1995年に金丸裕一が広い視野にたった整理を試みている[6]。一方、80年代以前に中国で発表された主な研究については、編纂された論文集があり[7]、他方、主に90年代半ばまでに欧米において英語で発表された中国経営史関連の研究については、内容別のアンソロジーが編集されている[8]。また2002年には、中国の企業経営史研究をリードしてきた上海社会科学院経済研究所が中心になって国際シンポジウムが開催され、中国を中心にした内外の最新の研究成果を一望の下に鳥瞰する機会が与えられた[9]。ここに列挙したような文献を手がかりに、以下、中国企業経営史研究の来し方を振り返り、現時点におけるわれわれの研究の課題と方法を整理しておくことにしたい。

## 2．政治主義と民族主義の克服

　中国における従来の企業経営史研究には多くの問題点がつきまとっていた。それはまず第1に政治的評価に強く影響される傾向 —— 本稿ではそれを政治主義と呼んでおく —— である。いうまでもなく企業活動とは、基本的に一種の経済活動であり、政治的要因を考慮に入れる必要はあるにしても、主には経済の論理に即して分析されなければならない。しかし1950〜80年代における中国の研究は違った。そもそも企業について考察する際、中国の従来の研究の場合、「買辦資本企業・官僚資本企業・民族資本企業」の三つに分類して論じるのが普通であった[10]。このうち「買辦資本企業」とは帝国主義もしくは外国資本に従属していたとされる企業に対する総称であり、「官僚資本企業」とは政府もしくは官僚が設立運営していた国営企業などに対する総称である。そして前二者に該当しない中国人企業一般が「民族資本企業」と呼ばれた。前二者を「民族資本企業」から区別する基準は、投資の実態や経営意志決定の仕組などではなく、外国資本や中国政府に対する政治的な態度、それもとくに1949年の人民共和国成立時点における政治的態度だった。したがって経済的にはきわめて共通する部分が多い企業が、あるものは「買辦資本企業」や「官僚資本企業」になり、あるものは「民族資本企業」になった。また外資との関係が深い企業や国営企業には比較的大規模な企業が多かったことから、「民族資本企業」に分類されたのは多くが中小企業であった。

　第2に民族主義的な評価が強かったことである。外国資本企業に対しては、それが中国資本企業を圧迫したという側面ばかりが強調され、本書第3章で触れるような両者の間に成立していた複雑な相互関係に対する考察は、十分になされてこなかった。1960年代以来、アメリカでは外国資本の積極的役割を評価したホウHou（侯継明）の提起[11]、その核心的部分を継承しつつ外資の積極的影響の及んだ範囲を限定するなど重要な修正を加えたダンバーガーDernberger の研究[12]、タバコ会社の個別分析に基づき、帝国主義批判一辺倒の見方にも外資積極評価一辺倒の見方にもくみしない立場をとるカクランCochran の研究[13]などが発表されてきた。これに対し中国の張仲礼らは、技術

移転の促進などに外資の一定の役割を認めつつも、その主要な本質は中国経済の発展を遅らせたことにあると反論している[14]。本書第3章はカクランの研究の方向性を支持し、中国資本と在華外国資本の活動を具体的かつ相互連関的に考察しようとしている。

また上述した区分に基づき、「民族資本企業」に対しては高い評価を与える一方、「買辦資本企業」や「官僚資本企業」に対しては低い評価を与えるのが、中国に於ける従来の企業経営史研究の通例であった。近年、こうした傾向に若干の変化が生じており、たとえば主に抗日戦争時期に活動した資源委員会系の企業に対し、従来の基準に従えば「官僚資本企業」として否定的に取り扱われるべき存在であったにもかかわらず、その抗戦に対する貢献ゆえに肯定的な評価を与える研究も出されている。しかしこうした新しい研究にしても、民族主義的な観点からの評価に偏っていることは否定できない。

民族主義的な評価がもたらしたもう一つの大きな問題は、いわゆる「民族資本企業」内部に於ける様々な相違に対し、十分な注意が払われてこなかったことである。たとえば20世紀前半だけに限ってみても、華僑もしくは留学生がその設立・経営に関係した企業は、相当の数に達した（本書第9章）。しかもそうした企業の経営内容は、国内の商工業者らが設立したその他の企業に比べ際だって異なる特徴を備えていることが多く、それぞれの産業分野で重要な役割を果たした。にもかかわらず従来の中国企業経営史研究においては、そうした企業をとくに意識して区別することなく、基本的に民族資本企業の一部とみなし、中国国内の商工業者が設立した企業と同列に扱ってきたのである。民族主義的な感情を尊重するならば、国内商工業者と国外華僑とを区別することなく、同じように扱うのが自然であろう。しかし経営者が同一の民族であることは、企業類型が同一であるという理由にはならない。

第3に「出身階級」（「階級成分」）決定論とも呼ぶべき思考方法の問題点を指摘しておきたい。出資金の由来や企業経営者の経歴などを検討する際、従来の中国の研究に於ては、それぞれの企業経営者らが属する経済的な階級区分がきわめて重視されていた。すなわち、出資者・経営者が商人だったか、地主だったか、あるいは官僚だったかという階級区分論を踏まえ、そうした要素が企業経営に及ぼした影響を論じることが多かったのである。このよう

な要素についても配慮する必要があるとはいえ、それだけでは十分といえない。実は個々の企業経営者が積み重ねていた社会的な生活体験の相違は、彼らの本来の出身階級が何であったかという問題よりも、はるかに大きな影響をそれぞれの企業経営に対し及ぼしているかもしれない。第9章において華僑と留学生が関係した企業に着目したのは、そうした発想に基づいている。なお華僑企業家に関する研究が中国の企業経営史研究にとって持つ意味の大きさについては、近年、中井英基氏も指摘したことがある[15]。

　近年に至り、中国の研究にも新しい動きが見られるようになった。たとえば章開沅・馬敏・朱英らは中国民族ブルジョアジーの心理と思想意識の分析に基づき、その形成過程を興味深く論じている[16]。また賀水金は上海社会科学院から出版された本の中で「外資系企業勤務の経験者」という概念を提起した[17]。彼女の分析によれば、1936年以前に上海に創設された工場238社中、「外資系企業勤務の経験者」（買辦、外国商社職員、外資企業技術者、同徒弟など）が創設したのは全体の三分の一強に当たる81社、官僚または元官僚が創設したのが24社、商人又は手工業職人が創設したのが69社、そして華僑が創設したのが16社であった。「外資系企業勤務の経験者」は相当の資金を蓄積するとともに先進的な投資理念と経営管理の手法を身につけていたため、「企業勃興期の中国実業界に於て彼らが非常に活躍したのは、決して不思議なことではなかった」と賀水金は指摘している。ここにいう「外資系企業勤務の経験者」という分類は、明らかに社会生活上の経験に基づく概念であって、経済的地位に基づいて規定される階級概念とは異なるものである。

　中国における近年の新しい研究動向については、以下具体的に個々の論点に沿って触れていきたい。

## 3．経営分析の重要性

　およそ企業経営史の研究を志す場合、最終的にどのような方法論によって考察を深めるにせよ、研究対象とした企業の経営内容に関する各種の数値指標の分析は、考察の大前提に置かれなければならない。ここにいう経営分析の指標とは、有限株式会社の場合、営業報告書に記載される貸借対照表と損

益計算書に集約される数値から導かれるものであって、次のようなものによって代表される。

「収益性」に関連する比率
　　払込資本金利益率：利益金を払込資本金の期首期末平均額で除した比率
　　　（本文中の「利益率」は、とくに断らない限りこの数値である）
　　総資本経常利益率：経常利益を総資本の期首期末平均額で除した比率
　　売上高経常利益率：経常利益を売上高で除した比率
　　総資本回転率：売上高を総資本の期首期末平均額で除した比率
「安定性」に関連する比率
　　自己資本比率：自己資本額を総資本額で除した比率
　　固定比率：固定資産額を自己資本額で除した比率
　　流動比率：流動資産額を流動負債額で除した比率

　たとえば高村直助は日本資本在華紡について「投資主体の最大の関心事は投資の"果実"としての利潤であったが、この点について従来の研究ははなはだ不足であった」として利潤（利益金）・利潤率（主に払込資本金利益率を用いている）を重視した考察をすすめ、興味深い結果を導いている[18]。本書も、経営関係の史料が比較的多く残っている綿紡績業を扱った第2～5章の叙述においては、そうした数値を考察の基礎に置くようにつとめた。

　このような当然のことを敢て確認しなければならないのは、戦後の中国企業経営史研究においては、先に見たように政治主義的傾向が強く、経営分析に基づく客観的な数値の検討が、無視ないし軽視される嫌いがあったためである[19]。本来、営業報告書に記載されていたはずの数値が史料として収録されず、もっぱらマルクス主義経済学でいう剰余価値率を算出するための基礎数字としてのみ用いられているという企業史史料集も少なくない。

　それだけではない。中国においては、株式会社制度の整備が遅れたせいもあって、そもそも貸借対照表と損益計算書を作成し公表していた企業がきわめて少なかった。むろん近代的株式会社ではない在来の組織形態の商店であっても、何らかの商売を営む以上、帳簿に毎日の売買の内容を記入しておく作業は不可欠となるし（収入は「収」、支出は「付」「支」などと記された）、それを負債・資本勘定と資産勘定とに実質的に区分して整理する作業（前者

を「存」、後者を「在」と記したり、あるいは前者を「該」、後者を「存」と記したりした）も行われている。しかし多くの場合、それは外部に向けて公表するものではなかったし、まして研究者が利用しやすい形で整理保存されるという機会は稀であった。ただし中には非常に充実した経営関係史料を残し、経営分析としても優れた内容を備えた史料集が編纂された永安紡績のような事例もある[20]。

## 4．経営制度、企業家精神、ネットワーク

　企業経営史研究において最も関心の集中するテーマが、経営制度と会社組織に関する諸問題である。中国における伝統的な企業組織の在り方は、一般に「合股制」と呼ばれ、比較的少数の共同出資者たち（「股東」）が無限責任を負うという仕組であった。近代以前、日本も含む世界諸地域に類似の企業組織が成立している。それに対し中国の場合、19世紀後半から20世紀初めにかけ、様々な産業分野において有限責任の株主から広く資金を集める株式会社が設立されるとともに、その株式を公開する企業が増加するという過程が進展した。こうした近現代中国における経営制度と会社組織の変遷過程に関しては、すでに戦前から日本の研究者も注目し、根岸佶の合股制と株式会社に関する総合的研究[21]、幼方直吉の詳細な合股制企業実態調査[22]、今堀誠二の合股制に関する歴史研究[23]をはじめ、多くの論著がまとめられた。しかし1949年革命の後、いわゆる社会主義改造を経て、圧倒的多数の企業が、国営企業もしくはそれに準じる存在になったことから、民間企業における経営形態の発展過程に対する関心は薄れてしまった。

　一方、欧米に於ける中国企業経営史研究においては、中国的な特質を持った家族経営ないし同族経営という経営スタイルに関心が向けられ、香港や東南アジアの華人企業に関する研究、劉鴻生一族や栄家の同族経営が注目されることが多かった[24]。

　1980年代以降、民間企業がよみがえり、国有企業の民営化の道が模索されている中国においても、ここ数年、近代企業経営の経験に対する関心が高まり、近代の株式会社に関する資料集が編纂されたり[25]、張忠民の研究[26]、李

玉の研究[27]などが公刊されている。先に触れた2002年の上海社会科学院経済研究所主催シンポジウムでも関連するテーマの報告があった[28]。

　最も活発であった分野が綿業経営史をめぐる研究であり、これについては次の第1章で詳論した。米川伸一が展開したような比較経営史研究[29]との対照において、中国における紡績業経営に関してもある程度類型化して把握することは、今後の重要な課題である。

　綿紡績業経営以外の分野における重要な研究として、鈴木智夫[30]、曽田三郎[31]、奥村哲[32]、清川雪彦[33]らが進めた製糸業経営に関する研究が挙げられる。とくに興味深い成果は、19世紀末から20世紀初めに上海の製糸工場で見られた「租廠制」（工場貸付制度）に関する議論である。この制度の下にあった機械製糸工場の場合、工場所有者は、毎年、その年に工場を借受けて操業する経営者と賃貸契約を結び、製糸工場の経営を委託することになっていた。所有と経営の分離がこのような形式で実現されている場合、確かに手持資金が少ない経営者であっても企業経営に携わることが可能になったとはいえ、長期的視野に立った設備投資などは行われにくい結果を招いていた。

　そのほか鉄道業における経営改善の模索に関しては萩原充の著書があり[34]、電力産業の経営に関しては金丸裕一が精力的に研究を進めつつある[35]。また商業経営に関しては本書第7章に、銀行経営に関しては本書第8章に、それぞれの章の内容に即した研究史をまとめておいた。さらに近年の華僑史研究の中には、帳簿類の丹念な整理に基づく経営史的考察を見ることができ[36]、参照に値する。1950年代以降に成立する国営企業の経営制度に関しては、川井伸一が注目すべき論点を提起している[37]。

　企業経営を支えた企業経営者とその企業家精神を考察する研究は、すでに相当の量が蓄積されてきている。前に挙げた上海社会科学院経済研究所の論文集[38]や2002年に開催されたシンポジウム[39]でも重視される論点の一つになっていた。

　以上のような、いわば企業内部の経営制度に関する考察とは異なり、近年、様々な地域と産業を多角的に結びつけるネットワークが企業経営において果たした役割に着目する研究も試みられてきている。カクランCochranの近著[40]、米の取引を足場に金融業などに進出した東南アジア華人企業に関するチョイ

Choi（蔡志祥）の研究[41]、華僑送金を支えた僑批局に関する戴一峰の研究[42]などは、そうした研究潮流を代表するものである。また籠谷直人は華僑商人、印僑商人のネットワークに着目しながら、日本経済史をアジア経済史の枠組みの中で認識し直す試みを進めている[43]。


## 5．本書の構成

　本書の前半は、綿業経営に関するケーススタディと、それを踏まえた綿業経営の地帯区分論と経営類型論に当てられている。すなわち、アメリカやインドなどと並ぶ一大綿産国となった中国の機械制綿紡織業が、この時期、如何なる要因に支えられて発展してきたのか、その過程を考察し、さらにかかる中心的産業の分析を通じて中国近現代経済史への理解を深めようとした作業が本書の前半部分である。近現代中国の綿業経営に関する研究史とその成果、問題点などについては、第1章を参照されたい。続く第2章から第4章までが綿業経営のケーススタディである。1920年代初めに溥益紡という名称で上海に設立され、何度も経営危機に陥った後、1930年代半ばの抜本的な経営改革により、ようやく蘇生への道を見いだしていく新裕紡、日本資本の大工場が密集していた青島にあって唯一の中国資本紡として日本の在華紡に伍して経営を維持した青島華新紡、華北の山西省という内陸地域に設立され、独自の発展を遂げながらも、1930年代にやはり経営危機に直面し、大幅な改組を余儀なくされる晋華紡、の3社が取りあげられている。第5章は総括的な見通しを示したもの。以上各章の詳しい内容と位置づけは、第1章末尾に記した。

　本書後半部分では、綿業以外の様々な領域における企業経営史を考察している。

　第6章は、内陸河川汽船業のトップ企業、民生公司に関する検討作業。内陸地域における経済発展の可能性を探る作業は、沿海地域－内陸地域間における経済発展格差の拡大という深刻な問題の発生とも絡み、現代中国の理解にとっても、大きな意味を持つものとなっている。本稿は長江上流の四川省

序章　中国企業経営史研究の課題と方法

で創設された汽船会社、民生公司の 1920 ～ 30 年代における企業経営にかかわる諸問題を考察した。内陸地域の企業経営は、綿紡績企業を分析した第 4 章、第 5 章においても提示したとおり、沿海地域の企業経営とは自ずから異なる特質を備えており、その点に注意を払わなければ中国の企業経営に関する認識を深めていくことはできない。

また本章は、汽船業という交通産業を検討対象にした点でも、中国の企業経営史研究という本書の構成全体の中で独自の位置を占めている。

第 7 章では近現代中国の商業経営を取りあげた。本章は、まず戦前における上海の物資流通の変化の方向性を確認するとともに、とくに綿布とマッチの取引を事例として、戦時期に入ってから生じた相違、並びに占領者日本の経済統制機関の一つであった軍配組合が果たした役割を考察した。綿布の場合、軍配組合が配給した「交字貨」は、日本品専門の卸売り問屋の勢力回復を助けた。マッチの場合、戦前に組織されていた生産流通カルテルが再建され、軍配組合はこれを傘下に組込んだが、活動には多くの困難がともなった。

金融業に目を転じた第 8 章の検討課題は、中国における近代的銀行業の発展を、中国近現代経済史全体の中において、どのように位置づけるかという問題である。従来の研究史を振り返ってみると、銀行業が政府財政と深く関わりながら発展してきたことを強調し、とくに工業化に対し銀行業が果たした役割については、あまり評価しない傾向が強かった。しかし近年、そうした従来の研究を批判し、中国の近代的銀行業が工業化に対しても積極的な役割を果たしたことを指摘する研究がなされるようになってきている。

本章では、最初にそうした研究史を整理するとともに、民国期中国の有力銀行の一つであった金城銀行の綿業、及び化学工業への投資貸付を事例に、中国の近代的銀行業が工業化に対して果たした役割を検討する。

第 9 章では、さきに第 2 節で触れた民族主義的偏向の克服という課題とも関連させながら、とくに華僑もしくは留学生が設立経営に関与した企業を「周辺要素」的企業と呼び、その企業経営としての特徴、並びにそれが中国の近代企業経営史上、果たした役割について考察することにしたい。華僑や留学生は中国社会の内部から外部の世界に飛び出していった存在であり、その意味に於て、中国社会の中心ではなく周辺に位置する存在であった。したがっ

て華僑もしくは留学生が関係した企業のことを、さしあたり「周辺要素」的企業と呼ぶことは許されるであろう。ただし20世紀全体を通して華僑や留学生が周辺的存在であったかと問われると、必ずしもそれに対する答えは簡単なものではない。この点については最後に改めて触れることにする。

　最後の第10章は個別研究ではなく概説である。中国の企業経営といっても日本の読者にはなじみが薄い存在であることを考慮し、中国における近代的な企業経営の発展過程を代表的企業経営の事例に即して概観するとともに、主要研究文献を整理して掲げておくことにした。今後の研究を発展させる手がかりになれば幸いである。なお以上のような文章の性質上、一部の叙述は第2～9章の叙述と重複している。ただし、これは1995～96年度に科研費を交付された時に整理したものが中心であり[44]、その後の10年間にも多くの新しい成果が蓄積されてきた。その内容を全面的に総括する作業は2004年度から何人かの友人たちとともに開始した新規のプロジェクトの課題である。

　以上各章の考察を通じて明らかになったことを終章に整理した。その後に企業経営史研究の史料に関する諸問題を検討した短い文章を2点、補論として掲載してあり、第5章で用いた中国資本紡の経営に関する数値を算出する根拠となった統計も付録として掲載した。今後の研究の進展になにがしかの役割を果たすことができれば幸いである。

---

(1)　久保亨「二十世紀の中国経済：発展と変化の道程」、加藤弘之・上原一慶編『中国経済』第1部第1章、ミネルヴァ書房、2004年。

(2)　島一郎『中国民族工業の展開』ミネルヴァ書房、1978年など。

(3)　野沢豊「中国における企業史研究の特質」『中央大学商学論纂』第12巻第3・4号、1971年。

(4)　川井悟「民族工業史・企業史研究への展望」『東亜』第197号、1983年（のちに狭間直樹・森時彦編『中国歴史学の新しい波』霞山会、1985年に収録）。

(5)　中国の近代経済史研究者がまとめた最新の企業史概説書に、呉承明・江泰新主編『中国企業史　近代巻』企業管理出版社、2004年がある。

(6)　金丸裕一「工業史」野澤豊編『日本の中華民国史研究』汲古書院、1995年。

(7)　復旦大学歴史系・『歴史研究』編輯部・『復旦学報』編輯部編『近代中国資産階級』出版社、1984年。

(8) R.Ampalavanar Brown ed., *Chinese Business Enterprise,* 4vols., Routledge, 1996.
(9) シンポジウムに提出された内外の研究者の論文は、張忠民・陸興龍編『企業発展中的制度変遷』上海社会科学院出版社、2003 年に収録されている。
(10) 1990 年代の初め頃まで、その基本的な観点は継承されてきていた。たとえば黄逸峰、姜鐸、唐伝泗、徐鼎新『旧中国民族資産階級』江蘇古籍出版社、1990 年。
(11) Chi-ming Hou（侯継明）, *Foreign Investment and Economic Development in China, 1840-1937,* Harvard Univ.Pr.,1965.
(12) Robert F.Dernberger, 'The Role of the Foreigner in China's Economic Deve-lopment', D.H.Perkins ed. *China's Modern Economy in Historical Perspective*", Stanford Univ.Pr.,1975.
(13) Sherman Cochran, *Big Business in China － Sino-Foreign Rivality in the Cigarette Industry 1890-1930 －,*Harvard Univ.Pr.、1980.
(14) 張仲礼等編『英美烟公司在華企業資料彙編』中華書局、1983 年。
(15) 中井英基「中国近現代の官・商関係と華僑企業家」『歴史人類学』第 26 号、1998 年。
(16) 章開沅・馬敏・朱英『中国近代民族資産階級研究(1860-1919)』華中師範大学出版社、2000 年。
(17) 沈祖煒編『近代中国企業制度和発展』上海社会科学院出版社、1999 年、281-282 頁。賀水金が執筆した部分は「外資企業与民族企業的関係」。
(18) 高村直助『近代日本綿業と中国』東京大学出版会、1982 年、「はしがき」。
(19) 久保 亨「企業史史料をどう読むべきか──『啓新洋灰公司史料』編集用史料カードの検討」『中国近代史研究会通信』18 号、1985 年（改訂の上、本書に補論 1 として収録）。久保 亨「中国資本紡の利益率に関する史料の補正と考察──『中国近代経済史統計資料選輯』第 4 章第 45 表をめぐって」『近代中国研究彙報』12 号、1990 年（同じく本書に補論 2 として収録）。
(20) 上海市紡織工業局・上海市工商行政管理局等編『永安紡織印染公司』中華書局、1964年。1984 年、上海社会科学院経済研究所で、この資料集を編集された朱先生らにお話を伺うことができた。「民族資本の中にも、たいへん系統的な経営関係史料を残した永安のような事例があったではないか？」という筆者の質問に対し、朱先生たちのお答えは「あそこは別格、華僑の会社だったから」というものであった。同じ中国資本といっても様々だった。第 9 章参照。
(21) 根岸佶『商事に関する慣行調査報告書──合股の研究』東亜研究所、1943 年。
(22) 幼方直吉「中支の合股に関する諸問題──主として無錫染織業調査を通じて──」(1)-(2)『満鉄調査月報』第 23 巻第 4 号-第 5 号、1943 年。
(23) 今堀誠二「清代における合夥の近代化への傾斜──とくに東夥分化的形態について──」『東洋史研究』第 17 巻第 1 号、1958 年。

(24) R.Ampalavanar Brown ed., *op.cit.*

(25) 上海市档案館編『旧中国的股份制(1868年-1949年)』中国档案出版社、1995年。

(26) 張忠民『艱難的変遷　近代中国公司制度研究』上海社会科学出版社、2002年。

(27) 李玉『晩清公司制度建設研究』人民出版社、2002年

(28) 朱蔭貴「論近代中国股份制企業中制度的中西結合」、王玉茹「中日近代股份公司制度変遷的制度環境比較」、前掲張忠民・陸興龍編『企業発展中的制度変遷』所収。

(29) 米川伸一『紡績業の比較経営史研究 ── イギリス・インド・アメリカ・日本 ── 』有斐閣、1994年。米川伸一『東西紡績経営史』同文舘出版、1997年。

(30) 鈴木智夫『洋務運動の研究』汲古書院、1992年。

(31) 曽田三郎『近代中国製糸業の研究』汲古書院、1994年。

(32) 奥村 哲「恐慌前夜の江浙機械製糸業」『史林』62巻2号、1979年
奥村 哲「恐慌下江浙蚕糸業の再編」『東洋史研究』37巻2号、1978年
奥村 哲「恐慌下江南製糸業の再編　再論」『東洋史研究』47巻4号、1989年

(33) 清川雪彦「戦前中国の蚕糸業に関する若干の考察」『(一橋大学)経済研究』第26巻第3号、1975年

(34) 萩原充『中国の経済建設と日中関係』ミネルヴァ書房、2000年。

(35) 金丸裕一「中国『民族工業の黄金時期』と電力産業 ── 1879〜1924年の上海市・江蘇省を中心に ── 」『アジア研究』第39巻第4号、1993年。

(36) 山岡由佳(許紫芬)『長崎華商経営の史的研究 ── 近代中国商人の経営と帳簿 ── 』ミネルヴァ書房、1995年。

(37) 川井伸一『中国企業とソ連モデル ── 一長制の史的研究』アジア政経学会、1991年。
川井伸一『中国企業改革の研究 ── 国家・企業・従業員の関係 ── 』中央経済社、1996年。

(38) 沈祖煒編前掲書(『近代中国企業制度和発展』)。

(39) 張忠民・陸興龍編前掲書(『企業発展中的制度変遷』)。

(40) Sherman Cochran, *Encountering Chinese Networks, Western, Japanese, and Chinese Corporations in China, 1880-1937*, University of California Press, 2000.

(41) Choi Chi-cheung, "Competition among brothers: the Kim Tye Lung Company and its associate companies", R.Ampalavanar Brown ed., *op.cit.*

(42) 戴一峰「網絡化企業与嵌入性：近代僑批局的制度建構(1850s-1940s)」、張忠民・陸興龍編前掲書所収。

(43) 籠谷直人『アジア国際通商秩序と近代日本』名古屋大学出版会、2000年。

(44) 久保亨『20世紀中国の企業経営に関する歴史的研究』科学研究費補助金研究成果報告書、1997年。

# 第1章　戦間期中国綿業における発展の論理

　本書の前半部分、この第1章から第5章までの叙述における最大の関心事は、1920年代から1930年代にかけての両大戦間期を主な対象として、中国綿業経営の発展の論理を解明することにある。すなわち、アメリカやインドと並ぶ一大綿産国となった中国の機械制綿紡織業が、この時期、如何なる要因に支えられて発展してきたのか、その過程を企業経営史に即して考察し、さらにかかる中心的産業の分析を通じて中国近現代経済史への理解を深めようとするものである。

　従来の中国綿業史研究を振り返ってみると、日本資本が20世紀前半期の中国に設立し大きな勢力を保った綿紡織工場（在華紡）に関しては、様々な角度から詳細な検討が進められてきた。戦前の日本綿業史研究における古典ともいうべき守屋典郎『紡績生産費分析』[1]は相当の頁数を中国にあった在華紡経営の分析に割いていたし、高村直助[2]、西川博史[3]、桑原哲也[4]、阿部武司[5]らによる戦後日本の代表的な綿業経営史研究も、また中国の綿紡績業と繊維機械工業を検討した清川雪彦の論文[6]も、在華紡に大きな関心を注いでいる。

　その反面、中国人経営の綿紡織企業については、生産設備、使用原綿、経営内容などあらゆる面において「停滞」的ないしは「後進」的なイメージで語られることが多かった。たとえば厳中平が1950年代に刊行した著書は、在華紡と中国資本紡の力量を対比したうえで在華紡が圧倒的な優位を保ったと主張し、内外の近代中国経済史の研究者に対し大きな影響を与えた[7]。1970年代にアメリカで出版され、台湾で中国語版が出された趙岡の著書も、民族紡の後進性に対する評価は、厳中平とそれほど異なっていたわけではない[8]。また森時彦も1990年に公刊された論文の中で、在来セクター向けの太糸生産にとどまっていた民族紡に対し、近代セクター向けの細糸生産を発展させた

在華紡が優位に立つようになった結果、「『在華紡』と民族紡の間に歴然たる格差が生じはじめ、1930年前後には垂直の棲み分けともいうべき関係ができた」と結論づけていた[9]。

　この第1章においては以上に簡潔にまとめた研究史をやや詳しく振り返り、最初にそうしたかつての通説的な研究の問題点を整理し、その後、1930年代の同時代の調査と研究について触れ、1970年代以降の新たな研究成果についても確認した上で、中国綿業経営の発展の論理を解明する本書第2章から第5章の課題を明確に提示しておくことにしたい。

## 1．中国綿業の衰退没落論批判

　まずはじめに、両大戦間期の中国綿業に関する「衰退没落」論の何が問題であったかを、改めて整理しておく。すでに研究者の間では、「衰退没落」論は過去のものになったと思われるので、「何が問題であったか」と過去形を用いた。しかし実は内容的に十分克服できたわけではなく、歴史教育の分野などでは「中国民族産業の衰退没落」論が、今なお大きな影響力を保っているからである。

　前述したとおり、厳中平の著書は、在華紡と中国資本紡の生産設備や経営内容について様々な史料を挙げて対比し、あらゆる面において在華紡が圧倒的な優位を保ったと主張した。そして民族紡（中国人紡績工場）の衰退・没落に象徴されるように、両大戦間期は中国の民族産業が深刻な危機に陥った時代であり、そうした情況からの脱却をめざして、1949年革命が必然的に起きたかのような説明がなされてきたのである。

　厳中平の著書（以下、厳書）の論点を洗い直してみよう。厳書第6章第2節は「経済恐慌期の日本資本紡績工場による排斥とその繁栄」と題され、1930年代中国における日本資本在華紡と中国資本紡を比較している。その作業の前半部分は税務署統計に基づく綿糸布生産量の比較であり、とくに細糸綿糸市場で日本資本の市場占有率が高くなっていたことが指摘される[10]。確かに全国的な合計値を比べた場合、細糸綿糸市場における日本資本の優勢を指摘するのはたやすい。しかし本書第5章で提示するとおり、地域別に生産設備

の規模を比べてみると、必ずしも日本資本がどこでも圧倒的に優位に立っていたわけではないこと、日本資本の優勢はとくに華北の都市部において顕著だったこと、それに対し日本資本が進出できなかった内陸地域では中国資本の勢力が伸長しており、上海では日本資本・中国資本の勢力が伯仲していたこと、などを確認することができる。生産量・生産設備の全国総計の比較によって日本資本の圧倒的優位を主張することには無理がある。

　実は華北の場合、経営破綻した中国資本工場が日本資本によって買いとられるという事態が何度か発生したため、中国資本の生産量が激減し日本資本の生産量が激増する結果を招いていた。このような場合、両者の力量を比べる指標として、生産量・生産設備の増減はそれほど適切なものとはいえない。経営危機を打開するための金融支援の有無が、さらにいえば、そうした金融支援がどのような勢力によって担われたかによって、大きな相違が生じたからである。内陸地域や上海の工場の場合、中国側銀行資本が金融支援に乗り出すことが多く、経営主体の国籍が代わることは少なかった。それに対し、とくに天津においては、経営破綻した中国資本綿紡績工場を日本の紡績資本が積極的に買い進めた結果、経営主体の国籍が日本に代わり、結果的に日本資本の比重が飛躍的に高まっていた。日本資本のこうした行動の背後には、華北地域を国民政府の統治から切り離し、日本の実質的な支配下に置こうとする軍や政府の策動（「北支分離工作」）が影響を及ぼしている。

　日本資本在華紡と中国資本紡を比較した厳書の作業の後半部分は、生産コストの比較であり、『紡織周刊』誌に掲載された調査報告や後述する『七省華商紗廠調査報告』などから、日本資本が優位に立っていたことを示す数字が挙げられている[11]。しかし生産コストは、生産設備、労働者の作業効率、製造する綿糸の種類などによって、非常に大きな幅で変動する。本書第2章以下の研究を通じ、個々の中国資本工場の生産コストに関しては様々な数字を見つけることができた。それによれば、厳書が提示しているような日本資本と中国資本の間に二倍以上の差があったというデータは決して一般的なものであるとはいえず、日本資本工場に匹敵する生産コストを達成していた中国資本工場も少なくなかった。ここで注意しておくべき点は厳書が用いた史料の性格である。これらのデータは、厳中平自身が個々の工場の具体的な経営

史料の中から拾いだしたものではなく、『紡織周刊』誌や『七省華商紗廠調査報告』を執筆した中国人技術者たちが、中国資本綿紡績業者に対しコスト削減努力の必要性を訴えるという意図をもって、あえて公表した数値ばかりである。日本資本に比べ中国資本の数値が低く記されているのは当然だったともいえる。要するに生産コストの日中比較論でも厳書の内容は偏ったものになっており、中国資本は著しく劣勢にあったかのように描き出され、衰退・没落は避け難かったとみなす傾向に陥っている。

　厳書には、さらに大きな問題がある。それは第6章第3節「危機の偏りと綿紡織業の発展の新たな趨勢」と同第4節「民族資本の資本蓄積問題について三度論じる」の叙述であり、1930年代の中国綿業に見られた新たな動向に触れながらも、それに対し否定的な評価を下している点である[12]。深刻な経営難に直面した1930年代、中国綿業には危機からの脱出をめざす新たな動きが生まれていた。本書第2章～第5章で論じるように、その一つは原棉調達と製品販売に有利な内陸地域に工場が新増設されていった動きであり、もう一つは、経営破綻し銀行の一時的管理下に置かれた既存企業が専門的技術者の主導により再建されていった動きである。この内陸地域における発展と銀行管理下における技術者主導の再建に対し、厳書は、沿海地域から追い立てられたものである、とか、銀行資本に呑み込まれたものである、などとして、消極的、ないし否定的な評価を下した。実は後掲の菊池論文が明らかにしたとおり、厳中平の原著では、むしろ積極的、肯定的に評価されていた部分であり、この部分が1950年代に大きく書き改められた箇所の一つになっている。

## 2．1930年代の中国綿業研究

　戦後、厳中平らによって中国綿業の衰退没落が説かれた1930年代は、実は初めて中国人技術者・研究者自身によって、中国綿業を発展させる道が模索された時代であった。業界団体である華商紗廠連合会により1920年代から発行されていた『紡織時報』に加え、技術改良関係の記事が豊富な『紡織周刊』が中国紡織学会によって創刊されたのは、まさにこの1930年代である[13]。

　天津にあった4つの中国資本紡績工場を対象に、その1920年代後半の経営

第1章　戦間期中国綿業における発展の論理

を総合的に分析した方顕廷は、それらの工場が、経営上、いかに多くの問題点を抱えていたかを明らかにした[14]。彼の仕事は当時の中国経済研究のセンター、南開大学経済研究所が総力を挙げた調査活動の一つであり、中国における工業化を推進する道を探る活動の一環であった。

　また生産関連の経営実態を中心とした 1932-33 年の全国調査として王子建・王鎮中『七省華商紗廠調査報告』（以下七省調査）がある[15]。これは南京にあった中央研究院社会科学研究所を拠点として行われ、7 つの省にあった 58 の中国資本綿紡績工場のうち、81％にあたる 47 工場を一斉に調査した貴重なものである。中国の研究者のみならず日本の研究者もこの調査報告をしばしば参照した。ただし七省調査には経営関連の数値がほとんど記載されていない。1984 年、上海にご健在であった編者の一人王子建氏にお会いできた時、直接、その理由をお尋ねしたことがある。破顔一笑、王氏は、1930 年代の調査当時は、ちょうどその質問を発した時の筆者と同様、30 歳前後の若手研究者であったこと、そんな王氏たちに対し中国の老練な経営者たちが企業経営の機密事項を教えてくれるはずはなかったこと、ただし各工場の現場の技術者たちは、たいへん調査に協力的であって、生産設備関係の数値に関しては、非常に具体的に調査を進めることができたこと、などを説明して下さった。

　以上の二つの事例からも知られるとおり、当時の中国人研究者たちの中国綿業に関する調査研究は、遅れて開始された中国の工業化をいかに加速させ、その後進性をいかに克服するかという切実な問題関心に基づいたものであり、彼らなりに新しい発展の道筋を見つけだそうとする動きであった。したがって彼らの調査研究に勢い中国資本紡の問題点や遅れた部分を指摘する叙述が多くなったのは当然である。実は厳中平の原著も同じ傾向の延長線上になされた業績であった。要するに 1930 年代中国における綿業研究は、発展過程の中における問題点の調査とその克服のための努力という立場で進められていた。ところが 1950 年代以降、序章で述べたような政治主義的文脈の中で企業経営史が語られるようになったことから、発展過程の全体像が示されなくなり、克服すべき問題点があたかも宿命的なものであるかのように描かれるようになってしまったのである。

　なお日本の同時代の中国綿業研究の中にも、1930 年代中国における前述の

ような方向性を察知し、中国綿業の発展過程を見きわめようとした宇佐美誠次郎・名和統一らの研究があったことは、すでに 1970 年代から 80 年代にかけ奥村哲[16]、菊池敏夫[17]、黒山多加志[18]、金丸裕一[19]らによって指摘されるようになった。衰退没落論は、単に歴史的事実に反するのみならず、宇佐美・名和らの戦前のすぐれた研究成果を顧みないという問題点もはらんでいたことになる。奥村は近現代中国の工業史全般にわたり、通説の再検討が求められていることを指摘し、黒山はとくに中国資本綿業経営に関する戦前から戦時にかけての日本人の研究成果を整理した。また菊池は厳中平の著書が、本来、1930 年代における中国資本紡の発展過程を確認していた 1942 年の原著を、1949 年革命の後に、時の政治的要請にこたえる形で、大幅に書き改めたものであったことを論じている。

## 3．1970 年代以降の研究と主な論点

いうまでもなくわれわれは戦前の研究業績の再検討と再評価にとどまっているわけにいかない。前述した奥村、菊池、黒山、金丸らの研究史批判を踏まえながら、「衰退・没落の論理」にとって代わるべき中国綿業の新たな「発展の論理」を、新たな理論的視角と新たな史料発揮の成果を以て提示することが、求められるからである。1980 年代以降、そうした問題意識を共有する研究者たちが中心になって新たな実証研究が進められてきた。とくに 1983 年 8 月に名古屋で開かれた中国綿業史セミナーは、それ以降の新しい諸研究の幕開けを告げる重要な画期となった[20]。以下、戦間期の中国綿業をめぐるそうした研究の中で問われてきたことを整理しておくことにしたい。なお中国に近代綿業が移植されてから第一次世界大戦が勃発する頃までの時代、すなわち 19 世紀末～ 20 世紀初頭にかけての諸問題については、すでに鈴木智夫による上海機器織布局の創設過程に関する研究[21]、中井英基による張謇の大生紡に関する研究[22]、同じく張謇一族の大生紡経営と地域社会開発を対象とした E.コールの研究[23]などが積み重ねられてきており、ここではあえて言及しない。また第二次世界大戦終結後、1940 年代後半に旧日本資本在華紡を接収した国民政府が設立した中国紡織建設公司をめぐる諸問題も、川井伸一によ

第1章　戦間期中国綿業における発展の論理　　　　　　　　　21

る一連の研究[24]が参照されるべきであり、本書では触れない。第一次世界大戦と第二次世界大戦に挟まれた戦間期の中国綿業が本書第1章～第5章の主な検討対象である。

（1）第一次大戦期の中国資本紡の発展をめぐって

　第一次世界大戦期の中国綿業について次のような一般的理解があった。「大戦勃発によって外国から輸入される機械制綿糸布の数量が減り国産機械制綿糸布の製品販売市場が拡大したのを機に、中国国内の機械制綿紡織業が発展した。しかし大戦終結とともに外国製品の輸入が増勢に転じ、中国綿業は危機に直面した。そこで五四運動をはじめとする反日民族運動が展開される中、日本製品のボイコットと国産品愛用が呼びかけられ、それに依拠して新たな産業発展がめざされた。」といった内容である[25]。

　このように日本品ボイコット運動と中国綿業の発展とを直結させて論じる傾向があった従来の研究に対し、森時彦は1983年に発表された論文の中で、貿易統計・棉花市場価格統計などの厳密な検討に基づき批判を提起した[26]。それによれば、原棉が低価格で安定していた1918～1920年に急発展した中国綿業は、1921年以降、国産棉花の高騰という事態に直面する。その際、日本資本の在華紡がすぐれた混棉技術と廉価なインド棉花の調達によって中国棉高騰の影響を最小限にくい止めることができたのに対し、中国棉を原料に太糸綿糸を生産していた多くの民族紡は十分な対応策をとることができず、深刻な経営危機に陥った。そもそもボイコット運動は、1923年の旅順大連租借問題に関わるボイコット運動のように民族紡に有利な局面を作り出す事例もあったとはいえ、基本的に日本製もしくは日本資本在華紡製の細糸綿糸に対しては無力だったのであり、原棉問題できわめて不利な立場に置かれた民族紡を逆境から救い発展を助けるようなことまでは期待できなかった。

　以上のような森の研究は、1910年代後半～20年代初め頃の中国資本紡の量的発展が、必ずしも経営の質的発展をともなうものではなかったことを指摘した点において、大きな意味を持つ成果であった。しかしそれが中国資本紡一般に対する固定的な評価にされてしまった場合、中国資本紡における発展の論理が見失われてしまう恐れがある。

(2) 日本資本在華紡と中国資本紡の間の関係をめぐって

上記の研究を踏まえ、森は日本資本在華紡と中国資本紡の間の「棲み分け」を主張した。在華紡との市場競争に敗れ後退せざるを得なかった中国資本紡（民族紡）の脆弱性を指摘した森が「五四運動時期の民族紡織業は、より扱いにくいライバル（在華紡を指す。引用者）を腹地にかかえこんで、その歴史の一サイクルをおえることになった。」（森『中国近代綿業史の研究』278 頁）という時、そこに中国資本紡発展の可能性を見いだすことは難しい。森はさらに 1990 年の論文で 1923 年恐慌前後の綿糸市場の構造を分析し、在来セクター向けの太糸生産にとどまっていた民族紡に対し、近代セクター向けの細糸生産を発展させた在華紡が優位に立つようになった結果、「『在華紡』と民族紡の間に歴然たる格差が生じはじめ、1930 年前後には垂直の棲み分けともいうべき関係ができた」（同書 334 頁）と結論づけた。ここでも著者の議論は中国資本紡の発展の限界を指摘することに重点が置かれており、発展の可能性を探ろうとした議論とは、明らかに基本的立脚点を異にしていた。

一方、久保は本書第 3 章に収録した 1990 年の論文により、青島における在華紡と華新紡の間の関係は必ずしも厳中平や森がいうような棲み分け構造になっておらず、農村の太糸市場を在華紡がおさえ、中国資本の華新紡は特定の細糸市場・撚糸市場に活路を見いだすという構造になっていたこと、在華紡と華新紡の間には競争と協調が交錯した複雑な関係が見出せることなどを指摘した。

また中国における紡績機の輸入取扱業者と製造メーカーを丹念に分析した富澤芳亜は、機械設備の面からいえば、日本資本在華紡と中国資本紡との間に大きな差異があったというよりも、むしろ工場の設立年代と機械設備の輸入年代によって大きな差異が見られたことに注意を喚起している[27]。

(3) 地帯構造論の提起と内陸地域における発展をめぐって

久保は 1986 年の論文（部分的に改訂し本書第 5 章に収録）において、中国綿業の発展過程を認識するためには、地域による生産の諸条件と経営環境の相異に配慮する必要がある、として、地帯構造論を提起するとともに、内陸地域における発展にも着目すべきことを主張した。その後、楡次晋華紡の事

例を詳細に論じた 1997 年の論文（本書第 4 章）により、改めて内陸地域における発展の論理を探ろうと試みている。

一方、森時彦も 1992 年に書かれた湖南第一紗廠の事例研究を基礎に、やはり内陸地域における発展を確認した。森によれば、1923〜1937 年、すなわち「黄金期」以降日中戦争勃発に至るまでの中国紡績業には、沿海の在華紡の勢力増大と内陸の民族紡の量的発展という注目すべき二つの動向が存在した。細糸生産にシフトした沿海在華紡の場合、その原料は細糸用棉花が 4 割以上を占め、全国的な市場から弾力的に調達されていたのに対し、太糸生産で利益を確保せざるを得なかった内陸民族紡の場合、原料棉花の大半は地元市場から調達され、ストックも少なかった。こうして綿糸市場でも棉花市場でも、沿海在華紡と内陸民族紡の間には「棲み分け」状態が生まれていたのであり、上記の二つの動向の間には構造的連鎖があった、というのが森の理解である。

一つの問題は、森の理解に従う限り沿海在華紡の発展との対比においてのみ内陸民族紡の発展を評価するという論理になり、その二つの類型に属さない事例、たとえば沿海地域に設立された多くの中国資本紡の発展の可能性は、きわめて見えにくくなってしまうことであろう。沿海に位置した中国資本紡の発展過程を考察した研究として、上記の青島華新に関する久保論文（本書第 3 章）のほか、上海永安を取りあげた菊池敏夫の研究がある[28]。

また内陸地域、ないし内陸に近い沿海地域に設立された中国資本紡を考察した作業としては、武漢の裕華紡について論じた津久井弘光の研究[29]、常州の大成紡について論じた富澤芳亜の研究[30]も参照されるべきである。

なお 1986 年の久保論文について森は、原料生産地区と製品消費市場とに近接した内陸地域への工場設立は 1950 年代以降の「中国綿工業の合理的発展という見地」からも評価できると久保が記した点をとりあげ、在華紡の圧迫があった時期とそれが喪失した時期とを直結する「超歴史的な思考方法に違和感を禁じえない」と批判した（森著書 422-423 頁）。説明不足から誤解を招いた部分について言えば、内陸への発展を長い歴史過程の中で位置づけるべきだというのが趣旨であって、何も歴史を超えようとしたわけではない。ただしこの内陸地域における綿紡績業経営を、原料生産地区と製品消費市場に近接した工場立地だとして、その合理性のみを手放しに評価することにも問題が

ある。1980 〜 90 年代に進められようとした産業合理化の際、大きな障害の一つになったのが、この内陸地域の綿紡績業であった[31]。多数の余剰人員を抱え、赤字経営に陥りながらも、失業者の増大を懸念し社会的安定性の維持を重視する地方政府の援助金によって辛くも操業が維持されていくその姿は、かつて 1920 〜 30 年代に見られた光景と重なってくるところがある。

(4) 銀行資本による管理と技術者主導の経営改革

　経営破綻した中国資本紡を銀行が管理下に置くという 1930 年代に顕著となった動きについては、富澤芳亜[32]、E.コール[33]らが研究を進めた。その結果明らかにされた点は、銀行の綿紡企業管理は、管理それ自体が目的だったわけではなく、経営再建を進めようとするものであったこと、経営再建の主な内容は生産設備の改良による生産性の向上・良質で廉価な原綿の確保・冗員の整理等であったこと、大生紡のように比較的順調に再建計画が進んだ事例を見ると、専門的な技術者が重要な役割を果たしていたこと、などであり、ここにも中国資本紡の発展の論理を探り当てることができる。1930 年代半ば以降、技術者主導の改革が成果をあげた事実は、一方では技術者・専門家らの自信を強め、彼らに対する社会的信頼を増す結果を招くとともに、他方では、そのような技術者の出身ではない、商業、貿易業など他分野から綿紡績業に転じた企業経営者の経営能力に対する不信感を醸成した。こうした社会的雰囲気が 1950 年代の人民共和国期に進展した国営化の動きとどのような関係にあったかという点は、今後、検討を深めるべき問題の一つである。

　興味深いのは近年の中国における研究動向である。綿業関係の技術者を中心に中国綿紡績業に関する産業発展史的な分析が深められ、その成果を集大成した上下 2 冊の大部な書物が刊行された[34]。そこにおいては、銀行による管理とその下で進められた経営改革に対し、個々の技術者ないしは経営者らが果たした役割も含め、全体に肯定的積極的な評価が下されている。

## 4．本書第 2 章〜第 5 章の課題

　中国における綿紡績業経営に関しては、すでに相当な量の研究が蓄積され

てきた。しかし実は経営レベルの具体的な史料が把握され分析されているのは、全国約 60 社のうち 15 社程度にしか過ぎない。しかもカバーされている会社の分析結果が全体の動向を代表するものになっているか否か、大きな問題として残されている。内陸地域の企業経営研究が不足していたことに加え、沿海都市地域に関しても、経営成績の悪かった企業に関する研究が少なかった点に注意が払われなければならない。一般的に言って、経営成績が悪かった企業ほど経営関係資料の系統的な整理保存を疎かにしていたという傾向がみられ、そのことが当該企業の経営に関する研究を困難にする一条件にもなっていたからである。

　上海の中国資本紡約 30 社のうち、従来、事例研究の対象に取りあげられてきたのは上海機器織布局・申新・永安・恒豊等に限定され、中でも財務書類の系統的な分析がある程度可能だったのは申新と永安の 2 社に過ぎなかった。一方の申新は多くの問題を抱えながらもとにかく中国最大の紡績会社に成長したという存在であり、他方の永安は群を抜いた効率的な経営を実現した華人資本系優良企業の一つだった。この両社の事例だけを以て上海における中国資本の紡績企業経営を代表させるのは適切ではない。内陸地域の企業についても、個別研究があるのは、前述のとおり湖南第一紡、常州大成紡、武漢裕華紡などに限定されていた。そこで本書第 2 章以下においては 3 つの企業の事例に即して、中国綿業経営の全般的かつ総合的な考察を試みている。

　第 2 章においては上海にあった中国資本の綿紡績会社の一つ、新裕紡（1935 年、旧名の溥益を改称）をとりあげ、1930 年代に同社が直面した経営危機の実態とその克服をめざした過程とを、主に上海市档案館所蔵の文書史料に基づき考察した。新裕紡の場合、操業開始後 10 年ほどを経た 1920 年代末には早くも経営に行き詰まり、1931 年から 37 年にかけ 3 度も改組を繰り返しながら経営再建を図らねばならなかった。こうした企業は、決して珍しい存在だったわけではない。これまで具体的に分析されることが少なかった業績不振企業の経営の実態、並びに銀行管理の下、技術者主導によって進められた経営再建の過程について、第 2 章では上海新裕紡の事例を通じて考察した。

　続く第 3 章は、中国綿業の中心地の一つであった華北の沿海都市、青島における華新紡績の経営を軸に論じている。中国綿業全体の中で中国人経営と

在華紡経営とは、それぞれどのような相対的な位置を占め、両者の間には、どのような相互関係が成立していたのだろうか。第3章では青島での事例に着目し、中国人経営の華新紗廠と在華紡各社との関係を検討した。それは中国経済史研究の動向に即して言えば、序章で触れたような外国資本の役割に関する論争を引継ぎ、個別分野における具体的考察を深めるという意味も持っている。

第4章は中国の内陸地域において近代的な企業経営が成立し発展することができた条件を、山西省楡次の晋華紡の事例に即し具体的に考察している。内陸地域における経済発展の可能性を探る作業は、沿海地域－内陸地域間における格差拡大という深刻な問題の存在とも絡み、現代中国の理解にとっても、大きな意味を持つものとなっている。換言すれば、本章は地域の経済活動を支える基礎的な単位である個々の企業経営に着目し、内陸地域の経済発展をめぐる民国期(1912～1949)の歴史的経験を振り返る作業の一環に位置するものでもあり、その点においては第6章の内陸地域の汽船会社民生公司に関する分析と共通する問題意識によって支えられている。

第5章は、第1章から4章までの叙述を踏まえ、中国綿業における発展の論理を総括的に論じた。本章を支える理論的視角は2点にまとめられる。その第1は中国綿紡績工場の地帯区分論である。広大な国土を持つ中国の地域的多様性を想起する時、このことは全く必要不可欠な作業だといえよう。第2には、経営史的研究方法の活用である。従来、中国資本紡の「衰退・没落の論理」を支持する有力な論拠の1つとして、中国資本紡経営の欠陥や後進性が指摘されてきた。したがってこれを内在的に批判克服できない限り、「発展の論理」は説得力を持ち得ない。本章は、1980年代以来発掘整理が進められてきた経営関係の史料を基礎に、可能な限り経営史的な研究方法を採用し、中国資本紡の経営自体の中に発展の論理を見出そうとした。

---

(1) 守屋典郎『紡績生産費分析』増補改訂版、御茶の水書房、1973年。初版は1948年であり、戦前から戦時にかけての研究成果をまとめたものである。中国資本紡と比較しつつ日本資本在華紡の生産性を比較したのが同書第6章「紡績業生産性の日中比較」。

(2) 高村直助『近代日本綿業と中国』東京大学出版会、1982年。筆者の書評は『史学雑誌』第92編第6号、1983年に掲載。

第 1 章　戦間期中国綿業における発展の論理　　27

(3)　西川博史『日本帝国主義と綿業』ミネルヴァ書房、1987 年。
(4)　桑原哲也『企業国際化の史的分析 ── 戦前期日本紡績企業の中国投資』森山書店、1990 年。筆者の書評は『社会経済史学』第 57 巻第 1 号、1991 年に掲載。
(5)　阿部武司「綿業」武田晴人編『日本産業発展のダイナミズム』東京大学出版会、1995 年。
(6)　清川雪彦「中国綿工業技術の発展過程における在華紡の意義」『経済研究』第 25 巻第 3 号　1974 年。清川雪彦「中国繊維機械工業の発展と在華紡の意義」『(一橋大学) 経済研究』第 34 巻第 1 号、1983 年。
(7)　厳中平『中国棉紡織史稿』1963 年。同書は同じ著者による『中国棉業之発展』(中央研究院社会科学研究所、1942 年) を基礎にしており、そこでは中国綿業の発展過程が積極的に評価されている。注(16)菊池敏夫「南京政府期中国綿業の研究をめぐって」参照。
(8)　Chao, Kang〔趙岡〕,The Development of Cotton Textile Production in China, Harvard University　Press,1977. 趙岡・陳鐘毅『中国棉業史』聯経出版事業公司、1977 年
(9)　森時彦『中国近代綿業史の研究』京都大学学術出版会、2001 年、334 頁。本書については改めて後述。なお筆者の書評が『歴史学研究』第 771 号、2003 年に掲載されている。
(10)　厳中平、前掲書 200-202 頁。生産設備面における日本資本の伸長は 222-224 頁で言及。
(11)　同上、203-211 頁。
(12)　同上、225-239 頁。
(13)　富澤芳亜「『満洲事変』前後の中国紡織技術者の日本紡織業認識」、曽田三郎編『近代中国と日本』御茶の水書房、2001 年。中国人技術者の結集軸になった中国紡織学会が 1930 年に成立したことの重要性については、同氏の御教示を受けた。
(14)　方顕廷『中国之棉紡績業』商務印書館、1934 年。英語版は 1932 年に出版されている。なお同書の中では匿名で記された調査対象工場名を特定しておくと、甲廠は裕元、乙廠は恒源、丙廠は天津華新、丁廠は北洋である。
(15)　王子建・王鎮中『七省華商紗廠調査報告』商務印書館、1935 年。
(16)　奥村 哲「抗日戦争前中国工業の研究をめぐって」『東洋史研究』第 35 巻第 2 号、1976 年。
(17)　菊池敏夫「南京政府期中国綿業の研究をめぐって」『歴史学研究』第 549 号、1985 年。
(18)　黒山多加志「綿業における"中国人的経営論"の再検討」『近きに在りて』第 5 号、1984 年.
(19)　金丸裕一「中井英基氏の近代中国経営史研究について」『中国近代史研究会通信』第 18 号、1985 年。
(20)　「中国産業史研究への模索 ──『中国綿業史セミナー』の開催 ── 」『近きに在りて』第 5 号、1984 年。「日中戦争直前期中国綿業の研究について」(菊池敏夫)、「中国資

本主義発生についての最近の中国の研究」(秦惟人)、「綿業における『中国人的経営論』の再検討」(黒山多加志)、「中国紡織企業史研究 —— 1910 〜 20 年代の申新紗廠 —— 」(金丸裕一)、「南京政府の原棉政策」(飯塚靖)、「20 世紀前半における中国の土布業の実態について」(弁納才一)、「戦時インフレーション下の中国綿業」(上野章)が報告され、報告者と奥村哲、川井悟、久保亨、久保田文次、倉橋正直、黒田明伸、小瀬一、小浜正子、小島淑男、鈴木智夫、鈴木岩行、曽田三郎、副島昭一、高綱博文、鉄山博、西村成雄、平野和由、古厩忠夫、古山隆志、林原文子の計 27 人が討論に参加した。

(21) 鈴木智夫『洋務運動の研究』汲古書院、1992 年。筆者の書評は『史学雑誌』第102編第12号、1993年に掲載。

(22) 中井英基『張謇と中国近代企業』北海道大学図書刊行会、1996 年。中井は 19 世紀末設立の大生紡と経営者張謇に焦点を合わせ、近代中国における企業経営者論を提起している。本書に対する筆者の書評は『社会経済史学』第 63 巻第 4 号、1997 年に掲載。

(23) Elisabeth Köll, *From Cotton Mill to Business Empire, The Emergence of Regional Enterprises in Modern China*, Harvard University Asia Center, 2003.

(24) 川井伸一「戦後中国紡織業の形成と国民政府 —— 中国紡織公司の成立過程 —— 」『国際関係論研究』第 6 号、1987 年。川井伸一「中紡公司と国民政府の統制 —— 国有企業の自立的経営方針とその挫折 —— 」姫田光義編『戦後中国国民政府史の研究、1945-1949 年』中央大学出版部、2001 年。

(25) たとえば 1977 年度の歴史学研究会近代史部会笠原十九司報告「中国民族産業の発展とブルジョアジー —— 五四運動期の上海を中心に —— 」など参照。

(26) 森時彦、前掲書所収。

(27) 富澤芳亜「近代中国紡織業と洋行 —— 中国紡織業の『黄金時期』における紡績機械輸入 —— 」『史学研究』第 224 号、1999 年

(28) 菊池敏夫「中国資本紡績業の企業と経営 —— 1920 年代の永安紡織印染公司について —— 」『近きに在りて』第 13 号、1988 年。

(29) 津久井弘光「1923 年武漢における対日経済絶交運動と指導層 —— 武漢綿業の展開と関連して —— 」『(日本大学経済学部経済科学研究所) 紀要』第 21 号、1996 年。

(30) 富澤芳亜「劉国鈞と常州大成紡織染股份有限公司」曽田三郎編『中国近代化過程の指導者たち』東方書店、1997 年。

(31) 田島信雄・江小涓・丸川知雄編『中国の体制転換と産業発展』東京大学社会科学研究所、2003 年、第 4 章　綿紡織業 —— 移行過程における低効率競争 —— （江小涓執筆）。

(32) 富澤芳亜「銀行団接管期の大生第一紡織公司 —— 近代中国における金融資本の紡織企業代理経営をめぐって」『史学研究』第 204 号、1994 年。

(33) Köll, *op.cit.*, pp203-204.

(34) 中国近代紡織史編委会編著『中国近代紡織史』紡織出版社、1996 年。

# 第2章　上海新裕（溥益）紡
## ── 技術者主導の経営改革 ──

　中国における綿紡績業経営に関しては、すでに相当な量の研究が蓄積されてきた。しかし実は第1章で述べたとおり、詳細な経営史料が把握され分析されているのは、全国約60社のうち15社程度にしか過ぎず、その範囲にも偏りが見られる。内陸地域の企業経営研究が不足しており、沿海都市地域に限ってみても、経営成績の悪かった企業に関する研究は少なかった。経営成績が悪かった企業ほど経営関係資料の系統的な整理保存が疎かにされ、そのことが当該企業の経営に関する研究を困難にする一因にもなっていた。

　しかし近年、中国各地の文書館の資料整理と公開利用が進む中、新たな史料に基づく経営史分析も可能になりつつある。本章は上海にあった中国資本の綿紡績会社の一つ、新裕紡（1935年、旧名の溥益を改称）をとりあげ、1930年代に同社が直面した経営危機の実態とその克服をめざした過程とを、主に上海市档案館所蔵の文書史料に基づき考察したものである[1]。新裕紡の場合、操業開始後10年ほどを経た1920年代末には早くも経営に行き詰まり、1931年から37年にかけ3度も改組を繰り返しながら経営再建を図らねばならなかった。こうした企業は、決して珍しい存在だったわけではない。これまで具体的に分析されることが少なかった業績不振企業の経営の実態、並びに銀行管理の下、技術者主導によって進められた経営再建の過程について、以下本章では上海新裕紡の事例を通じて考察していくことにしたい[2]。

## 1．新裕（溥益）紡小史

　経営の具体的な分析へ入る前に、新裕（溥益）紡の歴史を簡単にまとめておく。

＜第1期　1918～1931年＞

溥益紡織公司は上海が第一次世界大戦を機とする好況の真只中にあった 1915 年、両淮地区の塩商徐静仁、周扶九らの出資によって資本金 70 万両で設立され、1918 年から操業を開始した。当時としてはまだ珍しかった不燃建築の建物に相当な数の紡績機を据え付けた最新鋭工場だったことから、「大いに今後の発展を期待できる」と目された存在だった(3)。中心になった徐静仁は、塩田を棉花栽培地に転換する開墾事業にかかわった際、張謇、劉厚生ら綿紡織業経営者との交流を深めていた人物である(4)。恐らく徐静仁にとっては、張謇らの大生紡が恰好の成功したモデル事業として意識されていたものと思われる。

上海の公共租界北部に位置する蘇州河沿いの土地を溥益公司が購入したのは 1915 年、英国 Howard and Blough 社 1916 年製の精紡機 20,120 錘を据付け、操業を開始したのは 1918 年末のことであった(5)。その後 1921 年、資本金を 400 万元に増額するとともに、第一工場にほど近い公共租界内の土地で第二工場建設に着手、やはり英国 Howard and Blough 社製の精紡機 30,400 錘を据付け 1923 年から操業を開始した。

1910 年代末から 20 年代初めにかけての成立期の生産概況は表 2-1 に示されている。経営関連の数字は判明しない。が、増資しながら第二工場を増設している事実からすれば、後に書かれた社史の原稿の一つが「経営を始めた当初は安定していた」(6)と総括するとおり、第一次大戦期の好況の波に乗って順調に利益をあげていたものと思われる。

しかしよく知られているように、1923 年は中国綿業界を戦後の過剰生

表2-1　溥益(新裕)紡の生産設備と生産量の推移、1918-40 年

| 年 | 紡錘数(錘) | 織機台数(台) | 綿糸生産量(梱) | 綿布生産量(匹) | 棉花使用量(担) | 労働者数(人) |
|---|---|---|---|---|---|---|
| 1918 | 20,120 | - | 15,000 | - | 50,000 | ... |
| 24 | 50,520 | - | 37,800 | - | 130,000 | *2,600 |
| 31 | 50,520 | 504 | 32,933 | 200,000 | 116,885 | 3,538 |
| 32 | 50,520 | 504 | 33,156 | 173,895 | 113,135 | 3,551 |
| 33 | 50,520 | 504 | 31,118 | 243,446 | 111,215 | 3,074 |
| 34 | 50,520 | 504 | 29,286 | **260,000 | 105,801 | 2,536 |
| 35 | 50,520 | 504 | 33,723 | **200,000 | 118,539 | 2,406 |
| 36 | 50,520 | 504 | 37,119 | **320,000 | 128,609 | 2,428 |
| 37 | 50,520 | 404 | 25,186 | 170,928 | 88,178 | ... |
| 38 | 55,560 | 380 | 46,701 | 311,968 | 161,219 | ... |
| 39 | 52,070 | 439 | 46,939 | 323,762 | 163,131 | 3,300 |
| 40 | 58,385 | 454 | 46,148 | 358,702 | 158,390 | ... |

注:*は 1925 年の数値。**は綿布生産額と生産コストからの推計値。
出所：上海市档案館 198-1-7、19、51、585、588、744。
　　　労働者数は『中国棉紡統計史料』。

産恐慌が襲った年であった。恐らく溥益公司の経営内容も 1923 年以降、厳しさを増していったものと推測され、1926 年にはそれまで金城銀行総處（本店）業務課長の任にあった厳恵宇が溥益公司の経営幹部に招聘され、経営改善を託されることになった[7]。　取引先銀行からの巨額の資金借入れも、1920 年代後半に始まっている。残された史料に記されたものだけで、1929 年 4 月 15 日に金城銀行から 20 万両、同年 10 月 27 日に四行儲蓄会から 90 万両の借款契約が交わされており[8]、　金城銀行に対する定期借款と当座借越の合計額は 1928 年に 67 万元、1929 年に 115 万元、1930 年に 123 万元と膨らみ続けた[9]。
　徐静仁自身が創立に参与し董事の地位にも就いていた中南銀行からの借款は、後述するようにさらに巨額にのぼっていた模様である。また 1930 年 12 月、労働者のストライキを契機に一ヶ月余りのロックアウトを実施したことも、経営危機打開をめざす動きの一つであった[10]。
　しかし結局のところ経営好転を図ることはできず、1931 年 4 月 8 日、ついに銀行の主導により債権整理委員会が成立、10 月 8 日に倒産の日を迎えた[11]。債務額は中南銀行に対し 190 万両（1 元＝ 0.715 両の換算レートで 265 万 7,343 元）、金城銀行に対し 80 万両（同 125 万 8,741 元）、四行儲蓄会に対し 90 万両（同 111 万 8,811 元）、合計 360 万両（同 503 万 4,895 元）に達し、溥益公司自身の資本金 400 万元をはるかに上回る状態だった[12]。

＜第 2 期　1932 〜 1934 年＞
　中南・金城両銀行の管理下、溥益紡織公司は再スタートを切ることになった。徐静仁、厳恵宇ら従来の経営陣は退任し、黄首民経理－朱公権廠長という新たな経営体制が組まれた。アメリカに留学して経営学を身につけていた新経理黄首民は、伝統ある綿紡織工場の一つ恒豊紡の経理（1919 〜 21 年）や華豊紡織廠の副総経理（1921 〜 23 年）も務めたという経験を買われての登用だったと思われる[13]。　債務については、総額 388 万元相当と見積もられた土地建物・機械設備を担保に、中南・金城両行が総額 340 万両（475 万 5,245 元）を溥益紡織公司へ貸付ける、という形で整理が図られた。固定資本に相当する額を 240 万両（335 万 6,643 元）、流動資本に相当する額を 100 万両（139 万 8,601 元）とし、それぞれに年率 8 ％の利子が課されている[14]。
　こうしてスタートした第 2 期であったが、この時期の営業成績は銀行側の

表2-2 溥益(新裕)紡の利益率の推移、1932-40年
単位：元、斜体字%

| 年 | 利益金 | 資本金 | 資本金利益率 |
|---|---|---|---|
| 1932 | 421,619.40 | 4,755,245.00 | 8.87 |
| 33 | -153,321.09 | 4,755,245.00 | -3.22 |
| 34(上半期) | -199,781.07 | 4,755,245.00 | -8.40 |
| 35-36 | -1,787,857.35 | 5,500,000.00 | -17.43 |
| 37 | 549,251.64 | 5,500,000.00 | 9.99 |
| 38 | 3,953,490.71 | 6,000,000.00 | 68.76 |
| 39 | 5,980,571.19 | 6,000,000.00 | 99.68 |
| 40 | 5,929,897.39 | 6,000,000.00 | 98.83 |

注：資本金利益率＝利益金÷平均資本金
平均資本金額は前期末及び当期末資本金の単純平均。
資本金利益率はすべて年間利益率に換算。
出所：上海市档案館198-1-28、51、52、628、744。

意にそぐわないものとなった。経営改革のための努力がなされたにもかかわらず、溥益公司の決算は1932年に42万元の黒字が計上されただけで、その後は1933年に15万元の赤字、1934年には上半期だけで19万元の赤字を出す始末に陥ったからである（表2-2参照）。しかもこの決算には固定資本の減価償却額も、貸付金に対する支払利子額も計上されていない。いずれも赤字を小さく見せかけるための措置であり、もし仮にそれらの金額を考慮に入れると、2年間半の赤字総額は136万9,000元に達する、とも指摘されている[15]。

　1934年10月、金城銀行総経理周作民は腹心の部下蒋允福を溥益紡織公司に派遣し、経営状況をつぶさに精査させた[16]。その結果蒋の得た全般的な印象は、同公司の経営においては「棉花綿糸布の投機取引ばかりが重視され、生産管理がきわめて疎かにされてきた」というものであった[17]。蒋によれば、1934年上半期の赤字額19万元余という数字は、実は棉花取引で得た38万元余りの利益によって穴埋めした後のものであって、経常的な営業収支だけをとってみると58万元の損失であった。しかもそのほかに減価償却費、在庫品評価損、事務所経費など計上されていない分があり、それらの合計額が別に56〜57万元に達する。この報告書を目にした周作民は、ただ一言、「可怕」とのみ記した[18]。愕然とした様子が伝わってくる。

　こうした情況の中、経理の黄首民が自ら辞意を表明した。銀行側に辞任を申し出た書簡は、国民政府による棉花関税引上げ、綿布関税引下げ、綿糸統税引上げなどの動きを列挙し、「政令の変化が大きく金融も不安定な上、棉花・綿糸の市況も混乱している。このままでは情況を把握して適切な措置を講じることができず、公司の将来を誤ることになってしまうのを恐れ、辞職を申し出る次第である。」とその理由を説明している[19]。　しかし国民政府の経

済政策や金融、市況といった外部要因のみに経営悪化の責任を全て転嫁できるわけがなかったことは、上述のとおりである。問題は何よりもまず経営の内部に存在した。辞意表明は経営の主体的責任を問われた結果だったと見なければならない。

＜第3期　1935～1937年1月＞

　改めて経営再建策が中南・金城両銀行の関係者や朱公権廠長らの間で協議され、次のような方向性が打ち出された。まず第1に、従来の溥益紡織公司を解散し新裕紡織公司という新会社を設立するという形を採って、経営管理体制の全面的な刷新を図ることである。「新旧両公司の区別をはっきりさせることによって、初めて前進が可能になり前車の轍を免れることができる」と周作民はその意味を強調していた[20]。では、経営管理体制の何をどのように変えようとしたのか、その具体的な内容は改めて第3節で検討したい。

　第2に新会社の資本金については、中南・金城両銀行がそれぞれ45万元、通成公司、四行儲蓄会、交通銀行などが計60万元を出資し、合わせて150万元を用意することになった。ただしこの150万元は棉花買付や賃金支払などの流動資金用に用意された資本金であって、土地建物・機械設備などの固定資本は従来の溥益公司のものを債権団（すなわち中南・金城両銀行）から借用する形になっている[21]。なお両銀行の新裕紡織公司に対する借款については、1935年の改組当初の段階では、固定資本を担保に年利5％で400万元（うち七割の280万元が中南銀行、三割の120万元が金城銀行）と設定されていた[22]。しかし1936年に入ってから、溥益公司時代の未返済債務についても整理され、固定資産を担保とする年利4％総額400万元の第一借款に加え、未返済債務償還のための年利1.5％総額356万5,903.5元（中南227万1,100.21元、金城129万4,803.29元）の第二借款を設定する形に変更された[23]。年間の支払利子総額は変更以前とほぼ同額となるようにしながら、溥益公司時代の未返済債務についても全て回収することがめざされたのである。

　第3に新会社の経理には、中華捷運公司（運送業）の総経理であって、その他にも水産業や金属取引など数社の企業経営に携わっていた簀延芳が招聘された。簀は綿紡織業については、全く経験を持ちあわせていない。したがって彼の登用に当たっては、その企業経営者としての手腕が期待されたもの

と思われる[24]。

　第4に経営再建の基本方針として「科学的管理方法を採用し合理的経営の成果を収める」べきことが強調された[25]。実際、新たに経理に就任した資延芳も、コスト管理を重視した合理的経営をめざす姿勢を打出し、現場に対し繰り返し生産在庫統計の正確かつ敏速な報告を求めたりしている[26]。ただし就任直後に打ち出されたこの姿勢が、その後も一貫して貫かれたわけではない。

　再建に向け相当の意気込みが感じられた第3期の経営も、結果的には失敗に終わった。新会社として再出発した1935年2月から再び改組に追い込まれる1937年2月までの僅か2年間に、赤字総額は実に178万7,857元に達し、第2期に比べても経営成績は一層悪化している（表2-2参照）。

　その赤字の原因がさらに問題であった。経常的な収支だけをとれば、1935年が僅かながらも3万7,109元の純益、1936年が2,549元の損失、そして1937年は改組に追込まれる2月7日までの数字で3万6,260元の純益となっており、その合計額は決して赤字ではない。非経常的な収支を含めた決算で180万元近い赤字を出した原因は、棉花綿糸布の投機的な売買で多額の損失を被ったことにあったのである。かかる事実を踏まえ1937年5月20日の臨時株主総会は「会社自体の営業に於いては利益があがっており、欠損の発生はあげて棉花綿糸の現物並びに先物取引が適切ではなかったためである。」として、棉花綿糸取引に失敗した経理資延芳の責任を厳しく指弾した[27]。

　1度ならず2度までも経営立直しに失敗した銀行側は、それまでとは全く異なる新たな経営管理体制を試みることになった。第4期の、誠孚信託公司による新裕紡織公司管理という形態がそれである。

＜第4期　1937年2月以降＞

　新裕紡織公司の急速な財務悪化を銀行側が察知したのは1936年8〜9月頃、そして経理資延芳が辞意表明に追込まれたのが同年11月、新たな経営管理体制の模索が本格化したのはそれ以降のことであった[28]。その要点は、銀行の主導下、企業の経営管理を専門的に請負う管理会社に委託して新裕紡の再建を進めようとするものであり、すでに天津で類似の業務を始めていた誠孚信託公司が管理委託先に選ばれた。詳しい事情については第3節で改めて

論じたい。ともかく 1937 年 5 月、中南・金城両行の 100 ％出資子会社として誠孚信託公司が改組される[29]とともに、同公司に対し新裕紡織公司の経営管理を委託することが新裕側の臨時股東会で決議され[30]、当事者の間で契約が結ばれた[31]。

誠孚公司管理下の新裕紡織公司は、新体制が発足した直後に日中全面戦争の開始、上海での八・一三事変（第 2 次上海事変）勃発という緊迫した事態に遭遇する。しかし後述するようにいくつかの幸運な条件も重なり、新裕紡の経営再建の試みは見事な成果をあげていった。八・一三事変による戦争の影響が出る以前、1937 年 2 ～ 7 月の半年間に誠孚管理下の新裕紡は 48 万元の純益を記録[32]、さらに 37 年 1 年間を通じてもおよそ 55 万元の純益を確保することができた（表 2-2 参照）。1938 年以降になると、戦線が遠ざかり租界内での経済活動が小康状態を取り戻すとともに、市内及び内陸地域の綿糸布需要が切迫したことにともない、毎年 400 ～ 600 万元という巨額の利益をあげていく。これは中南金城両行に対する累積債務を一掃するばかりか、新たな設備投資や戦後への蓄えさえも可能にするものであった。こうした成功に基礎づけられ、専門の管理会社による紡織企業経営という第 4 期に特徴的な経営管理体制は、その後共産党政権の「公私合営」政策が具体化される 1952 年までの 15 年間存続した。

## 2．経営の隘路

1931 年の最初の倒産騒ぎから数えれば、溥益（新裕）紡は 6 年の間に 3 回も倒産改組の憂き目にあったことになる。このように危機が繰返された背景には、その経営自体に構造的な問題が存在していたものと見なければならない。以下、溥益（新裕）紡の経営が直面していた隘路について考察を加えていく。

そもそも溥益紡の場合、その販売総額に対して経常利益額が占める割合、すなわち売上高利益率がきわめて低い水準にあった。1932-1934 年のデータを整理した表 2-3 によれば、溥益紡の数字は同じ沿海部に立地していた上海の永安紡、青島の華新紡を大幅に下回っている。ではなぜ溥益紡の売上高利益率

表2-3 売上高利益率の比較、1932-34 年
単位：％

| 年 | 溥　益 | 上海永安 | 青島華新 |
|---|---|---|---|
| 1932 | 2.29 | 7.12 | 6.41 |
| 1933 | -9.46 | 2.75 | … |
| 1934 | -13.08* | 1.10 | 5.43 |

注：*1934 年の溥益の数字は上半期のみ。
出所：上档 198-1-51。本書第 5 章。

表2-4 製造コストの比較、1934 年
単位：元

| | 溥益 | 天津裕元 |
|---|---|---|
| 労働者賃金 | 10.774 | 7.791 |
| 補助原料費 | 6.046 | 2.999 |
| 動力費 | 4.809 | 3.700 |
| 職員俸給 | 1.721 | 1.282 |
| 食費 | 0.857 | 0.306 |
| 総務費・利息等 | 14.478 | 8.377 |
| 計 | 38.685 | 24.455 |

注：1 梱当たり製造コストの数値。
　　平均番手数は溥益 15.69、裕元 15.68。
出所：上档 198-1-51。

表2-5 綿糸製造コストの比較、
　　　　1931-32 年（20 番手糸 1 梱、元）

| | 溥益 | A廠 | B廠 |
|---|---|---|---|
| 賃金コスト | 15.357 | 13.588 | 13.913 |
| その他コスト | 17.629 | 17.520 | 15.536 |
| 計 | 32.986 | 31.108 | 29.449 |

出所：上档 198-1-51、
　　　『七省華商紗廠調査報告』。

は低迷していたのか。原料・製造コストと販売価格の両面から考えてみよう。

はじめに製造コストについて。第 2 期経営の危機が明らかになった直後、溥益紡と天津の裕元紡の製造コストを比較したデータがまとめられた。溥益・裕元の両社は生産規模・生産品目がともに類似しており、比較に適していると考えられたためである。両社のデータを整理した表 2-4 によれば、賃金・動力費・総務費などいずれの項目をとっても溥益紡の方が 3 割程度高く、補助原料費に至っては 2 倍近い金額になっていることが判明する。

もう一つ、ほぼ同時期の別のデータとして表 2-5 を検討しておこう。溥益紡の数字は 1932 年上半期溥益第 1 廠の 20 番手綿糸製造コスト、比較のために挙げた A・B 2 つの工場の数字は 1931 年の全国調査においてコストが低い工場の例として掲載されたやはり 20 番手綿糸の製造コストである。溥益の方が確かに数％から 10％多くなっている。それだけではない。実は溥益のデータには減価償却費と保険料が計上されていない。もしそれを考慮に入れるならば、溥益のコストはA・B両工場より確実に 2 割程度高いものとなる。

要するに賃金コストも、動力費・補助原料費などのコストも、溥益は他の工場より高かったものと判断される。なお改めていうまでもなく、高い賃金コストは、必ずしも賃金水準が高かったことを意味するものではない。後の検討で明らかになるとおり、労働生産性の低さこそ溥益紡の高い賃金コストの主因であった。

次に原棉コストについて。溥益の場合、原棉は直接産地から調達するので

はなく、上海の棉花取引市場で上海の棉花商から購入するのが普通だった。その過程に於いて棉花商の中間マージンが何度も加算されるため、

**表2-6 溥益棉花買付け量と価格の推移、1931-1932年**

単位：担、（　）内％、斜体字は元

| | | 1931年 | 1932年上半期 | 1932年下半期 |
|---|---|---|---|---|
| 外国棉花 | 買付け量 | 46,754( 40.0) | 47,476( 94.1) | 25,074( 35.7) |
| | 買付け価格 | ... | *52.91* | *60.49* |
| 中国棉花 | 買付け量 | 70,131( 60.0) | 2,973( 5.9) | 45,069( 64.3) |
| | 買付け価格 | ... | *47.93* | *44.46* |
| 棉花買付量 | 合計 | 116,885(100.0) | 50,449(100.0) | 70,143(100.0) |
| | 平均価格 | ... | *52.62* | *50.19* |

注：棉花買付け価格は一担当たりの価格、1931年の数値は棉花使用量。
出所：上档198-1-51、『七省華商紗厰調査報告』。

原棉コストはその分高くならざるを得ない。こうした情況を克服すべく、溥益紡も漢口の恒泰祥という棉花商と直接取引し原棉を購入しようとしたことがあった[33]。　中間マージンを少しでも節減し、原棉コストを引下げようとしたものと見られる。当初この試みはうまくいくように思われたが、たちまち問題が発生した。原棉の品質が保障されなかったのである。「〔送付されてきた〕この原棉で綿糸を紡製したならば、わが社の綿糸製品のブランドイメージを傷つけることになる。」というほどの低品質製品が送付されてきたため、溥益はしばらくの間その善後処理に追われることになった[34]。直接取引にはトラブルも多かったのである。そうしたトラブル発生のリスクを回避するため、溥益の場合、高価格を承知で上海の棉花商から原棉を購入せざるを得なかったものと見られる。

　溥益紡の原棉コストに関するもう一つの問題は、アメリカ棉を主とする外国棉への依存度が高かったことである（表2-6）。上海の場合、1932年上半期のようにアメリカ棉を安く調達できる機会も多かったため、アメリカ棉に対する依存度の高さを一概に原棉コスト高の原因とするわけにはいかない。しかし同年下半期のようにアメリカ棉の価格が中国棉の価格を大幅に上回った場合、アメリカ棉を他より多く使っていた溥益紡が、他工場に比べ原棉コスト高に陥るのは避けられなかった。

　では売上高利益率を規定するもう一つの重要な要素、製品の販売価格はどのように推移していたのだろうか。溥益紡の「地球」牌綿糸の販売価格を上海の有力ブランドである申新紡の「人鐘」牌、並びに永安紡の「宝鼎」牌・「金城」牌と比較してみると、ほとんどの時期を通じ4～5％低い水準で推移し

表2-7　綿糸販売価格の比較、1932-1934年
単位：1担当たり元

| 16番手糸 | 溥益<地球> | 申新<人鐘> | 永安<宝鼎> |
|---|---|---|---|
| 1932年 | 213.55 | 220.32 | 221.39 |
| 33年上 | 187.47 | 192.65 | 193.54 |
| 33年下 | 181.25 | 184.89 | 185.71 |
| 34年上 | 156.31 | 173.81 | 174.77 |
| 平均 | 184.65 | 192.92 | 193.85 |
| 20番手糸 | 溥益<地球> | 申新<人鐘> | 永安<金城> |
| 1932年 | 226.21 | 233.19 | 243.45 |
| 33年上 | 200.96 | 203.10 | 210.43 |
| 33年下 | 198.32 | 192.52 | 202.33 |
| 34年上 | 176.09 | 179.50 | 188.42 |
| 平均 | 200.40 | 202.08 | 211.16 |

出所：上档 198-1-51、『上海物価年刊』。

表2-8　溥益紡の製品構成(綿糸番手別)の推移、1931-1934年
単位：%

| 年 | 10番手 | 16番手 | 20番手 | 32・42番手 |
|---|---|---|---|---|
| 1931 | 3 | 49 | 44 | 4 |
| 32 | 10 | 28 | 57 | 5 |
| 33 | 19 | 14 | 64 | 3 |
| 34上 | 1 | 53 | 42 | 4 |

出所：上档 198-1-51、『七省華商紗廠調査報告』。

ていたことが判明する（表 2-7）。同じ番手数の綿糸販売価格にこれほどの開きがあった理由は、やはり品質の差に求めざるを得ない。実際、溥益製の綿糸については、製品を購入した綿糸商側から溥益公司に対し、しばしば苦情が舞い込んでいた。曰く「綿糸の含水量が多く太さが不均一である」[35]、「綿糸の包装用紙が薄く破れやすいので、包装を解いてみると、どの綿糸にも傷みがある」[36]、「糸が黄ばんでおり、送られてきていたサンプルとは異なっている」[37]等々。さらに溥益製の綿布に対しても、寸法不足、原料綿糸の不均質、縛り糸の染め落ちによる綿布の汚れなどの点をめぐって、綿布加工会社など顧客側からのクレームが絶えなかった[38]。このように品質に関する苦情が多くては、他社の有力ブランド商品に比べ販売価格を引下げざるを得なかったものと思われる。

　製造していた綿糸は、表 2-8 に示されるとおり 16 番手糸と 20 番手糸が中心であり、主な販売市場は四川、広東、福建、及び華北地方であった[39]。要するに低価格の太糸綿糸を遠隔地の地方市場に販売していたわけであり、高い価格で取引される細糸綿糸を上海江浙一帯に販売していた日本資本の在華紡などに比べ、溥益紡が多くの利益を期待することはどだい困難であった。しかも通常は四川、広東、福建、及び華北地方向けに糸の撚りが逆手（「反手」）の綿糸を生産していたため、順手の綿糸を必要とする江浙一帯の業者から注文が舞い込んでもすぐには対応することができず、いたずらに商機を逸するという事態すら生じている[40]。

　以上に見てきたような高コスト・低価格という情況の背後には、生産性向

上と品質改善をめざす努力の不足があり、開業以来 1930 年代半ばにいたるまで、生産設備の改善に必要な設備投資がほとんどなされてこなかったという経営上の問題が潜んでいた。1935 年から 1936 年にかけ、第1期と第2期の経営を総括し第3期における設備改善努力の成果を誇る形で執筆されたレポートは、「溥益第一工場は操業を開始して以来既に 20 年、第二工場も既に 13 年を経過している。その機械設備の老朽化については、もはや贅言を要しない」[41]と断じるところから書き出している。溥益紡創設以来、一貫してその経営に携わってきた塩商出身の徐静仁にとって、綿業経営とは、結局のところ衰退しつつあった塩業に代わる新たな投資対象であったに過ぎず、絶えざる技術革新に基づき生産性の向上をめざすという考え方は、はなはだ理解しにくいことであったのかもしれない。

## 3．中南・金城両銀行と溥益紡

溥益紡に多額の融資を行っていた中南銀行と金城銀行は、かなり早い時期から、溥益紡の経営危機を察知し、その打開のために動いた。まず 1926 年、金城銀行総處（本店）業務科長の厳恵宇が銀行の職務を辞し溥益紡経理に就いた[42]。鎮江に縁の深かった溥益紡総経理徐静仁が同地出身の厳恵宇を招聘したという面もあったにせよ、金城銀行としては、厳の派遣に溥益再建の期待を込めていたのである[43]。しかしすでに述べたとおり事態の好転を図ることはできず、1929 年末から 30 年にかけ、中南銀行総経理の胡筆江、金城銀行上海分行経理（支店長）の呉蘊斎、四行儲蓄会の銭新之、溥益紡の徐静仁・厳恵宇らが、債務の整理と返済のための協議を重ねるようになった[44]。

溥益紡の経営改善に少しでも役立てば、という狙いからだったと思われるが、金城銀行の周作民が天津の取引先を紹介したり[45]、中南銀行の黄浴沂が汕頭の取引先を紹介したり[46]、といった援助も行われた。

両銀行がこのように早くから溥益紡の経営に注意を向けていた最大の理由は、両行が同紡に 350 万元という多額の資金を融資しており（1931 年末時点）、仮に溥益紡が倒産し、その債権が回収できないようなことになれば、両行自

体の経営にも悪影響が及ぶと懸念されたからである[47]。とくにすでに四年前の 1927 年、別の融資案件で 220 万元の焦つき債権を抱え込んでいた中南銀行にとって、そうした懸念にはきわめて深刻なものがあった。同行の払込資本金額は 500 万元であったにすぎない。なお別の融資案件とは、倒産した天津の商社、協和貿易公司に対するものであり、担保にも虚偽申告があったため、中南銀行はほとんど債権を回収できない状況に追い込まれていた[48]。

　それでは、なぜ両行は溥益紡に対し、これほど多額の融資を行っていたのか。実は溥益紡を創設した徐静仁は、中南銀行の創立にも深く関与し、同行の董事（役員）に就任するほど密接な関係を持つ人物だった。話は 1920 年代初頭にさかのぼる。当時、中国国内の有望な投資先を探して上海にやってきた東南アジア華僑黄奕柱に対し、旧知の間柄であった申報社社主の史量才が徐静仁を紹介し、銀行を設立しようという話が持ち上がった。そこで鎮江との縁が深かった徐静仁が、鎮江人で交通銀行の経理をつとめた経験を持つ胡筆江に声をかけ、彼ら 4 人が中心になって創設したのが中南銀行だったのである[49]。こうした経緯を念頭に置くならば、中南銀行が溥益紡に多額の資金を注ぎ込んだことに何の不思議もない。

　では金城銀行の場合はどうか。そもそも中南銀行と金城銀行は、ともに交通銀行の元幹部が設立にかかわっていたことから、きわめて親密な関係にあった。中南銀行総経理の胡筆江は金城銀行総経理の周作民と交通銀行在職時代に同僚の間柄であったし、金城銀行の董事にも就いている[50]。また金城・中南・塩業・大陸の四銀行が提携して設立した四行準備庫は、中南銀行が獲得していた通貨発行権を基礎にしている。したがって中南銀行の融資活動に金城銀行が協力するのも、自然の成りゆきだったように思われる。

　同時に注目されるのは、銀行経営者たちの経営理念である。金城銀行二〇周年誌は「銀行業とは社会事業であって、国民経済の発展を支援することをめざしている」とその冒頭で宣言しており、その後に掲載された業務方針においても、信用供与先の柱の一つは農業・鉱工業であって「各分野の主な鉱工業事業の設備・技術・管理の改善とそれに要する資金については、適宜相当の援助を与えていく。たとえば紡織工業、化学工業、日用雑貨品製造工業、炭鉱業などに対し、資金を貸付けたり、社債の募集を引受けたり、新たな機

構を設けて専門家を派遣し経営管理を代行したりしていく」との具体的な方策まで提示していた[51]。産業振興のため、銀行が重要な役割を果たさなければならないという使命観は、とくに

表2-9　新裕紡織公司常務董事会の出欠表

| 氏名 | 役職 | 出席 | 代理出席 | 欠席 |
|---|---|---|---|---|
| 周作民 | 金城銀行総経理 | 31 | 37 | 2 |
| 胡筆江 | 中南銀行総経理 | 3 | 38 | 29 |
| 李升伯 | 棉業統制委員会委員 | 3 | 0 | 67 |
| 曾延芳 | 総経理 | 63 | 0 | 7 |
| 朱公権 | 廠長 | 69 | 0 | 1 |

出所：上档 198-1-290 議事録より整理。

金城銀行総経理の周作民の場合に顕著だった。たとえば新裕紡に改組した直後、1935～36年の役員会議議事録によれば、周作民は三分の一近い出席率になっている（表 2-9 参照）。これは他の銀行関係者に比べ際だって高い数字である。金城銀行総経理としての業務が多忙を極めていたはずの彼が、一紡績会社の経営再建のため、これほどの時間と労力をさいていたことは注目に値する（本書第8章参照）。

## 4．技術者主導による経営再建の試み

第2期から第4期にかけ、中南・金城両銀行の管理の下、技術者出身の経営幹部によって、溥益（新裕）紡の再建に向け様々な努力が試みられた。彼らが主導した経営再建の内容と成果について、以下5つの面から考察する。

（1）　製造コストの削減

コスト削減が経営再建の要に位置する問題であることは、すでに第2期から意識されていた。当時の総経理黄首民による 1933 年の営業報告書は「第1・第2両工場の製造工程改善につとめ、精紡工程をすべてハイドラフト方式に改め3回目の精紡工程を省いた。それにより合計 700 人の労働者を削減、賃金と補助原料費も年間 15 万元を節約できた」と述べている[52]。この言明がどの程度まで真実を伝えるものであったかは、後で改めて検討したい。とにかくここで大切な点は、コスト削減に向けた努力の必要性を、この時期の経営者側が明確に自覚していたことにある。

さらに第3期になると、第2期の反省をもとに、科学的な経営管理の下、人員の減少と補助原料の節約などによりコスト削減を達成する方針が打ち出

表2-10 溥益(新裕)紡のコストの推移、1932-37年
単位：元

|  | 1932年下 | 1933年下 | 1936年11-12月 | 1937年6-7月 |
|---|---|---|---|---|
| 労　賃 | 17.333 | 15.417 | 9.80 | 10.66 |
| 電力費 | 6.143 | 6.495 | 5.21 | 6.28 |
| 補助原料費 | 8.179 | 7.477 | 4.40 | 5.27 |
| その他経費 | 4.956 | 4.908 | 3.60 | 6.75 |
| 合計 | 36.611 | 34.297 | 23.01 | 28.96 |

注：第一工場の20番手糸1梱当り製造コストの数値。
出所：上档198-1-51、744。

された[53]。そして新たに新裕紡織公司の常務董事に加わった李升伯の提唱により、20番手糸製造コストを40元以下に引下げる、との数値目標が設定されるとともに[54]、次のような様々な具体策が実施されていく。

＜設備改善＞
①　OM式ハイドラフト方式の導入
②　20番手糸紡績工程における3段階粗紡方式の復活
③　精紡機の動力伝導装置の改良
④　カセ機への自動玉揚げ器装備
⑤　織機への縦糸停止装置増設

＜労務管理＞
①　人事部設置
②　精紡工程における出来高給制度の改良
③　織布工場の椅子撤去
④　屑綿整理の役割分担変更

＜福祉充実＞
①　労働者用更衣室の設置
②　労働者識字学校開設[55]

では以上のような製造コスト削減のための努力は果たして成果をあげていたのだろうか。表2-10は第2期前半、第3期末、第4期初めの3つの時期を選択し、製造コストを費目ごとに比較したものである。第2期に若干のコスト削減の成果が認められるようになり、第3期にはきわめて低い水準の製造コストになっていたこと、その一方、第4期のコストはむしろ第3期より上昇していたことが確認できる。各費目ごとにみてみると、第2期から第3期にかけ大幅に減少していたのは、賃金と補助原料費であった。賃金は1933年下半期から1936年11～12月期にかけ36.4％の減少、補助原料費は同じ期間に41.2％の減少である。こうしたコスト削減は、確かに上述のような設備改

善と労働強化によって生産性が上昇した事実を反映する数字だった、と判断される。

しかし同時に、とくに賃金の場合、出来高給の単価引下げや労働者数の削減により、実質的な賃金切下げが図られていた事実も指摘されなければならない（表 2-11）。操業率のデータが欠如しているので厳密な比較は困難であるとはいえ、綿糸布の生産量が増加した 1931 年から 36 年の間に、労働者総数は 3,538 人から 2,428 人へと、およそ3分の2近くまで減らされている（前掲表 2-1）。こうした措置は労働者からの反発と抵抗に遭遇せざるを得なかったため、（4）で述べるように労資間の紛争を解決することも、経営者にとって重要な課題になった。

表2-11 溥益紡の工賃単価と労働者数の推移

| 時期 | 工賃単価 粗紡I | 粗紡II | 細紡 | 労働者数 粗紡 | 細紡 |
|---|---|---|---|---|---|
| 1934年末 | 0.70元 | 0.82元 | 0.19元 | 32人 | 106人 |
| 1935年末 | 0.66 | 0.79 | 0.18 | 28 | 96 |

注：第一工場の数値。労働者数は各工程常時配置数。
出所：上档 198-1-19。

（2）　原棉コストの削減

原棉コスト引下げのため使用する棉花を高価な米棉から廉価な中国棉に変更するという方針は、ほぼ順調に実施され、ある程度のコスト削減に貢献することができた（表 2-12）。とはいえ、この程度の原棉コスト削減で、綿糸価格の急激な低落に十分対処できたわけではない。一方、1936 年から 38 年にかけては日中戦争の影響で原棉コストが上昇している。幸いこの時期には綿糸価格が原棉コスト上昇を上回る勢いで高騰したため、結果的には経営に負担を生じないで済んだ（表 2-13）。

なお新裕紡績の場合、比較的廉価な棉花をあらかじめ相当量確保していたことが、日中戦争勃発後の原棉価格上昇に際し、有利な条件になったようである。皮肉なことに投機の失敗によって抱え込んでいた大量の原棉が、日中戦争の勃発によって大きな含み

表2-12 溥益棉花買付け量と価格の推移、1933-1934 年

単位：担、（　）内％、斜体字は元

| | | 1933年上半期 | 1933年下半期 | 1934年下半期 |
|---|---|---|---|---|
| 外国棉花 | 買付け量 | 5,187( 11.4) | 6,826( 11.0) | 723( 1.5) |
| | 買付け価格 | *54.20* | *52.69* | *51.28* |
| 中国棉花 | 買付け量 | 40,484( 88.6) | 54,954( 89.0) | 47,396( 98.5) |
| | 買付け価格 | *43.51* | *43.10* | *43.06* |
| 棉花買付け量 | 合計 | 45,671(100.0) | 61,780(100.0) | 48,119(100.0) |
| | 平均価格 | *44.72* | *44.16* | *43.18* |

注：棉花買付け価格は一担当たりの価格
出所：上档 198-1-51。

表2-13 溥益(新裕)紡の棉花買付価格と綿糸販売価格の推移、1932-37年

| 年 | 棉花1担 | 綿糸1梱 | 価格比 |
|---|---|---|---|
| 1932 | 51.18元 | 219.95元 | 4.30 |
| 33 | 44.42 | 189.28 | 4.26 |
| 34 | 43.18 | 165.77 | 3.84 |
| 35 | 49.05 | … | … |
| 36 | 52.05 | 225.63 | 4.33 |
| 37 | 2.76 | 284.89 | 5.44 |

注：価格比＝綿糸1梱価格／棉花1担価格
出所：上档 198-1-7、51、585、744、1515。

益を持つ存在に変わった可能性が高い。

（3） 品質の改善

品質の改善という面で目立った成果があがっていたことを示すデータはない。わずかな改善例の一つをあげておくと、綿布の寸法が足りないというクレームは、新型の検査機を導入して以来、ほとんど聞かれなくなったようである[56]。

それに対し縛り糸の色落ちで製品が汚れてしまうという以前からのクレームは、1937年以降にも繰返されている。たとえばこの年の11月、新裕公司は苦情を寄せてきた顧客に対し「縛り糸の色落ちで織布の色合いがやや赤みを帯びてしまったことにつき、たいへん申し訳なく思っております（以繋絞線退色、致織成品顔色夾有微紅……等情、敝公司至深抱歉）。」とお詫びの手紙を書かねばならなかった[57]。また1938年夏、新裕紡績経営幹部の童潤夫と李升伯は改めて連名で書簡を書き、品質改善のための設備投資の必要性を銀行側に説明している。この書簡によれば外国人商人が新裕紡績の製品取扱いを拒む理由は「品質と色合い」が市場の要求に合致していないためであった[58]。

（4） 労務管理の強化

1935年1-2月に一度、さらに1937年2～4月にもう一度、新裕紡では会社の改組時期に重なる形で労資間の紛糾が発生した[59]。さきに述べたとおり労働強化と賃金の切下げが進められたため、ある程度の反発が労働者から生じるのは避けがたいことであった。ただしいずれの場合も、同時期の他の工場の労資間紛糾に比べ比較的短期間に収束している。

最初の労資間紛糾は、溥益紡の新裕紡への全面改組にともない発生した。1935年1月、溥益紡の解散を口実に、経営側がすべての「職員」（中国語の「職員」は中間管理職や技師を意味する）と労働者を一度解雇することを通告したからである。通告には、上海市社会局の諒解を得ていることが明記され、残留しない職員には半年分の賃金が、また労働者には1ヶ月分の賃金が支給された。それでも操業再開と休業期間中の手当増額を求めてきた労働者たちに対し、経営側は操業再開の日程は新会社の定款等が成立した後に決まるこ

と、溥益紡に資金がないため手当増額はできないこと、の2点を回答するとともに、新裕紡への再雇用を希望する労働者の登録手続を進めた[60]。この紛糾は、上海市政府が調停に乗りだし、2月15日、新会社による2月20日からの操業再開と旧溥益紡労働者の再雇用という2つの条件が確認されたことによって解決した。再雇用されなかった者については、1ヶ月分賃金相当額の解雇手当に加え、20日間の休業期間中の賃金が支払われることも約束されている。解雇される側にとっては決して満足できる内容ではなかったにせよ、労働者側の要求を一部受け入れたものにはなっていた[61]。ただし上海市社会局の立会いを省略して経営側が解雇手当を支給したため、その金額の妥当性と支給対象をめぐって再びトラブルが生じ、社会局が溥益紡を譴責するという事態に陥っている[62]。

　実はこの時、経営側は、職員・労働者の一斉解雇にともなう抵抗を減じるため、労働者を解雇することより、むしろ職員を解雇して人件費4～5万元を節約することに焦点を絞っていた[63]。一方、職員対策をめぐり、溥益紡旧経営者の徐静仁、厳恵宇と事前に協議していたことも知られる[64]。2ヶ月後、経営側の一人として改組に関わった李升伯は、改組の結果「一部の悪質な労働者と安徽派の小職員を排除することができた」という言葉を記した[65]。「悪質な労働者と安徽派の小職員」が具体的にどのような存在であったのかは推測の域を出ない。しかし創設者徐静仁らが同郷人を優遇していた可能性は高く、そうした安徽出身の職員の中に労務管理強化の障害となるような存在が多かったのかもしれない。

　1937年2月から5月にかけての労資紛糾も、直接のきっかけは、誠孚公司傘下に会社が改組された直後の人員解雇問題であった。そもそも2月初めの段階では「就業規則を守り職務に努めて欲しい。理由もなく労働者を解雇するようなことはしない」として、改組にともなう人事異動は行わないことを経営側は約束していた[66]。ところが同年3月24日にいたり、織布工33人、紡績工20人、原動機部門の機械工3人の計56人の指名解雇が突如発表されたことから、労働者の間に就業を拒否する動きが広がったのである。経営側も3月25日から4月5日まで臨時休業を実施し対抗した。およそ1年後、経営側は労務管理のための会議の場で「悪習に染まった労働者の解雇」が目的

表2-14 溥益(新裕)紡売上高利益率推移、1932-38年

| 年 | 営業利益 | 売上高 | 売上高利益率 |
|---|---|---|---|
| 1932 | 189,870.83 | 8,278,178.24 | 2.29% |
| 1933 | -491,450.51 | 5,197,133.96 | -9.46% |
| 1934* | -584,843.90 | 4,471,951.13 | -13.08% |
| 1936** | 165,275.30 | 9,020,004.88 | 1.83% |
| 1937*** | 712,788.24 | 8,149,168.28 | 8.75% |
| 1938 | 3,905,151.08 | 17,110,826.63 | 22.82% |

注：*上半期。**1/1～11/8。***2/11～12/31。
　　1937・38 両年の利益は減価償却と利息控除後の額。

だったことを明らかにしている[67]。最終的には、今回の場合も上海市社会局の調停を経て、8,600元の解雇費用を経営側が負担することによって事態収拾が図られた[68]。この時は労働問題に詳しい弁護士朱扶九の協力を仰ぎ、その後も引続き朱を顧問弁護士に招聘している[69]。

以上のように比較的短期間に労資間紛糾を収束しつつ労務管理を強化することができた要因として、不十分ながら労資協調のための調停機構が役割を発揮していたこと、経営側の中に労働者側の要求にある程度は対応する姿勢が存在していたこと、経営側は旧来の中間管理職と一部労働者の解雇を重視していたこと、労働者側の強力な持続的運動は認められなかったこと、などを確認できる。新裕の場合、社宅や寮が用意されていなかったこともあり、労働者の定着率はきわめて低く、恒常的な労働者組織は作られなかった[70]。

以上に述べてきた内容をまとめるならば、（1）製品コストの削減という点では生産性向上と賃金切下げを軸に相当の成果を収めていたこと、その反面（2）原棉コストの削減と（3）製品の品質改善という点では、若干の成果はあがっていたとはいえ、それほど大きな結果は得られなかったこと、（4）労務管理を強めつつ、労資間の紛糾の深刻化は回避できたこと、などを確認できるように思われる。

この時期、新裕公司の売上高利益率は、表 2-14 にみられるとおり急速に回復した。上記のような経営再建努力に加え、棉花市況と綿糸市況が紡績業経営にきわめて有利な展開になったことが、最大の客観的要因であった。とくに 1937 年前半については、前年の国産棉花の豊作による価格下落、並びに景気回復にともなう綿糸市況の回復が、また 1937 年後半については、日中戦争の戦場になることを免れた租界という特殊な立地条件が考慮されなければならない。このような客観的条件が持った意味の大きさを強調する文章も、新裕公司自身が当時まとめた報告書の中に見いだすことができる[71]。以上の点

に留意しつつ、次に我々が注目したいのは、経営改善のための一連の施策を推進していくことを可能にした主体的条件の問題である。たとえどれほど良好な客観的条件に恵まれたとしても、その好機を十分生かしていけるか否かは、経営の主体的な条件によって左右されるところが大きかったからである。

(5) 経営管理体制の刷新

　新たな経営管理体制が必要なことは意識されていたとはいえ、銀行側がそのために払った努力は、当初それほど大きなものではなく、結果的にも失敗を重ねていた。すなわち第2期・第3期の経営建直しの際は、いずれの場合も経営体制の抜本的な見直しは回避され、企業経営の責任者である総経理を交代させただけに終わっている。そして結果的には、それぞれの時期の新任総経理がいずれも経営再建に失敗し、辞任に追込まれた（第1節参照）。

　もう少し詳しく触れておくと、第2期の新任総経理黄首民の場合、工場長朱公権宛の書簡の中で、品質に関する顧客からのクレーム処理、優良工場から取寄せた製品サンプルの検討、優良会社の約款の検討などを命じており、経営再建に向け、自らの紡織工場勤務の経験を生かし、ある程度は努力していた形跡が認められる[72]。しかし黄自身は溥益紡の経営を抜本的に再建するような方針を提起しなかったし、そうした方針を策定するための準備を進めていたわけでもなかった。数々の企業経営に携わっていた第3期の新任総経理賛延芳の場合も同様である。コスト会計を可能にするための基礎データを請求したり、補助原料の購入価格引下げに努力していた事実は確認できるにせよ、生産体制改革の現場に直接立ち会っていたわけではない[73]。賛の場合、しょせん紡績業の経営に関しては、素人の域を出なかったためとみられる。そして黄首民と賛延芳の二人は、ともに棉花・綿糸布投機に手を染めて失敗し、会社に多額の損失を与えたとして辞任に追込まれたのであった。

　繰返された苦い失敗体験を踏まえ、銀行側は全く新しい経営管理体制を模索するようになった。管理専門会社への経営委託方式を採用し、経営幹部に紡織技術者出身の専門家を重用した第4期の経営管理体制がそれである。

　まず管理専門会社への経営委託方式について述べておこう。新裕紡織公司は1937年5月30日付の契約文書で誠孚信託公司に経営を委託することになった（第1節参照）。誠孚信託公司は、元来、財産の管理運用を受託すること

を業務として、弁護士の林行規（斐成）らにより天津に設立されていた資本金 10 万元の会社である[74]。天津の紡績会社恒源紡の経営再建に際し、金城銀行などの銀行団が誠孚信託公司に経営管理を委託したことから、紡績会社の経営にもかかわるようになっていた[75]。とはいえ天津に本社をおく資本金 10 万元の会社が、実質的には資本金規模 475 万元の上海の紡績会社の経営を請負うなど、そもそも無理な話である。そこで新裕紡織公司の経営管理を受託するため、誠孚信託公司自体を全面的に改組し、資本金を 100 万元まで増額するとともに本社を上海へ移転する措置がとられた[76]。

いったいなぜ、これほどまでして誠孚信託公司への経営委託がめざされたのか。その第 1 の理由は、銀行が新裕紡績の経営権を完全に掌握することにあったと思われる。金融機関である銀行が紡績業などの会社を直接経営することは、元来、銀行法などによって禁じられていた。しかし 2 度の改組の手痛い失敗は銀行側、とくに金城銀行の周作民に対し「他人に新裕紡績の経営を任せておくわけにいかない」という深刻な危機感を募らせることになった。そこで案出された方策が銀行の子会社に紡績会社の経営を請け負わせるという方式だったのである[77]。したがって誠孚信託公司は銀行の思いどおりに操縦できる存在でなければならない。誠孚公司が増資改組された際、銀行以外の従来の株主はすべて排斥され、同公司は金城・中南両行の 100 ％出資子会社に変えられた[78]。旧株主の間にはこうした動きに反発する向きもあったらしく、その説得に存外手間取ったことが報告されている[79]。

経営委託方式をとった第 2 の理由は、経営再建を推進できる有能な人材を管理会社に結集するとともに、銀行の全面的な支援の下、彼らに強力な権限を与え、存分にその力を発揮させることにあった。すでに 1934 年夏、金城銀行の周作民の依頼を受け華北の紡績工場を視察した全国経済委員会棉業統制委員会委員李升伯は、金城銀行系列の綿業商社通成公司が専門家を招聘し、債権者の名義で彼らに紡績会社の経営の実権を掌握させ経営改革を推進する、という構想を書き送っている[80]。そしてこの構想は、すでに述べたとおり天津では誠孚公司への恒源紡の経営委託という形で具体化されていた。新裕公司の再建にもこの方式を導入しようと積極的に動いたのは、周作民だったようである。周は誠孚信託公司の創設者であった弁護士林行規との協議を通じ

第2章　上海新裕紡　　49

**表2-15　誠孚公司と新裕紡の経営幹部略歴**

| 氏名 | 役職 | 生没年　出身　学歴 |
|---|---|---|
| 童潤夫 | 誠孚常務董事 | 1896 〜 1974 浙江 1921 桐生高等工業学校卒業。 |
| 李升伯 | 誠孚常務董事 | 1896 〜 1985 浙江 1922 〜 24 ペンシルバニア紡織学院で研修。 |
| 曽祥熙 | 誠孚董事、新裕経理 | 1894 〜 19 ? 四川 1921 東京高等工業学校紡織科特別本科卒業。 |
| 凌東林 | 新裕一廠廠長 | 1892 〜 19 ? 湖南 1919 東京高等工業学校紡織科特別本科卒業。 |
| 張方佐 | 新裕二廠・廠長 | 1901 〜 1980 浙江 1924 東京高等工業学校紡織科特別本科卒業。 |
| 趙砥士 | 新裕副廠長 | 1892 〜 19 ? 安徽 1919 東京高等工業学校機械科特別本科卒業。 |
| 宗伯宣 | 誠孚総稽核 | 1892 〜 19 ? 江蘇　北京大学卒業。 |
| 蒋允福 | 新裕総稽核 | 1897 〜 19 ? 江蘇 1923 ニューヨーク市立大学卒業。 |
| 宓冠群 | 誠孚会計科長 | 1907 〜 19 ? 浙江　中央大学卒業。 |

出所：中国近代紡織史編委会編著『中国近代紡織史』紡織出版社、1996年。
　　　『東京高等工業学校一覧』各年版。
　　　李元信編『環球中国名人伝略　上海工商各界之部』上海環球出版公司、1944年。
　　　「誠孚公司主持人物介紹」『紡織周刊』9巻7期、48,2,21。

て、前述したような誠孚公司の増資改組と本社移転構想を固めていった[81]。

　なおこのような構想が打ち出された1つの契機は、1930年代前半、経営に行き詰まった華北の紡績工場が日本資本により買収された後、順調に再建されたことだった、との指摘がある[82]。日本の在華紡の進出は、中国側の一部の経営者にとっては、経営管理体制を徹底的に改革する重要性を認識する好機になった、といえるのかもしれない。

　次に経営幹部に適した人材として、紡織技術者出身の専門家らを重用したことについて考察しておきたい。第4期に新裕紡織公司の経営管理にかかわった主なメンバーとその略歴は、表 2-15 のとおりである。彼らに共通する特徴は、まず第1に紡織工業技術、機械工業技術、もしくは会計、法律等に精通した専門家ばかりだったことである。いずれもトップレベルの大学ないしはそれに相当する教育機関に学んだ後、豊富な実務経験を積んだ人々であった。周作民はこのような専門家集団を結集し新裕紡織公司の経営改革を断行しようとしたのである。

　こうした人材重視の姿勢は、新裕公司の再建で大きな役割を果たした童潤夫自身の考えでもあった[83]。新裕公司とかかわりをもつ以前の1931年、中国紡織学会の会員会食会で講演に立った童は次のように述べている。当時導入が進んでいたハイドラフトと自動織機はいずれも大きな技術革新であるが「同一の機械であっても、それを用いる人が異なれば、生産能力にも高低が生じる」ものであり、「工廠法の実施後、各工廠はいっそう科学的な管理に注意を

向けなければならない。……したがって今日最も重要なことはやはり人材問題である」[84]。こうした考え方に金城銀行の周作民が深い共感を覚えたであろうことは想像に難くない。

　第2に工業技術者の中では、日本の工業専門学校、とくに東京高等工業学校（現在の東京工業大学）へ1915年から1924年の間に留学した経験があり、帰国後は中国国内の工業学校で教鞭をとったり、中国資本の紡績工場や日本資本の在華紡に勤務した経験を持つメンバーがほとんどを占めた。清末から民国初期にかけ、東京高等工業学校は年に40人ほどの特別枠を設け中国からの留学生を受け入れていた[85]。そのルートにのって養成された人材が、新裕紡織公司の経営再建にあたり力を発揮したことになる。なお第4期の経営幹部に日本留学生が多くなったのは、金城銀行の周作民や中南銀行天津支店の王毅霊ら、銀行側に日本留学生が多かったこととも関係があるかもしれない。

## おわりに

　1910年代に商業資本によって設立された溥益紡織公司は、1920年代後半から経営危機に陥り、銀行資本による3度の改組再建の試みを経た末、1930年代半ば以降、誠孚信託公司管理下の新裕紡織公司として、ようやく経営再建の途を歩むことになった。

　経営危機に陥った主体的な要因は、コスト高と低品質により売上高利益率の低下を招いていたこと、そしてそうした状態を克服するための主体的な努力を怠っていたことに求めなければならない。したがって銀行資本による改組再建の試みは、いかにコストを引下げ品質を向上させるか、という点に向けられるとともに、そうした努力を持続させ定着させる経営管理体制の改革にも向けられる必要があった。

　コスト引下げについて言えば、ハイドラフトの導入を始めとする生産設備の更新、それと平行して取り組まれた人員削減と賃金切下げ、米棉から中国棉への使用原棉転換、などが、ある程度の成果を収めている。こうしたコスト引下げの努力は、棉花安・綿糸高という市況の好転に助けられ、1937年以降、売上高利益率のめざましい伸長となって結実した。

経営管理体制刷新の要に位置した措置は、誠孚信託公司への経営管理委託という方式であり、経営幹部への日本留学生出身の紡織技術者ら専門家の登用であった。第8章で改めて論じるように、この方式が持った意味とともに、その限界についても考慮しておく必要はある[86]。とはいえ本章で取りあげた1930年代後半の新裕紡の場合、技術者らの専門家集団に対する経営管理委託という方式は、確かに顕著な成果を収めていた。

(1) 「誠孚企業股份有限公司档案」全1799巻（上海市档案館所蔵档案〔以下「上档」〕第198宗）。創設時の名称は誠孚信託公司。元来は資産管理のための小さな会社だったが、1937年、新裕紡など紡績企業の管理運営を専門的に手がけるべく、金城銀行と中南銀行の100％出資子会社に改組された。誠孚企業公司への改称は1946年。詳細は本文参照。

(2) なお紡績企業経営の再建過程については、第1章で紹介したように富澤芳亜によって大生紗廠に関する研究が発表されている。本稿で論じる内容はそれに類似したケースの一つに位置づけられる。

(3) 江蘇実業庁第三科編『江蘇省紡織業状況』商務印書館、1920年、50頁。

(4) 徐静仁(1871-1948)。安徽省涂県の人。鎮江の商店で働いた後、揚州で塩商となった。溥益紡以外にも、福民及び利民の両鉄鉱石採掘会社、塩田跡の開拓に当たった南通の大有晋塩墾公司、同じく東台の大豊塩墾公司など、多くの企業活動に出資し、郷土のために尽くした実業家として顕彰されている。馬鞍山市政協文史委員会『近代実業家 徐静仁』中国展望出版社、1989年。また周扶九(1841-1921)は江西省吉安県の人。若い頃は湖南省長沙の絹織物商の店に勤めていたが、塩政改革の機会をつかみ揚州で塩商となり、巨額の財をなした。鄒迎曦「草堰場大垣商――周扶九的生平和軼事」『大豊県文史資料』第4輯、1984年。東台の大豊塩墾公司設立の中心人物の一人。

(5) 上海市档案館所蔵档案（以下「上档」）198-1-1314、198-1-513。

(6) 上档 198-1-28、57頁。

(7) 中国人民銀行上海市分行金融研究室編『金城銀行史料』上海人民出版社、1983年、388頁。厳恵宇は鎮江出身で銭荘を経て銀行界に入った人物。同じ鎮江を活動地盤にしていた徐静仁から、信任を得やすい経歴であった。姚其蘇・楊方益「我們所知道的厳恵宇」『鎮江文史資料』第10輯、1985年。

(8) 上档 198-1-630。四行儲蓄会は金城・中南・塩業・大陸の四銀行が共同で組織していた金融機関。本書第8章参照。

(9) 上档 198-1-629。

(10) 上档 198-1-456。

(11) 上档 198-1-456。

(12) 上档 198-1-51。

(13) 李元信編『環球中国名人伝略－上海工商各界之部』上海環球出版公司、1944 年、99 頁。

(14) 上档 198-1-51、『金城銀行史料』388-389 頁。ただし後に経営難がさらに深刻化した際、この借款契約は再度改訂され、第 1 種借款 400 万元（利子年率 4 ％）と第 2 種借款 360 万元（利子年率 1.5 ％）に増額整理されている。

(15) 4 人報告、上档 198-1-51、21 頁。

(16) 金城銀行上海分行→総處、第 3610 号電、1934 年 10 月 12 日、上档 198-1-629。金城銀行総處→上海分行、電（稿）、1934 年 10 月 13 日、同上。なお蒋允福（1897～？）は江蘇省常州人。アメリカ留学からの帰国後、金城銀行天津分行会計主任、裕元紗廠総稽核、通成公司（金城銀行の系列会社で棉花、綿糸布の交易に従事）経理など歴任。

(17) 金城銀行蒋淵（允福）→周作民、書簡、1934 年 10 月 30 日、上档 198-1-631。原文は「注重投機、対於廠務甚形廃馳」。

(18) 蒋允福→周作民、書簡、1934 年 11 月初め（？）、上档 198-1-630。

(19) 黄首民→金城銀行、書簡、1934 年 10 月 26 日、上档 198-1-631。

(20) 金城銀行総経理周作民→胡筆江（上海分行経理）・蒋允福、電（稿）、1935 年 1 月 26 日、上档 198-1-629。

(21) 上海市社会局に提出された会社設立登記の文書の控は上档 198-1-52 内。

(22) 新裕紡織公司第 2 次常務董事会、1935 年 5 月 1 日、上档 198-1-290。

(23) 新裕紡織公司第 57 次常務董事会、1936 年 1 月 6 日、上档 198-1-290。新裕与両行改訂借款契約案、1939 年 2 月（？）、上档 198-1-628。

(24) 金城銀行上海分行呉蘊齊（在章）→周作民、1934 年 12 月 14 日、上档 198-1-629。この文書などからみる限り、簀の招請に当たっては金城銀行上海分行の首脳が積極的に動いたようである。簀延芳(1883-1957)は浙江省鎮海県の。中華捷運公司という運送会社に勤めていた人物だが、ソ連産海産物の輸入販売を手がけて財をなし、鉄鋼・金属の取引にも関わっていた。人民共和国成立後、第一期の人民大会代表にも選出されている。浙江省社会科学研究所『浙江人物簡志』（下）浙江人民出版社、1984 年、133-134 頁。

(25) 上海市社会局に提出した設立趣意書の控、上档 198-1-52。

(26) 新裕紡織公司廠務日誌、上档 198-1-176。

(27) 新裕紡織公司臨時股東会議記録、上档 198-1-218、3-10 頁。

(28) 新裕紡織公司常務董事会記録、上档 198-1-290。

(29) 上档 198-1-207、1-5 頁。同じ史料が『金城銀行史料』386 頁にも掲載されている。

(30) 新裕紡織公司臨時股東会議記録、上档 198-1-218、3-10 頁。

(31) 上档 198-1-29、1-4 頁。
(32) 上档 1968-1-744。
(33) 溥益紗廠→（漢口）恒泰祥、1930 年 10 月 6 日、10 月 17 日、10 月 23 日、10 月 27 日、11 月 5 日。上档 198-1-456。
(34) 溥益紗廠→（漢口）恒泰祥、1931 年 3 月 23 日、3 月 26 日、3 月 29 日。上档 198-1-456。
(35) 黄首民経理→朱公権廠長、1933 年 3 月 13。顧客から会社に寄せられた苦情を工場に伝達し善処を求めた手紙。以下同様。上档 198-1-459、75 頁。原文の表現によれば「以水量過重、粗細不匀」。
(36) 黄首民経理→朱公権廠長、1932 年 12 月 1 日、上档 198-1-459、56 － 57 頁。「包紗紙過薄、以致拆包後、無一完整」。
(37) 黄首民経理→朱公権廠長、1934 年 6 月 9 日、上档 198-1-459、101 － 102 頁。「以所装之紗色次、与寄来之小様本不符」。
(38) 黄首民経理→朱公権廠長、1932 年 10 月 12 日、上档 198-1-459、49-50 頁。同上 1932 年 11 月 24 日、同上 53-54 頁。同上 1934 年 7 月 5 日、同上 103-104 頁。同上 1934 年 5 月 26 日、上档 198-1-462、80 頁。
(39) 溥益公司→（鎮江）戴春林、1931 年 10 月 4 日、上档 198-1-457、6-8 頁。
(40) 同上。
(41) 新裕紡織公司念肆年份廠務報告、上档 198-1-19。なおこれと全く同じものが、金城銀行関係の文書史料の中にも含まれている。金城銀行総管理処、業務類（投資）、投資戸誠孚信託公司官吏新裕紡織公司有関文件専巻、上档 264-1-709。
(42) 『金城銀行史料』388 頁。
(43) 同上、及び謝斉貴「徐静仁与鎮江」『近代実業家徐静仁』13 頁。
(44) 『金城銀行史料』387 － 388 頁。
(45) 溥益紗廠→(天津)通成公司、1930 年 12 月 8 日、上档 198-1-456、57 － 60 頁。通成公司は金城銀行系列の棉花・綿糸布取引商社。書簡を受け取った同公司代表の蒋允福は、4 年後の溥益解散・新裕設立の際、大きな役割を果たすことになる(後述)。無論この時点ではそのことを知る由もない。
(46) 溥益紗廠→(汕頭)悦合号、1931 年 4 月 27 日、上档 198-1-456、136 － 138 頁。中南銀行は後述のように福建出身の東南アジア華僑黄奕柱が設立した銀行であり、汕頭商人たちとの結びつきも強かった。
(47) 『金城銀行史料』388 頁。なお第 1 節で述べたとおり、溥益紗廠の債務総額は当時 500 万元を越えていた。
(48) 楊固之、談在唐「中南銀行概述」『天津文史資料選輯』第 13 輯、1981 年、170 頁。
(49) 同上、160 頁。なお黄奕柱と史量才の出会いについては、上海新聞界の東南アジア視

察旅行の折であるとも、ジャカルタの船上での教育家黄炎培の紹介による出会いであるともいわれる。同上論文が前者、于枕亭「胡筆江与史量才」『邗江文史史料』第 1 輯、1984年、24 頁は後者。

(50) 籍孝存、楊固之「周作民与金城銀行」『天津文史資料選輯』第 13 輯、1981 年、116-117頁。

(51) 金城銀行『金城銀行剏立二十年紀念刊』1937 年、1 頁、114 頁。

(52) 溥益紡織公司営業報告書　民国 22 年下半年、1934 年、上档 198-1-51。

(53) 溥益紡織公司調査報告　丁　改進意見、上档 198-1-51。及び改革溥益紗廠意見書　上档 198-1-630。前者が金城・中南両銀行の調査者たちによる溥益紡の経営実態調査と問題点の指摘であったのに対し、後者は管理職を中心にした人員整理と会計制度の改革など具体的な経営改善策を提起した文書である。

(54) 新裕紡織公司第 9 次常務会議記録、1935 年 5 月 17 日、上档 198-1-290、16-17 頁。李升伯(1896-1985)は大生紡の経営再建にも当たっていた棉業統制委員会の有力メンバーの一人。絹織物業界の代表団に加わりアメリカに赴いた後、同国で綿紡績技術を学び、1930年代以降は綿紡績業界で活躍した。中国近代紡織史編委会編著『中国近代紡織史』上巻、紡織出版社、1996 年、406頁。なお本文の表 2-10 に掲げたデータによれば、20 番手糸の製造コスト削減目標は 30 元を切ることであったはずである。史料の誤記かもしれないが、とりあえず原史料に従っておく。いずれにせよ製造コストの大幅削減が追求されたことは確かである。

(55) 新裕紡織公司念肆年份廠務報告　上档 198-1-19。なおこの文書をまとめた廠長は朱公権だった可能性が強い。

(56) 前掲、新裕紡織公司念肆年份廠務報告　上档 198-1-19。

(57) 新裕公司→傅鳳祥、函、1937 年 11 月 5、上档 198-1-453。

(58) 童潤夫・李升伯→周作民、函、1938 年 8 月 21、上档 198-1-137。

(59) 『上海紡織工人運動史』中共党史出版社、1991 年、627、630 頁。

(60) 呉薀斎(上海金城銀行)→周作民、函、1935 年 1 月 28 日、上档 198-1-631。

(61) 上海市労資調解委員会調解筆録、労字第 182 号、1935 年 2 月 15 日。上海市社会局→溥益紡織公司、訓令、局字第 1606 号、1935 年 2 月 27 日。上档 198-3-22。

(62) 上档 198-1-744。上海市社会局→溥益紡織公司、訓令、局字第 1753 号、1935 年 3 月 16日。上档 198-3-22。

(63) 「職工同時解散、恐多枝節……職員除留少数外、余均解散。工則暫置不提。俟新局成立時、用登記法、甄別剔減、可省四、五万元。」胡筆江、呉薀斎→周作民、第 7540 号電、1935年 1 月 25 日、上档 198-1-629。

(64) 同上。

第 2 章　上海新裕紡　　　　　　　　　　　　　　55

(65)　李升伯→周作民、函、1935 年 3 月 20 日。前掲『金城銀行史料』389 頁。
(66)　新裕紡の「廠務管理」関連布告集。1937 年 2-10 月。上档 198-3-23。
(67)　新裕紡織第 1 次工務会議、1938 年 6 月 24 日、上档 198-1-362。
(68)　新裕紡「営業週報」、1937 年 4 月 3 日、同 10 日、5 月 1 日。上档 198-1-973。
(69)　誠孚公司→朱扶九、1937 年 4 月 27 日、上档 198-1-461。その後、1937 年 6 月にも小さな労資紛糾が生じたが、好況時に紛争を拡大するのは得策ではない、との判断から穏便な解決が図られた。誠孚公司童潤夫→中南銀行王孟鐘、1937 年 6 月 7 日、上档 198-1-461。
(70)　曽伯康「誠孚管理新裕紡織公司第二次整理計画書」1940 年 3 月 15 日、上档 198-1-237。
(71)　上档 198-1-744。
(72)　上档 198-1-459、460、462。
(73)　上档 198-1-176、1222。
(74)　誠孚信託股份有限公司章程、上档 198-1-207。林行規（1884～1944）字は斐成。浙江鄞県人。英ロンドン大学卒、法学学士取得。法律編査会編査員、北京大学法科学長、司法部民事司司長などを歴任し、弁護士開業。出所：『民国人物大辞典』465 頁、上档 198-1-248。
(75)　前掲『金城銀行史料』398 － 399 頁。
(76)　認股及改組誠孚協定書、1937 年 5 月 7。上档 198-1-207。本社の上海移転は 1937 年 6 月 18 日の臨時股東総会決議を経て、同月 21 日、天津市社会局に申請された。同上。
(77)　「中南銀行概述」『天津文史資料』第 13 輯、1981 年、171 頁。
(78)　前掲、認股及改組誠孚協定書。
(79)　王孟鐘→周作民、電、1937 年 2 月 13 日、上档 198-1-164、13 頁。
(80)　李升伯→周作民、1934 年 8 月 31 日、前掲『金城銀行史料』382 頁。
(81)　周作民→林正規、1937 年 1 月 19 日、1 月 23 日、3 月 10 日；林正規→周作民、1937 年 1 月 20 日、3 月 6 日、上档 198-1-164。
(82)　季崇威「誠孚公司的歴史与現状」『紡織周刊』第 9 巻第 7 期、1948 年 2 月。
(83)　童潤夫（1896-1974）。浙江省徳清県の人。蘇州の省立第二工業専科学校に学んだ後、日本に留学。1916 年に早稲田大学で日本語を学び、和歌山県の紡織工場で実習経験も積んだという。1918 年、桐生高等工業専門学校（現群馬大学工学部）に入学、1921 年卒業。帰国後は上海にあった有力な在華紡工場の一つ、大日本紡績に 7 年間、技師として勤務。1929 年、中国資本紡の鴻章紗廠に移り、工場長。1933 年から全国経済委員会棉業統制委員会の技術専門委員にも任命された。1936 年、鴻章紗廠を辞し、誠孚公司の常務董事に就任。人民共和国成立後は上海市棉紡織工業公司の技師に就いた。中国科学技術協会編『中国科学技術専家伝略』工程技術編　紡織巻 1、中国紡織出版社、1996 年、91-97 頁。

(84) 童潤夫「人才問題」『紡織周刊』第1巻第23号、1931年9月。

(85) 『東京工業大学百年史 通史』1985年、215-220頁。

(86) 本書第8章 195-199頁参照。なお誠孚公司については、汪宏忠「誠孚託公司資本経営的特点分析」『上海経済研究』2000年第10期のような専論も書かれるようになった。李培徳氏の御教示による。ただし筆者の視角と評価は、汪宏忠論文とは異なっている。

# 第3章　青島華新紡
―― 日本資本との協調と競争 ――

　19世紀末から上海を中心に発展した中国の近代綿業は、第一次世界大戦期を経て華北の沿海大都市にも広がった。青島と天津がその二大中心地である。青島の場合、1918年に日本資本の内外綿青島工場が操業を始め、19年の末には著名な経済官僚周学熙の華新紡も生産を開始した。ついで21年から23年にかけ新たに日本資本5社が進出し、25年には7社27万錘の偉容を誇る一大綿工業地帯が成立したのである。以来青島は、上海に次ぐ中国近代綿業の第2の中心地として、重要な位置を保ち続けた。1936年の紡錘数でみると、上海が52％、青島が11％、以下、天津・武漢・無錫が各5％となっている[1]。

　本章はこの青島での事例に着目し、中国人経営の華新紡と在華紡各社との間に成立していた相互関係に焦点をあてて考察を進める。それは、序章で触れたような中国近代経済史上における外国資本の役割に関する論争を引継ぎ、綿業という個別産業分野に即して具体的考察を深める意味を持つ作業であるとともに、中国資本紡と在華紡との両者の関係について、かつての通説的理解を修正する新たな問題を提起するものでもある。綿業史研究における本章の位置づけについては第1章を参照されたい。

　なお本章で用いた主な史料は、青島華新紡経営関係史料（未刊行のものも含む）[2]、外交史料館所蔵史料[3]、在華日本紡績連合会史料[4]、日本文・中国文の雑誌類[5]、日本側の様々な報告書類[6]などである。

## 1．青島における近代綿業の発展

　青島において近代綿紡績業が発展した事情について簡単に触れておこう。すでに紡績工場が設立される以前から、青島は機械綿糸の巨大な消費地とな

図3-1 青島における綿糸需給の推移、1912-36年

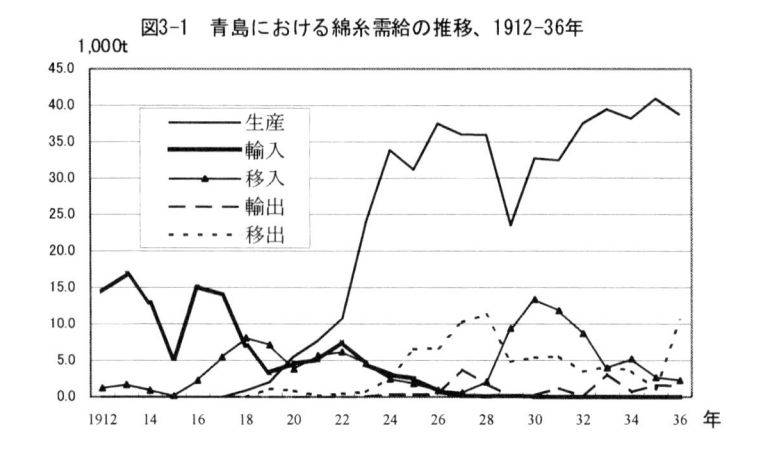

出所：後掲表 3-6.
注：表 3-6 の単位は梱．この図 3-1 はトンに換算して表記（1 梱＝ 0.18144トン）.

っていた。図 3-1 によれば、第一次大戦の勃発に伴う 1915 年の落込みを除き、1912 年から 17 年にかけ機械綿糸の輸移入量は、ほぼ年間 2 万トン（約 10 万梱）に達している。こうした市場の存在が機械紡績工場設立の前提条件となったことは疑いない。第 2 に、輸移入量の 1915 年の落込み以降の特徴として、輸入糸に代わって上海方面で生産された国産の（といっても在華紡によるものがほとんどであるが）移入糸の比重が急速に高まっていることに、注目しておきたい。すでに外国産の機械綿糸ではなく、国産の機械綿糸が市場に受け入れられつつあったのである。そして第 3 に、第一次大戦の展開に伴う日本の軍政の開始（～ 1922 年末）という青島の政治情況の変化が、とくに重要な意味を持った。この時期に、日本資本各社は、破格に安い価格で広大な工場用地を獲得することに成功した[7]。また華新紡は、ドイツ資本が経営に着手した後に閉鎖されていた製糸工場の跡地と建物を、やはり有利な条件で手にいれることができた[8]。以上の条件が重なり、1918 年から 23 年にかけ、在華紡の大量進出と中国資本華新紡の設立とを見たのであった。次にその後の推移を、3 つの時期に分け整理しておきたい。

　第 1 期＝ 1918 年から 25 年にかけての時期。急速に生産量が増大するにと

もない、輸移入品量が減少している。青島を中心とする市場圏において、太糸綿糸の輸入代替工業化が急進展した時期だといってよい。1924 年から国内各地への移出量が増え始め、25 年には、移輸出量が移輸入量を上まわっている。後述するように 1925 年に大規模なストライキが起きたため、この年の生産量は、初めて前年より減少した。

　第 2 期= 1926 年から 29 年にかけての時期。26 年から 28 年までは 20 万梱前後の高い生産量水準を保持し、そのうちの 3 〜 4 割が輸移出にまわされている。しかし 1929 年には 3 割以上も大幅に生産が減少し、輸移入量が再び増加して輸移出量をうわまわった。これは 1929 年の長期ロックアウトの影響に加え、太糸から細糸へと市場の需要が変化し上海方面からの細糸流入が増加したことを示している（第 3 節参照）。

　第 3 期= 1930 年から 36 年にかけての時期。細糸を中心に生産量が増加傾向に転じ、輸移入量は下がり続けた。細糸綿糸中心の輸入代替工業化が、この時に進展したといえよう。1935 年からは、工場の新増設により一層拡大した生産規模を基礎に、輸移出量も再び増勢に転じた。この時期にはまた、織布を兼営する動きや染織加工工程を付設する工場がめだち、青島の綿工業は、質量ともに大きな発展を遂げたのであった。

　以上の 3 つの時期を通じ、発展の主力は常に日本資本の在華紡であった。しかしその一方において、1919 年創業の華新紡が唯一の中国資本紡たる立場を失わず、日本資本の在華紡に伍して創業時の規模を 3 倍化し、織布兼営化や染織加工にも乗り出すなど、相当の発展を記録し得たことにも注意を払わざるを得ない。華新紡と在華紡の間には、どのような関係が成立していたのであろうか。

## 2．生産と技術

　はじめに、生産設備の設置情況の推移を比較してみよう。紡錘数についてみると華新の創業時 1 万 5,000 錘、1937 年 4 万 8,000 錘という推移は、内外棉、大日本紡などの規模拡大とは比ぶべくもないにせよ、富士紡（1 万 1,000 錘→ 3 万 1,000 錘）、日清紡（1 万 6,000 錘→ 4 万 3,000 錘）などの増加率にほぼ匹敵

表3-1 青島綿業の生産設備(精紡機,撚糸機,織機)の推移,1919-37年
単位:錘,( )内撚糸機錘数,[ ]内織機台数

| 年 | 華新 [国棉九廠] | 内外綿 [二廠] | 大日本 (大康) [一廠] | 富士 [七廠] | 鐘紡* (公大) [六廠] | 日清 (隆興) [三廠] | 長崎 [一廠] | 上海 (宝来) [五廠] | 豊田 [四廠] | 同興 [八廠] | 総計 |
|---|---|---|---|---|---|---|---|---|---|---|---|
| 開業 | 1919末 | 1918.1 | 1921.10 | 1922.12 | 1923.4 | 1923.4 | 1923.11 | 1935.3 | 1935.4 | 1936.4 | |
| 1919 | 15,000 | 20,000 | — | — | — | — | — | — | — | — | 35,000 |
| 25 | 31,156 (800) | 63,200 — | 58,000 [154] | 31,360 — | 42,624 [865] | 22,360 — | 20,000 — | — | — | — | 268,700 (800) [1,019] |
| 31 | 33,196 (8,960) — | 90,400 — — | 58,000 — [1,320] | 31,360 (1,600) — | 96,944 (3,080) [2,294] | 42,660 (1,200) — | 32,768 — — | — | — | — | 385,328 (14,840) [3,614] |
| 37 | 48,044 (10,640) [500] | 90,400 (11,200) — | 131,692 (14,136) [2,160] | 31,360 (400) [480] | 128,296 (9,240) [4,120] | 42,660 (6,946) [539] | 45,440 (5,640) — | 54,856 (2,640) [1,440] | 35,640 — [540] | 30,720 — [1,152] | 639,108 (60,842) [10,931] |

出所:華新… 1919;『華新特刊』,1925-37;『棉紡統計史料』.
　　在華紡各社… 1919-21;『棉紡統計史料』,1925-37;『綿糸事情参考書』.
　　[ ]内1990年代の名称:曽繁銘主編『青島市紡織工業志』青島海洋大学出版社,1994年,20頁.
注:*子会社の正式社名は上海製造絹糸.各年末の数値.但し1937年のみ6月末の数値.

するものであったことが知られる(表 3-1)。華新の生産設備面のひとつの特徴は、撚糸機を在華紡各社に先駆けてかなり早い時期から設置していたことである(表 3-1)。華新が既に1925年から撚糸機を導入していたのに対し、在華紡の場合、最も早い鐘紡でも1929年であり、各社の工場に本格的に設置されていくのは1930年代のことであった。一方、兼営織布工場に力を入れていたのは、在華紡の中でもとくに鐘紡と大日本紡である(表 3-1)。そして30年代半ば、他の在華紡の富士紡や日清紡があいついで兼営織布工場を新設した際、華新も織布生産に乗りだしたのであった。

次に生産設備の質的側面を検討してみよう。表 3-2 によれば、当時、最も優秀と見なされていたプラット社製紡錘機を揃えた内外綿と鐘紡が、相対的に最も高い生産技術水準を保持していたもの、と推測できる。他の在華紡の紡錘機と華新の紡錘機との間に格段の差はなかった。但し4万錘規模の華新が3社の紡錘機を併用していたことは、ほぼ同規模の富士紡、日清紡、長崎紡、豊田紡などがいずれも同一メーカーの紡錘機を採用していたことに比べ、生産能率上、やや不利な立場におかれていたことを意味するものと思われる。

紡績工程の生産性向上の上で1つの画期となったハイドラフト方式の導入についてみると、青島の場合、在華紡各社の導入が1920年代末から30年代

にかけてのことだったようである。そして華新も、社史概要 1931 年の項に「ハイドラフト式の牽引装置を模倣製作するとともに精紡機 1 万 6,000 錘を増設し、生産の増加と製造コストの削減を図った」[9]とあるとおり、在華紡とほぼ同じ頃にその導入に踏み切っていた。翌 1932 年の株主総会における説明によれば、この時の決断に際しては、在華紡の動向が大きな刺激に

表3-2 青島各社生産設備の機種と台数(1935 年)

| 会社名 | 紡錘機 製造会社 | 紡錘数 | 織機 製造会社 | 台数 |
|---|---|---|---|---|
| 華 新 | Whitin | 21,108 | Hattersley | 250 |
|  | Woonsocket | 11,968 | *(遠州) | 250) |
|  | Smalley | 8,832 |  |  |
| 内外綿 | Platt Brothers | 90,400 | ― | ― |
| 大日本 | Platt Brothers |  | 野上 | 2,260 |
|  | Dobson&.Barlow |  |  |  |
|  | Whitin (3 社計) | 101,192 |  |  |
| 富 士 | Asa Lees | 31,360 | … | 480 |
| 鐘 紡 | Platt Brothers | 107,152 | 豊田 | 3,214 |
|  |  |  | 大機 |  |
| 日 清 | Hetherington | 42,660 | ― | ― |
| 長 崎 | Saco Lowell | 36,768 | ― | ― |
| 上 海 | 豊田 | 4,468 | … | 720 |
| 豊 田 | 豊田 | 35,640 | 豊田 | 540 |

出所:周志俊『華新概況』,満鉄天津『山東紡績業』13-22 頁.
　　 上海紡は『紡織時報』第 1071 期(1934 年 3 月 26 日).
注:*は 1936 年に導入されるもの.

なっている。「機械注文の経緯について……工場のことは、流れの早い川の瀬で船を上流に引いて行くようなもので、進まなければ退いていってしまう。外為市場における銀元暴落以来、在華紡は工業合理化の成果を利用してハイドラフトを採用してきている。…昨春(1931 年春)常務取締役と工場長が上海に赴いて生産技術を視察し、青島に戻ってから、わが社もハイドラフト式への改造に着手した」[10]。もっとも華新の場合、上記の引用文にあるとおり、最初は在華紡工場のものを模倣した自家製ハイドラフト式装置の部分的採用であったため、必ずしも画期的な高能率を実現したというわけではなかったと思われる。

　精紡工程の生産性を比較した表 3-3 によれば、32 番手糸の紡出量と効率において、華新が上海の中国資本工場を引き離した高水準を示している。これは、後で述べるように良質の棉花を確保して引張力に優れた綿糸を生産できたため、糸の強度を強めるためにかける撚が少なくてすみ、その結果達成された成果であった。もっとも 42 番手糸の場合、上海の工場も良質のアメリカ棉を用いているためか、華新の優位は目につかない。一方、1936 年当時の在華紡の 20 番手糸紡出時回転数は、1933 年当時の華新の 32 番手糸紡出時回転数をかなり上回っている。調査年次と番手数の相違を考えると一概に言うこ

表3-3 中国各社精紡工程の生産性比較(1933年)

| 綿糸番手別 | 工場名 | 回転数 スピンドルa (毎分) | 撚数 インチ当b | 計算 ハンク数c (1日) | 実際 ハンク数d (1日) | 効率 % |
|---|---|---|---|---|---|---|
| 32番手 | 華　新 | 8,600 | 19.00 | 21.55 | 20.70 | 96 |
|  | 申新二 | 8,900 | 22.80 | 18.59 | 16.96 | 91 |
|  | 緯　通 | 9,500 | 24.68 | 18.33 | 16.00 | 87 |
| 42番手 20番手 | 華　新 | 9,480 | 28.27 | 15.97 | 14.66 | 92 |
|  | 申新二 | 8,800 | 25.40 | 16.50 | 15.54 | 94 |
|  | 申新五 | 9,400 | 23.00 | 19.46 | 18.69 | 96 |
|  | 申新九 | 10,200 | 26.00 | 18.68 | 17.77 | 95 |
|  | 溥益一 | 9,500 | 30.86 | 14.66 | 11.34 | 77 |
|  | 鴻　章 | 10,000 | 27.77 | 17.15 | 16.42 | 96 |
|  | 大　生 | 8,600 | 29.75 | 13.77 | 12.89 | 94 |
|  | 平　均 | 11,447 | 21.50 | 24.30 | 21.49 | 88 |

出所:32番手・42番手のa・b・dは、王子建等『七省華商紗廠調査報告』第29表の1933年3月頃の数字。
20番手は守屋『紡績生産費分析』p311の1936年頃の値。
注:20番手は青島在華紡8社平均。c・eの計算式は下記参照。
　c = a × 60 × 24(在華紡は23) ／ (b × 840 × 36)
　e = (d ／ c) × 100

とはできないが、やはり華新の生産性が在華紡に比べ若干見劣りするものであったという事実は、否定できないように思われる。しかし華新においても、ハイドラフト方式導入などのコスト削減努力は、急速に実を結びつつあった。華新の株主総会への報告は、「日本の在華紡にはまだ追いついていないとはいえ、中国資本紡の中ではトップ水準にある」とその低コストを誇っており、1931年に16番手換算1梱当り55.92元であった生産コストが、1936年には23.23元にまで下がった、と言われている[11]。したがって1930年代半ばの在華紡と華新の生産性を比較してみるならば、おそらく、その格差はきわめて小さなものになっていたと見てよい。

　以上で明らかにされたように、生産設備の増設・導入に関する限り、在華紡と華新との間に隔絶した格差は存在せず、互いに競いあって生産力増強と技術革新を進めていた、というのが実情に近い。また生産性と製造コストについてみても、在華紡に較べれば若干の遜色があったとはいえ、華新紡の水準は相当に高かった。こうしたことが可能になった要因を華新の経営に即して言うならば、その積極的な経営姿勢というものを、まず第1に挙げなければならない。たとえば撚糸機導入時の事情について、社史は次のように記している。「わが社は、綿糸を競いあって売りさばくのが難しくなってきた上、座守していれば存続すらも困難となることを考慮し、ついに撚糸生産によって救済を図ることを決めた。そこで1925・26・27年に、3度にわたりイギリスから撚糸機1万3,000錘を購入したのである」[12]。また織布工程の増設に際しては「綿糸の販売が滞り市価も低落したので、わが社は節約の方策を取ら

ざるを得なくなった。しかし消極的ないきかたでは活路を切り開くことにならず、『収入を増やし支出を減らす』といううちの一方だけに偏るのも好ましくないと思われたので、遂に織布工場の設置を準備し、困難の打開を図ることになった」<sup>(13)</sup>。以上に示された「座守していれば存続すらも困難」「消極的ないきかたでは活路を切り開くことはできない」という発想は、先に引用したハイドラフト方式導入時の「進まなければ退いていってしまう」という危機感とも共通している。さらに 1935 年になると華新は、やはり「紡績工場の間の激しい競争に鑑み」紡績織布染織加工の全工程を持たなければ生き残れない、との判断から、染色捺染工場の増設にも着手していた<sup>(14)</sup>。こうして作られるようになった染織加工品の品質は、総じて「日本製品及上海製品と比較しても殆ど遜色なきまでに発達…」と評されている<sup>(15)</sup>。以上の事例が示すとおり、華新紡は、第 3 節にみるような新たな市場の開拓に向け、製品の「差別」化、高付加価値化を可能にする新しい生産技術の導入に、常に積極的意識的に取り組んでいた。そこには華新紡の実権を掌握した周学熙・周志俊父子の経営戦略が如実に表れている。それは「生き残り」戦略として強いられたものでもあったが、しかし、それを可能にする以下のような条件と力量を備えていたことも重要である。

　華新が総体的に見て高い質の生産技術を保持することができた第 2 の要因は、本来、相当の資金力を持っていたことに加え、様々な工夫を凝らして設備投資のための資金を調達していたことに求められる。華新創設者の周学熙は、開灤炭鉱・啓新セメントを初めとする多くの企業に関係していた中国北方の実業界の雄であり、第 6 節でも見るようにぬきんでた財力を持っていた。それに加え華新の場合、個々の新しい設備投資を行う際、つねにそのための資金調達に工夫を凝らしていた。たとえば撚糸機導入の場合は「資金力に限りがあったため、3 年計画で段階的に設置していった」<sup>(16)</sup>とされているし、また織布工程の際は、「増資のための株式募集が容易ではなかったので、社債を発行して対処するなど、全力を傾注した」<sup>(17)</sup>のである。

　華新の生産技術を支えた第 3 の要因は、良質の華北産原棉を安い価格で確実に入手していたことである。高番手糸の生産が多かった華新にとって、これはきわめて重要な条件であった。良質原棉確保を可能にした諸要因につい

ては、改めて第5節で問題にする。

　さらに第4の要因として、華新自身が保有していた技術力にも触れておくべきであろう。華新の主だった技術者の氏名・年齢・学歴を見ると、20歳代末から30歳代半ばの若さながら、いずれも工業専門学校卒業以上の学歴を持っており、とくに主任技術者の史鏡清は、日本留学生の出身であった[18]。遅々とした歩みではあったにせよ清末以降の近代中国における科学技術教育の普及と工学分野の帰国留学生の増大は、すでにこうした中国人技術者のみによる最新鋭の紡績工場の操業と新技術導入を可能にさせていたのである。但し先進技術導入のためには、そのほかさまざまな努力が必要だった。経営者周志俊は次のような回想を書き残している。「華新は生産技術の進歩発展を図るため、担当者を各地に派遣しさまざまな関係を利用して新しい技術と管理方法の導入を目指していた。それには『公開』と『秘密』の2つのやり方があった。『公開』というのは、わが社の成績のよいことが知られていたので、他の工場の諒解を取り付け、互いに参観する方法である。『秘密』というのは、技術者や労働者が親類縁者を捜す、友人を訪ねる、などの名目で、他の工場の中に紛れ込み、調査学習してくる方法であって、とくに在華紡の技術の秘密の部分については、すべてそのような盗み見して学びとる方法に頼っていた。わが社の労働者も在華紡の労働者もともに愛国の熱情に溢れていたので、おおいに支援してもらうことができた」[19]。

　なお、以上に引いた叙述は、新しい生産技術の導入をめぐり在華紡との間に厳しい緊張関係が存在していたことを示唆するものであるが、その一方、在華紡との間にある種の協力関係が成立していた事実にも、注目しておく必要がある。ハイドラフト方式の導入に際し、華新の経営陣が上海の在華紡を視察するという機会を得ていたことは、すでに史料に引いたとおりである。また1936年から本格的な操業を開始した華新の染織加工部門において、自家製織布の加工が占める割合は全体の30％に過ぎず、青島在華紡製織布の加工が40％、移入品織布の加工が30％であったという[20]。実際、1936年の華新の織布生産量が1日当り1,000疋強であったのに対し、染織加工部門の生産量は2,000疋以上に上っていた[21]。この数値の差違は、華新が在華紡の織った布の染織加工にも従事していたことを意味するものにほかならない。

## 3. 製品と市場

青島綿業の製品は、表3-4及び表3-5に示されるとおり、1920年代には16番手などの太糸を中心としており、30年代になると、32番手や42番手などの細糸も多くなった。

1920年代の場合、太番手糸が製品全体の9割以上に達しており、32番手などの細糸生産が占める比重は、終始全体の6～7％台を越えない。このように圧倒的な比重を占めた太番手糸は、青島の後背地たる山東一帯の農村織布業を、その主たる市場としていた。この地方一帯の農村織布業は、すでに20世紀初頭までに相当の発展を記録していたからである。加えて山東省濰県の織布業のように、河北省高陽県地方の織布業経営者や労働者がここに移り住んで仕事をするようになった結果、「民国13年（1924年）から土布（地織綿布）

表3-5 青島綿業の番手別生産比率の推移、1924-37年

単位:%

| 年 | 10番手#16番手 | 20番手#32番手 | その他## |
|---|---|---|---|
| 1924 | 4.4 58.7 | 33.8 3.1 | − |
| 25 | 3.8 54.6 | 36.5 5.1 | − |
| 26 | 4.3 55.4 | 33.7 6.3 | 0.3 |
| 27 | 5.3 52.6 | 33.2 6.3 | 2.6 |
| 28 | 3.3 51.2 | 34.0 7.1 | 4.4 |
| *29 | 1.7 59.9 | 31.6 5.8 | 1.0 |
| 1933 | 2.1 49.0 | 28.5 18.8 | 1.6 |
| 34 | 1.9 39.3 | 29.6 25.7 | 3.5 |
| 35 | 2.5 40.1 | 28.5 25.7 | 3.2 |
| 36 | 1.9 34.4 | 26.0 30.4 | 7.3 |
| *37 | 2.1 33.3 | 23.6 30.8 | 10.2 |

出所:1924-29;『神商29年調査報告』.
1933-37 在華紡;「青島工場綿糸生産高」『在華日本紡績同業会資料』R20内
注：*1929・1937の両年とも1-6月分の数値.
　なお1929年以降は在華紡のみの数値.
　#1933年以降の10番手糸には12番手糸を、20番手糸には20番手糸撚糸を含む.
　## その他には30番手糸,40番手糸,32番手糸撚糸,42番手糸撚糸等を含む.

表3-4 青島綿業の各社別細糸（32番手以上）生産比率の推移、1925-36年

単位:%

| 年 | 華新 | 内外綿 | 大日本(大康) | 富士 | 鐘紡*(公大) | 日清(隆興) | 長崎(宝来) | 上海[開業1935年] | 豊田 | 在華紡平均 | 総平均 |
|---|---|---|---|---|---|---|---|---|---|---|---|
| 1925 | 36.4 | − | − | − | 40.3 | − | − | | | 3.6 | 5.1 |
| 28 | 68.9 | − | − | − | 88.5 | − | − | | | 5.3 | 7.1 |
| 1932 | 52.3 | 17.5 | − | | 100.0 | 20.0 | 15.1 | | | 19.5 | 22.8 |
| 36 | 46.5# | 28.9 | 34.0 | 5.6 | 100.0 | 38.9 | 42.4 | 100.0 | 22.5 | 37.7 | ... |

出所:1925,28;『神商29年調査報告』.
　　1932;「青島市棉業調査報告(一)」『紡織時報』1245,'35.12.19.1933-34 華新;同上.
　　1936 華新;「青島市最近棉紗産銷状況」『青島工商季刊』3-2,'35.5.6,同4-4,'36.12.
　　　在華紡;「青島工場綿糸生産高」『在華日本紡績同業会資料』R20内(東大社研蔵).
注：*中国に設立した子会社の正式社名は上海製造絹糸.
　　#1936年10-12月の数値による.
　　なお、1932年各社の数値と1933・34両年華新の数値は統税局統計年度によるもの.

表3-6 青島の綿糸需給の推移、1912-36年
単位:1,000梱

| 年 | 生産(a) | 輸入(b) | 移入(c) | 輸出(d) | 移出(e) | 省内需要(f) |
|---|---|---|---|---|---|---|
| 1912 | — | 79.4 | 6.6 | — | — | 86.0 |
| 13 | — | 92.8 | 9.1 | — | — | 101.9 |
| 14 | — | 71.3 | 4.9 | — | — | 76.2 |
| 15 | — | 28.7 | 0.7 | — | — | 29.5 |
| 16 | — | 83.1 | 12.3 | — | — | 95.4 |
| 17 | — | 77.2 | 29.9 | — | — | 107.1 |
| 18 | 4.9 | 38.6 | 44.3 | — | — | 87.8 |
| 19 | 11.3 | 18.1 | 39.2 | — | 6.0 | 62.6 |
| 20 | 30.6 | 25.3 | 20.7 | — | 4.6 | 72.0 |
| 21 | 42.4 | 27.8 | 31.0 | — | 1.2 | 100.0 |
| 22 | 59.0 | 41.7 | 33.8 | — | 2.6 | 131.9 |
| 23 | 132.2 | 24.5 | 25.1 | 0.5 | 3.8 | 177.6 |
| 24 | 186.6 | 16.6 | 13.2 | 1.9 | 14.2 | 200.4 |
| 25 | 172.0 | 13.8 | 10.1 | 1.8 | 36.0 | 158.1 |
| 26 | 206.7 | 4.3 | 4.9 | 2.4 | 36.8 | 176.7 |
| 27 | 198.6 | 1.0 | 3.1 | 20.7 | 56.3 | 125.7 |
| 28 | 198.4 | 0.4 | 11.3 | 9.7 | 62.0 | 138.5 |
| 29 | 129.6 | 0.9 | 51.5 | 0.8 | 26.3 | 154.9 |
| 30 | 180.7 | 0.2 | 73.4 | 1.5 | 29.7 | 223.2 |
| 31 | 179.3 | ... | 65.0 | 6.6 | 30.6 | 207.1 |
| 32 | 206.9 | 0.1 | 47.7 | 0.4 | 19.0 | 235.3 |
| 33 | 217.7 | ... | 21.8 | 17.3 | 22.9 | 199.3 |
| 34 | 210.6 | ... | 28.5 | 3.8 | 19.5 | 215.8 |
| 35 | 225.6 | 0.1 | 14.4 | 8.9 | 50.8 | 180.3 |
| 36 | 213.4 | ... | 12.4 | 8.1 | 57.7 | 157.0 |

出所：
a 生産高;
　1918;『青島ノ工業』16頁,
　1919-22;『経済週報』第34号, 1923.12.17,
　1923;『神商24年調査報告』257頁月産高より推計,
　1924-28;『神商29年調査報告』155頁,
　1929;在華紡前年生産高の8ヵ月分に華新の生産高を加え推計(在華紡は労資対立で約4ヶ月休業),
　1930-32;『満鉄天津山東紡績業』52頁,
　　　　　『華新四十年』30頁,
　1933-36;在華紡資料,『華新四十年』30頁.
b、c輸移入高　d、e輸移出高;
　各年の海関報告及び青島港貿易統計年報.
注：b,c,d,eは原史料の担(〜'33),公担('34〜)を換算.
　1梱=3担=1.8144公担=181.44kg.
　f省内需要=a+b+c-(d+e)
　陸路による他省への移出分も若干含まれる.

の生産で世に知れわたることになった」[22]という事例も見られた。先に第2節でみたとおり、この1924年という年こそは、青島の綿糸生産量が激増した時にあたっている。山東農村織布業の広がりが青島における近代綿紡績業の発展を支え、同時に、青島近代綿業の急速な発達が、山東農村織布業自体の新たな発展をも引き起こしていたのである。表3-6で算出した機械綿糸の省内需要量推移によれば、1912年から21年までの10年間平均が約8万2,000梱であるのに対し、青島綿業が勃興した次の10年間の平均は16万9,000梱に、そして1932年から36年までの5年間平均は、19万8,000梱に達した。

一方、綿紡績工場の側が、なぜ山東の農村市場を重視し太番手糸の生産に傾いていたのかは、青島在華紡の最古参であった内外綿の「太番手主義」について触れた当時の分析が、よく伝えている。「同工場が16番手物一式に傾ける理由としては、原棉関係もあり、将又同社上海工場製品細物を自由に回送し得る便あるに因ると雖ども、一方、現在山東地方の需要が16番手物の紡績を必要ならしめたるに基因せる事疑を容れず。…山東奥地の状態を伺ふに、一般に質朴粗野にして毫も嬌奢の風なく太物の需要発達せる…之を工場本位より見るに、細糸を紡出せんと欲せば勢

ひ山東棉を捨てゝ印棉又は米棉を使用せざる可からざるを以て、安価なる山東棉を利用紡出し其製品を支那市場に供給するの主義に反し、青島に紡績工場を起すは無意義となるべければ、同工場は序上の諸点より、最大需要品たる太番手物の紡績に劦め、細番手物は日本製品を輸入するの方法を講ずを以て最も機宜に適したるものとなせり」[23]。すなわち、① 太糸製品中心という山東地方における綿製品需要構造、② 安価な山東棉の利用という原料面の制約から生じる細糸生産の困難性、③ 日本製もしくは上海製の輸移入という手段による細糸製品の供給可能性、などを考慮し、内外綿の場合は太番手を生産していたのである。その後に設立される他の工場の場合も、おそらく事情は同様だったに違いない。

では、1930年代になると、なぜ細糸製品の比重が増してくるのだろうか。もう一度表3-6にたちかえってみると、一時はほとんど無視しうる水準にまで減少していた移入綿糸が、1929年から1932年にかけ相当量の水準に回復していることに気付く。その中身が実は問題であった。急増した移入糸の大半は、従来、青島綿業に於て生産量の少なかった細糸だったと推測されるからである。1920年代の前半には32番手以上の細糸需要は1割にも満たなかったのに対し、1930年代には主要な消費糸の種類として30番手糸・32番手糸・42番手糸などが目だってきている[24]。また番手別の搬入量が判明する輸入糸についてみると、表3-7のとおり、まずはじめに16番手糸の輸入が減少し、ついで20番手糸の輸入が減っていき、さいごに一時増加した32番手糸の輸入量が下がる、という経緯をたどっている。綿糸の消費量全体は増勢にあったのであるから、以上の動きは低番手糸から高番手糸へと生産と消費の主力が移っていったことを示している。それに対応すべく、1930年代、急速に細糸生産の比重が高まっていったものと見られる。

表3-7 青島輸入糸の番手別構成推移、1921-27年

単位:梱、( )内は%

| 年 | 12s～17s | 17s～23s | 23s～35s | 35s～45s | その他 |
|---|---|---|---|---|---|
| 1921 | 11,061 | 15,072 | 1,412 | 279 | ― |
| | (39.8) | (54.1) | (5.1) | (1.0) | (―) |
| 22 | 6,936 | 28,242 | 5,876 | 733 | 15 |
| | (16.6) | (67.5) | (14.1) | (1.8) | (*) |
| 23 | 641 | 12,715 | 9,930 | 1,255 | ― |
| | (2.6) | (51.8) | (40.5) | (5.1) | (―) |
| 24 | 1,446 | 3,763 | 9,790 | 1,588 | 1 |
| | (8.7) | (22.7) | (59.0) | (9.6) | (*) |
| 25 | 338 | 3,485 | 8,621 | 1,384 | 10 |
| | (2.4) | (25.2) | (62.3) | (10.0) | (0.1) |
| 26 | 2 | 47 | 2,995 | 1,221 | ― |
| | (0.1) | (1.1) | (70.2) | (28.6) | (―) |
| 27 | ― | 29 | 147 | 831 | ― |
| | (―) | (2.9) | (14.6) | (82.5) | (―) |

出所:海関報告及び青島港貿易統計年報.

以上のような全般的情況の推移の中にあって、華新の動きには特異なものがあった。それはまず 1920 年代の半ばから、他の工場に先駆けて細糸の生産販売に乗り出していたことである。1920 年代に細糸を市場に供給していたのは、華新と鐘紡だけであった（表 3-5）。華新が細糸に力を入れた理由は、その立脚していた経営戦略に求められる。「在華紡の包囲下にあって、青島華新は、在華紡と『二筋の道』を歩んだ。在華紡が太糸を紡げば我々は細糸を紡ぎ、在華紡が細糸を紡げば我々は布を織り、在華紡が布を織れば、我々は奥地に売りさばき捺染加工を行った。在華紡と闘う営業方針とは、要するに、道を譲りながらも常に先頭を走って行くというものであった」－幹部技術者張祖熙はそう回想している[25]。　同様な姿勢は、経営者周志俊の「日本の在華紡との競争は熾烈をきわめ、わが社はついに 32 番手を紡出するように方針を改め、その後在華紡も 32 番手に乗り出してくると、わが社は撚糸の試作に乗り出した。42 番手 2 本撚糸、42 番手 3 本撚糸、20 番手 3 本撚糸は、農家一般の裁縫糸に用いられるようになったし、さらに研究して製造した 20 番手 6 本撚糸と 32 番手 6 本撚糸とは、山東半島東部での輸出向けレースの生産に用いられるようになった。」との記述にも見られる[26]。市場が小さくすでに華新が生産を先行させていたため、敢えて在華紡はまねようとはせず、ついに華新が市場を独占するような分野も見られたようである[27]。たとえば華新の細糸を用いた撚糸製品は、山東半島沿岸の漁網用の糸としても大変に歓迎されていた[28]。　以上のように、在華紡と対抗するための市場開拓努力が、華新をして、かなり早い時期からの細糸製造販売に向かわせていた、といえよう。従来の通説にあるような「細糸＝在華紡、太糸＝中国紡」というイメージは、ここでは当てはまらないことになる。

　さらに華新の綿糸販売市場面におけるもう 1 つの特徴は、青島在華紡の一般的な傾向とは異なり、山東省以外の地域にも相当量の綿糸を売りさばいていたことである。たとえば 1931 年度の営業報告書はこういう。「綿糸及び撚糸の消費市場についていうと、青島済南方面では在華紡製品が溢れておりその圧迫を受けるため、他省の開港都市への販売を重視せざるを得なかった。しかしとくに広東方面の問屋筋の需要が盛んであったため、年末の在庫はきわめて僅かであった」[29]。経営者であった周学熙も、「市場から締め出される

恐れが出てきたため、わが社は新たな販路開拓に乗り出し、南方への綿糸移出に力を注いだ。上海に事務所を設けて広東方面の問屋筋に転売したのである。製品の質を重視し、撚が少なく張力に優れたものを販売していたため、広東方面の問屋筋の間では、きわめて評判が高かった」と回想している[30]。もっとも、こうしてようやく獲得した広東の市場も、1933 年頃には大幅に縮小してしまい、代わって次にみるように、四川・湖南方面への販路を追求せざるを得なくなっていた。「数年来利益を得ることができていたのは、まったくもって大量の撚糸を広東方面に売りさばけていたことによるものであった。しかし現在、広東には外国製品が溢れ、綿布工場はすべて閉鎖されて撚糸の消費も完全になくなってしまっている。……上海事務所では四川・湖南への販路開拓に力を尽くし、ようやく荷動きが出てきたところである。しかし今後の全般的な見通しとなると、依然として楽観は許されない」[31]。安定した市場の確保には終始苦しんでいたとはいえ、華新の場合、山東省以外への販路開拓が、在華紡との厳しい競争に耐え抜く大きな要因となった。念のため付け加えておけば、日本側も、そのあたりの事情は察していたようである[32]。

## 4．労資関係の展開

操業開始当初、青島綿業は労働力の絶対的な不足に悩まされた。近代工業生産自体が始まったばかりであったし、纏足の習慣が強く残り女子労働を活用しにくかったことも、労働力不足に拍車をかけた。華新紡の場合も「女子中 70 名ハ老練ナル南方ノ職工ヲ拉致シ来レルモノナリ」[33]と伝えられ、労働者の引き抜き合戦という様相を呈すことも珍しくなかったらしい。内外綿からの移籍労働者 300 名を雇用していた華新紡[34]は、隣接する場所に鐘紡が開設されるや、こんどは自らが「労働力の確保上、大きな脅威を受ける」ことになり、華新の捲返工程にいた 400 人以上の労働者のうち 200 人以上が勤務先を変えてしまったといわれる[35]。

しかしその後、工場の新増設にともなって労働力市場は急速に拡大し、標準的な労働者の熟練の度合もある程度の水準に達していった。すでに 1920 年の時点で、「支那職工は其指導訓練宜しきを得ば、日本職工に劣らざる技能を

発揮し得る事疑を容れずとせり」[36]との見通しが出されており、1924 年になると「単純労働に於ては日本人と大差なく、監督に宜敷を得ばむしろ之に勝るの状態なり」[37]と評されている。

　こうした状況は、労働力の確保を容易にした反面、各工場の間を転々とする「渡り職工」的な労働者を多数生み出したり、賃金が上昇傾向を辿っていくなど、経営の不安定要因にもなりつつあった。「或工場に於て職工を募集せんとする場合には、現に操業中の他の工場より多数の職工脱出し蝟集し来るはよく見る所なり。…如斯職工は假令雇傭するも日ならずして他に趣り転々各所を渡る不良分子にして同盟罷工等の急先鋒となるや疑はざる所にして、若し之を雇傭せんか各工場間の職工争奪となるを以て、邦人工場間にはかゝる者を雇傭せさる契約不文律に成立す」[38]。だがそうした規制策は充分な効果をあげていなかったようである。「新設同種工場増加してより職工の移動多く、上海に比し一層甚だし。又従来は志願工のみにて足りしも、今日は募集せざるを得ざるに至れり」[39]という。そこで「当地邦人紡績会社に於ては、同業組合に於て種々の協定をなし中に、賃金協定をも行ひて同業者間職工争奪に基く不利の影響を避けんとせり」[40]等の対策にもかかわらず「各工場とも熟練職工を集むるに努力する結果、賃率昇騰の傾向あり」[41]という事態を避けられなかった。こうした中で待遇条件の劣る華新は「芸徒制」という見習工拘束制度を設け、低廉な労働力の確保に努めていた[42]。

　以上のような情況の下で発生したのが、1925 年の在華紡 3 社の争議であった。その経緯と中共の政治指導の問題については、すでに高綱博文氏の専論[43]がある。重要な事実は、この争議を通じても労働条件が全体としては平準化し、賃金水準の一層の上昇がもたらされていたことである。さらに在華紡 3 社におけるストライキは、在華紡のみならず華新紡にも深刻な教訓を与え、時間給一辺倒に代え出来高給の一部導入や「芸徒制」改善などの労務政策の手直しを余儀なくさせている[44]。青島綿業の労資関係は、経営側にしだいに不利なものになりつつあった。

　そうした趨勢に対する在華紡資本側からの巻き返しが、1929 年 7 月末からの長期ロックアウトである[45]。7 月 21 日から 23 日までの 3 日間、労働者 220 人への辞職勧告などを伴って行われたのが第 1 次のロックアウトであり、こ

## 第3章 青島華新紡

れは結局、青島市政府等の仲介により収拾された[46]。しかしその後も労働者の抵抗やサボタージュが跡を絶たなかったことから、在華紡側は 8 月 2 日から 11 月 26 日まで、3 ケ月半に及ぶ第 2 次の長期ロックアウトに突入したのである[47]。これも最終的には、青島市政府等の仲介により、250 人の解雇という労働者側の犠牲と、組合の存続容認という会社側の譲歩などを条件に収拾された[48]。在華紡側の狙いは、第 1 次ロックアウトの際の「怠業状態改マラス、最早一時休業シテ不良工ノ整理ヲナス外手段ナシ」という言明[49]や、第 2 次ロックアウトのさなかの「不良分子ヲ完全ニ一掃シ、更ニ出来得レハ工会及工整会ノ解散ヲ期スル事ニ方針ヲ決定」[50]という動きに端的に示されるとおり、資本の労働者に対する統制力の強化に置かれている。同時に、この時期、内外綿が 3 万錘、鐘紡が 3 万 464 錘、日清紡が 1 万 6,000 錘など有力在華紡の生産設備拡張の動きが進んでいたことにも注目しておきたい[51]。当然この設備拡張の中には、相当の人員削減を可能とするハイドラフト制導入が含まれていたものと推測される。したがって全体としてみると、この 1929 年のロックアウトは労働組合の解散などには至らず、資本側の絶対的な優位が確立したとは言えなかったにしても[52]、青島在華紡の経営「合理化」にとっては、きわめて重要な意味をもっていくことになった。在華紡の賃金水準は、1920 年代の半ばから末にかけ、1 日平均 20 〜 30 銭から 50 〜 70 銭へと上昇した後、30 年代半ばには、30 〜 50 銭程度に切り下げられている[53]。これは、男子より相対的に低賃金の女子労働者の比率が急速に高まり、全労働者の 4 割以上に達していった事実に対応する現象であった[54]。在華紡の経営「合理化」策は、こうして確実に賃金コストを切り下げることに成功していた。

一方、1929 年のロックアウトに参加しなかった華新は、女子労働の導入を図ることもなく[55]、職工の補習教育のための「労工学校」設立等の労資協調主義的政策の一層の充実によって、労資間の矛盾の緩和を図ろうとした[56]。しかし「合理化」を断行していった在華紡と、労資協調主義のみに頼るだけであった華新紡との間には、やはり生産コスト上、労働者たちも見抜いていたような無視しえないほどの格差が生じていく[57]。その結果追い詰められた華新は、1935 年 7 月、賃金引下げを軸とする大幅な「合理化」策を導入せざるを得なくなるのである[58]。そうした事情は、日本側も「従来工人採用ニ情

実主義ヲトリ、工賃決定モ亦同様ナルタメ、会社ハ人員淘汰ニ関シ最モ困難ヲ感シ居レル。…日本側賃金ニ比シ工賃 1 日 1 人ノ平均所得 45 仙〜 70 仙ノ高率ナルコト…」と観察していた[59]。労働者側はこれに抵抗したが、市政府等の政治権力に庇護された会社側が軍隊と警察力をも動員する強い姿勢で臨んだため、ついに押し切られている[60]。

そして 1936 年には再び在華紡でストライキが発生する。綿業界の景気回復を背景に、折から緊張を増しつつあった日中関係の中で、上海在華紡におけるストとも連帯した濃厚な民族主義的色彩を帯びた争議であった[61]。この間、一年前の 1935 年にすでに新たな「合理化」を実施していた上、中国資本である、ということから今回のストの波及を免れることができた華新紡の営業成績は好転した。

以上のような労資関係の展開過程を通観すると、在華紡と華新紡のそれぞれの労資関係の間には、一方が外国資本であり、他方が中国資本である、という資本の国籍による相違が、確かにある程度は存在している。民族運動に影響される機会が多い在華紡の方が、ストライキの規模や回数は、華新紡を上回っていた。しかしながら、むしろより重要な意味をもつ事実は、労働者の工場間移動と資本間競争の存在とによって、華新紡と在華紡のそれぞれの労資関係の展開が、相互に密接に影響しあっていたと見られることである。1925 年の在華紡ストは、華新紡の労務政策見直しを促す契機になっていたし、1929 年の在華紡のロックアウトは、在華紡自身の「合理化」努力に拍車をかけ、やがて華新紡も同様の方向に歩調を揃えざるを得なくなった。外国資本工場と中国資本工場の労資関係や労働条件の間に、隔絶した差異を想定することは適切ではない。

## 5．原棉問題

原棉としては、当初、在来種の山東棉が期待されたのだが、短繊維であったため、20 番手以上の糸を紡ぐには良質の国産米棉種棉花や輸入印度棉・輸入米棉などをまぜて使う必要があった。とくに 32 番手以上の細糸生産に主力を置いていた鐘紡の場合、輸入米棉を用いる比率が著しく高くなっている（表

3-8)。その後、1930年代に入り印度棉の輸入が困難になる一方、国内各地の綿紡績業の発展に伴い高品質の国内棉も不足がちになるにつれ、山東省産棉花の改良に力が注がれるようになる。青島港に輸入される外国棉の数量は、全体の消費量の数％以下に低下した。

表3-8 青島在華紡原棉使用状況、1927-29年
単位:％

| 年／原棉 | | 内外綿 | 大日本 | 富士 | 鐘紡 | 日清 | 長崎 | 平均 |
|---|---|---|---|---|---|---|---|---|
| 1927 | アメリカ棉 | 3 | 8 | 1 | 67 | 5 | 3 | 12 |
| | インド棉 | 15 | 33 | 37 | 10 | 8 | 9 | 23 |
| | *中国棉 | 7 | 11 | — | — | 1 | — | 13 |
| | 山東棉 | 75 | 48 | 62 | 24 | 86 | 88 | 52 |
| 1928 | アメリカ | * | 3 | 5 | 35 | — | 4 | 6 |
| | インド棉 | 8 | 10 | 34 | 5 | — | 6 | 10 |
| | *中国棉 | 11 | 16 | — | * | — | 1 | 19 |
| | 山東棉 | 81 | 71 | 61 | 60 | 100 | 89 | 65 |
| 1929 | アメリカ | 2 | 20 | 3 | 39 | — | 6 | 11 |
| | インド棉 | 4 | 20 | 22 | 5 | — | 3 | 18 |
| | *中国棉 | 7 | 38 | — | — | — | 2 | 20 |
| | 山東棉 | 87 | 22 | 75 | 56 | 100 | 89 | 51 |

出所:外交史料館 I-4-4-0,3-1 内 1930.3.18 報告.
注：*山東以外の各地からの中国棉.

こうした情況の下にあって、双方の原棉調達機構の相違の結果、在華紡が輸入棉花の利用に於て優位を保っていたのに対し、華新紡は、直接原棉産地まで担当者を派遣し、良質の山東棉を入手するのに成功していた。まず在華紡の場合、創設当初から「当地の紡績業者は直接買出を為すことなく、青島に於ける有力なる邦商と取引契約を為し、邦商は済南に於て支商棉花問屋に就き買付を為すを例とせり」[62]と伝えられている。こうした情況はその後も続き、「青島に於ける紡績業者は、全部日本及び上海に工場を以て居る関係上、輸入米印棉は主に日本に於て買付けられ、…支那棉特に山東棉の買付に当りては、済南に於ける各出張店或は代理店に命じて買付せしむるに止まる」[63]とされている。在華紡は、外国棉については、日本や上海で、恐らくかなり有利な条件で購入していたのに対し、山東棉については、直接買付けに乗り出すこともなく、中国人棉花商を通じて購入していたのである。但し、後者のやり方には、「済南市場における棉花の梱包に対しては、従来種々の不正行為行はれ、…」[64]というような弊害がつきまとっていた。1930年代になってもそうした情況には変化がなかったようである。「青島の紡績工場の原棉調達についてみてみると、華新紡を除いた在華紡各社は、いずれも日本の商社に委託しそれを代行させている」[65]。そしてやはり同様に「中間商人の介在する余地が大きかったため、在華紡の購入する棉花の質は華新紡のものより劣悪であった」と伝えられる[66]。こうした情況に業を煮やした青島の在華紡各社は、再三にわたり山東省政府に棉花の品質管理の強化を要請している。しかしな

がら 1935 年の末になっても「法定含水率限度の 13 ％ぎりぎりいっぱいのものが多い状態」や「棉花の種子・枯草・土砂・木片などが混入していること」を嘆かざるを得ない情況であった[67]。

　一方、在華紡の直面していた困難な情況とは異なり、華新紡の関係者は次のように回想している。「華新紡は棉花の買付けを花行（現地の棉花問屋）に委託していたが、花客・花販（いずれも棉花商）・農民などが花行に棉花を持ち込んでくると、華新の出張所の担当者が自ら立ち会って棉花を評価し、価格を決めることになっていたので、形式上、花行の手を経るだけに過ぎなかった。…原棉を産地で買付け中間商人の手を経ることが少なくなるか、あるいはまったくその手を経ないようになっていたこと、また、華新紡の買付け時の原棉の質に対する要求が大変に厳しいものであったことにより、華新の手にいれる原棉はかなり良質のものであった」[68]。中国資本である華新紡が、中国在来の商慣習を熟知した社員の働きによって良質の原棉確保に成功していたというのは、充分に考えられる事態であった。この点において華新紡は在華紡よりも優位に立っていたのである。

　さらに冒頭に触れた棉花改良運動をめぐっても、在華紡と華新紡との間には、微妙に交錯する動きを含みつつ、重要な問題で隔たりが存在した。その経緯を簡単に追っておこう。青島綿紡績業界の原棉改良運動には、2 つの推進機関があった。その 1 つは在華紡と日系商社が中心になって設立した山東省棉花改良協会であり、いま 1 つは、華新紡と青島市政府が後押しした青島工商学会棉業改良委員会である。山東省棉花改良協会は 1932 年、次のような規約を掲げて発足した。

「第 3 条　本会は青島紡績業者及棉花業者を以て組織し其会員は左の通りとす。

　　　　公大第五廠　富士紗廠　内外綿紗廠　大康紗廠　隆興紗廠　宝来紗廠
　　　　華新紗廠*　東棉洋行　日本棉花　江商洋行　瑞豊棉行　増幸洋行
　　　　和順泰　復成信*　慶豊和*　　［引用者注、*は中国資本］

第 4 条　本会の事務所を青島在華日本紡績同業会に置き分所を張店に置く。
第 5 条　本会は毎年－定量を見積り、朝鮮より該地産米棉種子を取寄せ、山東棉産地に於ける在来棉種子との交換をなす」[69]。

## 第3章　青島華新紡

　第3条の会員構成から知られるように、日本資本が中心であったとはいえ、華新紡など中国資本の側も当初は協力する姿勢を示していた。後で述べるとおり、改良棉花の種子調達の面でも両者は協力している。第5条にうたわれている朝鮮からの米棉種導入は、在華紡のなかでもとくに、朝鮮に工場を持っていた内外綿の主導性を示すものであろうか。しかしながら1930年代半ば、日本軍のいわゆる「華北分離工作」という侵略策動が急進展する中で、改良協会には、その動きに対する関わりを強めていくような傾向が生じた。たとえば「抑々此の種事業の進展は独り青島紡績業者のみが利益を受けるものではなく、……之を経済的に見れば日支経済提携の楔を作ることゝなり、之を政治的に見れば我日本の北支工作即ち国策遂行に寄与する所も亦多からんと思料する訳にして、…」(70)という思惑が語られたりしている。このような動向にともない、日本資本主導の山東省棉花改良協会に中国資本が参加し続ける余地は失われていったように思われる。

　それに対し青島における中国側の原棉改良運動を担った中心的な機関が、青島工商学会の活動である。この会は、「民生向上と商工業振興に力を入れてきた」青島市長沈鴻烈が中心になり、地元青島の有力者たちを糾合して設立した団体で、華新紡経営者の周志俊も理事の1人に連なっていた(71)。青島工商学会に付設された棉業改良委員会は、青島に近い膠済鉄道沿線に改良棉花の栽培を普及させることにより、従来の主な原棉産地である山東省西部から青島までの棉花輸送コストを削減しようとの狙いから、1933年5月1日、青島市郊外の滄口地区に「植棉試験総場」（棉花栽培試験場）を設け改良棉花の栽培に着手したのである(72)。試験場の土地47.55畝は青島市政府が提供し(73)、初年度の経費5,000元は華新紡と市政府が折半して負担している(74)。青島市と華新紡が作っていた団体、といってよいだろう。その後青島工商学会の原棉改良運動は、1936年の時点で米棉の作付面積が7万畝（約4,700㌶）に達し、華新紡の原棉使用量のおよそ7分の1を供給するようになるなど、ある程度の成果を収めつつあった(75)。

　青島工商学会は当初、原棉種子の普及に際し、朝鮮の木浦から輸入したキング種棉（「金氏棉」）を用いていた。「植棉試験総場大事記」1934年3月6日の項には、「朝鮮の木浦からキング種棉100担（約6トン）が到着し、過渡期

の米棉普及用にあてられた」との記載が見られ[76]、また 1935 年には、青島工商学会が上述の日本資本主導の山東棉花改良協会の活動に協力し、「木浦より輸入せる金氏棉種子 8 万斤（約 48 トン）を配布した」ことが日本側の報告に記録されている[77]。ところが、青島工商学会の植棉試験総場は、南京にある国民政府の中央棉産改進所からストーンヴィル種棉（「斯字棉」）第 4 号種 1,500 斤（約 900 kg）の提供を受けた後、その育成と試験に努めた結果、繊維が長く、栽培期間が短く、収穫量が多いという 3 つの特徴をこのストーンヴィル種棉が備えていることを評価し、キング種棉に代えてストーンヴィル種棉を普及する方針を確定したのであった[78]。この方針転換は、偶然ではない。実は当時、「華北開発」を主導的に進めようとしていた日本が、棉花改良運動における品種選択に際しても、植民地朝鮮で栽培されていて自己に有利なキング種棉を押し付けようとしていた経緯があった。それに対し中国側は「キング種棉は収穫量がそれほど多くない上、棉花の品質も平凡なものであったため、中国で原棉改良運動が盛んであった 2 つの時期［引用者注：1920 年代初期及び 1930 年代］を通じて、普及用の種子に選ばれなかったのである［20 年代にはトライス種とアカラ種が、30 年代にはストーンヴィル種とデルフォス種が選ばれた］」[79]などと反論している。われわれも以上のような文脈の中で、青島工商学会植棉試験総場の普及用種子に関する方針転換の意味を捉え返すべきであろう。当初、日本資本との協同から出発した青島華新紡系の原棉改良運動は、やがて日本軍主導の「華北開発」が活発化する下、むしろ中国側の南京国民政府主導の原棉改良運動との連携を強め、日本資本の影響から脱しつつあったのである。同じ頃、民族主義的な傾向の濃厚な郷村建設運動との連携を華新紡が試みていたのも、同様な意味を持つ動きであったと考えられる[80]。

　日本資本の動きの背後には、軍主導の華北開発構想があり、他方、中国側の動きは、経済主権の回復を目指すという民族主義的傾向を帯びたものであった。かくして中国側の取組みはやがて南京国民政府の原棉改良運動との連携を強めるようになり、ストーンヴィル種米棉の普及に方針を転換していくのである。

表3-9 青島華新と在華紡各社の経営規模比較(1925年12月,1937年6月)

単位:1,000元

| 年 | 項目 | 華新 | 内外綿 | 大日本(大康) | 富士 | 鐘紡(公大) | 日清(隆興) | 長崎(宝来) | 豊田 |
|---|---|---|---|---|---|---|---|---|---|
| 1925 | 資本金総額 | 2,515 | 10,122 | 39,724 | 25,974 | 21,845 | 12,319 | 3,193 | — |
|  | 1工場当資本金 | 2,515 | 632 | 1,589 | 3,247 | 728 | 1,760 | 1,064 | — |
|  | 100紡錘当 〃 | 8.0 | 2.6 | 5.0 | 5.1 | 3.4 | 4.0 | 2.7 | — |
| 1937 | 資本金総額 | 2,700 | 23,996 | 65,132 | 36,606 | 48,513 | 19,344 | 6,401 | 11,459 |
|  | 1工場当資本金 | 2,700 | 1,412 | 2,605 | 3,328 | 1,516 | 1,934 | 1,600 | 1,910 |
|  | 100紡錘当 〃 | 5.6 | 4.2 | 4.9 | 5.2 | 3.4 | 3.3 | 3.3 | 3.6 |

出所:『華新四十年』,各年『綿糸事情参考書』.
注:在華紡各社の数値は,日本国内の工場の分もあわせて計算した数値.
　　通貨単位は海関レートにより換算.1925年,1元=1.309日本円;1937年6月,1元=1.021日本円.

## 6．資金の調達と運用

　日中両国の数カ所に工場を展開していた在華紡各社と、実質的には青島の1工場のみであった華新紡とを較べれば、全体の資本金規模は比較にならない（表 3-9 参照）。日本の地方紡績資本であった長崎紡を別にすれば、在華紡各社と華新とは、資本金の額が1桁ないし2桁違っている。にもかかわらず華新紡が、在華紡各社と比肩し得る経営活動を展開できたのはなぜだろうか。資金の調達と運用の両側面から、華新紡の備えていた条件を整理しておくことにしよう。

　まず資金の調達面について。先にみたように会社全体の資本金額には大きな隔たりがあったとはいえ、1工場当り、ないしは紡錘数当りの資本金額を算出してみると、むしろ華新紡の方が相対的にみて高い額になっている(表 3-9)。つまり、青島での工場経営、という点からいえば、日中各社の間に隔絶した資金力の差があったわけではない。そのうえ華新紡には強力な資金的バックがついていた。経営者であった周志俊は次のような興味深い回想を記している。「父は当時多くの企業の経営にかかわっていたので、余裕のあるところから逼迫しているところに資金を融通したりして、いろいろと調整することができた。初めのうちは、恵通銀号という金融機関を青島華新紡の中に付設し、啓新セメントや開灤炭砿などの会社からそこに資金を預けさせ、それを恵通銀号から華新紡に貸し付け、利用させていたのである。しばらくすると（同

表3-10 青島華新の利益金と利益率の推移、1920-37年
単位:元，利益率は%.

| 年 | 払込資本金 | 当期利益金 | 減価償却費 | 利益率A | 利益率B |
|---|---|---|---|---|---|
| 1920 | 1,200,000 | 346,638 | 109,165 | 28.9 | 38.0 |
| 21 | 1,531,102 | 414,165 | 201,103 | 30.3 | 45.1 |
| 22 | 2,027,562 | 375,469 | 57,236 | 21.1 | 24.3 |
| 23 | 2,368,849 | 200,367 | 77,753 | 9.1 | 12.7 |
| 24 | 2,368,849 | 4,284 | — | 0.2 | 0.2 |
| 25 | 2,515,100 | 175,553 | 107,220 | 7.2 | 11.6 |
| 26 | 2,515,100 | 231,704 | 27,211 | 9.2 | 10.3 |
| 27 | 2,515,100 | 68,301 | — | 2.7 | 2.7 |
| 28 | 2,515,100 | 373,621 | 120,108 | 14.9 | 19.6 |
| 29 | 2,515,100 | 333,171 | 90,000 | 13.3 | 16.8 |
| 30 | 2,700,000 | 332,457 | 82,857 | 12.8 | 15.9 |
| 31 | 2,700,000 | 365,179 | 150,000 | 13.5 | 19.1 |
| 32 | 2,700,000 | 133,852 | 145,531 | 5.0 | 10.3 |
| 33 | 2,700,000 | -29,757 | — | -1.1 | -1.1 |
| 34 | 2,700,000 | 60,098 | — | 2.2 | 2.2 |
| 35 | 2,700,000 | -62,013 | — | -2.3 | -2.3 |
| 36 | 2,700,000 | 235,680 | 120,000 | 8.7 | 13.2 |
| 37 | 2,700,000 | 302,297 | 195,800 | 11.2 | 18.5 |

出所:『華新四十年』付表.
注:利益率の計算式は下記のとおり。
　利益率A＝当期利益金÷平均払込資本金×100
　利益率B＝(当期利益金＋減価償却費)÷平均払込資本金×100
　平均払込資本金＝(前期末払込資本金＋当期末払込資本金)÷2

銀号は）経営規模を拡大して華新銀行になり、啓新セメント・開灤炭砿・華新紗廠などがそこに投資して株主になった。その後華新銀行の経営は縮小され久安信託公司へと社名も変わった。しかし青島華新紗廠の経営にとっては、きわめて大きな役割を果たしたのである」[81]。残念ながら恵通銀号や華新銀行の経営実態を物語る史料は見あたらない。だが1933年頃の時点で啓新セメントの資本金は880万元、開灤炭砿の資本金は200万ポンド（約3,200万元）であったことから考えれば[82]、上記の金融機関を通じて数十万元程度の資金を調達するのは容易であったはずである。このような条件を備えることによって、青島華新紗廠は、在華紡各社の資金力にも対抗できたものと考えられる。

　次に投下資本の効率という観点から払込資本金利益率の推移に注目してみよう。青島華新紗廠の利益率推移は表3-10に示されている。創業当初の高い利益率が在華紡工場の大量進出にともない急落した後、1925年から32年にかけ10～20パーセントをほぼ維持し、その後、恐慌の打撃を受けてから再び1936年から37年にかけ20パーセントに近いところまで回復するという経緯である。利益率の落込みを打開したそれぞれの時期に、生産面・営業面での大幅な改革が実施されていたことは、すでに述べてきたとおりである（第2節、第3節等）。この青島華新紗廠の利益率推移を、高村直助氏の算出した在華紡全体の利益率推移と比較してみると、両者の間に決定的な差異を認めることはできない（図4-2）。資本金を効率よく用いるという点に関する限り、

## 第3章 青島華新紡

**図3-2 青島華新と在華紡の利益率推移、1922-37年**

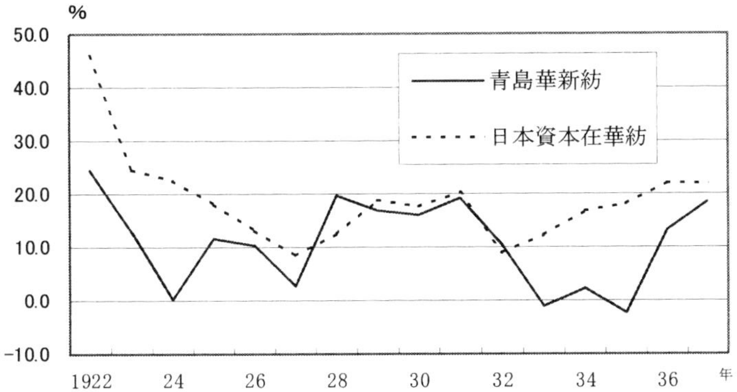

出所：表3-10、並びに本文参照.

華新紗廠は、十分在華紡に匹敵していたように判断される。

資金の運用面を厳密に評価するには、無論、利益金をどのように処理していたのかが、検討されなければならない。華新紗廠の場合、歴年の減価償却費累計額が1937年の時点で資本金270万元の約55パーセントに相当する148万元に達しており、減価償却が系統的意識的に行われていたことが判明する（前掲、表3-10）。加えて次のような会計処理を施すことによって、さらに多くの資金を蓄積していたことが指摘されている。「蓄積を多くして分配を少なくすることが、青島華新の経営原則であった。…わが社は、一般と同様の法定積立金や減価償却を実施していたほか、2つの特徴ある会計処理も行っていた。① 生産設備の増設や修理は資産に組み入れるべきものだが、わが社では生産費用としたり製造コストの中に分割して組み入れたりして利益を（見かけ上）低いものにし、その分、配当額を減らしていたこと。② 在庫分の原棉を使う時、常に買付け価格以上の高い金額を支出したことにして、利益を隠しておいたこと。わが社は、在庫棉の価格操作の中に隠してあったこの『収支平衡準備金』があったため、市場競争の中にあって不敗の立場を築けたのである」[83]。

以上のような蓄積重視の経営が可能になった条件を、注意しておかなければならない。一般に中国資本経営の通弊とみなされることが多かった蓄積を

重んじない風潮の中で、青島華新のように相当の蓄積をしていこうとすれば、高利配当を望む多くの株主から反発を買うことが予想されるからである。その点について華新紗廠の経営を総括した一著作は次のように述べている。「こうした利益分配のやり方は、当然、周氏一族以外の株主たちの不満を引き起こした。しかし青島華新紗廠は、株式会社とは言っても周氏一族の持株が70パーセント以上を占める状態であった。周志俊の手中に大きな実権が握られている以上、他の株主たちは如何ともしがたかったのである」[84]。株主構成を確認する史料は、残念ながら見あたらない。しかしながら何回かの株主総会の記事は、確かに上記のような経営側の優位を窺わせるものとなっている。たとえば1936年の総会では「株主の金注甫氏から『撚糸機設置のための毎期支出項目は、本来、株主に分配されるべき利益金を機械設備新設のために用いてきたものである。したがって、この支出項目を元本として利率7パーセントで計算した利息分を、各決算年度末に株主に配当していただきたい。』との書簡が寄せられていた。これに対し重役会議（董事会）は、『…欠損年にも準備金から（その利息分を）支出することが可能だとはいえ、それはあたかも自らの肉を切って傷にかぶせるような措置になり、会社全体の動きに困難が生じることは避けられない。……』と回答した。出席した株主全員が起立してこれに賛成し、（経営側提案の）原案を通過させた」[85]との経緯が記録されている。また1937年にも、次のようなやりとりがあった。「株主の王心海は、『現在、綿糸の市況はきわめて好調である。株の配当金を、本来の規定どおりに行えないものか』と質した。これに対し常務董事の周志俊は『確かに綿糸市況は良好であるが、会社法の規定により、前期の損失を補わなければならない。その残金では、5パーセント配当がギリギリである。さらにいえば、そもそもわが社は、外資紡工場の包囲下という特殊な場所にあって、会社としての基礎を着実に強化発展させていくことを経営の大原則にしている。』と応えた。多くの株主に異議はなく、原案が採択された」[86]。

　資金調達能力にとどまらず、蓄積の重視という利益金処分の方針でも、在華紡と華新紗廠とには共通するものが多かった、といえよう。華新紗廠に即して言うならば、合理的企業経営に理解を示す経営者が同族支配をテコに実権を掌握しており、経営内部において技術者の発言が尊重され、高配当を求

める小株主や地場商業資本の影響が小さかったという条件が、重要な意味を持ったのである。

## おわりに

　1920～30年代における青島の事例でみた場合、日中両国の綿紡績企業の間には、市場・労働力・原棉確保などの様々な分野において、競争し対立する局面が存在した。しかしそれがすべてであったわけではない。むしろ生産販売品目の選択に際して見られたように正面から対決することを回避したり、初期の原棉改良事業のように協同で問題に対処したりする場合も少なくなかった。対立と協調と呼ぶ所以である。しかもその対立と協調とが複雑にないあわさった関係は、決して固定的静態的に存在していたわけではなく、新技術・新製品・新市場などの導入や開拓に伴い絶えず変化しており（2、3参照）、また当初は協調から出発しながらも、その後日中関係全体の推移にも規定されながらむしろ対立的な様相を深めていくことになる原棉改良運動のような場合も見られた（5参照）。さらに他面からいえば、在華紡との間の緊張関係が欠けていた場合、青島華新紗廠の生産と経営の質的発展は、他地域に設立された華新紗廠がそうであったように、実際の結果よりも相当に遅れたものとなっていたに違いない。いずれにせよ対立と協調の複雑にないあわさった関係の下で、初めて青島華新紗廠という中国資本企業の発展が可能になった、ともいえるであろう。

　むろん華新紗廠が在華紡と対抗し得た基本的な要因には、中国側政治権力と民族運動の支持を受けることができたという経営外的な要因（4、5参照）と、積極的な経営姿勢（2、3参照）・原棉調達機構の整備（5参照）・内部蓄積の重視（6参照）などの経営内的な要因とが並存した。青島華新のような企業経営は、必ずしも特異な存在であったわけではない。前掲拙稿で論じたとおり、中国資本経営についての概括的な特徴づけにはあまり意味を認めることはできず、むしろいくつかの類型に分けて把握することが重要となっている。そうした観点から見た時、青島華新紗廠の経営は、中国において発展可能であった資本主義的企業経営の一つの典型に位置づけられる。

(1) 上海市棉紡織工業同業公会籌備会『中国棉紡統計史料』1950年の数値より算出。なお地帯区分論に基づく各地の紡錘数は本書第5章112頁、表5-6参照。
(2) 青島工商学会『棉業特刊』1934年4月。
華新紗廠『青島華新紗廠特刊』1937年8月（略称『華新特刊』）。
青島市工商行政管理局・公私合営青島華新紡織染廠『青島華新的四十年（初稿）解放前部分』1959年11月（略称『華新四十年』）。
中国社会科学院経済研究所所蔵『華新紗廠歴史史料』内「青島華新紗廠史料」全6章、1962年9-10月調査（略称『華新史料未刊稿』）。未公刊とはいえ、きわめて価値のある史料。
周志俊「青島華新紗廠概況和華北棉紡業一瞥」『工商経済史料叢刊』第1輯1983年6月（周志俊『青島華新紗廠概況』謄写版1962年10月の改訂版。略称『華新概況』）。
(3) 外交史料館所蔵大正期文書3-7-2、10「在支内外人経営工場ニ於ケル労働者待遇関係雑件」、同5-3-2、155-2「大正十四年支那暴動一件、五三十事件、北部支那ノ一」。昭和期文書Ⅰ-4-4-0、3-1「中国ニ於ケル労働争議、青島」。
(4) 大阪大学経済学部所蔵『在華日本紡績同業会資料』（ただし本稿の作成時は東京大学社会科学研究所所蔵のマイクロフィルムによった）。
(5) 『青島実業協会月報』、『（青島日本商業会議所）経済週報』、『青島工商季刊』、『紡織時報』等。
(6) 公大第五廠『山東ニ於ケル紡績業』1933年（略称『公大山東紡績業』）。
神戸高等商業学校『大正十三年夏期海外旅行調査報告』（含佐々木藤一「青島紡績業に就きて」）1925年（略称『神商24年調査報告』）。同『大正十四年夏期海外旅行調査報告』（含浦野重雄「青島に於ける紡績業」）1926年（略称『神商25年調査報告』）。神戸商業大学『昭和四年夏期海外旅行調査報告』（含吉岡篤三「青島に於ける邦人紡績業」）1930年（略称『神商29年調査報告』）。
在華日本紡績業同業会青島支部『青島に於ける邦人紡績業』1936年（推定）（略称『在華紡青島紡績業』）。
青島守備軍民政部『青島ノ工業』1919年。同上『山東ノ労働者』1921年。
満鉄経済調査会（甲斐重良）『山東省経済調査資料第2輯 山東に於ける工業の発展〔経調資料第75編〕』1935年（略称『満鉄経調山東工業』）。満鉄天津事務所調査課（浜正雄）『山東紡績業の概況〔北支経済資料第12輯〕』1936年（略称『満鉄天津山東紡績業』）。
満鉄北支事務局調査部訳『山東棉業調査報告〔北支調査資料第4輯〕』1938年（金城銀行天津調査分部編書の翻訳）。
(7) 日本の軍政当局は「四方滄ロヲ産業区域ト定メ産業誘致策ヲ講ジ土地ヲ買収シテ之レヲ民間ニ貸シ下グルノ政策ヲ取リ日本産業進出ヲ助ケタリ」。『公大山東紡績業』4頁。このあたりは当時、地価坪80銭、地代年10銭見当で、同時期の日本内地の大阪神崎方面の地価坪30円に比べ、格段に有利であった。『神商24年調査報告』277頁。
(8) 『華新特刊』1頁。ドイツ資本の製糸工場の正式名称は「徳華繰絲公司」。1903年設立、労働者1,000人規模の柞蚕製糸専門工場。1909年に経営難で閉鎖され、1914年の日本軍の青島攻撃の際、被災した。青島守備軍民政部『青島ノ工業』17頁。
(9) 『華新特刊』2頁。
(10) 「青廠添辦紗機、分年付款報告（1932年）」『華新史料未刊稿』第2章第2節。

(11) 『華新四十年』30 頁。
(12) 『華新特刊』2 頁。
(13) 同上。
(14) 「股東会決議案（1935 年 8 月 14 日）」『華新史料未刊稿』第 1 章第 4 節。
(15) 「山東省の紡績業と綿織並染色業」『(青島日商)経済時報』第 7 号、1936 年 5 月、40-41 頁。
(16) 『華新特刊』2 頁。
(17) 同上。
(18) 『華新特刊』77 頁。
(19) 『華新概況』31 頁。
(20) 「徐敦麟書面材料」『華新史料未刊稿』第 1 章第 4 節。
(21) 『華新四十年』32 頁。
(22) 郭秀峰「山東濰県土布業概況(3)」『紡織時報』第 1219 号、1935 年 9 月 16 日、4276 頁。
(23) 「青島に於ける紡績業」『青島実業協会月報』第 35 号、1920 年 12 月。
(24) 『神商 24 年調査報告』269 頁。「山東之綿紡工業」『青島工商季刊』第 3 巻第 2 期、1935 年 6 月、28 頁。
(25) 『華新史料未刊稿』第 1 章第 3 節。
(26) 『華新概況』34 頁。
(27) 同上。
(28) 『華新四十年』22 頁。以上のような経営戦略の結果として、華新の場合、著しい多品目生産になっていた。1937 年の時点で、普通糸が 6 番手糸から 32 番手糸までの 10 種類、2 本撚糸が 20 番手糸や 60 番手糸による 4 種類、その他の撚糸が 8 種類などである（『華新特刊』裏表紙広告より）。
(29) 青島華新紗廠 1931 年度営業報告書『華新史料未刊稿』第 1 章第 4 節。山東の農村織布業の原料糸の場合、「綿糸の入手先には、1932 年の上海事変まで、中国資本工場の青島の華新、済南の魯豊のほか、上海の永安や無錫の振新などがあった。もっともそれらを総計しても全体の 2 割程度で、残りは青島の在華紡製品であった。ところが上海事変以降、在華紡の綿糸がダンピング販売され、……中国資本製品は市場から跡を絶ってしまったのである。」「山東濰県之織布業」『青島工商季刊』第 2 巻第 4 期、1934 年 12 月。
(30) 『華新概況』34 頁。
(31) 青島華新紗廠 1933 年 5 月 16 日「銷場困難力謀節約辦法説帖」『華新史料未刊稿』第 1 章第 4 節。広東の織布業の衰退については「粤省土布業衰敗停工」『紡織時報』第 1220 号、1935 年 9 月 19 日等参照。
(32) 「元来華新紡ハ、……唯上海長江筋ニ確実ナル販路ヲ有スル関係上、天津唐山両工場（同系列の華新紗廠）ニ比シ販路上有利ノ地位ニアリタリ…」(在青島坂根総領事→広田外相、第 512 号、1935 年 7 月 17 日、外交史料館 I -4-4-0、3-1)。

(33) 青島軍『山東ノ労働者』80-81 頁。
(34) 同上。
(35) 『華新四十年』21 頁。
(36) 「青島に於ける紡績業」『青島実業協会月報』第 35 号、1920 年 12 月、10 頁。
(37) 「山東の労働者（其 5）」『経済週報』第 38 号、1924 年 1 月 21 日。
(38) 同上。
(39) 『神商 25 年調査報告』139 頁。
(40) 「山東の労働者（其 3）」『経済週報』第 36 号、1924 年 1 月 1 日。
(41) 『神商 25 年調査報告』138 頁。
(42) 『華新史料未刊稿』第 5 章第 1 節。
(43) 高綱博文「黎明期の青島労働運動 ── 1925 年の青島在華紡争議について ── 」『東洋史研究』第 42 巻第 2 号、1983 年 9 月。
(44) 『華新史料未刊稿』第 5 章第 1 節。
(45) 黒山多加志・高綱博文「青島における『在華紡』争議」（1982 年度日本大学史学会口頭発表）1982 年 11 月 20 日。
(46) 藤田総領事→幣原外相　第 235 号電　1929 年 7 月 21 日発、第 236 号電　22 日発、第 237 号電　24 日発　外交史料館 I -4-4-0、3-1 所収。
(47) 藤田→幣原　第 242 号電　8 月 2 日発、第 245 号電　4 日発、第 271 号電 9 月 7 日発、第 369 号電　11 月 27 日発。
(48) 同上。
(49) 在華紡同業会船津辰一郎総務（当時青島滞在中）→同会武居綾蔵委員長　1929 年 7 月 18 日発。但し武居→外務省亜細亜局局長有田八郎　同 26 日付の写しによる。
(50) 前引藤田→幣原　第 271 号電。
(51) 川越茂総領事→幣原外相　普通第 171 号書簡　1930 年 3 月 18 日発。
(52) 「当時の吾国策としては新興支那の意気を尊重して、其の鋭鋒に触れざらんことに力めたるが如き観ありたるを以て、吾紡績業者も施すに術なく、唯消極的に現状を維持……」『在華紡青島紡績業』、3 頁。
(53) 『神商 24 年調査報告』274 頁、青島総領事→幣原外相、普通第 171 号、1930 年 3 月 18 日送付（外交史料館 I -4-4-0、3-1 所収）、『満鉄天津山東紡績業』37-8 頁などによる。
(54) 『神商 24 年調査報告』273-274 頁、『神商 29 年調査報告』153-154 頁、『満鉄天津山東紡績業』34-35 頁、『在華紡青島紡績業』8-9 頁。
  (55) 1929 年の時点でも精紡工程の労働者は、成年男性（原語「成年工」）240 人、少年（同「童工」）350 人、女性（「女工」）30 人となっている。少年労働者が多いのは、本文で触れた「芸徒制」という見習工制度が、なお大きな役割を果たしていたことをうかがわせる。「青島華新紗廠調査報告」（1929 年、青島市档案館館蔵資料第 1119 号）、青島市档案館・

青島市紡織局合編『青島紡織史料』所収、128頁。本書は地域史編集を助けるため「参考資料用に編まれたもの」とされ、恐らく1980年代に印刷された小冊子である。出版社、刊行年などは記されていない(2004年青島市档案館で入手)。

(56) 『華新特刊』72-73頁。

(57) 那時（戦前）在工人間流行了両句口号…－想要混、上華新、想挣銭、内外棉（ぶらぶら日を過ごすなら華新行き、がっちり稼ぐなら内外棉）。史揖堂「青島的紡織工業」商業月報社編『紡織工業』1947年J 31頁。

(58) 「向股東会関於緊縮開始・法的報告」1935年8月14日、『華新史料未刊稿』第2章第2節。

(59) 坂根総領事→広田外相　華新紡績同盟罷業顛末報告ノ件　普通第512号書簡　1935年7月17日発。

(60) 『華新史料未刊稿』第5章第2節。

(61) 1936年の在華紡ストについては、国民政府側史料に依拠して書かれた中国労工運動史編纂委員会編『中国労工運動史』第3巻、中国労工福利出版社、1276-1280頁が詳しい。また大陸で出版された劉明逵・唐玉良主編『中国工人運動史』第4巻、広東人民出版社、1998年、571-573頁も触れている。

(62) 「青島に於ける紡績業」『青島実業協会月報』第35号、1920年12月、10頁。

(63) 「山東省の棉花」『(青島日本商業会議所)経済週報』第78号、1924年11月24日。

(64) 同上。

(65) 「青島市棉業調査報告(2)」『紡織時報』第1251号、1936年1月9日。

(66) 劉淵若等への訪問記録を総合したものによる。『華新史料未刊稿』第3章第1節。

(67) 「青島日廠向魯政府建議厳粛取締棉花攙水攙雑」『紡織時報』第1236号、1935年11月18日。

(68) 劉淵若等への訪問記録を総合したものによる。『華新史料未刊稿』第3章第1節。

(69) 『満鉄天津山東紡績業』63-64頁。

(70) 『在華紡青島紡績業』20-21頁。

(71) 『華新特刊』44頁。なお周志俊は49年革命の後、青島工商学会のことを「民衆団体だった」と語っているが（『華新概況』35頁）、これはやや不正確な作為的発言である。

(72) 「概況」、葉徳備「編者前言」青島工商学会『棉業特刊』1934年所収。

(73) 同上。

(74) 『華新特刊』44頁。

(75) 『華新特刊』44-45、47-48頁。

(76) 「概況　本場大事記」青島工商学会『棉業特刊』1934年所収。

(77) 『満鉄天津山東紡績業』50頁。

(78) 『華新特刊』45頁。

(79) 「華北推広美棉情形」『紡織時報』第1313号、1936年8月31日。
(80) 1934年には紡績試験用の棉花売買契約が結ばれている。「售棉合同 立合同梁鄒美棉運銷合作社連合会・青島華新紡織有限公司」『山東棉業調査報告』212-213頁。
(81) 『華新概況』36頁。
(82) 『中華民国実業名鑑』1934年、674頁、1171頁。
(83) 『華新概況』37頁。
(84) 『華新四十年』43頁。
(85) 股東会(1936年8月30日)『華新史料未刊稿』第4章第2節。
(86) 股東会(1937年6月25日)『華新史料未刊稿』第4章第2節。

## 第4章　楡次晋華紡
── 内陸立地企業の存立条件 ──

　中国の内陸地域において近代的な綿業経営が成立し発展することができた条件を、本章は山西省楡次の晋華紡績（晋華紡織公司、晋華紗廠）の事例に即し具体的に考察していく。第1章でも述べたとおり、内陸地域における経済発展の可能性を探る作業は、たんに中国綿業の発展の論理を探るという意味を持つだけではなく、沿海地域－内陸地域間における格差拡大という深刻な問題の存在とも絡み、現代中国の理解にとっても、大きな意味を持つものとなっている[1]。

　晋華紡績は1919年頃から設立が計画され、1924年6月1日、山西省楡次で開業の日を迎えた綿紡績工場である[2]。　山西省は省の西側を南下する黄河と東側に横たわる太行山脈に挟まれた黄土高原上に広がる内陸の省であり、省都太原の東方25㎞に位置する楡次は、1907年の正太線（石家荘－太原、現在の石太線）開通後、山西省南部の各県と陝西省・甘粛省などとの間を結ぶ物資流通の拠点になり、倉庫業、金融業等が急速に発展する新興の商業都市になっていた[3]。　しかし晋華の開業当時、実業振興が叫ばれていた頃のこととはいえ、機械制工場の姿はまだほとんど周囲に見あたらない。要するに工業化の黎明期を迎えつつあった華北内陸地域において、最初に設立された近代的機械制工場の一つが晋華紡績だった。その後1927年、省の南部の新絳で大益成紡織公司が操業を始め、1931年には同じく新絳で雍裕紡織公司が成立、また翌1932年からは太原の晋生染織工廠が併設した紡績部門の運転が始まったため、1930年代半ばには山西省内で4つの紡績工場が営業を続けていたことになる。なお晋華紡績は「改革開放」期に到っても紡錘数121,096、織機1,054台、労働者8,868人（以上、いずれも1986年の数字）を擁する山西省有数の一

表4-1 晋華紡の生産設備と
　　　生産量の推移、1924-36年

| 年 | 生産設備 | | 生産量 | |
|---|---|---|---|---|
| | 紡錘数 | 織機台数 | 綿糸(梱) | 綿布(疋) |
| 1924 | 12,800 | — | 1,050 | — |
| 25 | 12,800 | — | 6,503 | — |
| 26 | 13,600 | — | 8,081 | — |
| 27 | 13,600 | — | 9,307 | — |
| 28 | 13,600 | — | 9,384 | — |
| 29 | 33,600 | — | 9,970 | — |
| 30 | 33,600 | — | 11,827 | — |
| 31 | 33,600 | — | 16,048 | — |
| 32 | 41,744 | — | 24,319 | — |
| 33 | 41,744 | — | 21,540 | — |
| 34 | 41,744 | — | 29,359 | — |
| 35 | 41,744 | 480 | 29,522 | 30,757 |
| 36 | 41,744 | 480 | 31,494 | 246,102 |

注：梱＝ 181.6kg、疋＝ 1 ﾔｰﾄﾞ× 40 ﾔｰﾄﾞ（標準的
　　製品の場合）＝ 0.915m × 12.2m ＝ 11.163 ㎡。
出所：『三廠概況』（文献データは注2参照）。

大紡織工場であった[4]。

　晋華が創設された民国期の山西省は、強烈な個性を持った軍人政治家である閻錫山が政権を掌握し、独立王国と称される独自性を持った地域的政治経済圏が成立していたことで知られる[5]。もっともその独立性は、国民政府の成立以降、とくに中原大戦と呼ばれる 1930 年の大規模な内戦で閻錫山が一敗地にまみれてからは弱体化した。さらに日中戦争が始まってからは、閻錫山政権の支配地域とともに、日本軍の占領地と共産党軍の辺区政権とが並存することになり、山西省の政治経済状況は一層複雑な様相を呈することになる。したがって本章で取りあげる 1920 年代から 1930 年代半ばまでに関して言えば、前半期は閻錫山政権が安定した支配を誇っていたのに対し、後半期には同政権の支配が揺らぎだした時期に当たっている。晋華紡績の経営を見る場合、このような条件も考慮にいれておく必要があるだろう。

## 1．生産の推移

　綿糸生産量の推移は表 4-1 に示したとおりである。操業開始年の 1924 年こそ 1,000 梱余りにとどまったものの、その後は順調に生産を伸ばし、1927 年には 9,000 梱を突破、1932 年には 24,000 梱を記録した。1933 年に若干の減産が見られたが、翌年には回復、1936 年には 31,000 梱に達している。さらに 1935 年からは、兼営織布の生産も始まっていたことが知られる。
　なお史料の信頼性を判断するための材料として、生産に関する2系列のデータを表 4-2 に整理してみた。『三廠概況』は企業自身がまとた社史に相当す

る小冊子であり、『統計史料』は業界団体に各企業が報告していた数字をまとめた統計史料集である。2系列のデータは、1929、30、35年の生産量に比較的大きな相違がみられることを除き、かなり照応するものになっており、いずれも本章での検討には十分な意味を持つ史料だと言ってよいように思われる。ただし数字の整合性、一貫性を考慮し、本章では『三廠概況』のデータを優先して用いることにした。

表4-2 晋華紡の生産データの比較、1924-36年

| 年 | 生産設備（紡錘数） | | 生産量（綿糸、梱） | |
|---|---|---|---|---|
| | 三廠概況 | 統計資料 | 三廠概況 | 統計資料 |
| 1924 | 12,800 | 12,800 | 1,050 | 2,800 |
| 25 | 12,800 | 12,800 | 6,503 | … |
| 26 | 13,600 | … | 8,081 | 8,072 |
| 27 | 13,600 | 13,600 | 9,307 | 9,000 |
| 28 | 13,600 | 13,600 | 9,384 | … |
| 29 | 33,600 | 33,600 | 9,970 | 9,000 |
| 30 | 33,600 | 41,744 | 11,827 | 9,828 |
| 31 | 33,600 | 41,744 | 16,048 | 16,635 |
| 32 | 41,744 | 41,697 | 24,319 | 24,563 |
| 33 | 41,744 | 39,344 | 21,540 | 22,543 |
| 34 | 41,744 | 39,344 | 29,359 | 29,617 |
| 35 | 41,744 | 41,744 | 29,522 | 35,404 |
| 36 | 41,744 | 41,744 | 31,494 | 32,239 |

出所：前掲『三廠概況』、上海市棉紡織工業同業公会籌備会『中国棉紡統計史料』、1951年。
注：『中国棉紡統計史料』における生産量の数字は、1928年までは前年の数字が、1929年からは当該年の数字が掲載されている。そのため1928年欄が、「…」の不明表記になる。なお1926年分はデータがない。したがって生産設備の1926年欄と生産量の1925年欄が「…」の不明表示になっている。

1931年まで、晋華紡績が生産していた主力製品は、16番手糸を中心に10番手糸、14番手糸などの太糸と呼ばれる低番手綿糸であった。1932年以降、落棉から毛布を編織する機械と撚糸機の運転が開始され、各種の綿毛布、並びに20番手糸3本を撚り合わせた撚糸などが、新たに生産されるようになっている。

生産の伸びは、ほぼ生産設備の拡張に対応したものであった。1924年6月、精紡機の紡錘数12,800錘という規模で操業が開始され、1929年に同20,000錘という大拡張があったほか、1926年と1932年にも若干の増設が実施されている。生産設備の機種についてみてみると、それぞれの時点で最新の機械を導入していることが判明する。1924年の操業開始時に配備されていた精紡機はBrooks & Doxey社の1922年製（400錘×32台、1926年に同じものを2台増設）、また1929年に増設された精紡機はAsa lees社の1929年製（400錘×64台）であった[6]。もっとも、ある回想録によると、実は最新型の機械ではなく塗装を塗り替えただけの中古品だった、とされる[7]。据付・運転までに時間を要したことから、そのような噂が飛び交っていた可能性はあるが、製造会社名や製造年まで偽っていたという史料は他に見あたらない。機械購入の仲介

表4-3　晋華紡の労働者、1925-36年
単位：人

| 年 | 労働者数 |
|---|---|
| 1925 | 912 |
| 27 | 990 |
| 28 | 1,000 |
| 29 | 1,000 |
| 30 | 1,000 |
| 31 | 2,350 |
| 32 | 2,073 |
| 33 | 2,276 |
| 34 | 2,099 |
| 35 | 2,235 |
| 36 | 2,498 |

出所：前掲『中国棉紡統計史料』。

業者がジャーディン・マセソン商会というイギリスを代表するような大きな商社だったことからすれば、僅かな儲けのため、あえて晋華側を欺き中古品を売りつけた可能性は低い。

ただし最新の生産設備を備えたことが、ただちに生産の増加に結びついていたわけではない。その原因は主に動力と労働者の問題にあった。

工場の原動力としては、当初 500 馬力のスチームエンジンが使われていた。そのためにわざわざ 4 km先の水源から給水管を敷設し、エンジンの運転に必要な水を確保する計画であった。しかし 1926 年から 27 年にかけ、肝心の水源における水が不足したり、事故があったりして、エンジンの運転を見合わせざるを得なくなる事態が生じたという。当然これは操業率の低下につながり、生産量の伸びを抑える要因になった。この問題は 1928 年に動力源を 1,150kw の自家発電機に切り替えることでようやく解決した[8]。動力源を確保するためのこのような努力は、水道施設や供電設備が整っていた上海のような沿海都市では考えられない事態だった。産業基盤整備の遅れていた内陸地域に近代工業を扶植しようとする場合、大きなコストが必要とされたのである。

労働者の確保も大きな問題であった。そもそも操業開始は 1924 年 4 月の予定だった。しかし労働者の採用に手間取ったことから、同年 6 月にようやく操業までこぎつけたのである。それでも労働者の不足からきわめて低い操業率を余儀なくされたため、1925 年 1 月から見習工制度を導入して労働者の訓練と確保につとめた。その結果、ようやく同年 4 月に昼間の完全操業、同年 6 月に 24 時間の完全操業を実現できたという[9]。開業当初は、熟練工、機械工を中心に約 200 人ほどの労働者を天津や上海で募集し、楡次まで招聘した。混打棉工程、粗紡工程、精紡工程、動力部門など、生産工程のあらゆる部署の責任者は、こうして他の都市から厚遇を約束され招聘された労働者たちであった[10]。100 人ほどいた職員の中にも、天津や上海から招聘された約 20 人の技術者が含まれていた。ただし職員の残りの大多数は、会社の発起人や株主たちが、縁故者を推薦したものだったと言われる。彼らの扱いは、1930 年

代に経営危機が深刻化した時、大きな問題になった（後述）。

労働者数の推移を整理した表4-3によれば、開業直後の水準が900～1,000人台、設備増設後が2,000人～2,400人台といったところである。また1936年頃の数字によれば、精紡工程の労働者1,900人中、男子が1,689人、女子が211人だった[11]。一般に華北の紡績工場は男子中心であったが、晋華もその例に漏れなかったことになる。

一方、表4-4の楡次県の人口、並びに表4-5の職業別人口統計を参照すると、就業人口中で工業労働者が占める比重はわずか6.5％に過ぎず、そのほぼ半数が晋華紡績に勤務していたものと推定される。女子の就業者比率は人口の1割強にとどまり、そのほとんどは教育関係であった。

表4-4 楡次県の人口、1916-35年

単位：人

| 年 | 男 | 女 | 計 |
|---|---|---|---|
| 1916 | 89,698 | 51,105 | 140,803 |
| 26 | 86,470 | 53,452 | 139,922 |
| 35 | 84,947 | 53,457 | 138,404 |

出所：陸軍山岡部隊本部『山西省大観』、1940年、95～96頁。ただし原史料は山西省政府の人口統計と思われる。

表4-5 楡次県職業別人口、1934年*

単位：人

| 職業 | 男 | 女 | 計 |
|---|---|---|---|
| 農業 | 37,226 | 256 | 37,482 |
| 工業 | 4,829 | 547 | 5,376 |
| 商業 | 15,330 | 13 | 15,343 |
| 教師 | 8,982 | 6,480 | 15,462 |
| 軍人 | 230 | — | 230 |
| 官吏 | 142 | — | 142 |
| 計 | 66,739 | 7,296 | 74,035 |

出所：前掲『山西省大観』96頁。
注：*史料に明記がなく推定。

こうした状況を見る限り、当時の楡次近辺の社会経済的諸条件の下では、大量の男子労働力を短時日のうちに確保するのは、それほど容易なことではなかったものと判断される。華北内陸地域に近代工業を扶植する場合、労働者を確保すること自体、このようにきわめて大きな問題だったのである。

以上のような困難の存在にもかかわらず、晋華紡績の場合、1933年には上海・青島・天津・済南などの綿紡織業が盛んな都市に視察団を送って最新の技術や経営方針を学びとり、積極的な技術革新につとめるとともに、兼営織布業にも乗り出していることが注目される[12]。このような積極的な経営姿勢が可能になった一つの条件は、それまでの経営において相当の収益をあげていたことに求められなければならない。次にそれが可能になった市場の条件について確認しておくことにしよう。

## 2．原料と市場

　山西省は元来棉花の産地であったが、とくに晋華紡績が開業する頃は省外に棉花を移出するほど棉花栽培が盛んになっていた。そうした変化をもたらした要因は3つあった。まず第1に芥子(ケシ)からの作付転換である。「従来肥沃の地は多く阿片の原料たる芥子の栽培に充当せられ」ていたが、「阿片禁止令と共に芥子の栽培地は直ちに棉花の栽培に変じ、近年は年と共に其作付段別の増加を見、産額亦漸く増大し来り。今や地方民の需要を充すの外、天津漢口等の市場に移出せられ……」と、ある史料は民国初年の山西省の農業事情を伝えている[13]。阿片の禁止令が徹底され芥子の栽培が難しくなったため、それに代替する有利な商品作物として山西省では棉花が注目され、その栽培面積が急増したのである。

　第2に正太線が1907年に開通したことである。当初はロシアからの借款によって、1904年以後はフランスからの借款によって建設されたこの鉄道は、華北平原西部に位置する河北省石家荘を起点に西へ向かい、太行山脈を横切り楡次を経由し山西省の省都太原に到達する全長243 kmの狭軌鉄道だった。建設の計画段階では正定を起点に予定していたことからその名がある。山西省中部の各県で収穫された棉花は、馬車などで楡次に集荷されてから鉄道用貨車に積み替えられ、正太線を経て218 km西の石家荘へ、さらに京漢線や北寧線を経由し天津もしくは漢口という大きな開港都市に運ばれ輸出された。当初は日本などへの輸出が多く、1910年代末以降、国内の綿紡績工場の原料として用いられるものが増加した。途中、石家荘や保定から河川輸送に切り替える方法もあったが、鉄道輸送のみを用いた輸送期間が10日間程度だったのに対し、河川輸送はその倍の20日間程度を要したため、市場の変動への対応が遅れてしまうことが嫌われ、あまり用いられなかった[14]。

　第3に山西省政府の棉花栽培奨励政策にも注目しておく必要がある。1917年には臨汾県（平陽府城）に山西棉業試験場が設置され、アメリカ種棉花の種子の無料頒布と栽培奨励金の支給が始まった[15]。機械紡績に有利なアメリカ種棉花の品種としては、朝鮮から導入したキング種綿が多かったようであ

表4-6 山西省と主要各県の棉花生産の推移、1916-36年

単位：畝＝約6.67a、斜体字は市担＝50kg

| 年 | 山西省合計 | | 臨汾県 | | 洪洞県 | | 曲沃県 | |
|---|---|---|---|---|---|---|---|---|
| | 作付面積 | 生産高 | 作付面積 | 生産高 | 作付面積 | 生産高 | 作付面積 | 生産高 |
| 1916 | ... | *153,000* | ... | ... | ... | *40,000* | ... | *17,000* |
| 17 | 200,000 | ... | ... | ... | ... | ... | ... | ... |
| 18 | ... | *300,000* | ... | ... | ... | ... | ... | ... |
| 19 | 450,332 | *236,166* | ... | ... | ... | ... | ... | ... |
| 20 | 569,712 | *76,045* | ... | ... | ... | ... | ... | ... |
| 21 | 643,593 | *291,022* | ... | ... | ... | ... | ... | ... |
| 22 | 777,181 | *192,013* | ... | ... | ... | ... | ... | ... |
| 23 | 811,103 | *269,897* | ... | ... | ... | ... | ... | ... |
| 24 | 657,772 | *188,957* | ... | ... | ... | ... | ... | ... |
| 25 | 699,130 | *188,957* | ... | ... | ... | ... | ... | ... |
| 26 | 1,303,252 | *445,282* | ... | ... | ... | ... | ... | ... |
| 27 | 1,202,466 | *587,190* | 92,815 | *27,875* | 88,399 | *26,520* | 105,205 | *42,082* |
| 28 | 879,102 | *338,107* | 83,424 | *36,150* | 67,706 | *27,082* | 65,745 | *10,515* |
| 29 | 290,098 | *47,271* | 42,562 | *7,131* | 19,276 | *2,311* | 27,970 | *5,322* |
| 30 | 254,430 | *73,126* | 4,395 | *1,164* | 5,280 | *1,081* | 17,590 | *3,940* |
| 31 | 323,060 | *95,622* | 3,590 | *818* | 5,320 | *1,023* | 15,010 | *1,518* |
| 32 | 279,606 | *63,088* | 2,200 | *308* | 7,000 | *1,250* | 4,000 | *2,600* |
| 33 | 1,213,765 | *587,822* | 96,800 | *43,560* | 59,000 | *24,965* | 159,166 | *63,090* |
| 34 | 1,663,337 | *703,282* | 119,700 | *61,047* | 128,781 | *44,419* | 186,060 | *73,675* |
| 35 | 988,878 | *295,533* | ... | ... | ... | ... | ... | ... |
| 36 | 1,921,142 | *627,692* | ... | ... | ... | ... | ... | ... |

出所：1916年;『支那省別全誌　山西省』（出版データは注5参照）347頁。
　　　1917-18年;『中国実業誌　山西省』（出版データは注3参照）第4編、89～90頁。
　　　1919-36年全省;前掲『中国棉紡統計史料』115、117頁（中国棉産統計による）。
　　　1927-34年各県;前掲『中国実業誌　山西省』第4編、92頁。

る。その後、1921年に太谷、文水、定襄、高平の4県に経済植棉試験場が増設され、栽培奨励金も増額されたことにともない、山西省の棉花栽培は一層拡大していった。1931年3月に開催された中国棉産改進統計会議における「山西省における棉花生産の急速な発展は、官庁が奨励したことによって初めて可能になった」との報告も、あながち当局者の自画自賛ばかりではない[16]。

　以上の経緯から知られるように山西省における棉花栽培の広がりは、それ自体、商品的農業の発展と近代的交通手段の整備とを基礎に、省政府の経済政策にも助けられ、実現したものであった。いわば国際市場とも結びついた近代中国経済の産物として生じた現象であり、内陸地域経済の孤立した発展としてあったわけではない。

　晋華の原料棉花は、通常の場合、楡次並びににその近隣にある主要な棉花産出県である文水、汾陽、臨汾、洪洞、曲沃、翼城などから調達されていた[17]。そのことを念頭におき、山西省における棉花栽培の推移をまとめたのが表4-6

**表4-7　晋華紡の使用原棉の産地価格、1933-34 年**
単位：1担当り元

| 年 | 楡次 | 文水 | 汾陽 | 臨汾 | 洪洞 | 曲沃 | 翼城 |
|---|---|---|---|---|---|---|---|
| 1933 | 30 | 34 | 30 | 28 | 30 | 33 | 33 |
| 34 | 35 | 32 | 35 | 35 | 35 | 40 | 40 |

出所：前掲『中国実業誌　山西省』第6編12頁。

である。1910 年代から 20 年代にかけ生産が増大する傾向にあったことを確認できる。しかし作付面積と生産高の変動が大幅にズレている事実からも明らかなように、棉花生産は天候によって左右される部分が大きかった。とくに1929 年から 32 年にかけての落込みは激しい。農業全般が不振であったことから、多くの棉作畑がより大きな収益が見込まれた穀類の生産に振り向けられたことも影響していた。したがって晋華紡績が開業した時点では、原料調達に苦労した形跡はみうけられなかったとはいえ、1929 年のように天候不順で棉花が不作になると、原料確保に相当の困難が生じることもあった[18]。また 1934 年のように豊作の年でも、「花貴紗賎」（棉花高・綿糸安）に悩まされた国内各地の綿紡績工場が山西省まで原料買付けに殺到したことから、結局、表 4-7 に見られるとおり原棉の価格が値上がりし、山西省の紡績工場の原棉コストを上昇させたこともあった[19]。

　一方、晋華紡績の綿糸の最大の市場は、山西省内の手織織布業であった。1940 年 7 月、山西省へ赴き、織布業関係の工場実態調査を実施した満鉄の調査員たちは、太原、楡次、平遥、汾陽、新絳、太谷などでの聞取り調査を通じ、各地の織布工場（手織が中心だが一部の工場は力織機も使用していた）が1924 年までは主原料のほとんどを天津方面からの移入に頼っていたのに対し、晋華紡績が開業した 1924 年以降、そのすべてが同紡績の製品に原料糸を切り替えていたことを確認している[20]。

　上記のような地域を中心に綿織布業の概況をまとめたのが表 4-8 である。1935 年の山西全省の統計によれば、比較的規模の大きな織布専門工場の綿糸消費量が年間約 4,900 梱、小規模な織布工場、並びに家内手工業による織布業の綿糸消費量が年間約 20,900 梱と推計されており、その合計 25,800 梱ほどがこの頃の綿糸の市場規模だったことになる。自紡自織する機械制工場が省内に２つ新設される 1920 年代末以前の段階では、晋華紡績にとって省内の織布業がきわめて大きな市場であった。1920 年代の晋華紡績の生産規模は、先に前掲表 4-1 で示したとおり、およそ 9,000 梱程度であったから、その製品を

販売するには十分な市場が存在していたと言ってよい。

以上のように原料産地にして販売市場でもある地域に立地していたことが、晋華紡績が高収益を収めるための重要な一条件になった。その具体的な状況は、改めて第4節で論じたい。

表4-8 晋華製綿糸の主な販売地域における綿織布業、1935年

|  | 太原 | 楡次 | 太谷 | 汾陽 | 平遥 |
| --- | --- | --- | --- | --- | --- |
| 機械織布業 |  |  |  |  |  |
| 工場数 | 2 | 4 | 9 | 10 | 5 |
| 資本金(千元) | 903.5 | 17.9 | 32.4 | 2.0 | 460 |
| 労働者数(人) | 953 | 532 | 238 | 145 | 27 |
| 織機台数(台) | 352 | 162 | 122 | 86 | 21 |
| 綿糸使用量(梱) | 6,200 | 633 | 444 | 451 | 57 |
| 綿布生産量(千疋) | 176.6 | 38.2 | 42.0 | 58.1 | 6.7 |
| 生産額(千元) | 1,501.0 | 154.5 | 134.0 | 100.9 | 11.9 |
| 手織綿布業 |  |  |  |  |  |
| 綿布生産量(千疋) | 5.0 | — | — | — | 320.0 |
| 生産額(千元) | 8.5 | — | — | — | 432.0 |

出所：前掲『中国実業誌　山西省』第6編21、27頁。
注：原表によれば楡次の資本金は4,017.9千元、労働者数は2,124人。この数字は誤記だと判断されるため、同書同編33頁によって訂正。

## 3．資金調達

　経済発展の遅れていた内陸地域において、晋華紡績のように大規模な機械制工場を設立しようとする場合、最大の障害は巨額の資金をいかに調達するか、という点にあった。

　晋華の場合、会社の設立発起人会議は1919年11月22日に開かれ、紡績機の購入契約はジャーディン・マセソン商会との間で翌20年4月14日に結ばれている[21]。しかし実際に工場開業までこぎつけたのは、冒頭に述べたとおり1924年6月1日のことであった。このように開業が遅延した理由の一つは、資金調達が計画どおり進まなかったことにある。株主の募集に際しては、楡次、太原などの山西省内で進めるのと並行して、北京にも事務所を開設し、天津、北京、さらには上海などからも出資者を募ろうとしていた。もちろん晋華紡の場合、1937年の時点でも13人の役員全員が山西省の出身であり、うち3人の連絡先が銀号という金融機関、2人の連絡先が県商会になっていたという事実[22]からもうかがえるように、主な出資者として期待されたのは、太原と楡次を中心とする山西省の金融業者ないしは商人たちであった。内陸地域の地元企業として、設立が計画されていたのである。

表4-9 晋華紡の固定資産、資本金、借入金の推移、1924-36年

単位：元

|  | 固定資産 | 払込資本金 | 借入金 |
|---|---|---|---|
| 1924 | 1,827,405 | 452,200 | 2,085,431 |
| 25 | 1,843,054 | 477,700 | 2,543,665 |
| 26 | 1,894,796 | 615,900 | 1,949,000 |
| 27 | 1,897,520 | 940,400 | 1,625,000 |
| 28 | 2,452,028 | 1,158,600 | 1,287,000 |
| 29 | 1,928,450 | 2,044,100 | 2,220,000 |
| 30 | 3,451,808 | 3,327,300 | 1,012,000 |
| 31 | 3,757,644 | 4,000,000 | 1,969,844 |
| 32 | 3,922,324 | 4,000,000 | 1,528,266 |
| 33 | 3,860,485 | 4,000,000 | 1,064,660 |
| 34 | 3,934,494 | 4,000,000 | 3,437,553 |
| 35 | 3,811,878 | 4,000,000 | 2,064,974 |
| 36 | 3,824,946 | 4,000,000 | 1,949,697 |

出所：『三廠概況』の各年貸借対照表から集計。

しかし表4-9が示すとおり、1924年の操業開始直後の段階で生産設備を中心とする固定資産の総額が182万元以上に達していたにもかかわらず、その時までに払い込まれた資本金の額は僅か45万元に過ぎない。1920年に山西省を旱ばつが襲い、地元経済に余裕がなくなっていたこと、天津・北京・上海などにおいて出資者を募る責任者であった徐秉臣が折悪しく病死したこと、等が原因として指摘されている[23]。しかしやはり根本的原因は、経済発展の可能性が不確実な内陸地域に対し、あえて投資を希望する人々が少ないというところにあった[24]。会社設立発起人の一人趙鶴年は、県の財政局長という権限を用いて一般の農民にまで出資金を割当てたが、そのようにして得た資金はたかだか10万元ほどにすぎない[25]。かくして工場の建設と機械の購入、原料の棉花買付けをはじめとする運転資金に不足する金額は、すべて何らかの借入金でまかなわれねばならなかった。

主な借入先は1930年代のはじめまで山西省銀行であった。たとえば1925年11月1日の契約によれば182万元を月利1％で借りていたことが知られる[26]。年利に換算すれば13.8％となり、相当の負担であった。ただし晋華紡績の董事長徐一清（子澄）は、1920年からこの山西省銀行の総経理としても活躍していた人物である。1868年の生まれで日本に留学した経験があり、辛亥革命時には山西軍の財政をとりしきり、1912年には晋勝銀行の創立にかかわっている。日本留学中に「教育救国」「実業救国」の志を抱いたという。さらに彼自身の親族関係についていえば、閻錫山の妻の叔父にあたるという山西省の実力者であった[27]。彼の立場からすれば、山西省銀行による強力な資金的バックアップが可能だという条件の下、いささか冒険ではあるが高い収益を見込むこともできた紡績工場の創設に踏み切った、というのが実情に近かったように思われる。

晋華の場合、開業以来数年間の業績が好調だったことから、相当額の借入金を返済するとともに、比較的順調に資本金を充足させていくことができた。再び表 4-9 を見てみると、1929 年以降は、ほぼ固定資産に相当する額か、それを若干上回る程度の資本金が払込まれていたことが判明する。とはいえ自己資本比率は 1930 年の 68.6％がピークであり、それから後は、新たな設備投資にともなう借入金の増加が影響し低下傾向をたどった。とくに 1930 年代の半ばには、中国銀行からの借入金が激増した。

表4-10　晋華紡の利益率推移、1924-36 年
単位：元、（　）内％

| 年 | 払込資本金 | 当期利益金 | 利益率* |
|---|---|---|---|
| 1924 | 452,200 | − 151,589 | (−33.3) |
| 25 | 477,700 | 31,612 | ( 6.8) |
| 26 | 615,900 | 228,026 | ( 41.7) |
| 27 | 940,400 | 459,800 | ( 59.1) |
| 28 | 1,158,600 | 794,431 | ( 75.7) |
| 29 | 2,044,100 | 395,283 | ( 24.7) |
| 30 | 3,327,300 | 808,451 | ( 30.1) |
| 31 | 4,000,000 | 138,048 | ( 3.8) |
| 32 | 4,000,000 | − 140,197 | ( −3.5) |
| 33 | 4,000,000 | − 273,208 | ( −6.8) |
| 34 | 4,000,000 | 185,455 | ( 4.6) |
| 35 | 4,000,000 | − 118,069 | ( −3.0) |
| 36 | 4,000,000 | 394,465 | ( 9.9) |

注：*利益率＝当期利益金×2÷（前期末払込資本金＋当期末払込資本金）× 100 。
出所：『三廠概況』の各年貸借対照表から集計。ただし 1927 年と 1928 年の数字は、各年損益計算書により株式配当金を利益金に加算し修正。

　1924 年の開業から 1936 年末までの期間を全体として見た場合、晋華紡績は株式募集を通じての資金調達よりも、借入金による資金調達の比重の方が高かったものと見られる。この間の利益金の累計額が 275 万 2,509 元、それに対し支払利息の累計額は 394 万 5,489 元に達していた。さらに注意を要することは、たとえ株を通じて調達した資金であっても、会社は株主に対し「紅利」と呼ばれる一種の固定配当金を支払う必要があった点である。そうした条件を付けることによって、ようやく株主を獲得することができた、というべきであろう。また 60 万元分の「優先株」に対しては、利益の 16 分の 1 にあたる「特別紅利」を支払うことも規定されていた[28]。

## 4．経営の推移

　はじめに資本金利益率の推移をまとめた表 4-10 によって、経営の全般的な推移を確認しておこう。1924 年から 25 年にかけては、いわば企業経営を立ちあげる時期であり、まだほとんど利益を出していない。その後 1926 年から 30

表4-11 楡次晋華と上海永安の企業経営の比較、1926-30年

| 年 | 総資本回転率 | | 売上高経常利益率(%) | |
|---|---|---|---|---|
| | 楡次晋華 | 上海永安 | 楡次晋華 | 上海永安 |
| 1926 | 0.62 | 1.19 | 11.54 | 4.29 |
| 27 | 0.68 | 1.13 | 22.14 | 6.09 |
| 28 | 0.68 | 1.35 | 33.12 | 10.83 |
| 29 | 0.54 | 1.14 | 15.53 | 16.31 |
| 30 | 0.71 | 1.12 | 18.98 | 4.58 |

出所：本書第5章参照。

表4-12 晋華紡の綿糸販売量と販売価格の推移、1924-36年

| 年 | a)販売量（梱） | b)販売総額（元） | c)梱当り価格（元） |
|---|---|---|---|
| 1924 | 680 | 219,652 | 323 |
| 25 | 5,600 | 1,430,972 | 256 |
| 26 | 8,000 | 1,975,755 | 247 |
| 27 | 9,900 | 2,162,072 | 218 |
| 28 | 9,384 | 2,500,804 | 268 |
| 29 | 8,471 | 2,545,806 | 301 |
| 30 | 12,168 | 4,295,834 | 353 |
| 31 | 16,480 | 3,620,753 | 220 |
| 32 | 21,007 | 4,570,286 | 218 |
| 33* | 23,766 | 4,358,747 | … |
| 34* | 28,752 | 5,404,292 | … |
| 35* | 23,614 | … | … |
| 36* | 29,921 | … | … |

注：梱＝181.6kg。c)はb÷aにより算出。
 * 1933-36年には自社製綿糸を用いて撚糸や綿布も製造販売したため、綿糸販売量は減少(1936年の自家消費量は8,509担)。
出所：a;『三廠概況』7～9頁の記述による。
 b;同書所収の各年損益計算書による。

年にかけ、きわめて高い利益率をあげた。1929年の紡績機増設計画は、こうしたところから発想されたものと考えてよい。しかし1931年から33年にかけ、業績悪化のため赤字経営に追い込まれ、本格的な回復の兆しを確認できるのは、ようやく1936年のことであった。

まず1926年から30年にかけ高い資本金利益率を可能にした要因を、経営方面の数字をまとめた表4-11から探ってみよう。上海の永安紡績という沿海都市部の工場に比べ、資本の回転率は低いのに対し売上高利益率はきわめて高い水準を維持していることが特徴的である[29]。換言すれば、上海という工業化先進地域の優良企業と比較した場合、資本を効率よく利用するという点においては相当低い水準にあるのに対し、単位当たりの綿糸の製造販売による儲けに関して言えば、そうした上海の会社の数字をも上回っているというわけである。先にも触れたとおり安価な原料棉花を調達し製品の綿糸を高価格で販売できたことの有利さを、ここでも確かめることができる。

綿糸1梱当りの平均販売価格は、表4-12で確認できるとおり、1925年から27年にかけてやや下がり、28年から30年にかけ上昇した。一方、この間の原棉1担当りのコストを算出してみると、表4-13に示したように1930年を除き、かなり低い水準を維持している。こうして製品が高く売れ、原料を安く調達できたことが晋華の高収益の秘密であった。

とくに国民革命の展開にともなう戦乱により山西省と外部を結ぶ交通が阻

害された 1927 年には、省外に移出できずにだぶついた棉花の価格が暴落する一方、省外からの綿製品移入が困難になり綿製品の価格は高騰したことから、晋華紡績の製品が異常な高値をつけた。同年、棉花が一担（ピクル、約 60kg）当たり 20 元にまで落ち込んだ時、16 番手綿糸 1 梱（181.6kg）の価格は 300 元を越えたという。製造コストを考慮しても大変な利益を得ていたことが知られる(30)。

表4-13　晋華紡の原棉購入量と原棉費用等(*)の推移、1924-36 年

| 年 | a)原棉購入量(担) | b)原棉費用等*(元) | c)原棉 1 担当費用等(元) |
|---|---|---|---|
| 1924 | 3,000 | 216,879 | 72 |
| 25 | 15,340 | 1,069,944 | 70 |
| 26 | 14,000 | 1,453,936 | 104 |
| 27 | 30,000 | 1,376,575 | 46 |
| 28 | 20,401 | 1,343,981 | 66 |
| 29 | 27,690 | 1,727,009 | 62 |
| 30 | 23,009 | 2,835,383 | 123 |
| 31 | 43,885 | 2,821,589 | 64 |
| 32 | 57,744 | 3,661,820 | 63 |
| 33 | 63,935 | 3,648,680 | 57 |
| 34 | 81,670 | 4,361,417 | 53 |
| 35 | 92,190 | … | … |
| 36 | 122,175 | … | … |

注：担＝60.453kg。c)はb÷aで算出。
＊原史料の表記は「售出成本」または「直接成本」。
　原棉費が 8 ～ 9 割を占め他に動力費・人件費等を含むと推測されるが、詳細な内訳は不明。
出所：a；『三廠概況』7 ～ 9 頁の記述による。
　　　b；同書所収の各年損益計算書による。

さらに晋華紡績の場合、山西省政府が手厚い保護政策を実施していたことを見落とすわけにいかない。晋華の製品が基本的に諸税支払いを免除されていたのに対し、省外から移入する綿糸については、山西省独自の地方税までも賦課される仕組になっていたのである。これでは省外の工場製品が晋華製品と競争するのは、きわめて困難であった。免税措置の詳細は不明だが、1924 年 6 月 1 日の開業日に晋華公司が山西省当局に対し向こう五年間の免税措置を申請した、との記載がある(31)。上海で発行されていた『紡織時報』誌は、同じ内陸地域に位置していても長沙にあった「湖南第一紗廠」や江西省の「久興紗廠」などの場合、晋華ほどの優遇措置は受けていない、山西省は経済的にまるで独立国ではないか、と皮肉っていた(32)。

では 1931 年以降の利益率低下には、どのような要因が働いていたのであろうか。再び前掲表 4-12 にかえると、1931 年以降の平均販売価格は、1929 ～ 30 年の 6 割程度に急落していたことが判明する。実は 1930 年、山西省の政治と経済に大変動が生じていた。蒋介石らの中央政府に反旗を翻した閻錫山が敗北を喫し、一時は省外に出て大連で逃亡生活を送ることまで余儀なくされ、それにともない、山西省の通貨に対する信用が失われてその国内為替レート

表4-14 大益成紡績の綿糸販売価格の推移、1932-34年
単位:1梱当り元

| 年 | 16番手糸 | 14番手糸 | 三本撚糸 |
|---|---|---|---|
| 1932 | 222 | 214 | 264 |
| 33 | 187 | 179 | 218 |
| 34 | 196 | 192 | 228 |

出所:前掲『中国実業誌 山西省』第6編17頁。

も暴落し、山西省の金融と経済活動全体が大きな打撃を受けたのである。市場が縮小し綿糸も含め省内の物価が暴落する一方、不作のため他省から購入しなければならなくなっていた棉花の方は山西省の通貨暴落にともないむしろ値上がりしていたことも、晋華紡績の営業には痛手であった[33]。統税の支払を開始したことも経営を圧迫する要因になった。

加えて中国経済全体も1931年以降、世界大恐慌と日本の東北侵略の影響を受け、深刻な不景気に陥っていた。とくに晋華が欠損を出した1932年の状況については、日本品ボイコット運動の影響を受けた上海や漢口の日本資本在華紡が、製品価格を大幅に値下げして華北一帯で売りさばいたため、晋華の製品も含め中国資本製品の滞貨が増加したとされる[34]。こうして社会経済全体が落込み、産業全般が停滞したため、新設の機械の運転も暫く見合わせることになり、不景気で販路が狭まったことに対処し一部の労働者を解雇したことも報告されている[35]。

その後も晋華紡績をとりまく経営環境は悪化するばかりであった。同じ山西省にあった紡績会社、大益成の製品価格の下落状況をまとめたのが表4-14である。難関を切抜けるため、晋華は1934年、綿糸に比べ綿布の販売市場はまだまし、とされる状況があったことに着目し、織布部門の増設に乗り出していく[36]。1929年の設備拡大が好況への対応策だったのに対し、今回の設備増設は不況への対応策であった。結果的には、この時の思い切った投資が1936年の景気回復時に実を結んでくるのであるが、さしあたりは資金的に一段と厳しい状況に追い込まれることになり、ついに1935年、工場建物と生産設備を担保に天津中国銀行から金融支援を受けることになる。

中国銀行は、当初、晋華の機械設備と在庫原棉を担保に150万元を融資し、ついで綿糸布などを担保に50万元の追加融資を行った[37]。しかし晋華側が期限までに返済せず、さらなる金融支援を求めてきたことから、1935年9月、製造業向け融資を担当していた天津支店副支店長の束士方(雲章)[38]らの査察チームが乗り込み、状況調査に当たった。山西省の「情勢と政治的要因」

により、中国銀行側が充実した業務体制を整えることができず、状況の把握も不十分になっていたからである。調査の結果、束士方らは、晋華の経営管理体制にも技術面にも問題があること、金融支援を行わない場合は倒産する恐れがあること、しかし経営体制を改めずに追加融資を行った場合、晋華のそうした問題は解決されず、中国銀行の貸付金回収にも深刻な支障が生じるであろうとの結論に達し、当時もなお晋華の経営の実権を握っていた徐一清及びその息子徐士瑛との間で協議を重ねた。協議を始めた段階では、徐一清ら晋華側は中国銀行に対し会社全体を買収することを求めたようだが、中国銀行側ははそれに応じなかった。恐らく、資金面の負担が過大になることを嫌ったのであろう。最終的にまとまった方針は、晋華紡と中国銀行天津支店とが委託管理契約を結び、生産管理、経営、財務、人事の全てにわたり中国銀行側が責任を負うというものであった。借入額の合計は 340 万元、利子は月利 1.1 %（後に 0.8 %に減額）、契約期限は 3 年間であり、綿糸 1 梱を販売するごとに借入金返済準備のための特別会計に 6 元を入金することが義務づけられている[39]。銀行が綿紡績会社の経営再建に向け全権を掌握するというこの体制は、本書第 2 章で見た新裕紡と金城銀行（正確には、その子会社である誠孚信託公司）の間に成立した関係に酷似している。

　中国銀行側は、新任の技師長黄季冕以下十数名の技術者を晋華の生産管理部門に送り込む一方、在職職員のうち「十分な学識を持っていない」と判断された四、五十人に相当額の退職金を与え退職させ、管理部門の人員を半減するという荒療治をやってのけた[40]。束士方は、こうした人事刷新の必要性を徐一清らに説得するとともに、自らが天津に帰任した後も、毎日、晋華の業務状況を報告させ、経営改革の徹底を図ったという。束士方ら中国銀行側の史料に描かれた以上の経緯を全て鵜呑みにするわけにはいかない。しかしそれが事実からそれほど隔たったものでなかったことは、晋華側に近い史料にも「経営体制が一新された後、上海から派遣されてきた技術者・技能工らが改革を進め、生産性を高めつつ製品の品質を向上させ、販売市場の拡大に成功し、山西省の外にまで製品を販売できるようになった」と記していることからも推測できる[41]。そして折から 1935 年 11 月に実施された幣制改革以降の景気回復にも助けられ、ようやく晋華紡績の経営は好転していくのであ

る⁽⁴²⁾。1937年3月には増資し工場を増設する計画が提起されていた⁽⁴³⁾。

## おわりに

　晋華紡績の成立と発展にとって、内陸地域への立地が重要な一つの条件になったことは疑いない。動力源や労働者確保の面において、確かに内陸地域には多くの困難が存在していた。しかし晋華紡績が設立された山西省は、原料棉花の産地であると同時に、綿織布業という有力な綿糸販売市場が広がる地域でもあった。同社の高い利益率の秘密はそこにあった。1920年代後半の山西省の政治的経済的環境も、このような条件を生かすことに役立っている。内陸地域に立地するための不利な条件の一つは資金調達の困難性にあったが、晋華の場合、当初の数年間、株の募集では難渋しながらも、山西省銀行という地元の金融機関の強力な支援を受け、何とか資金不足を乗り切っていた。
　しかし以上のような内陸地域の経済的諸条件が、鉄道の開通、商品作物としての棉花栽培の拡大、新興の商業都市楡次の発展などに示されるとおり、沿海地域との経済的な結びつきが強まる中で生まれたものであったことにも注意しておく必要がある。
　また1930年代にはいると、閻錫山政権の不安定化と中国全体の経済恐慌の深刻化にともない、各種の技術改良や経営改革、織布部門の増設といった努力が重ねられたにもかかわらず、ついに自力で危機を打開することはできなかった。結局、1935年から37年にかけ、天津中国銀行の全面的な支援の下、晋華紡績の経営立直しが進展する。
　このように見てくると、山西省楡次の晋華紡績の場合も、たんに内陸地域に固有の条件だけで発展が可能になったわけではなく、むしろ沿海地域との経済的なつながりを増すことによって発展の契機をつかみ、難局に直面した際も、そうした結びつきの存在が危機を脱する鍵になった、と言えよう⁽⁴⁴⁾。

---

(1) 「内陸開発論の系譜」丸山伸郎編『長江流域の経済発展－中国の市場経済化と地域開発』アジア経済研究所、1993年。本書第6章。
(2) 『晋華紡織公司、晋生織染工廠、総管理處三廠概況』1937年7月（以下『三廠概況』

と略称)、東洋文庫所蔵。
(3) 『中国実業誌　全国実業調査報告之五　山西省』実業部国際貿易局、1937年、第3編、85頁。
(4) 『中国企業概況』第3巻、企業管理出版社、1988年、25～26頁。
(5) とくに1930年代の問題を中心に、内田知行による一連の研究がある。「1930年代における閻錫山政権の財政政策」『アジア経済』第25巻第7号、1984年、「1930年代閻錫山政権の対外貿易政策」『中国研究月報』第548号、1993年ほか。
(6) 『三廠概況』所収「晋華紡織公司〔楡廠〕機器設備表」。同書については本文参照。
(7) 武正国等『晋華風雲録』山西人民出版社、1985年、6-7頁。
(8) 前掲『三廠概況』3頁
(9) 同上。
(10) 陳瑞庭「晋華紡織廠的往昔」『楡次文史資料』第9輯、1987年、61頁。
(11) 前掲『三廠概況』所収「晋華紡織公司〔楡廠〕工作実績」)
(12) 『三廠概況』4頁。
(13) 『支那省別全誌　山西省』東亜同文会、1920年、345頁。
(14) 前掲『中国実業誌　山西省』第4編95～96頁。
(15) 同上第4編90頁。
(16) 華商紗廠聯合会・中華棉産改進会編『中国棉産改進統計会議専刊』1931年、38頁。
(17) 前掲『中国実業誌　山西省』第6編12頁。
(18) 「晋紡織業之発展」『紡織時報』第653号、1929年12月2日。
(19) 前掲『中国実業誌　山西省』第6編12頁。
(20) 平野虎雄・山本達弘「山西に於ける織布業に就て」『満鉄調査月報』第21巻第10号、1941年10月、156～157頁。
(21) 『三廠概況』19頁。
(22) 『三廠概況』50頁。
(23) 前掲陳瑞庭論文、59頁。
(24) 前掲武正国等『晋華風雲録』5頁。
(25) 同上、また前掲陳瑞庭論文、59-60頁。
(26) 『三廠概況』20頁。
(27) 徐一清(1868-1947)、字は子澄、山西省五台県の人。王躍東「徐一清」劉貫文・任茂棠・張海瀛編『三晋歴史人物』第4冊、書目文献出版社、1994年、46-51頁。徐栄寿「徐一

清与晋華紡織股份有限公司」『太原文史資料』第 6 輯、1986 年、150-151 頁。孔祥毅等編『閻錫山和山西省銀行』中国社会科学出版社、1980 年、1 頁。徐友春主編『民国人物大辞典』河北人民出版社、1991 年、704 頁。

(28) 前掲陳瑞庭論文、60 頁。

(29) 本書第 5 章 3．参照。

(30) 前掲「晋紡織業之発展」。

(31) 『三廠概況』20 頁。

(32) 「独立国歟」『紡織時報』第 660 号、1929 年 12 月 26 日。

(33) 『三廠概況』7 頁。

(34) 同上。

(35) 『三廠概況』4 頁。

(36) 『三廠概況』4 〜 5 頁。

(37) 朱沛蓮編『束雲章先生年譜』中央研究院近代史研究所、1992 年、59-60 頁。以下、主にこの叙述による。

(38) 束士方(1884-1973)。字は雲章。江蘇省丹陽の人。1910 年に京師大学堂を卒業、1915 年に中国銀行に入行。本章で触れた晋華紡だけではなく、天津の宝成、河南省鄭州の豫豊など多くの紡績会社の経営再建に携わり、抗戦中は重慶政府地域における紡績業の発展に力を尽くした。戦後、中国紡織建設公司の総経理となり辣腕を振るった。1949 年後は台湾に移り、台湾経済の発展に貢献した。近年、大陸で刊行された中国近代紡織史編委会編『中国近代紡織史』(紡織出版社、1996 年) も彼の経営者としての力量については、高く評価している。同書上巻 388 頁。

(39) 前掲陳瑞庭論文、62-63 頁。

(40) 前掲『束雲章先生年譜』61 頁。

(41) 前掲徐栄寿論文、153 頁。同様な叙述として前掲陳瑞庭論文、63 頁。

(42) 『三廠概況』8 〜 9 頁。

(43) 「本省紗業大振興」『山西日報』1937 年 3 月 20 日。本史料は、萩原綾さんに紹介していただいた。記して謝意を表する。

(44) 三品頼忠『北支民族工業の発達』中央公論社、1942 年は、華北における奥地工業化の現象を「本質的には列強資本主義との相克による民族産業の幼弱を意味」しており、「封建的残渣の支配する割拠的市場形成の過程でもあった」と否定的に総括した (同書 3 頁)。晋華紡績についての言及も、「市場の封建的割拠性」という文脈の中で行われている (68 〜 70 頁)。本章の考察はこうした見方を修正する必要性を示したものでもある。

# 第5章　中国綿業の地帯構造と経営類型

　本章の最大の関心は、これまでの分析を踏まえながら、1920年代から1930年代にかけての両大戦間期における中国綿業の発展の論理を解明することにある。すなわち、アメリカやインドと並ぶ一大綿産国となった中国の機械制綿紡織業が、この時期、いかなる要因に支えられて発展してきたのか、その過程を考察し、さらにかかる中心的産業の分析を通じて中国近現代経済史への理解を深めようとするものである。その研究史上の位置づけと意味などについては第1章を参照されたい。

　本章を支える理論的視角は、2点にまとめられる。その第1は中国綿紡績工場の地帯区分論である。広大な国土を持つ中国の地域的多様性を想起する時、このことは全く必要不可欠な作業だといえよう。沿海地域と内陸地域の間にはきわめて大きな違いが存在していたし、華北と華中の条件も異なっていた。特定地域や特定企業の事例を見る際も、それぞれの立地条件の特質をよくふまえて考察すべきであって、各個別事例があたかも中国綿業の全体像を示すかのように錯覚することは、厳に戒めなければならない。

　そして第2には、経営史的研究方法の活用である。従来、民族紡の「衰退」ないし「没落」の論理を支持する有力な論拠の1つとして、民族紡経営の欠陥や後進性が指摘されてきた。したがってこれを内在的に批判克服できない限り、「発展の論理」は説得力を持ち得ない。本章は、1980年代以来、発掘整理が進められてきた経営関係の史料を基礎に、可能な限り経営史的な研究方法を採用し、民族紡経営自体の中に、「発展の論理」を見出そうと試みることにした[1]。分析の対象とした企業は15社（但しその一部は系列化されている）であり、1930年の時点で、中国資本紡全体の紡錘数のおよそ3分の1を占めている（表5-1）。

表5-1 中国資本綿紡績業の分析対象企業一覧

| 地帯別/所在地/企業名(開業年) | | 資本金(1,000元) 1922年 | 1930年 | 1936年 | 紡錘数・織機台数(斜体字) 1922年 | 1930年 | 1936年 |
|---|---|---|---|---|---|---|---|
| 上海/上海/永安 | (1922) | 6,000 | 12,000 | 12,000 | 30,720 | 213,512* | 256,264** |
|  |  |  |  |  | — | 1,538 | 1,542 |
| /上海/申新一・八 | (1916) | 3,000 | 3,000 | 4,200 | 36,880 | 85,328** | 122,876** |
|  |  |  |  |  | 1,111 | 1,111 | 1,387 |
| 江蘇浙江/無錫/申新三 | (1921) | 1,500 | 3,000 | 5,000 | 45,907 | 57,808 | 67,920 |
|  |  |  |  |  | 504 | 878 | 1,478 |
| /南通/大生一 | (1899) | 3,579 | 4,875 | — | 65,380 | 75,380 | 92,520 |
|  |  |  |  |  | 480 | 720 | 505 |
| /海門/大生三 | (1921) | 2,756 | 3,312 | 3,312 | 25,000 | 30,340 | 30,340 |
|  |  |  |  |  | 200 | 422 | 444 |
| 華北沿海/天津/華新 | (1918) | 2,421 | 2,422 | — | 25,000 | 27,000 | — |
| /天津/恒源 | (1920) | 4,000 | 4,000 | — | 30,000 | 35,440 | 35,000 |
|  |  |  |  |  | 260 | 310 | 490 |
| /天津/裕元 | (1918) | 5,100 | 5,560 (c) | — | 70,000 | 71,360 | — |
|  |  |  |  |  | 500 | 1,000 | — |
| /天津/北洋 | (1921) | 2,000 | 2,690 | — | 25,000 | 27,000 | 25,232 |
| /青島/華新 | (1919) | 2,145 | 2,700 | 2,700 | 32,000 | 33,196 | 48,044 |
|  |  |  |  |  | — | — | 500 |
| 華北内陸/石家荘/大興 | (1922) | 2,919 (a) | 2,919 | 3,000 | 20,448 | 24,768 | 30,144 |
|  |  |  |  |  |  | 400 | 500 |
| /唐山/華新 | (1924) | 1,854 (b) | 2,187 |  | 24,000 | 24,700 |  |
|  |  |  |  |  |  | 250 |  |
| /衛輝/華新 | (1922) | 1,112 | 2,074 | 2,091 | 22,000 | 22,400 | 22,400 |
| /楡次/晋華 | (1924) | 458 (a) | 3,327 | 4,400 |  | 33,600 | 41,744 |
|  |  |  |  |  |  |  | 480 |
| 華中都市/武漢/裕華 | (1922) | 1,668 | 2,168 | 3,000 | 30,396 | 41,040 | 43,416 |
|  |  |  |  |  |  | 500 | 504 |
| 合　　計 |  | 40,512 | 56,234 | 39,303 | 484,731 | 802,872 | 815,900 |

出所:各企業史史料、及び厳中平『中国綿紡織史稿』、『中国棉紡統計史料』による
注:但し(a)は1923年、(b)は1924年、(c)は1928年の数値。
　　*は4工場の、**は2工場の合計値。

但し本稿の用いるデータが、必ずしも中国資本紡の代表的な姿を描き出すわけではない。系統的な経営関係史料を残した企業は、一般に経営状態が比較的良好なところが多かったからである。試みに工場の規模を紡錘数によって見てみると、分析対象工場の1930年の紡錘数平均は42,256；メディアン値は38,160；モード値は34,936となり、これを清川の算出した1929年時点での全国的数値に比較すれば[2]、中国資本紡の一般的規模（それぞれ29,190；23,330；14,840）を大幅に上回り、在華紡のそれ（各40,480；36,630；30,000）をも凌駕するほどであったことが判明する。さらに1930年における分析対象工場の紡織兼営数（19工場中11工場）も、やはり全国的な比率（80工場中32工場）をかなり上回るものであった。したがって本稿の分析結果は、中国資本

第5章　中国綿業の地帯構造と経営類型　　　　　107

表5-2　中国資本綿紡績業の地帯区分

| 地帯別 | 使用原棉の種類 | 主な製造綿糸 | 市場 |
|---|---|---|---|
| 上海 | 華中棉、華北棉、外国棉 | 16～20番手<br>30年代に高番手化 | 上海、全国 |
| 江蘇浙江<br>(除上海) | 主に華中棉<br>一部華北棉、外国棉 | 10～16番手 | 江浙、上海、東北 |
| 華北沿海都市 | 華北棉 | 10～16番手 | 華北、東北 |
| 華北内陸 | 華北棉 | 10～16番手 | 華北 |
| 華中開港都市 | 華中棉、華北棉 | 16～20番手 | 華中、西南 |
| 華中内陸 | 華中棉 | 16番手 | 華中 |

紡の中でも比較的経営規模の大きな工場 —— 必ずしもそれは経営内容が良かったことを意味しないにせよ —— の動向にもとづくものである。

## 1. 中国綿業の地帯別発展

広大な国土を持つ中国の地域的多様性を念頭に置き、1920～30年代における中国の綿工業地帯を6つに区分するとともに、各地帯別に生産設備の発展情況を整理しておくのがこの節の課題である。次節以下において試みる地帯別・類型別の企業経営の分析は、ここで明らかにする全般的情況の中に適切に位置づけられることによって初めてその歴史的な意味を評価しうると考えるからである。

（1）地帯区分

使用原棉の種類と産地・生産する綿糸の種類・綿糸の販売市場の3点に即し、6つの地帯別に資料を整理する（表5-2参照）。

＜原棉＞

各工場で使用される原棉に関する最も信頼性の高い調査は、1932-33年に王子建・王鎮中らによって行われた[3]。その結果を再集計した表5-3によれば、上海の各工場は外国棉、なかんずくアメリカ棉への依存度が高く中国棉は50％程度の比重を占めるにすぎなかった。しかし上海に隣接する江浙一帯の工場になると中国棉の比率が増加し三分の二程度に達する。一方以上の地域とは対照的に、華北の場合はほぼ100％が、また華中の場合も1、2の例外を除

表5-3 中国資本綿紡績業の地帯別使用原棉比率、1932年
単位：％

| 地帯別 | 中国棉 | アメリカ棉 | インド棉 |
|---|---|---|---|
| 上海(10) | 50 | 38 | 11 |
| 江浙(8) | 66 | 31 | 3 |
| 華北内陸(2) | 100 | 0 | ＊ |
| 華中都市(3) | 80 | 19 | 1 |
| 華中内陸(2) | 86 | 14 | 0 |

出所：『七省調査』付録第4表、
　　　『永安』、『裕大華』。
注：地帯別欄の（　）内数字は
　　統計対象工場数。＊は5％未満。
　　上海は、他にエジプト棉が1％。

き大多数は中国棉を用いていた。

こうした地域による使用原棉の相異は、主に①工場所在地付近の産棉状況、②交通条件、③生産する綿糸の種類などによって規定される。

上海の場合、増加しつつあった細糸生産に適した長織維のアメリカ種原棉（陸地棉）が上海近辺でほとんど栽培されていなかったこと、華北産のアメリカ種原棉は上海までの輸送経費がかさみ、むしろ恐慌や銀高の影響で価格が下落していた輸入米棉が低廉だったこと、などの事情により、アメリカ産棉の比重が高くなっていた。

それに対し華中の棉花栽培地帯の真只中に設立された江浙一帯の工場の場合、華中棉の獲得が非常に容易であった反面、輸入棉花の利用という点では一大国際貿易港たる上海に比べ、やや不利な情況にあった。しかも主力製品は、在来のアジア種原棉もしくはその改良種たる華中棉で十分生産可能な太糸綿糸であったため、自ずから中国棉使用の比重が高まったのである。もっとも中には、上海市場向けの高番手綿糸生産に力をいれ、輸入アメリカ棉を大量に使う工場も存在した。

他方、以上の2つの地帯と異なり良質豊富なアメリカ種原棉に恵まれた上、高番手糸を生産しなかった華北の工場では、輸入棉を用いるのはきわめて稀であった[4]。

なお華中内陸部の武漢・長沙・九江などにあった工場は、周辺に華中棉の生産地が広がり華北棉の入手も比較的容易であったため、やはり中国産棉花を用いる比率が高かった。

〈産出綿糸〉

同じく王子建らの調査により産出綿糸の種類を地帯別に整理したのが表5-4である。

上海の場合、20番手糸を主力製品にする工場が7～8割を占め、14番手糸及び16番手糸がこれに次ぐ。他地域にはほとんど見られぬ32番手糸や42番

手糸などの高番手細糸生産が見られるのも1つの特徴である。

江浙になると、20番手糸の比率が上海より1割ほど低下し、その分だけ10番手糸及び12番手糸などの太糸の比率が増している。反面、高番手綿糸の生産はきわめて例外的である。

華中・華北について、資料数は少ないながら、14番手糸及び16番手糸が主力製品であることが示されており、この点、1920年代末の天津6工場の調査報告も、16番手糸が最も多く10番手糸がこれに次ぐ、とほぼ一致している[5]。

表5-4 中国資本綿紡績業の地帯別 製造綿糸比率、1932年
単位:%

| 綿糸番手別 | 1-6 | 7-12 | 13-16 | 17-22 | 23-32 | 33-42 |
|---|---|---|---|---|---|---|
| 上 海 (10) | 1 | 21 | 23 | 41 | 8 | 6 |
| 江 浙 (10) | 12 | 33 | 23 | 31 | 1 | * |
| 華北内陸(1) | 0 | 15 | 71 | 14 | 0 | 0 |
| 華中都市(2) | * | 10 | 65 | 21 | 4 | * |
| 華中内陸(2) | 0 | 4 | 81 | 15 | 0 | 0 |

出所:『七省調査』付録第2表のデータを整理。
注:地帯の( )内は統計対象工場数。*は5%未満。

表5-5 上海永安、申新の綿糸販路、1929-33年
単位:梱、斜体字は%

| 綿糸販売市場 | | 上海市場 | | 地方市場 | |
|---|---|---|---|---|---|
| 上海永安 | 1929 | 36,399 | *56.4* | 28,123 | *43.6* |
| | 1933 | 18,420 | *20.3* | 72,231 | *79.7* |
| | 1934 | 33,312 | *29.1* | 81,059 | *70.9* |
| | 1935 | 39,704 | *45.0* | 48,479 | *55.0* |
| | 1936 | 53,650 | *72.2* | 20,625 | *27.8* |
| 上海申新 | 1933 | 131,762 | *62.1* | 80,576 | *37.9* |

出所:各企業史史料。

以上のような情況は、①種類によって異なる綿糸の需給事情、②前述した原棉の利用条件、③後述する販売市場の特質などによって規定づけられていた。

〈販売市場〉

各地帯別に綿糸の販売市場の特徴を探ろうとすると、工場側の史料では最終消費地が捕捉し難いというきわめて大きな困難がつきまとう。その点を念頭に置き、以下各地帯ごとに断片的な史料を整理していってみよう。

まず、上海の2社の綿糸販路を示す表5-5を見ると、上海市場 ── 但し最終消費地ではなく上海で卸売商に引渡されたことしか意味しない ── が6～7割、江蘇・広東が各1割、他は長江流域の諸都市といったところである。また、海関の国内・国外貿易統計と華商紗廠連合会の生産統計を用いた一推計によれば、1930年の上海における綿糸供給総量はおよそ年120万梱であり、うち70万梱が江浙・広東・四川などの国内各地で消費され、日本の在華紡製品を主体とする10万梱が香港・東南アジア方面に輸出され、残りの40万梱

が上海で消費されていた[6]。さらに同じ 1930 年の上海華商紗布交易所における現物綿糸の地方棉花商に対する引渡し総量は約 50 万梱であり、うち広東と四川がそれぞれ 2 割強を占め、江浙一帯が 1 割強を占めて、以下天津・青島・徐州・仙頭などが続いている[7]。

以上の史料を総合してみると、上海にあった中国人資本紡績工場の場合、およそ生産量の 3 割前後が上海現地で消費され、残りの 7 割前後は、広東・四川・江浙一帯を初めとする国内各地で消費されたものと考えられる。このように全国的な市場流通網に製品を乗せることができた点が、上海の工場の販売市場面における大きな特徴の 1 つであった。

一方、上海に近接する江浙地域にあった工場の場合、上海市場に出荷する製品も存在したとはいえ、全体に地元である江浙一帯の農村市場へ依存する割合が増大する。1930 年代初めにおける無錫の工場について「製品の大部分は近隣の各県で消費される」(業勤紗廠) とか「工場の営業部門は無錫・南京・上海・鎮江の各卸売販売所を統轄している」(麗新紗廠) といった史料が散見され[8]。また南通海門等の工場の綿糸は、付近一帯の農村で織られる著名な南通土布の原料に用いられた[9]。

次に華北の沿海都市部にあった工場をみてみると、天津に関しては「10 番手・16 番手・20 番手は東北方面と西御河一帯〔織布工業で著名な高陽県などのある河北省西部地域〕で消費され、32 番手はほとんどが高陽県付近一帯で消費されており、20 番手撚糸は甘粛・新疆・陝西・山西等で消費されるに及んだ」と記述されている[10]。但しさきに見たとおり、主力製品は 16 番手と 10 番手であったのだから東北地方及び河北省の農村織布業が、主要な販売市場であったとみてよい。河南省鄭州・山東省済南・河北省石家荘などにおける販路は、それらの内陸部諸都市に綿紡績工場が新設されるにつれて失われてしまい、1920 年代半ば以降になると、もはや天津の工場の主たる市場ではなくなっていたようである[11]。青島華新の場合も 1920 年代は天津と類似しており地元の農村織布業 ―― この場合は膠済線沿線の山東省灘県など ―― が主要な販売先であった。しかし 1930 年代、日本の青島在華紡との競争激化に伴い、高番手化を進め上海・広東方面にも販路を開拓していった点は、天津の場合と異なる特徴的な動きだったといえよう[12]。

第5章　中国綿業の地帯構造と経営類型　　　　　　　　　　　111

　一方、華北の内陸部に設立された工場の製品販路は、すでに引用した史料からも窺われるとおり、工場所在地付近の農村織布業であった。河北省石家荘のある工場は、近隣の行唐・正定両県を中心に、農家の手織綿布の原料となる 10 番手糸を販売していた。そしてこの手織綿布は、石家荘からさらに内陸に入った山西省一帯で消費されていたという[13]。また河南省衛輝（別称汲県）にあった工場の場合、その主要産品たる 16 番手糸は、工場所在地から京漢鉄道沿いにやや南下したところにある同じ省内の農村織布地区許昌が、その大量消費地であった[14]。

　最後に華中方面の工場について一瞥する。湖北省武漢という交通の要衝にあった工場の場合、その地理的条件を生かす形で、湖北省内のみならず四川・雲南・貴州などの各省にも、主力商品の 16 番手糸を販売していた。但し直接販売のルートを持っていたわけではなく、武漢の綿糸布商人を経由して売りさばいていたようである[15]。それに対し、同じ華中でも武漢のような大きな開港都市以外に設立された工場についてみると、製品のほとんどは近隣諸県で消費されていた。たとえば 10 番手糸と 16 番手糸の 2 種類の製品のみを紡出していた湖南省長沙の工場は、当時急速に発達しつつあった省内各地農村の手織綿布業が、主な消費市場であったとされる[16]。

（小括）

　以上を総観してみると上海の工場と華北・華中内陸部の工場という 2 つの全く対照的なタイプが浮かびあがってくる。前者の場合、国内各地はおろか国外からもおびただしい量の原棉を調達するとともに、上海を初めとする都市の市場と、国内各地の農村の市場とをいずれも重要な販売市場として確保していた。それに対し後者の内陸部諸工場は専ら周辺の原棉産地から原料棉花を購入し、紡出した低番手糸を、これまた同一省内を中心とする周囲の農村市場に販売していたのである。そしてこうした 2 つの対照的なタイプの中間型もしくは混在型として、他地域における工場が理解されよう。

（2）地帯別の生産力発展

　上述の地帯区分によって生産設備の発展概況を整理した表 5-6 は、2 つの点において従来の通説的理解に修正を迫るものとなっている。

表5-6 中国綿業における地帯別・資本国籍別の生産設備推移、1922-83年

単位：錘、斜体字は工場数。

| 地帯別 | 資本国籍 | 1922年 工場) 紡錘 | 1933年 工場) 紡錘 | 1936年 工場) 紡錘 | 1947年 工場) 紡錘 | 1983年* 紡錘 |
|---|---|---|---|---|---|---|
| 上海 | 中国 | *22)* 623,736 | *28)* 952,974 | *31)*1,116,948 | *80)* 2,295,936 | 2,149,470 |
|  | 日本 | *22)* 586,828 | *27)*1,148,184 | *28)*1,331,412 |  |  |
|  | 英国 | *3)* 257,866 | *3)* 177,228 | *4)* 221,336 | *3)* 57,669 |  |
|  | (小計) | *47)*1,468,430 | *58)*2,278,386 | *63)*2,669,696 | *83)*2,353,605 | 2,149,470 |
| 江浙 | 中国 | *21)* 420,319 | *22)* 518,356 | *24)* 671,588 | *72)* 699,510 | 2,859,350 |
| 華北沿海 | 中国 | *7)* 230,000 | *6)* 220,996 | *4)* 112,196 | *19)* 757,652 | 1,401,010 |
|  | 日本 | *9)* 85,000 | *9)* 378,620 | *15)* 689,320 |  |  |
|  | (小計) | *16)* 315,000 | *15)* 599,616 | *19)* 801,516 | *19)* 757,652 | 1,401,010 |
| 華北内陸 | 中国 | *7)* 164,528 | *13)* 254,500 | *16)* 329,672 | *21)* 288,038 | 4,975,750 |
| 華中都市 | 中国 | *4)* 168,556 | *5)* 276,272 | *5)* 294,472 | *5)* 216,928 | 735,780 |
|  | 日本 |  |  | *1)* 24,816 | *1)* 24,816 |  |
|  | (小計) | *4)* 168,556 | *6)* 301,088 | *6)* 319,288 | *5)* 216,928 | 735,780 |
| 華中内陸 | 中国 | *2)* 40,000 | *4)* 100,880 | *5)* 138,880 | *5)* 85,400 | 2,226,630 |
| その他 | 中国 |  | *2)* 32,016 | *5)* 85,776 | *36)* 523,180 | 3,677,250 |
|  | 日本 |  | *4)* 114,528 | *5)* 129,840 |  |  |
|  | (小計) |  | *6)* 146,544 | *10)* 215,616 | *36)* 523,180 | 3,677,250 |
| 合計 | 中国 | *63)*1,647,139 | *80)*2,355,994 | *90)*2,749,532 | *238)*4,866,644 | 18,025,240 |
|  | 日本 | *31)* 671,828 | *41)*1,666,148 | *49)*2,175,388 |  |  |
|  | 英国 | *3)* 257,866 | *3)* 177,228 | *4)* 221,336 | *3)* 57,669 |  |
| 総計 |  | *97)*2,576,833 | *124)*4,199,370 | *143)*5,146,256 | *241)*4,924,313 | 18,025,240 |

出所：各企業史史料、及び『中国棉紡統計史料』。
注：*1983年の紡錘数は、生産量に基づく推計値。『中国統計年鑑1984年版』238頁所収の省別綿糸生産量の数字にもとづき、1,000錘あたり毎時平均25.2kgを産出、年間300日を24時間操業するものと仮定し推計した。

　まず第1に日本資本の在華紡工場と比較した中国資本工場の盛衰に関するイメージである。従来は、ともすれば表5-6下段の総括的数値によってのみ、全体的傾向を推し量ることが多かったように思われる。すなわち、日本の在華紡の紡錘数が占める比率が26.1％（1922年）から39.7％（1930年）、42.3％（1936年）と上昇する間に、中国資本工場の比重は63.9％（1922年）から56.1％（1930年）、53.4％（1936年）へと低下しており、ここに在華紡の発展と中国資本工場の低迷ぶりが集中的に示されているかのように、叙述されがちだった[17]。

　しかし地域別に、1930～36年の紡錘数増減率を算出すると、全く別の実像が浮かびあがってくる。まず上海についてみると、中国資本工場の増加率17.2％は在華紡工場の16.0％に十分匹敵している。一方、日本資本が進出しなかった華北内陸・華中内陸・上海を除く江浙一帯の各地帯において、中国資本

第5章　中国綿業の地帯構造と経営類型　　　　　　　　113

工場の紡錘数増加率は、それぞれ 29.5 %、37.7 %、29.6 %と、いずれも全国総平均の 22.6 %を上回る伸びであった。華中の開港都市武漢の場合のみ、中国資本工場の伸び率は 6.6 %と低い水準であったが、同地にあった日本の在華紡は全く紡錘を増やしていない。こうして大部分の地域において中国資本工場の紡錘数は顕著な伸びを示すか、あるいは日本の在華紡に匹敵する増加率—— 少なくとも量の上では ——を見せていたのである。以上の全般的傾向とは相反する様相を呈した唯一の例外的地域が華北沿海都市地帯であった。ここにおいて中国資本工場の紡錘数は 49.2 %減とほぼ半減しており、その間に日本の在華紡は 82.1 %増という激増ぶりだったからである。

　総じて見れば、日本在華紡の発展と中国資本工場の衰退という通説的イメージに適合するのは、華北の沿海都市部における事態のみであって、むしろ全体としては、中国資本工場がほとんどの地域において量的発展を遂げていることが判明する。次節以下の経営内的分析は、こうした情況の生まれた原因を解明していく。

　表 5-6 から読みとることのできるもう 1 つの重要な点は、内陸部諸工場の位置づけに関する理解である。実はこれまでの概説書においても、1930 年代に中国資本工場が内陸部へ発展していったという事実そのものには触れられていた。しかしながらそれについて下された評価は、上海・青島・天津などの地区で「日本帝国主義がすでに絶対的優位を占めていたので、その圧迫下、中国資本工場は発展を続け難くなった」ため内陸部へ分散した、といういわば追いつめられた末の已むを得ざる選択との消極的評価にすぎなかった[18]。それに対し 1936 年以降最近までの変化を表 5-6 で辿っていくと、まさに内陸部への発展こそ、時代の趨勢を先取りしたものであったことが判明する。上海の紡錘数が全国に占める比重は、1936 年の 51.9 %から 1947 年の 47.8 %へ、さらに 1983 年の 11.9 %へと急落した。華北沿海都市部も 1947 年の 15.4 %が 1983 年の 7.8 %へと半減している。かわって大幅に伸びたのが、華北内陸部（1947 → 1983 年に 5.9 → 27.6 %）華中内陸部（同じく 1.7 → 12.4 %）東北・四川などその他の内陸部（同じく 10.6 → 20.4 %）等だったのである。沿海地区の比重低下と内陸地区の比重激増という発展傾向は、工業発展全体についても指摘されることであり、とくに 1950 年代以来、戦時態勢に備えた工場の

**表5-7** 中国資本綿紡績業の地帯別・企業別の利益率推移、1922-36年

単位：％

| 地帯別・企業別 | 1922 | 1923 | 1924 | 1925 | 1926 | 1927 | 1928 | 1929 | 1930 | 1931 | 1932 | 1933 | 1934 | 1935 | 1936 |
|---|---|---|---|---|---|---|---|---|---|---|---|---|---|---|---|
| 上海永安 | 11.3 | 3.5 | 6.7 | 10.1 | 9.6 | 13.4 | 33.9 | 63.6 | 16.2 | 18.6 | 12.7 | 5.9 | 2.8 | 0.6 | 7.9 |
| 上海申新一・八 | 26.6 | 8.2 | … | 16.4 | 14.3 | 16.7 | 21.5 | 33.5 | -0.6 | 36.3 | 19.9 | 8.7 | 5.9 | 10.2 | 34.5 |
| 上海平均 | 16.1 | 5.1 | 6.7 | 12.2 | 11.1 | 14.5 | 29.8 | 53.6 | 11.7 | 22.6 | 14.3 | 6.6 | 3.6 | 3.0 | 14.8 |
| 無錫申新三 | 46.7 | 8.1 | -1.7 | 15.6 | … | 17.1 | 43.4 | 40.0 | … | … | 33.3 | … | … | … | 28.1 |
| 南通大生一 | -7.7 | -12.3 | -5.2 | -6.9 | -2.9 | 3.8 | 21.8 | 14.1 | 2.9 | 9.9 | -4.0 | 0.8 | -25.0 | 6.3 | … |
| 海門大生三 | 1.7 | 5.2 | -4.1 | 5.5 | 4.4 | 3.3 | 1.0 | 10.0 | 1.3 | 9.8 | 1.4 | 2.1 | -7.9 | -1.8 | 1.6 |
| 江浙平均 | 6.1 | -2.4 | -4.1 | 1.6 | 0.1 | 6.3 | 20.7 | 20.0 | 2.2 | 9.9 | 7.7 | 1.3 | -18.3 | 3.1 | 17.8 |
| 天津華新 | 32.4 | 32.8 | 10.8 | 8.7 | -3.6 | 1.4 | 7.5 | 8.6 | 2.2 | 6.7 | 6.6 | -8.4 | -6.8 | 4.8 | − |
| 天津恒源 | 1.9 | -1.2 | -0.1 | 7.9 | 3.4 | -3.5 | -3.8 | -2.3 | -5.8 | -7.3 | 0.7 | -11.4 | -11.5 | … | … |
| 天津裕元 | 13.7 | -14.0 | -6.9 | 4.7 | -5.4 | -5.3 | -3.4 | … | … | … | … | … | … | … | … |
| 天津北洋 | 17.3 | 17.6 | 1.3 | 9.9 | … | * | -7.2 | -1.9 | … | … | … | … | … | … | … |
| 青島華新 | 21.1 | 9.1 | 0.2 | 7.2 | 9.2 | 2.7 | 14.9 | 13.2 | 12.7 | 13.5 | 5.0 | -1.1 | 2.2 | -2.3 | 8.7 |
| 華北沿海平均 | 14.8 | 3.4 | -0.5 | 7.2 | -0.2 | -1.9 | 0.1 | 3.4 | 1.7 | 2.6 | 3.5 | -7.6 | -6.2 | 1.1 | 8.7 |
| 石家荘大興 | … | 19.1 | 22.9 | 33.9 | 31.4 | 28.2 | 37.9 | 30.8 | 32.1 | 38.1 | 4.6 | 4.6 | -4.9 | 0.5 | 15.9 |
| 唐山華新 | − | − | 7.6 | 21.2 | 12.7 | 9.0 | 16.9 | 14.9 | 15.2 | 32.9 | 18.3 | 6.7 | 4.6 | 1.3 | − |
| 衛輝華新 | -8.7 | 11.1 | 15.1 | 35.6 | 18.1 | 4.5 | 13.6 | 6.9 | 7.1 | 20.8 | 24.8 | 7.1 | -7.7 | -1.5 | 11.4 |
| 楡次晋華 | − | − | -33.5 | 6.8 | 41.7 | 59.1 | 75.7 | 24.7 | 30.1 | 3.8 | -3.5 | -6.8 | 4.6 | -3.0 | 9.9 |
| 華北内陸平均 | -8.7 | 16.7 | 15.5 | 28.9 | 23.8 | 20.7 | 31.6 | 20.3 | 22.6 | 22.3 | 8.1 | 1.4 | -0.2 | -0.9 | 12.2 |
| 武漢裕華 | … | 9.0 | … | … | … | -36.3 | … | 43.5 | 30.8 | 15.8 | 37.2 | 30.9 | 6.1 | 3.0 | 23.5 |
| 総平均 | 12.2 | 4.2 | 2.2 | 9.9 | 6.6 | 5.1 | 15.8 | 23.8 | 11.3 | 16.0 | 10.4 | 2.8 | -2.7 | 1.8 | 15.1 |

出所：本書巻末の付録資料。

内地分散という配慮（「三線建設」との言葉も用いられた）からも促進された[19]。しかし少なくとも綿工業の場合、原料生産地区と製品消費市場とに近接した地域へ工場が設立されていったわけであり、それなりに合理的根拠をもつ発展だったといってよい[20]。

　したがって1930年代に顕著となる中国資本工場の内陸部における発展傾向は、単に抗日戦争時期の大後方の戦時経済を支えたという面 ── それはそれとして重要だが ── だけではなく、中国綿工業の合理的発展という見地からも見直されなければならない[21]。

## 2．営業成績の年次推移

　前節において確認した6つの地帯ごとの異なった立地条件と発展概況は、地帯別に個別企業の営業成績推移を分析することによって、さらに明確となるであろう。そのために、払込資本金利益率という最も基本的な数値によって営業成績の年次堆移を把握し、その全般的動向を在華紡の利益率堆移と比べたあと、各地帯ごとにそれぞれの特徴を整理していく。なお表5-7に示され

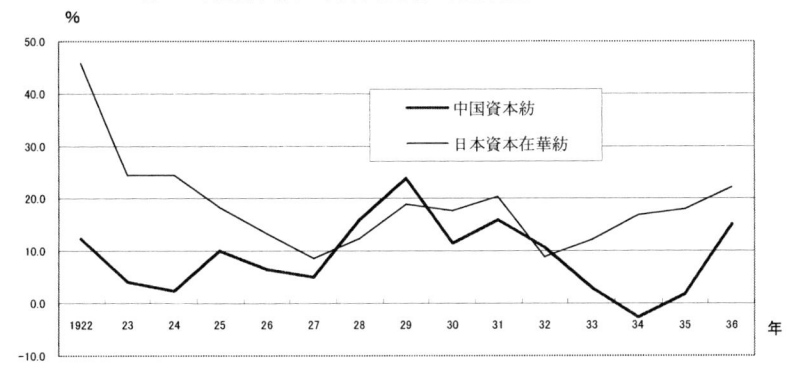

第 5 章　中国綿業の地帯構造と経営類型　　　　　　　　　　115

図5-1　中国資本紡と日本資本在華紡の利益率推移、1922-36年

出所：中国資本紡；表 5-7。在華紡；高村直助『近代日本綿業と中国』125,158,203,267 頁。

たこの利益率は、実際に払い込まれている資本金額（但し期首と期末の単純平均額を使う）を分母に、各営業年度ごとに生み出された純益金額（欠損となった場合は欠損金額。なお減価償却費は含まない）を分子にして、その値を百分率で示したものであり、投下された資本が如何なる程度の果実を収穫したかを意味する、いわば資本本来の利潤獲得という目標の達成度を測る基本的な数値であった。

（1）在華紡との比較

まずはじめに、中国資本の綿紡経営 15 社の利益率の加重平均値を、日本資本の在華紡の平均値と比較してみよう。但し在華紡の数値は利益金に減価償却を含めているのに対し、中国資本紡の数値が資料上の制約によりそうなっていないので、後者はやや低目に算出される傾向にある。図 5-1 からは次の諸点が判明する。

① 1922 ～ 24 年、中国資本紡は在華紡より 20 ～ 30 ％程度も低い利益率になっており、営業成績に大きな格差が存在した。

② 1925 年に在華紡の利益率が低下したのに対し、中国資本紡の利益率は逆に上昇し、両者の格差は数％に縮まった。その後 1932 年まで、両者の動向は

似かよっており、とくに 1928・1929 の両年は、中国資本紡が在華紡を上回った。

③ 1933 ～ 34 年に 2 つの利益率は全く相反する動きを見せる。在華紡のそれが着実に上昇する間に、中国資本紡の分は急落した。

④ 1935 年から 1936 年にかけ中国資本紡の利益率が上昇したことに伴い、両者の格差は再び縮小する傾向にあった。

総じて、1920 年代半ばから 1930 年代初めまでの好況期と 1936 年からの景気回復期とに、中国資本紡は在華紡に匹敵する業績を収めており、1920 年代前半と 1930 年代前半に生じた不況期に、在華紡よりも経営状態が悪化したものといえよう。こうした相違が生じた要因の 1 つは、為替レートの変動 ── それは景気動向全体の大きな規定要因でもあったが ── である。中国銀元の対日本円レートが低下した 1926 ～ 31 年、資本金額の円建て表示が多かった在華紡は、銀建て表示の中国資本紡より利益率が低く算出された。逆に中国銀元が高騰した 1932 ～ 35 年には、中国資本紡の方が低く算出されている。とはいえ、中国資本紡と在華紡との利益率格差に、両者の生産・販売実績上の格差が反映していたことは疑いない。

もっとも以上の考察は、あくまで平均値の比較にすぎず、地帯別・企業別に見るならば、在華紡を上回る水準の利益率推移を示す中国資本紡も存在した。以下、中国資本紡に固有の発展の論理を探るべく、地帯別に利益率推移を検討する。

（２）地帯別の推移

表 5-7 並びに図 5-2 にもとづき考察していこう。

〈上海〉

1923 ～ 24 年に数％台に落ち込んだ後、1925 ～ 27 年にはほぼ 10 ％前後にまで回復、さらに 1928 ～ 31 年の 4 年間は、平均 30 ％近い高率をあげた。その間、棉花投機の損益や増資の影響などにより、1929 年の異常な暴騰と翌 1930 年の急落が引起こされたりしたとはいえ[22]、総じて 1920 年代後半から 1930 年代初頭にかけ、上海の中国資本紡は、非常な好景気を呈したものといえよう。

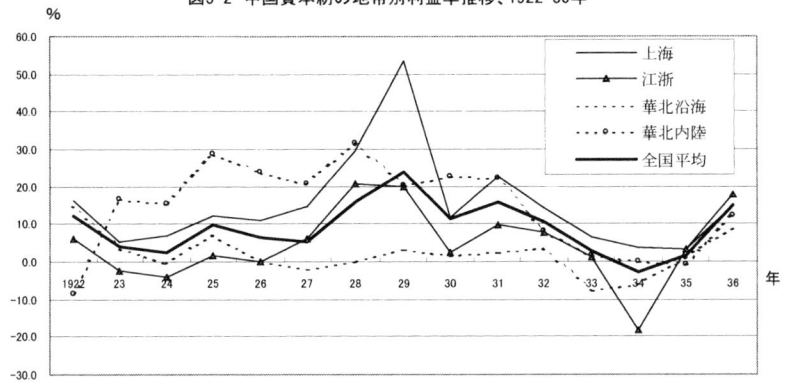

第 5 章　中国綿業の地帯構造と経営類型　　　　　　　　117

図5-2　中国資本紡の地帯別利益率推移、1922-36年

凡例：上海／江浙／華北沿海／華北内陸／全国平均

出所：表 5-7。

　だが 1932 年を境に情況は暗転する。利益率は 1933 〜 35 年に数％前後を低迷し続けた。こうした不況局面を脱していくのは、15 ％の利益率を記録した 1936 年のことである。

〈江浙〉

　変化の傾向は上海の場合とかなり類似している。但し平均利益率を見る限り、上海に比べ好況期間は短く、また赤字決算の 1934 年が示すように不況の打撃はより深刻である。

　もっとも、好成績を維持した申新第 3 工場の史料が数年分欠けていたり、同様に順調な経営を続けていたという無錫の麗新・慶豊等の営業報告書類が利用できなかったりするため、結果的に、営業成績の良くなかった大生の数値のみに依って平均利益率を算出した年が含まれている[23]。この点を考慮にいれると、江浙一帯の中国資本紡の利益率推移は、本稿の算出値よりやや高目で、ほぼ上海並みだったものと思われる。

〈華北沿海都市〉

　1923 〜 24 年に急落し、1925 年に一時回復した後は、終始低迷を続ける。利益率は常に数％以下にとどまり、1926・1933・1934 の各年は欠損を出している。このような 1920 年代後半から 1930 年代半ばにかけての長期不況のた

め、北洋は 1930 年と 1936 年に、恒源は 1934 年 2 月に、裕元は 1935 年 1 月に、それぞれ操業停止に追いこまれてしまった[24]。このうち前 2 者は中国側銀行団の組織した誠孚信託公司の管理下に操業を再開したが裕元は 1936 年 4 月に日本資本の鐘紡に買収された[25]。細々と営業を続けていた天津華新もまた同年 8 月、鐘紡に買収されるに至っている。

　しかし同じ華北沿海都市部にありながら、青島華新の利益率推移は、1928 〜 31 年の上海・江浙の工場に伍する好成績といい、不況期にも僅かな赤字にとどまっていることといい、独自のものであった（本書第 3 章参照）。

〈華北内陸〉

　上述した上海・江浙の場合とも、華北沿海都市の場合とも相違し、1920 年代から 1930 年代初頭まで、不況知らずの好成蹟を一貫して保持し、とくに 1925 〜 31 年の 7 年間は、20 ％台の高い利益率を示し続けた。しかしながら、1932 年を境に利益率は急落、1934 〜 35 年は連続の赤字決算となってしまう。その後 1936 年に至り、他地域の工場同様、営業成績は改善の方向にむかっている。

（小括）

　以上の利益率地帯別堆移をまとめると、次のような点を確認しうるであろう。

　① 1920 年代半ばから 1930 年代初めにかけて、長期不況に陥る華北沿海都市部の諸工場を除き、中国資本紡は全体に順調な営業を続けることができた。その際、華北内陸部は一貫して高収益を維持していたこと、また上海江浙方面はとくに 1928 〜 31 年の利益率が際立って高かったこと、などが特徴的である。

　② 1932 年以降、いずれの地帯においても業績は悪化し、1935 年まで不況が続いた。但しその程度は地帯によって異なっている。総じて、華北沿海都市部と華北内陸部において相対的に不況の影響が深刻であり、上海・江浙方面が不況により被った打撃は、比較的小さなものであった。

　③ 1936 年になると、全般的に景気回復傾向が認められる。但し華北沿海都市部の大部分の工場は、銀行団による管理の下か、或いは日本資本にすでに買収されてしまった後に、それを迎えねばならなかったのである。

## 3．経営内容の諸類型

　この節の課題は、前節において確認されたような業績推移の地域間格差・企業間格差が、各企業の経営内容の相違と、いかにかかわりあっていたかを具体的に検討し、それぞれの経営内容の類型的把握、並びにそれぞれの固有の発展もしくは衰退の論理を提示することにある。そのための1つの方法として、経営分析の際に用いられる諸比率のなから、「収益性」に関連する3つの比率－すなわち、総資本経常利益率・売上高経常利益率・総資本回転率と、「安定性」に関連する3つの比率－すなわち、自己資本比率・固定比率・流動比率とを算出し、整理の手がかりとした（表 5-8、5-10 参照）。そして第1節の地帯区分論を念頭におきながら、これらの数値を分析していくことにより、次のような4つの経営類型を確認した。すなわち①沿海都市部における収益保持・高蓄積経営、②沿海都市部における欠損発生・低蓄積経営、③内陸部における高収益・高蓄積経営、④内陸部における高収益・低蓄積経営の4つである。それぞれの経営類型は、固有の発展もしくは衰退の論理をもっていた。

（1）沿海都市部の収益保持・高蓄積経営
　沿海都市部にあって、終始ある程度の水準以上の収益を確保し続け、しかも同時に、相当な速さで内部蓄積を進行させていた経営のことである。この経営類型に属すと見られるのは、上海の永安並びに青島の華新の両者である。
　はじめに「収益性」関連比率（表 5-8）を分析する。上海永安の総資本経常利益率は、1923 年の落ちこみのあと 1924 〜 27 年はほぼ 5 〜 6 ％を維持し、1928 〜 29 年に 20 ％へ迫るほどの高率を記録した。その後やや低迷しつつも終始利益を計上し、1936 年には 3 ％台を回復している。青島華新の場合も、他社の数字を上回る年がほとんどであり、1935 年を除き 5 〜 6 ％前後を保持した。このように 1932 〜 35 年の全般的不況期の中にあっても、上海永安と青島華新の両者がある程度の収益を確保し続け、1936 年には、明らかに景気回復の先頭に立っていたことが注目されるのである。その要因を考えてみる

表5-8　中国資本綿紡績業の地帯別・企業別の収益性関連比率推移、1922-36年

単位：％

| | | 1922 | 1923 | 1924 | 1925 | 1926 | 1927 | 1928 | 1929 | 1930 | 1931 | 1932 | 1933 | 1934 | 1935 | 1936 |
|---|---|---|---|---|---|---|---|---|---|---|---|---|---|---|---|---|
| 上海永安 | a | 10.14 | 2.94 | 5.04 | 6.15 | 4.96 | 6.71 | 14.50 | 18.59 | 5.06 | 6.58 | 4.00 | 1.71 | 0.91 | 0.21 | 3.11 |
| | b | 45.47 | 2.13 | 3.84 | 5.14 | 4.15 | 5.94 | 10.71 | 16.18 | 4.49 | 6.20 | 7.12 | 2.75 | 1.10 | 0.31 | 3.40 |
| | c | 0.22 | 1.38 | 1.31 | 1.20 | 1.19 | 1.13 | 1.35 | 1.15 | 1.13 | 1.06 | 0.56 | 0.62 | 0.83 | 0.69 | 0.91 |
| 天津華新 | a | 10.68 | 10.62 | 4.82 | 0.63 | -3.15 | 0.78 | 4.85 | … | … | … | 3.97 | … | -2.96 | … | — |
| | b | 8.65 | 9.58 | 4.84 | 0.62 | -2.81 | 0.63 | 3.40 | … | … | … | 5.49 | … | -5.90 | … | — |
| | c | 1.23 | 1.11 | 1.00 | 1.01 | 1.12 | 1.25 | 1.43 | … | … | … | 0.72 | … | 0.50 | … | — |
| 天津裕元 | a | 4.88 | -1.70 | -2.45 | 2.24 | -2.63 | -2.54 | -1.54 | … | … | … | … | … | … | … | … |
| | b | 8.04 | -2.04 | -3.93 | 2.48 | -2.89 | -2.74 | -1.52 | … | … | … | … | … | … | … | … |
| | c | 0.61 | 0.83 | 0.62 | 0.90 | 0.91 | 0.93 | 1.01 | … | … | … | … | … | … | … | … |
| 天津北洋 | a | 4.47 | 7.32 | 8.01 | 0.70 | … | -0.05 | -1.04 | -0.08 | … | … | … | … | … | … | … |
| | b | 3.83 | 7.08 | 8.82 | 0.66 | … | -0.05 | -0.95 | -0.06 | … | … | … | … | … | … | … |
| | c | 1.17 | 1.03 | 0.91 | 1.07 | … | 1.05 | 1.10 | 1.25 | … | … | … | … | … | … | … |
| 青島華新 | a | … | … | … | … | … | … | … | … | … | 7.02 | 6.07 | … | 4.97 | 2.60 | 4.74 |
| | b | … | … | … | … | … | … | … | … | … | 7.15 | 6.41 | … | 5.43 | 3.04 | 6.16 |
| | c | … | … | … | … | … | … | … | … | … | 0.98 | 0.94 | … | 0.92 | 0.81 | 0.81 |
| 石家荘大興 | a | … | 13.07 | 14.49 | 18.99 | 16.25 | 13.78 | 17.77 | 13.44 | 12.89 | 14.13 | 1.68 | 1.78 | -1.85 | 0.19 | 5.40 |
| | b | … | 11.94 | 15.23 | 19.31 | 15.61 | 15.77 | 22.61 | 17.16 | 15.53 | 16.71 | 2.21 | 2.57 | … | … | 13.02 |
| | c | … | 1.10 | 0.89 | 1.17 | 1.00 | 0.80 | 0.80 | 0.82 | 0.91 | 0.85 | 0.68 | 0.67 | … | … | 0.83 |
| 衛輝華新 | a | -2.66 | 3.37 | 4.58 | … | … | 3.00 | 4.82 | 2.52 | 2.62 | 7.18 | … | … | … | … | … |
| | b | -7.36 | 5.02 | 5.49 | … | … | 5.49 | 8.13 | 4.02 | 3.59 | 8.90 | … | … | … | … | … |
| | c | 0.36 | 1.03 | 0.77 | … | … | 1.09 | 0.67 | 0.62 | 0.85 | 0.83 | … | … | … | … | … |
| 楡次晋華 | a | — | — | -5.63 | 1.04 | 7.17 | 15.00 | 22.43 | 8.40 | 13.44 | 3.12 | 0.89 | -0.74 | 5.38 | 1.24 | 4.76 |
| | b | — | — | -69.01 | 3.74 | 13.39 | 23.14 | 35.53 | 15.67 | 23.84 | 5.63 | 1.62 | -1.26 | 10.07 | … | … |
| | c | — | — | 0.08 | 0.48 | 0.62 | 0.68 | 0.68 | 0.54 | 0.71 | 0.51 | 0.61 | 0.57 | 0.59 | … | … |

出所：本書巻末の付録資料。　注　a：総資本経常利益率、b：売上高経常利益率、c：総資本回転率。

と、まず第1に同時期の他の工場に比べ、2～3割方高めの資本回転率を保っていたことを指摘しなければならない。ここには、よく整った新しい生産設備を備え、比較的高い生産性をあげていたという事実が反映されている。同時に重要なことは、そもそもの立地条件からして、内陸部の工場に比べ沿海部の工場は、固定資産と流動資産が割安ですみ、したがって資本回転率は高目になる傾向が見られることである。表5-9によれば、内陸部工場と沿海部工場との間には少なくとも2割以上の差が生じている。固定資産についていえば、生産設備のほとんどが輸入品であったし、沿海都市においては廉価な電力利用の便宜があり動力装置が不要だったりしたため、どうし

表5-9　中国資本綿紡績業の1紡錘当り資本額の企業間比較、1930年

単位：1,000元、（　）内1,000錘、斜体字　1紡錘当り元

| 企業 | 固定資産 A | 流動資産 B | 紡錘数 C | A/C | B/C |
|---|---|---|---|---|---|
| 上海永安 | 14,956 | 17,605 | (213.5) | *70* | *82* |
| 青島華新* | 2,758 | 2,444 | ( 33.2) | *83* | *74* |
| 石家荘大興 | 3,654 | 4,087 | ( 24.8) | *147* | *165* |
| 楡次晋華 | 3,452 | 3,356 | ( 33.6) | *103* | *100* |

出所：本書巻末の付録資料。
注：＊青島華新のみ1931年の数字。

第5章　中国綿業の地帯構造と経営類型

ても沿海都市の方が比較的低額ですむことになった[26]。また流動資産の場合、需給変動に対するある程度の調節能力が市場機構自体の中に備わっていたため、沿海都市部の工場は、さほど原料や製品の在庫を多くかかえこむ必要がなかったという事情が、流動資産額を低く抑えていたのである。

但し永安の場合、1931年から1932年にかけて、設備投資に伴い総資本額が上昇していたにもかかわらず、それに見あうだけの売上高の伸びを得られず、一・二八事変（第1次上海事変）で被災したりしたため、資本回転率の大幅な低下を余儀なくされている[27]。

一定の総資本経常利益を維持しえた第2の要因は、不況期を含めある水準以上の売上高経常利益率を保ち続けたことにある。上海永安の場合、棉花安綿糸高の好機を逸さず豊富な資金を投入し1.5倍にも生産量を伸ばした1928～29年に、11％及び16％のきわめて高い売上高利益率をあげた[28]。のみならず1932～35年の戦災・不況の影響を被った時期も、売上高の減少は免れ難かったとはいえ、毎年、ある程度の利益を計上し続けた点に上海永安の特徴があり、この点は青島華新にも共通することであった。売上高利益率の上昇が、時には資本回転率の低下をカバーするという1925、1932年のような事態も見られる。

ある程度の水準の売上高経常利益率を保持し得た理由として、上海永安と青島華新に共通する点は、①製品の高品質・高価格、②製造コスト引下げ、③高収益の染色織布部門拡充、④独自の原棉買付機構・棉花の改良増産の振興等による良質廉価な原棉の確保、⑤直接販売網整備による流通経費引下げ、等である。

①の高品質・高価格という点については、1925～26年頃、同じ上海の中国資本紡申新の製品に比べ、永安の製品価格は1梱あたり5.5～7.5両も高めで販売することが可能だった[29]。1930年代になると、42番手60番手80番手などの細糸分野においても、糸強度や撚数の点で上海永安の製品は日本の在華紡製品に十分に対抗しうる品質を誇った[30]。いうまでもなくその背後には、機械部品の保全や混棉率の保持に細心の注意を払うなどの努力が積み重ねられていた[31]。以上の点は青島華新の場合もほぼ同様であり、1934年、細糸の仕上げを良好にする焼毛機を導入するなどして、品質向上に努めている[32]。

良質の水にも恵まれた青島華新の製品は上海品の質を上回ったという[33]。

②の製造コスト引下げでは、永安・華新の両社とも、ハイドラフト方式の採用により労働者の大幅削減と生産性向上を可能にしている[34]。そうした生産設備の合理化に加え、各種報賞金の削減や有給休暇の短縮もしくは無給化を図ったことでも、両社は共通であった[35]。その結果、永安の場合は 1931 年末に 32 日間に及ぶストライキが発生している。華新の場合も、1935 年に賃金の一律 2 割カットや月給制の日給制への変更といった強硬策が打出された際、やはり大規模なストライキに直面した。いずれも軍隊や警察の武力弾圧と強制仲裁によって辛くも切りぬけ、その後は労資協調策に一層力をいれるようになっている。ともあれ、こうして製造費削減に努めた結果として、青島華新では、1931 年の 16 番手糸 1 梱あたり製造経費 55.92 元を、40.86 元（33 年）、23.23 元（36 年）と急速に引下げることに成功した[36]。

③の染色織布部門について。永安はすでに 1924 年から、不況期の切り抜けと好況期の一層の高収益をめざし、織布部門を開設しており、その後、1925 年から 1930 年にかけ、大幅に拡張していっている[37]。また 1933 年から専用の染色捺染工場建設に着手、1935 年からその操業を開始した[38]。一方華新は、やや遅れて 1934 年に、不況期脱出のための積極策として織布機を購入、ついで 1935 年以降、漂白染色工場の付設にも乗りだしていった[39]。営業報告が「綿布の売行きは甚だ良好」というとおり、1936 年の織布部門のみの売上高経常利益率 6.75 ％は、全部門平均を上回っていた[40]。

④の原棉対策は、やや両者の間に相違点も見られる。永安は 20 番手以下の太糸用原棉を安定的に確保するため、南通・海門などの長江下流域を中心に直接原棉を購入する機構を設け、1920 年代にはそれによって中国棉の需要のほぼ半分を、また 1930 年代にはその大部分をまかない原棉コストを引下げていた[41]。山東棉の産地に近接していた青島華新の場合、やはり永安と同じく山東・河北の原棉集散地である済南や臨清・浜県などに、直接、原棉を買付ける機構を設けるとともに、1930 年代に入ると、市政府との協力の下、積極的な原棉改良増産運動を堆進した点が注目される。青島華新紗廠と青島市政府が共同で組織した青島工商学会は、1933 年に植棉試験場を設け（華新紗廠と市政府の共同出資）、とくに高密・昌邑・平度 3 県へのアメリカ棉普及に力

第5章　中国綿業の地帯構造と経営類型

**表5-10** 中国資本綿紡績業の地帯別・企業別の安定性関連比率推移、1922-36年

単位：％

| | | 1922 | 1923 | 1924 | 1925 | 1926 | 1927 | 1928 | 1929 | 1930 | 1931 | 1932 | 1933 | 1934 | 1935 | 1936 |
|---|---|---|---|---|---|---|---|---|---|---|---|---|---|---|---|---|
| 上海永安 | a | 99.6 | 88.9 | 81.3 | 63.4 | 61.5 | 67.5 | 59.2 | 50.2 | 41.6 | 41.6 | 40.8 | 41.0 | 51.5 | 59.8 | 53.8 |
| | b | 55 | 64 | 77 | 107 | 103 | 89 | 92 | 85 | 110 | 109 | 94 | 88 | 87 | 92 | 92 |
| | c | 10503 | 391 | 201 | 88 | 95 | 123 | 111 | 116 | 93 | 94 | 104 | 108 | 113 | 112 | 166 |
| 天津華新 | a | 75.5 | 75.1 | 70.3 | 64.6 | 72.3 | 75.8 | 73.8 | … | … | … | 62.6 | … | 63.9 | … | … |
| | b | 61 | 58 | 63 | 64 | 76 | 79 | 75 | … | … | … | 81 | … | 97 | … | … |
| | c | 216 | 225 | 187 | 165 | 158 | 161 | 168 | … | … | … | 119 | … | 105 | … | … |
| 天津恒源 | a | 60.6 | 76.6 | 80.0 | 64.8 | 60.1 | 57.4 | 49.6 | … | … | … | … | … | … | … | … |
| | b | 101 | 104 | 103 | 97 | 102 | 114 | 119 | … | … | … | … | … | … | … | … |
| | c | 93 | 70 | 60 | 181 | 169 | 166 | 135 | … | … | … | … | … | … | … | … |
| 天津裕元 | a | 49.2 | 43.3 | 43.8 | 43.7 | 41.5 | 39.8 | 37.0 | … | … | … | … | … | … | … | … |
| | b | 124 | 156 | 173 | 161 | 180 | 169 | 179 | … | … | … | … | … | … | … | … |
| | c | 351 | 180 | 110 | 146 | 114 | 102 | 103 | … | … | … | … | … | … | … | … |
| 天津北洋 | a | 60.2 | 61.2 | 65.1 | 61.0 | 56.8 | 55.9 | 48.0 | 50.9 | … | … | … | … | … | … | … |
| | b | 104 | 91 | 93 | 91 | 129 | 138 | 157 | 175 | … | … | … | … | … | … | … |
| | c | 282 | 220 | 241 | 257 | 88 | 84 | 70 | 32 | … | … | … | … | … | … | … |
| 青島華新 | a | … | … | … | … | … | … | … | … | … | 69.9 | 64.9 | … | 61.0 | 56.8 | 62.2 |
| | b | … | … | … | … | … | … | … | … | … | 76 | 82 | … | 87 | 106 | 100 |
| | c | … | … | … | … | … | … | … | … | … | 161 | 142 | … | 131 | 94 | 103 |
| 石家荘大興 | a | − | 68.5 | 60.4 | 57.5 | 56.7 | 57.6 | 58.2 | 42.0 | 40.9 | 39.6 | 44.3 | 47.5 | 47.7 | 45.8 | 45.7 |
| | b | − | 89 | 105 | 102 | 96 | 91 | 86 | 115 | 115 | 113 | 120 | 118 | 111 | 102 | 101 |
| | c | − | 212 | 140 | 170 | 165 | 165 | 205 | 115 | 113 | 118 | 86 | 86 | 90 | 98 | 110 |
| 衛輝華新 | a | 30.6 | 33.2 | 35.1 | … | … | 38.0 | 40.9 | 37.7 | 40.6 | 39.9 | 45.0 | 42.5 | 41.5 | 41.6 | 43.6 |
| | b | 150 | 186 | 175 | … | … | 154 | 131 | 140 | 130 | 135 | 122 | 121 | 130 | 109 | 101 |
| | c | 78 | 57 | 60 | … | … | 67 | 79 | 76 | 79 | 77 | 82 | 85 | 79 | 93 | 99 |
| 楡次晋華 | a | … | … | 16.8 | 15.6 | 27.3 | 38.9 | 56.6 | 53.3 | 68.6 | 63.5 | 61.1 | 61.9 | 45.6 | 65.3 | 65.5 |
| | b | … | … | 404 | 362 | 218 | 145 | 82 | 68 | 74 | 72 | 84 | 80 | 79 | 75 | 66 |
| | c | … | … | 32 | 46 | 50 | 72 | 124 | 137 | 157 | 149 | 120 | 118 | 110 | 135 | 153 |

出所：付録資料。
注a：自己資本比率、b：固定比率、c：流動比率。

をいれ、初年度の植付面積 1,300 畝を 1936 年には 6 万畝にまで拡大し、およそ 59,000 担のアメリカ棉を収穫するという大きな成果をあげている（注、青島華新の 1934 年頃の年間棉花使用量は 79,000 担）[42]。

さいごに⑤の製品の直販体制についていえば、著名な永安百貨店と系列関係にある上海永安が、強力な販売組織を擁したのは当然であった[43]。加えて都市部の綿製品消費が冷えこんだ 1933～35 年には、本章第1節の表 5-5 に示したとおり、製品の半分以上を内陸部農村に売込むなどして不況をしのいでいる[44]。また青島華新の場合も、独自の販売体制をつくり、日本品・在華紡製品との競合を避けながら、広東四川湖南方面へも販路を開拓していた[45]。

以上の検討で確認されるとおり、原料の確保から製品の生産・販売に至るまでの様々な経営努力が、一定水準の収益性を保持する要因になった。次に

表5-11 上海永安の利益金処分、1922-36年
単位：元、斜体字%

| 年 | 当期利益金 | 株主配当金 (配当率) | 役員賞与 | 積立金等 |
|---|---|---|---|---|
| 1922 | 680,132 | 537,149(8) | 16,346 | 126,637 |
| 1923 | 210,714 | 240,000(4) | – | -29,286 |
| 1924 | 404,402 | 420,000(7) | – | -15,598 |
| 1925 | 607,067 | 600,000(10) | – | 7,067 |
| 1926 | 574,357 | 600,000(10) | – | -25,643 |
| 1927 | 801,255 | – | 24,179 | 777,076 |
| 1928 | 2,035,212 | – | 200,018 | 1,835,194 |
| 1929 | 3,815,344 | – | 426,687 | 3,388,657 |
| 1930 | 1,454,741 | 1,104,000(10) | 41,602 | 309,139 |
| 1931 | 2,230,425 | 1,200,000(10) | 121,107 | 909,318 |
| 1932 | 1,522,590 | 1,200,000(10) | 25,550 | 297,040 |
| 1933 | 702,469 | 632,222 | – | 70,247 |
| 1934 | 340,228 | 306,205 | – | 34,023 |
| 1935 | 66,569 | 59,912 | – | 6,657 |
| 1936 | 944,851 | 600,000 | – | 344,851 |
| 合計 | 16,390,356 | 7,499,488 | 855,489 | 8,035,379 |

表5-12 青島華新の利益金処分、1920-36年
単位：元、斜体字%

| 年 | 当期利益金 | 株主配当金 (配当率) | 役員賞与 | 積立金等 |
|---|---|---|---|---|
| 1920 | 346,638 | 168,000(14) | 50,400 | 128,238 |
| 1921 | 414,165 | 275,598(18) | 98,865 | 39,702 |
| 1922 | 375,469 | 243,307(12) | 48,444 | 83,717 |
| 1923 | 200,367 | 118,442 | – | 81,924 |
| 1924 | 4,284 | – | – | 4,284 |
| 1925 | 175,553 | 50,302(2) | – | 125,251 |
| 1926 | 231,704 | 176,057(7) | 16,600 | 39,047 |
| 1927 | 68,301 | 50,302(2) | 16,600 | 1,399 |
| 1928 | 373,621 | 226,359(9) | 27,000 | 120,262 |
| 1929 | 333,171 | 301,812(12) | 70,423 | -39,064 |
| 1930 | 332,457 | 216,000(8) | 26,303 | 90,154 |
| 1931 | 365,179 | 270,000(10) | 46,284 | 48,895 |
| 1932 | 133,852 | 108,000(4) | – | 25,852 |
| 1933 | -29,757 | | | |
| 1934 | 60,098 | 54,000(2) | – | 6,098 |
| 1935 | -62,013 | | | |
| 1936 | 235,680 | 135,000(5) | – | 100,680 |
| 合計 | 3,650,538 | 2,398,180 | 400,919 | 856,439 |

そうした努力を可能にさせた資金力の問題を中心に、経営の安定性にかかわる比率を分析していく（表5-10）。

永安と華新の自己資本比率は、永安の1930～33年を除き、終始50％以上を維持しており、1935年から1936年にかけては、いずれも60％前後へ回復する動きを見せた。永安は1922年の369万元から1936年の1,578万元へ、また華新は1931年の276万元から1936年の445万元へと、大幅に固定資産を増やし、設備投資を拡大しつつも、なおかつ上記の自己資本比率を保ち得た点が注目されなければならない（金額は付録資料）。これは両者が、利益金の株主への配当を極力抑える一方、資本蓄積を重視し自己資本の充実と減価償却の推進に努めた結果であった。表5-11によれば、永安の場合、1920年代末の好況期の利益の大半を積立金もしくは増資分にまわしており、さらに配当金支払いの10年延期などといった思い切った手段まで使って自己資本充実に努めたことが知られる。表5-12の青島華新の場合も1920年から1936年までの利益金総額中、その4分の1に相当する金額が積立金や繰越金の形で自己資本充実のためにあてられていた。減価償却もそれぞれ堅実に進められており、1936年の固定資産額に対し永安の場合は41％、青島華新

第 5 章　中国綿業の地帯構造と経営類型

表5-13　中国資本綿紡績業の企業別売上高対支払利息比率の推移、1922-36 年

単位：%

| | 1922 | 1923 | 1924 | 1925 | 1926 | 1927 | 1928 | 1929 | 1930 | 1931 | 1932 | 1933 | 1934 | 1935 | 1936 |
|---|---|---|---|---|---|---|---|---|---|---|---|---|---|---|---|
| 上海永安 | … | … | … | 2.73 | 3.00 | 3.22 | 2.57 | 2.73 | … | … | 4.88 | 5.35 | … | 2.96 | 2.38 |
| 上海申新 | 0.69 | 2.07 | … | 1.33 | 3.03 | 1.95 | 2.81 | 2.09 | 5.58 | 4.53 | 4.16 | 4.28 | 5.05 | 4.25 | 3.47 |
| 無錫申新 | 6.18 | 7.83 | 9.75 | 7.21 | … | 6.75 | 3.43 | 5.91 | … | … | 5.24 | … | … | … | 2.39 |
| 天津華新 | 0.69 | 0.82 | 1.85 | 2.62 | 0.88 | 1.44 | 1.33 | … | … | … | 4.13 | … | 7.09 | … | … |
| 天津裕元 | 4.53 | 7.22 | 9.56 | 6.45 | 7.25 | 8.17 | 6.87 | … | … | … | … | … | … | … | … |
| 天津北洋 | 3.48 | 4.27 | 5.23 | 4.71 | … | 5.47 | 4.38 | 4.38 | … | … | … | … | … | … | … |
| 青島華新 | … | … | … | … | … | … | … | … | … | 3.68 | 4.07 | … | 3.07 | 4.25 | 3.08 |
| 石家荘大興 | − | 1.22 | 2.34 | 3.59 | 3.90 | 5.61 | 4.77 | 4.78 | 5.36 | 5.86 | 7.80 | 8.33 | … | … | 6.09 |
| 楡次晋華 | − | − | 57.27 | 20.98 | 12.71 | 8.94 | 6.16 | 10.85 | | 9.06 | 12.75 | 13.42 | 11.56 | 3.64 | … | … |

出所：付録資料。

の場合は 36 ％に相当する金額が、すでに減価償却費として年々計上されてきたのであった[46]。なお永安の 1930 〜 33 年の自己資本比率抵下は、系列企業からの借入増加のためであり、利子負担はさほど重くない（表 5-13、後述）。

固定比率は、多額の設備投資があった 1925-26 年及び 1930-31 年の永安と、1935 年の華新の数字を除き、ほぼ 100 ％以内におさまっている。しかもいずれの場合も、上述したような減価償却策の結果として、早期に固定比率は低下している。

流動比率は必ずしも高くない。永安の場合は「聯号資金」を主とする流動負債の多さを反映していたものと考えられる。

総じて上海永安と青島華新の経営は、確かに十分な収益性を保持するに足るだけの資金的安定性を有していた。それを可能にした大きな要因は、高水準の内部蓄積に見出される。そしてかかる内部蓄積の在り方は、第 4 節でみるように経営制度の実態と深くかかわっていた。

（2）沿海都市部の欠損発生・低蓄積経営

同じ沿海都市部にありながら、とくに 1920 年代後半から 1930 年代にかけ、著しく収益性が悪化して欠損を発生させており、なおかつ資本蓄積も相対的に低位であった経営のことをさす。天津の裕元・恒源・北洋・華新といった諸工場がこれに含まれる。

それぞれの総資本経常利益率の推移を表 5-8 によって確かめておこう。判明する 1928 年までの 7 年間の数字のうち、実に 5 年分が欠損という惨憺たる状

表5-14 上海永安と天津3社の
1紡錘当り売上高等の比較、1925-28年
単位：元

| 年 | | 1925 | 1926 | 1927 | 1928 |
|---|---|---|---|---|---|
| 上海永安 | a | 146 | 171 | 157 | 125 |
| | b | 140 | 146 | 140 | 106 |
| | c | 44 | 52 | 54 | 47 |
| | d | 96 | 94 | 85 | 59 |
| 天津華新 | a | 162 | 171 | 167 | 191 |
| | b | 166 | 138 | 128 | 139 |
| | c | 97 | 63 | 51 | 62 |
| | d | 69 | 76 | 77 | 77 |
| 天津裕元 | a | 149 | 146 | 150 | 172 |
| | b | 170 | 154 | 170 | 171 |
| | c | 50 | 39 | 56 | 58 |
| | d | 120 | 115 | 114 | 113 |
| 天津北洋 | a | 212 | | 169 | 173 |
| | b | 210 | 164 | 157 | 156 |
| | c | 94 | 44 | 36 | 39 |
| | d | 116 | 120 | 121 | 117 |

注：a 売上高／紡錘数
　　b 総資本／紡錘数
　　c 流動資産／紡錘数
　　d 固定資産／紡錘数

況が裕元である。1925年に総資本経常利益率の急落を記録した北洋並びに天津華新は、その後、前者が1926・1928・1929年に、また後者が1926・1933・1934年に赤字決算に陥った（表5-7も参照、ただし北洋の1926年の損失額は不明）。

このような収益性の悪化をもたらした要因の1つは、資本回転率の相対的低位に見出すことができる。1923～28年の回転率平均は、上海永安が1.26となるのに対し、天津華新は1.15、北洋は1.03、裕元は0.87であった。さらにその原因を表5-14によって探っていくと問題は総資本額にあったことが判明する。上海永安は紡錘数あたりの固定資産額を低下させ総資本額全体を着実に引下げてきている。それに対して天津の3工場は、華新がややましであったのを除きいずれも紡錘数あたりの固定資産額が高く、しかも華新を含め、ほとんどその値が減っていないので、結果的に総資本額全体を大きなものとし、資本回転率の相対的低位を招いているのである。設備投資はむしろ上海永安の方がはるかに活潑であったにもかかわらず、紡錘数あたりの固定資産額は、上海永安が減少、天津3工場は高水準維持という事態になっていたことになる。固定資産の減価償却に意を注いだ永安とは対照的に、天津3工場が、きわめて僅かな減価償却にとどまったために生じた事態だった。

収益性悪化のもう1つのさらに決定的な要因は、売上高経常利益率の激しい落込みであった。それが1つには1920年代当時の天津紡績業に固有の立地条件の困難さに因るものであったことは、明白である。たとえば、激しい落込みを見た1924～25年の情況について、天津華新の営業報告書は、内戦と水害による交通途絶のため、原棉高綿糸安に陥り業績悪化を招いたとしている[47]。「時局経済交通上の影響」（1927年）「市況の低落」（1928年）「市況の

## 第5章　中国綿業の地帯構造と経営類型

暴落」（1929年）などを挙げる北洋の営業報告書も、客観的条件の困難さを強調する点において同一の主旨のものであった[48]。

しかし問題は原棉価格の上昇にせよ綿糸市況の低迷にせよ、他の経営や業者との競争が激しくなる中で一段と厳しさを増していた、という点である。たとえば天津華新の営業報告書によれば、1926年の原棉価格高騰は「外国商人（日本資本）の買占めによる」といわれており、また従来、天津製綿糸の消費地であった鄭州・石家荘・済南などの華北内陸部には「新工場が建てられ紡錘数20万余に達し競争が日ましに激化している」と伝えられた[49]。こうした原料購入・製品販売の市場競争激化の中にあって、天津の諸工場が十分太刀打ちできず、赤字経営に落ちこんでいったその所以こそが、問われなければならない。

売上高経常利益率激落の経営自体に内在する原因として、本稿では、①生産コストの高さ、②支払利子負担の過重さ、③原棉調達機構の不備、④綿糸販売機構の不備という4点を検討することにしたい。

まず、①生産コストの点からいえば、方顕廷の著書が1929年の天津恒源のコスト計算を掲載しており、「上海の工場の生産コストより、はるかに高い」との結論を下している[50]。方自身はこの結論の一般化に慎重であるが、裕元の経営当事者の回想なども、「1人ですむ作業に5人も配置していた」例を挙げ、生産コストが徒らに膨んでいた事実を認めている[51]。1920年代末から1930年代にかけ、前述したとおり上海永安や青島華新が次々に設備改良を重ねてコストダウンを図っていた時も、天津の諸工場は、すでにそのような設備投資を実行する資金力を失っていた。

②の支払利子負担の過重という問題は、表5-13の数字にその一端を窺えるであろう。1928年までの天津華新が低率であるのを除き、裕元は7～8％前後、北洋は4～6％前後と、同時期の上海永安に比べかなり高い。こうした重い金利負担は、裕元の場合がそうであるように、直接には銀行などから多額の借入金を借り入れたことに因る[52]。しかしより根本的には、資本金という形での資金調達の困難性、及びそれから生じるところの自己資本の過小性という天津金融市場の歴史的特質にもかかわる大きな問題が横たわっていた。

専ら商業資本に依拠して原棉を調達し綿糸を販売していたという事実を、

③と④は意味している。これも資金力不足のためのやむをえざる選択であったのだが、結果としては、割高の原棉を使わなければならなかったり、あるいはまた、裕元の経営当事者の回想にあるように、卸売商人によって綿糸を安く買いたたかれるような事態に陥ったりして、大きな損失を招く一因になった[53]。

以上の検討から明らかとなったように、売上高経常利益率を減少させた経営の主体的な要因は生産・金融・流通・原料コストがいずれも割高になっていたことであり、さらにその原因を究明していくと、資金力の不足という問題につきあたらざるを得なかった。そこで経営の安定性にかかわる諸指標を手がかりとして、この問題を分析することにしよう（前掲、表5-10）。

まず自己資本比率からみてみると、天津華新が7割前後と際だって高く、6割前後の北洋がこれに次いでいる。一方、裕元は4割を切るところまで減り続けており、恒源も1925年以降低下傾向を見せ1929年には5割台となった。1930年代に入ると、優秀だった華新も自己資本比率6割を切り、恒源は5割前後を低迷している[54]。

さらに注意すべき点は、1922年の数字と比べ、どの工場も総資本額自体、増えていないので、自己資本比率の低下とは、自己資本の絶対額の減少にほかならなかったということである。これは資本の内部蓄積がきわめて不十分となっており、利益金がある時にはその大部分が、また利益金のない時には積立金など自己資本の一部が切りくずされる形で、役員賞与や株主

表5-15　天津華新の利益金処分、1919-35年

単位：元、斜体字%

| 年 | 当期利益金 | 株主配当金 (配当率) | 特別配当金 | 役員賞与 | 積立金等 |
|---|---|---|---|---|---|
| 1919* | 91,813 | 26,810 (8) | 35,390 | 22,521 | 7,092 |
| 1919# | 1,161,517 | 160,864 (8) | 575,089 | 365,966 | 59,608 |
| 1920 | 941,752 | 160,864 (8) | 442,376 | 281,512 | 57,000 |
| 1921 | 786,919 | 160,864 (8) | 53,900 | 225,210 | 46,945 |
| 1922 | 604,714 | 172,241 (8) | 36,832 | 150,711 | 44,890 |
| 1923 | 679,625 | 193,709 (8) | 51,592 | 169,463 | 64,411 |
| 1924 | 227,486 | 193,752 (8) | — | — | 33,734 |
| 1925 | 231,941 | 193,752 (8) | — | — | 38,189 |
| 1926 | -60,684 | 121,095 (5)** | — | — | 9,479 |
| 1927 | 52,288 | 48,438 (2) | — | — | 3,850 |
| 1928 | 185,225 | 169,533 (7) | — | — | 15,692 |
| 1929 | 214,763 | 193,752 (8) | — | — | 21,011 |
| 1930 | 54,400 | 48,438 (2) | — | — | 5,962 |
| 1931 | 163,189 | 145,314 (6) | — | — | 17,875 |
| 1932 | 161,708 | 145,314 (6) | — | — | 16,394 |
| 1933 | -263,945 | — | — | — | -203,945 |
| 1934 | -165,749 | — | — | — | -165,479 |
| 1935 | 117,427 | — | — | — | 117,427 |
| 合計 | 5,244,669 | 2,134,740 | 1,895,129 | 1,215,383 | 190,135 |

注：＊1-2月の2ヶ月。
　　＃この年3月〜翌年2月。以下、同様。
　　＊＊欠損にもかかわらず、別途財源を工面し配当を実施した。

第5章 中国綿業の地帯構造と経営類型　　　129

配当金に費されてしまったことを意味している。事実、表 5-15 によれば、比較的に自己資本比率の高かった天津華新の場合ですら、1919 ～ 35 年の利益金総計の 9 割以上が賞与と配当金にあてられてしまっていた。減価償却もまた非常な低額であり、1919 ～ 28 年までの合計の固定資産（1928 年）に対する比率は、華新が 44.75 ％と比較的高率なのを除き、裕元が 11.01 ％、恒源が 10.91 ％、北洋が 2.81 ％にすぎなかった[55]。

　固定比率は裕元が最も高く、それに次ぐ北洋・恒源を含め 100 ％を大幅に上回り、しかも上昇する傾向をみせている。比較的低かった華新も、1930 年代には 100 ％を突破した。このように固定比率の点でも、経営の不安定性を増す方向の変化が生じていることが判明する。これは先にみたとおり、減価償却率が低く固定資産額はほとんど減らない半面、自己資本額の方は着実に減少傾向を辿っていたことの当然の結果であった。

　さいごに流動比率の点では、1924 ～ 26 年を境として、恒源を例外として、他のいずれの工場も流動比率が低下していっている。資金にゆとりがなくなり、流動負債が増加する一方、流動資産は減少していったためであった。

　全体としてみると、ここでとりあげた天津の 4 工場は、若干の工場格差は存在するとはいえ、いずれも内部蓄積がきわめて少なく、それによって経営基盤の不安定化が進行していた。そしてそうした経営の不安定さは資金繰りの困難に集約的に現れ、前述したような収益性の悪化をもたらしていたのであった。客観条件がさらに困難化する 1930 年代半ばに至り天津の 4 工場は、あるいは日本資本に買収され、あるいは中国側銀行資本による経営管理の途を辿ることになる。そうした事態を招く危機の芽は、すでに 1920 年代の経営の在り方の中に胚胎していた。

（3）内陸部の高収益・高蓄積経営

　内陸部にあって、とくに 1920 年代を中心にきわめて高い収益をあげながら、比較的高い水準の内部蓄積を実現した経営のことであり、石家荘の大興にその典型を見出すことができ、地方政府の強力な支援を受けていたという特殊事情を別にすれば、山西省楡次の晋華もこれに含めてよいであろう。

　大興の場合、1923 年以降 1931 年に至るまで 13 ～ 18 ％という非常に高い総

資本経常利益率を保持しており、操業が本格化した 1926 年以降の晋華[56] も、1930 年までは平均 13 ％の高率を示した。加えて、相対的には低い資本回転率を、際立って高い売上高利益率でカバーし、両者を乗じた総資本経常利益率を引上げているという構造が、特徴的である。

　はじめに、資本回転率が低かった所以を明らかにしておこう。1930 年の 1 紡錘当たり総資本額は、上海永安が約 152 元であったのに対し、晋華は 203 元、大興は実に 312 元となっている（前掲、表 5-9）。こうした割高な総資本額が、資本回転率の相対的低位を招いていた。さらにその理由を探っていくと、内陸部工場の場合、上海など沿海部の工場に比べ生産設備の搬入据付け・動力源の確保等のため巨額の費用がかさみ、その分、固定資産額が膨らまざるを得なかったという事情につきあたる[57]。晋華の場合も、長時日を費して機械を運びこんだので、その間の錆びや傷みに対する修理費も含め多額の設備費が必要になったといわれ、また、蒸気機関のボイラー用水確保のため自力で総延長 4km の配水管を敷設せねばならなかったりした[58]。再び 1930 年を例に 1 紡錘あたりの固定資産額を確認しておくと、上海永安の 72 元に対し、大興は 147 元、晋華は 103 元となっている（同上）。

　加えて、内陸部工場の総資本額が増大せざるを得なかったもう 1 つの重要な理由は、原棉及び製品の在庫高が多額にのぼり流動資産額を膨らませていたことである。原棉調達と製品販売の主要部分を現地市場に依拠していた内陸部工場は、在庫を多目にして現地市場の動きに自ら対応する必要に迫られていた。

　なお大興の 1925 年度の資本回転率が例年より図抜けて高いのは、営業報告によれば、営業年度に用いていた太陰暦においてたまたま閏年にあたった上、五三十事件や江浙戦争の余波で上海方面からの製品流入が途絶え、大興の売上高が激増したためであり、例外的なものと考えてよい[59]。

　次に内陸部の工場が、連年、きわめて高い売上高利益率を保持した理由を、①原棉産地にして綿糸消費地でもあるという立地条件の優越性の発揮、という基本的要因と、②直販体制の充実などの経営努力や、③地方政府による保護政策の影響（とくに晋華の場合）とにわけて、検討しておこう。

　まず①の立地条件の優越性について。1920 年代を通じ「原料は安く、販売

は好調」(1928年晋華)という情況が毎年のように生まれていた。内陸部工場の1つ衛輝華新の史料によれば、上海の代表的銘柄に比べ棉花は1担当たり3.03元と約6％安くなっており、一方綿糸は1梱当り17.27元と約8％高くなっている(1923～30年の8年間平均値)[60]。こうした原棉安・綿糸高という好条件は、いわゆる軍閥混戦により他地方との鉄道連絡の途絶えがちだった1920年代に、きわめて顕著な形で現れていた。たとえば1924年の大興の営業報告によれば、「(戦乱に伴う)鉄道不通で附近各県の棉花は膨大な滞貨となり、金融も逼迫し棉花買付人が姿を見せなくなったので、52～53元であった原棉価格が40元内外に暴落した。その一方、綿糸は他地方から運ばれないため……当社はこの機に乗じ在庫綿糸を売り尽すとともに大量に原棉を買付け、夜業を再開して増産を図った」かくして「戦争からむしろ利益を得た」という[61]。同様の事態は北伐に伴う交通途絶が続いた1928年にも発生しており[62]、さらに晋華の場合も、1927年に「軍事情勢の影響で他地方からの綿糸搬入が滞ったため、綿糸の供給が需要に追いつかなくなる」ほどの好況を迎えた[63]。『紡織時報』は、1929年、山西では原棉1担の価格が20元だったのに対し16番手綿糸1梱の価格が300元以上に達し、きわめて綿紡績業に有利になったと報じている[64]。

　②の経営努力の点については、直接販売方式を採用し、中間手数料の節減に成功したことが大きな意味をもった。大興の場合、当初は地元の綿糸商に販売を委託していたのだが商人側が手数料引上げを策した1924年頃、綿糸商の使用人を引抜いて雇い入れ「工場自身、直接農村市場に入り込み販売するようになった」と回想されている。その結果、農村手織業に従事する高齢婦女子の細やかな品質改善要求を把握し、それに対応することも可能になったという[65]。晋華もまた「原料購入と製品販売にあたり、直接取引を以てし、中間搾取を免れることを原則とした」と述べている[66]。但し1920年代の段階では、製造経費削減のための動きはほとんど見られず、経営努力は主に流通面の改善に限られていたようである。

　さいごに③の地方政府による保護という問題に触れておこう。これはとくに晋華の場合だが、山西省の閻錫山政権の統治下にあって、他省から搬入される綿糸に課税されていた捐税を、晋華の製品のみは免れるという特権を享

受していた⁽⁶⁷⁾。

　その後1931-32年を境に内陸部工場の売上高利益率は大幅に下がり、1936年に至ってようやく回復の日を迎えるという経緯をたどった。急落の最大の原因は、1930年代に入り、立地条件上の優位が損われた点にある。水害でそもそも農村市場が縮小していたところに、日本の東北侵略により市場を奪われた天津・青島の綿工場製品が殺到（大興1932年度営業報告）、農村経済の疲弊と日本品の進出とがあいまって工場周辺の市場すら確保できなくなり（同33年度）、販売価格引下げを繰返さねばならなかったという（同34年度）。それでも、冀東貿易を通じ無関税状態で入ってくる日本品と対抗するのは容易でなかった（同35年度）⁽⁶⁸⁾。晋華の場合も、水害の打撃を被った農村市場の低迷とボイコット運動を避けた上海・武漢の在華紡製品の流入とが、売上高利益率を低下させる大きな要因になった⁽⁶⁹⁾。1930年代という時代がもたらした立地条件の歴史的変化、すなわち(1)国内統一進展に伴う沿海都市部から内陸部への製品流入円滑化(2) 経済恐慌の発生と市場縮小、(3) 日本品・在華紡品の内陸部進出などによって、内陸部における市場競争がきわめて厳しいものになった、といえよう。局面打開に向け大興や晋華が試みた陝西・河南・四川・湖南等への市場開拓策も、上海・武漢の諸工場がしっかりと市場を掌握していたため、失敗に終わった。また天候不順による棉花の不作と値上がりは、内陸部工場の立地条件上の優位性を一段と損なうものになった⁽⁷⁰⁾。

　根本的に上記のような事態が打開されたのは、1936年のことである。それは1つには幣制改革以降の農村市場回復によるものであったが、今1つの重要な理由は、1932年の不況突入以来、ようやく意識的に追求されることになった生産コスト引下げ政策の成果に求めなければならない。大興を例にとると、技術改良や余剰労働者の解雇・賃金カットなどによって、16番手糸1梱あたりの生産コストは1931年の61.8元から1935年2月の50.0元にまで2割ほども削減されたといわれる⁽⁷¹⁾。同様に晋華も、標準作業法の導入・動力伝達装置の改善・ハイドラフト方式の試用など、コスト削減のための努力を重ねていた⁽⁷²⁾。

　こうしたコストダウン政策が可能となった基礎には、当然のことながら資金的裏付けが存在する。大興についてそれをみてみると、1928年まで自己資

本比率は 6 割程度の高い水準を保っており、その後急減するものの、短期借入金を増やしたりしたわけではなく、未払いの配当金を社債に切替えたにすぎない。したがって数字上は自己資本比率の低下を招いたとはいえ、社債に切替えた狙いは企業経営のための安定的基金の一部にその分を組込んでおくところにあったのであり、ひき続き強大な資本力を維持しえたのである[73]。一方晋華の場合は、きわめて低い自己資本比率から出発しながらも、徐々にその比率を高めていき、1930 年には 6 割に達している。以上のように大興・晋華の両社は、高収益をあげていた 1920 年代に比較的堅実な内部蓄積を進めており、その結果、紡錘数を増やし織布機を置くなどして資本規模を拡大しつつも、同時に高い自己資本比率を維持しえていたのである。但し 1930 年代に入り収益が悪化するにつれ、資金面の情況は厳しくなったものと見られる。とくに資金力に劣る晋華は、借入金に依存する度合が再び上昇し、高い支払利子負担に悩まされねばならなかった（表 5-13）。結局晋華の経営危機は、中国銀行の強力な支援によってようやく収拾されるに至っている[74]。

（4）内陸部の高収益・低蓄積経営

（3）の工場同様、内陸部に位置し高収益をあげていたにもかかわらず、きわめて内部の資本蓄積が少なかった経営のことであり、河南省衛輝（汲県）の華新にその一例を見ることができる。

内陸部という立地条件を発揮しての高収益の所以、並びにその 1930 年代の落ちこみについてはすでに（3）で触れたとおりのため、再論しない。問題はこの衛輝華新が、大興・晋華の両社に比べ、一貫して低い自己資本比率・高水準の固定比率・際だって低い流動比率などによって特徴づけられ、いずれの指標をとってみても、経営の不安定性が示されているという点にある。これは、本来ならば株式募集によって集めるべき資金が思うように調達できず、多額の借入金に依存して経営を続けなければならなかったことの 1 つの結果にほかならない。せっかくの高収益も、その大半が配当金・役員賞与・支払利子補給などに費され—— 1922-33 年の利益総額の 79 ％に該当 ——、内部蓄積にはまわされず、従って生産設備の拡充等にも役立たなかった[75]。

かかる情況の背後には、出資者たる商人・官僚層が、業績如何によって増

減することのある株式配当金よりも、確実に高利を得られる貸付金金利を好んだ、という事情が横たわっていたのである。

## 4. 経営制度の検討

　経営内容の諸類型は、立地条件とその歴史的変化の相違により規定される面を持つと同時に、経営の主体的対応の差によっても強く規定される面を持っていた。そして端的に言って後者の主体的対応の差を決定したのは、各経営の内部蓄積努力の程度の差異、並びにその結実であるところの各経営の資金力の格差であった。

　そこで次に問題となるのは、内部蓄積努力や資金力の差異は、どこから生じたのかという点である。ここでは、とくに経営制度の在り方とのかかわりに着目し、堅実な内部蓄積を続け相当の資金力を保持した前節の1及び3の企業経営に関し、その経営制度上からみた特質を簡単に検討する。

　（1）株式会社制度の合理的運用

　　上海永安・青島華新・石家荘大興などが、いずれも股份有限公司＝株式会社として設立され、それぞれの章程＝定款にもとづく経営がめざされていたことを、まず第1に指摘しておきたい。株式会社制度の合理的運用は、高蓄積型の比較的安定した企業経営を可能にする重要な前提条件の1つとなった[76]。すなわち有限責任の株式会社制度を採用することによって、多数の一般投資家から巨額の資金を調達できるようになるとともに、一般投資家の利益を守るべく会社法の諸規定に則った経営を義務づけられたため、比較的堅実な経営方針が採られるようになっていったのである。

　近現代中国における会社法は、清末の公司律131カ条（1903年）に始まり、中華民国北京政府期の公司条例251カ条（1914年）を経て、さらに南京国民政府の定めた公司法233カ条（1929年）に至り、すでに相当に整備されたものとなっていた。その要点を以下にまとめておこう[77]。

①登記成立主義

　公司法は、官庁への登記を公司設立の要件として（第6条）、一定の条件を

具備しなければ会社を設立できないようにした。すでに公司条例においても、公司が第三者と対抗するには登記を必要とする旨の対抗要件主義が採用されていたのだが（第6条）、公司法は、さらに厳しい規定内容となっている。
②設立時払込資本金の規定
　公司条例では額面資本金の四分の一、公司法では同じく二分の一以上がすでに払込まれていなければ、公司を設立できないことになった（法第96条、条例第107条）。設立当初から、一定の資金力が求められたのである。
③株主総会開催と財務書類の作成公表義務
　定期的に株主総会（「股東会」）を開催することが義務づけられ、その内容や手続きも細かに定められた（法第127-137条、条例第141-151条）。加えて、営業報告書・貸借対照表等の財務関係書類を作成することも義務づけられ、株主に対し公表することが必要とされるに至る（法第166条。やや不明瞭な点を含むが条例第178条も同主旨）。これらの処置により、経営者の恣意的な行動は、強く制約を受けるようになったのである。
④利益金処分における積立金の規定
　利益金を処分するに際しては、配当の前に必ず一定額以上を積立てることが義務づけられ、しかもその額も公司条例第183条が利益金の20分の1と定めていたのに対し、公司法第170条では10分の1に引上げられた。このように株式会社の場合、法制面からも内部蓄積の強化が促進されたのである。
⑤「官利」（「股息」「股利」）への規制
　よく知られているように、中国の株式会社には、株主募集のための方便として、利益の有無にかかわらず毎年一定の利息を支払う慣行（「官利」「股息」「股利」「保息」「正利」「正息」等と呼ばれた）があり、これが内部蓄積を妨げる要因にもなっていた。公司条例第184・185条は一応これを抑制したのであったが、資本側の強い反発により、あわてて制限を緩和している。しかし公司法第171・172条は、改めてこの種の慣行を規制し、企業の内部蓄積を促すようにしたのである。
　以上に摘記したように、会社法の諸規定は株式会社の安定的な経営を保証する1つの前提条件となった。無論そのことは、すべての株式会社が安定した経営を追求したことを意味するものではない。楡次晋華などは、明らかに

上記②の設立時払込資本金の規定を十分満たしていなかったし、また天津の諸工場は④・⑤のような利益金処分方式を遵守していなかった。しかし冒頭で述べたように、上海永安・青島華新・石家荘大興などが株式会社制度を合理的に運用していく上で、会社法の諸規定は重要な拠りどころの1つとなったように思われる。その意味において株式会社制度はきわめて大きな意義をもった。

（2）合股的性格の効能

　高蓄積型の綿紡績企業は、例外なく同族経営ないし強い人間関係によって支えられており、その面を見る限り、伝統的な会社経営の方法である合股経営の性格が色濃かったといえる[78]。上海永安の場合は郭一族の、また青島華新の場合は周一族の経営権掌握下にあり、石家荘大興の場合は蘇汰余を中心にする漢口裕華の経営人脈が骨幹をなしていた。

　合股的性格の強さは、上述した株式会社としての合理的経営と一見相矛盾するかのようだが、実は必ずしもそうではなかった。当時、企業経営に関する一般の理解が不足していたこともあり、投下した資金の回収を急ぐ一部の株主達は、往々にして利益金処分の際、内部蓄積の充実よりも当面の配当金を極力増やすことを望んだ。そうした時も、同族経営もしくは強い人間関係に支えられた経営体制が存在したため、容易に一部株主の反対を押しきり、内部蓄積重視の利益金処分を決定し得たという事実があるからである[79]。

　株のほぼ70％を常務取締役（「常務董事」）の周志俊ら周一族が保有していた青島華新の例を見てみよう。1936年8月30日の株主総会（「股東会」）には、一部の株主から、準備金を切り崩してでも従来どおりの配当を維持すべきであり、特別積立金（「特別公積」）などの新設には反対する旨の意見が出された。また1937年6月25日の株主総会においては、7％から5％への配当率引下げに強い異論が唱えられている。しかしいずれの場合も、公司法に準拠し内部蓄積を重んじる経営側の原提案が採択され、特別積立金の新設や配当率引下げが決まった[80]。このような経緯は、同族経営であったがために初めて可能となった高蓄積政策の由来を、よく示している。

　一方上海永安は、取締役（「董事」）15人中の7人が郭楽ら郭一族によって

第 5 章　中国綿業の地帯構造と経営類型　　　　　　　　　　　　　137

占められ、さらにそのほかの 8 人中 7 人までが、聯号と呼ばれる系列経営企業（下記参照）の出身であった[81]。とはいえ、持株比率は郭一族の 2.6 ％に聯号の 19.5 ％を加えても、たかだか 20 ％に達する程度にすぎない[82]。しかし永安の株主構成は、①大半が海外在住の華僑であること（創立時の 5,302 人中、香港籍 1,781 人、広東中山県籍 —— 代理人も多い —— 1,579 人、オーストラリア籍 —— 郭氏はオーストラリア華僑出身である —— 513 人等）、②保有株券の額面合計 1,000 元以下の中小株主が 85 ％と大多数を占めたこと、という特徴を持っていたため、先のような比較的低い持株比率でも、十分に同族経営的な強みを発揮し得たのである[83]。従って設立当初のうちこそ「会社の信用」や「株主の不満」を慮って相当額の配当金を拠出していたものの、やがて 1920 年代末から 1930 年代にかけ、配当金の支払い繰延べや増資への振替えといった方策により、きわめて強力な高蓄積政策を遂行していくことになった[84]。一般の中小株主からの弱々しい反対の声は十分無視できるほどのものだった。そしてこの時期を通じ郭一族自身の持株比率は 2.6 ％から 5.1 ％へとほぼ倍増している。

（3）「聯号」・系列企業の資金運用

　上海永安や青島華新などが比較的、資金に裕りのある経営を続けることのできた最も重要な理由の 1 つは、「聯号」（系列経営企業）など密接な関係にある関係会社から、多額の資金を融通し得た点に求められる。

　上海永安を例にとると、その借入金の 8・9 割までが、「聯号資金」と呼ばれる系列企業からの無担保・無期限・低利の融資であった。上海・香港の両地にあった著名な百貨店、永安公司及びその銀行業務部が主な系列企業であり、市中金利年率 8 ～ 12 ％を下回る 7 ～ 9.6 ％という低利の借入金を利用し得たのである[85]。もっとも、系列企業の側が自己の商業資本的もしくは金融資本的利害を優先させるため、時として「聯号資金」の有利性が損われることもあった。とくに 1930 年代の半ば、消費の全般的落ちこみや政府による一般会社の銀行業兼務規制の中で、資金繰りに困った百貨店側が「聯号資金」の早期返済を迫った時は、上海永安紡側の経営も窮地に立たされたといわれる[86]。しかし全体として見れば、この豊富な「聯号資金」は、上海永安の順

調な発展にとって決定的な役割を果たした[87]。

同様な事情が青島華新についても認められる。華新創設者の周学照は、よく知られているようにいわゆる北洋実業の総帥であったため、啓新洋灰（セメント）公司や灤州砿務（石炭）公司の経営にも関与していた。そうした大会社の資金の一部を青島華新に附設した恵通銀号に預金させ、同銀号から華新に対し多額の資金を融通させたのである。その後同銀号は、華新銀行、久安信託公司と名前を変えており、業務範囲にも変更があったが、その基本的な機能は一貫している[88]。かくして青島華新もまた、系列企業から多額の有利な融資を受けられたのであった。

## おわりに

地帯区分論に依拠し、経営史的研究方法を援用することによって、われわれは両大戦間期中国綿業の立地条件とその歴史的変化、並びに経営の主体的対応という2つの側面から、1920〜30年代における中国綿業の「発展の論理」を確認することができた。

すなわちまず第1に立地条件に即していえば、国際貿易港という地の利を生かし大量の外国棉を用いた高品質品を全国の市場に送りこんでいた上海の工場、及び原棉産地にして家内織布業産地でもある農村地域に近接して設立された内陸部の工場が、それぞれの立地条件を生かして高収益をあげ、中国資本紡発展の主要な担い手となった。両者のタイプに属さない天津の工場などは不振に陥っている。但し立地条件は歴史的に変化する。国民政府の下、政治的経済的な全国統一が徐々に進む中で発生した1930年代の不況は、農村市場に大量の上海製品を流入させる契機となり、日本の東北・華北侵略に伴う市場狭隘化ともあいまって、内陸部の諸工場を深刻な苦境に追いこんだのである。

第2に経営の主体的対応についてみると、内部蓄積を一貫して重視し豊富な資金力を誇った上海永安・青島華新などの工場が、生産設備の拡充による製造経費削減や原棉調達機構・製品販売機構等の整備拡充による流通経費削減を実現し、収益を増加させて、中国資本紡の発展の先頭に立った。そして

第5章　中国綿業の地帯構造と経営類型　　　　　　　　　139

　こうした企業は経営制度上の特徴として、会社法に準拠し株式会社制度を合理的に運用していたことに加え、合股的性格を帯びたため、経営者側の力が一般株主より格段に強かったことや系列企業から多額の低利な資金を融通できたこと、などが大きな意味をもった点も、明らかにされた。

　なお、立地条件とその歴史的変化、及び経営の主体的対応という 2 つの要因が、全く別個に存在したわけではないことも、指摘しておかなければならない。在華紡経営との直接的対抗が見られなかった 1920 年代の天津や内陸部においては、総じて内部蓄積は少なく専ら立地条件や省政府の保護に依存した放漫な経営が多かった。それに対し、上海・青島という在華紡との競争が最も熾烈をきわめた地域において、上海永安・青島華新といった最も有力な中国資本紡経営が出現している。こうした対応関係が決して偶然ではなかったことは、青島華新の事例に即して第3章で論じたとおりである。

　中国資本紡経営の主体的な対応に問題があった場合、市場競争が激化した1930 年代に、そうした経営が危機に陥るのは避け難かった。銀行資本の管理の下、技術者出身の新たな企業経営者の主導により、そうした危機を克服していく過程が見られたことは第2章で検討した。

　本章までの考察によって解明された 1920 〜 30 年代における中国綿業の「発展の論理」は、その後、日中戦争と 49 年革命を経て現在に至るまでの中国綿業の展開過程を捉える上でも、十分に意味をもつ視角を提供するものと思われる。中央政府・地方政府の綿業政策とのかかわりなど、本稿においては十分触れられなかった問題も含め、さらに長期的な視野からの考察を深めていくことが今後の課題である。

---

(1)　本稿で用いた経営関係史料を掲げる（末尾の補注1も参照）。
　　上海市紡織工業局・上海棉紡織工業公司・上海市工商行政管理局　永安紡織印染公司史料組編／中国科学院経済研究所・中央工商行政管理局　資本主義経済改造研究室主編『永安紡織印染公司』中華書局、1964 年（略称『永安』）。実質的に編集に当たったのは上海の3機関から選任されたメンバーによる「永安紡織印染公司史料組」という調査執筆グループであり、その内容を北京の資本主義経済改造研究室が監修した。編集に関わった王子建、朱復康、陳述曽各氏らに 1984 年にうかがったお話。永安については本書第 10 章第 4 節参照。なおこの資料集は「内部発行」扱いとされ、日本国内の研究機関には所蔵されておらず、1982 年に訪中した際、呉承明先生の御好意によって閲覧することができた。

上海社会科学院経済研究所編『茂新、福新、申新系統　栄家企業史料』上海人民出版社、上巻（初版 1962 年）再版 1980 年、下巻 1986 年（略称『栄家』）。

裕大華紡織資本集団史料編写組『裕大華紡織資本集団史料』湖北人民出版社、1984 年（略称『裕大華』）。漢口の裕華紡、石家荘の大興紡、西安の大華紡などによって形成された企業グループを、同書は「裕大華紡織資本集団」と名づけ、多くの史料を掲載している。但し同名の 1981～82 年稿本の方が、さらに史料は豊富である。

中国社会科学院経済研究所所蔵「華新紗廠歴史資料」（略称「華新資料」）。1960 年代前半までにまとめられた未整理原稿・各種資料類。「（一）手稿（巻 18）」の束には「華新資本集団」全 5 章約 7 万字、「青島華新紗廠史料」全 6 章約 13 万字 (1962 年 9-10 月調査と記された跡がある)、「衛輝華新紗廠史料・初稿」全 5 章約 8 万字 (1965 年 9 月) の 3 本の原稿、並びに「編写華新廠的参攷資料」（筆者注：「攷」＝考）と書かれた紙袋が括られており、紙袋の中には天津華新の営業報告書 2 年分の外、労働者の回想録や新聞切抜きが入っていた。また「（二）未編資料（巻 19）」には刊本である『青島華新紗廠特刊』(1937 年)、『青島華新的四十年（初稿）解放前部分』(1959 年、謄写＝油印本)、毛筆によって書かれた『紗廠概況』（筆者注：衛輝華新の 1920～30 年代の簡単な社史）等が含まれている。この史料の存在自体は、天津の南開大学経済研究所劉仏丁教授が執筆された論文により知ることができた。その後、1984 年に中国に留学した際、呉承明先生の御好意によって閲覧することができた。

青島華新紗廠編『青島華新紗廠特刊』華新紗廠、1937 年（同『青島華新』）。

晋華紡織公司・晋生織染工廠総管理処編『晋華紡織公司・晋生織染工廠三廠概況』晋華紡織公司、1937 年（同『三廠概況』）。

(2) 清川雪彦「中国綿工業技術の発展過程における在華紡の意義」『経済研究』第 25 巻第 3 号 1974 年 7 月。

(3) 王子建・王鎮中『七省華商紗廠調査報告』商務印書館、1935 年（略称『七省調査』）。とくに第 2 章。なお同報告の内容と特徴については、本書第 1 章第 2 節参照。また調査対象工場名については末尾の補注 2 参照。

(4) 呉䚡『天津市紡紗業調査報告』天津市社会局(?)、1931 年、27-28 頁（略称『天津調査』）。

(5) 同上 21 頁。

(6) 上海商業儲蓄銀行調査部『紗』上海商業儲蓄銀行信託部、1931 年、16-31 頁。

(7) 厳中平『中国棉紡織史稿』科学出版社、1955 年（1963 年再版、原著 1942 年）、362 頁。

(8) 「無錫紡織事業之沿革」『中行月刊』第 7 巻第 4 号 1935 年 10 月、「無錫麗新紡紗染織廠参観記」同第 5 巻第 6 号 1932 年 12 月。

(9) 林挙百『近代南通土布史』南京大学学報編輯部、1984 年、145-146 頁。

(10) 『天津調査』18 頁。

(11) 天津華新第 6 期営業報告書、「華新資料」内。

第5章　中国綿業の地帯構造と経営類型　　　　　　　141

(12)　本書第3章第3節参照。
(13)　『裕大華』第2草第2節52頁。
(14)　衛輝華新1925年度営業報告書、「華新資料」所収。
(15)　『裕大華』第2章第2節、49頁。
(16)　「湖南第一紗廠調査記」『工商半月刊』第5巻第5号1933年3月。
(17)　たとえば前掲厳中平、221-225頁等。
(18)　同上226頁。
(19)　尾上悦三『中国の産業立地に関する研究』アジア経済研究所、1971年。
(20)　劉魯風等編『当代中国的紡織工業』中国社会科学出版社、1984年。
(21)　宇佐美誠次郎「支那における紡績業の発達と外国資本」、大日本紡績連合会編『東亜共栄圏と繊維産業』文理書院、1941年、149-150頁。
(22)　『永安』217頁、『栄家』237頁。
(23)　無錫の諸工場については注(8)の文献参照。
(24)　満鉄北支経済調査所『北支那工場実態調査報告書－天津之部－』満鉄調査部、1939年、29-30頁。
(25)　中国人民銀行上海市分行金融研究室『金城銀行史料』上海人民出版社、1983年、390-406頁。
(26)　『七省調査』85頁、211頁。
(27)　『永安』122-123頁、127頁。
(28)　『永安』103、109頁。
(29)　『永安』51頁。
(30)　『永安』142頁。
(31)　『永安』54、113、116、143頁等。
(32)　本書第3章第2節参照。また『青島華新』2頁、15頁。
(33)　「華新資料」。
(34)　『永安』228貫、149頁、『青島華新』2頁、「華新資料」。
(35)　『永安』236頁、「華新資料」。
(36)　『「華新資料」。
(37)　『永安』43、47、120頁。
(38)　『永安』117-118頁。

(39) 本書第3章第2節参照。また『青島華新』2頁。
(40) 「華新資料」。
(41) 『永安』62、152頁。
(42) 本書第3章第5節参照。また青島工商学会『棉業特刊』1934年。
(43) 『永安』57-61頁。
(44) 『永安』163-171頁。
(45) 本書第3章第4節参照。
(46) 『永安』191頁、華新については本書第3章第6節参照。
(47) 「華新資料」。
(48) 『天津調査』。
(49) 「華新資料」。
(50) 方顕廷『中国之棉紡織業』商務印書館、1934年、99-100頁。方の著書中では「乙廠」。
(51) 王景杭・張沢生「裕元紗廠的興衰史略」『天津文史資料』第4輯 1979年10月、177頁。
(52) 同上 175頁。
(53) 同上 177頁。
(54) 天津市档案館所蔵恒源紗廠関係史料の営業報告書より試算。ただし数字の細部に疑問が残るため、巻末の付録資料には掲載していない。
(55) 前掲、方顕廷 268頁より算出。
(56) 機械の到着が遅れた上 ボイラー用水の確保や労働者の募集にも相当の時日を要したため、会社設立から操業本格化までに四年余が費された。『三廠概況』3頁。
(57) 『七省調査』85、211頁。
(58) 本書第4章第1節参照。
(59) 『裕大華』第2章第2節 67頁、稿本28枚目。
(60) 「華新資料」。
(61) 『裕大華』第2章第2節 66頁。
(62) 同上 67頁。
(63) 本書第4章第4節参照。引用部分は『三廠概況』7頁。
(64) 「晋紡織業之発展」『紡織時報』第653号（1929年12月）。当時、上海では原綿1担が48元、16番手綿糸1梱が193元であった（『永安』101頁）。
(65) 『裕大華』第2章第2節 52－3頁、稿本13枚目）。

第 5 章　中国綿業の地帯構造と経営類型　　　　　　　　143

(66)　『三廠概況』10 頁。
(67)　「独立国歟？」『紡織時報』第 660 号（1929 年 12 月）。
(68)　『裕大華』第 3 章第 1 節 99-107 頁。
(69)　『三廠概況』7 頁。
(70)　『裕大華』第 3 章第 1 節 100 頁。
(71)　『裕大華』第 3 章第 4 節 198 頁。
(72)　『三廠概況』4-5 頁。
(73)　『裕大華』第 2 章第 2 節 57-61 頁。
(74)　本書第 4 章第 4 節参照。
(75)　「華新資料」。
(76)　第一次世界大戦頃から、中国においても株式会社の顕著な発展・普及が見られた。根岸倍「支那株式会社発達に就て」『東京商科大学研究年報　経済学研究』第 6 輯 1938 年。後、同『合股の研究』東亜研究所 1943 年第 4 編第 3 章に再録。
(77)　以下、田中耕太郎・鈴木竹雄『中華民国会社法』中華民国法制研究会、1933 年による。なお公司条例については、『満鉄調査資料』第 7 編、満鉄調査課、1922 年も参照した。
(78)　合股経営の特色については、前掲『合股の研究』第 2 編参照。
(79)　天津などの諸工場の場合は事情がまったく異なり、高い配当率を保証することにより、ようやく資本金の調達が可能になっていた。衝輝華新や唐山華新では、経営者側の提出した配当率引下げ提案を株主総会が否決修正する事態となっている（「華新資料」）。
(80)　本書第 3 章第 6 節参照。
(81)　『永安』28 頁。
(82)　『永安』24 頁。
(83)　『永安』23-24 頁。
(84)　『永安』214-218 頁。
(85)　『永安』176-177 頁。
(86)　『永安』180-184 頁。
(87)　『永安』103 頁等。
(88)　周志俊『華新紡織公司概況』1962 年 10 月、20 頁。周志俊「青島華新紡織公司概況和華北綿業一瞥」『工商経済史料叢刊』1983 年第 1 期は、これを修正して再録したもの。

【補注 1】　本章の基礎になった旧稿の執筆にあたっては、中国社会科学院経済研究所呉承明・上海社会科学院経済研究所丁日初・同王子建らの諸先生、並びに天津市紡織工業局

の各位から多くの御援助をいただいた。すでに丁日初・王子建両先生は亡くなられたが、記して心よりの謝意を表す次第である。

【補注2】　『七省華商紗廠調査報告』調査対象工場名

　同調査報告は工場をナンバーで表記しており工場名を公表していない。調査直後に公刊する以上、当然求められた配慮であった。しかし現在、企業経営史研究を進める際には、工場名を特定できた方がよい場合が多い。以下の表は、そのために筆者が作成したメモである。上海市棉紡織工業同業公会籌備会編『中国棉紡統計史料』(1950年) の紡錘数、織機台数などの統計を参照して比定したものであり、1984年に筆者の一人である王子建先生にお会いした時、確認していただいた。(　)内の数字が『七省華商紗廠調査報告』の中で用いられている工場ナンバー。

| | | |
|---|---|---|
| (1) 上海 恒豊 | (17) 上海 鴻章 | (35) 常熟 利泰二 |
| (2) 上海 申新一 | (18) 上海 永豫 | (36) 武進 民豊 |
| (3) 上海 申新二 | (19) 上海 宝興 | (37) 武進 大成一二 |
| (4) 上海 申新五 | (20) 上海 協豊 | (38) 江陰 利用 |
| (5) 上海 申新六 | (22) 南通 大生一 | (39) 武進 通成 |
| (6) 上海 申新七 | (23) 南通 大生一 | (40) 武昌 湖北布局 |
| (7) 上海 申新八 | (24) 崇明 大生二 | (41) 武昌 漢口第一 |
| (8) 上海 申新九 | (25) 海門 大生三 | (42) 武昌 裕華 |
| (9) 上海 溥益一 | (26) 崇明 大通 | (43) 武昌 震寰 |
| (10) 上海 溥益二 | (27) 無錫 業勤 | (44) 寧波 和豊 |
| (11) 上海 緯通 | (29) 無錫 慶豊 | (45) 蕭山 通恵公 |
| (12) 上海 恒大 | (30) 無錫 豫康 | (46) 済南 魯豊 |
| (13) 上海 永安一 | (31) 無錫 申新三 | (47) 青島 華新 |
| (14) 上海 永安二 | (32) 無錫 麗新 | (48) 九江 久興 |
| (15) 上海 永安三 | (33) 長沙 湖南第一 | |
| (16) 上海 振泰 | (34) 太倉 利泰一 | |

# 第6章　民生公司
―― 内陸汽船業の企業経営 ――

　内陸地域における経済発展の可能性を探る作業は、沿海地域－内陸地域間における経済発展格差の拡大という深刻な問題の発生とも絡み、現代中国の理解にとっても、大きな意味を持つものとなっている。しかし概括的に論じるには、中国の内陸地域はあまりにも広く多様である。そこで一つの試みとして、地域の経済活動を支える基礎的な単位である個々の企業経営に着目し、民国期(1912 ～ 1949)の歴史的経験を振り返っていくことにしたい。最初に取りあげるのは、長江上流の四川省で創設された汽船会社、民生公司の 1920 ～ 30 年代における企業経営にかかわる諸問題である。

　すでに別稿[1]でも述べたとおり、内陸地域の経済発展を考える際に留意しておくべき事柄として、沿海地域の経済発展との関係という問題がある。沿海地域の発展は内陸地域の発展を刺激する面があると同時に、両地域間の格差を拡大し固定化していく場合もあるからである。また繰り返すことになるが、同じ内陸地域のなかでも、地域によって大きな相違があることにも当然注意を払うべきである。さらにより巨視的にいうならば、沿海地域よりむしろ内陸地域の経済の方が発展していた時代があったことからも明らかなように、内陸地域の経済的地位の長期的歴史的な変遷も考慮していく必要がある。

　近年、後に掲げるようないくつかの研究が試みられるようになってきたとはいえ、従来の中国経済史研究において、個々の企業経営をていねいに分析した研究は必ずしも多くはなかった。とくに内陸地域の企業経営に関する研究は、史料の利用がきわめて困難であったこともあって、ほとんど顧みられなかった。しかし内陸地域の企業経営は、沿海地域の企業経営とは自ずから異なる特質を備えており、その点に注意を払わなければ中国の企業経営に関

する認識を深めていくことはできない。この点については綿紡績企業を分析した第4章、第5章において企業経営の地域類型という視角によって提示した。それは、史料の存在状況などのため、どうしても沿海地域の先進的な企業経営の研究に偏る傾向に対する自戒の念を込めて、提起した論点でもあった。その後、中国においては、四川省や武漢地方など内陸地域の経済と企業活動に関する史料の公刊と研究が着実に進展しつつあり[2]、日本においても森時彦氏による湖南第一紗廠の研究をはじめ、すぐれた研究成果が発表されてきている[3]。そのような新たな研究状況を踏まえることにより、本章は、中国の内陸地域における企業経営レベルの分析を蓄積し、中国の企業経営に関する認識の深化を図ろうとしている。

民生公司を取りあげる意図を最後に説明しておく。従来、民生公司は、内陸地域で創設され成功を収めた代表的な民族系企業の一つとして紹介されてきたにもかかわらず、その経営の実態についてはほとんど知られることがなかった。人民共和国成立後、不本意な批判に直面して自殺したといわれる盧作孚の不幸な死も、恐らく影響していたと思われる。60年代に編纂されたガリ版刷の経営史も、内容に不備な点が多かった上、一部の研究者が目にできただけに終わり公刊されていない。しかし近年、『民生公司史』をはじめとした本格的な研究書や回想録類の公刊が相継ぎ、一次史料の利用はなお容易ではないにせよ、かなりの程度まで実態に迫ることが可能になってきた[4]。加えて民生公司の経営史は、交通産業の実態が十分に解明されてこなかったという従来の研究状況に鑑みると、内陸中心の水運汽船会社の経営史研究としても注目に値する課題であるように思われる。

## 1．公司の創設 —— 教育救国から実業救国へ ——

（1）創設者の経歴と意図

はじめに民生公司の創設者である盧作孚について、その主な経歴を整理し、会社設立の意図を確認しておくことにしよう。なおこの点については別稿[5]も参照されたい。四川省の経済の中心、重慶から長江支流の嘉陵江を北に九〇キロほど遡った合川県（当時。現在は重慶市に編入）が、盧作孚の出身地で

## 第6章　民生公司

ある。1893年4月14日の生まれで、父は小さな麻布販売商だった[6]。長じて四川省の省都、成都に学び江安中学で数学を教えるようになる。1914～15年、上海に出て見聞を広めた際、とくに中華職業教育社の創設者として有名になる黄炎培らの主張に傾倒し民衆教育への志を固めていく。教育を通じての救国、である[7]。

　15年夏、四川へ帰った盧作孚は、再び教職に就くとともに、短い期間ではあるがローカル紙の記者としても健筆をふるう。その活躍に着目したのが、当時、瀘州を中心とする四川省南部地方を支配していた青年軍人の楊森である。21年初め、36歳の楊は「新しい川南の建設」という自らが提唱した地域振興策への協力を求め、27歳の盧作孚を川南地方における教育行政の責任者に招聘した。盧は通俗教育会を組織し一般民衆への教育普及に情熱を傾けるとともに、川南師範学校の教員に少年中国学会のメンバーを登用したり、各地の校長を上海視察に派遣するなどの意欲的な政策を実施している。しかしこうした試みは、楊森の失脚によりわずか1年半で幕を引かれてしまった[8]。

　22年末、失意の盧は再び上海に向かう。7年ぶりの上海には友人も多い。彼は知遇を得ていた黄炎培が創設した中華職業教育社、中華職業学校などの社会教育施設を参観したり、商務印書館の経営者黄警頑の案内でこの著名な出版社の営業状況と付設印刷工場の様子を見てまわったりした。さらに南市電力廠、造船所、紡績工場などの会社や工場を次々に視察するとともに、23年夏の帰郷時には、自ら技術を学んで購入した手動の靴下編み機3台を携えていたという。この間の上海での体験を通じ、実業への関心を強めていたのである[9]。

　四川に戻った盧作孚は、しばらくの間、郷里の人に靴下編みを手ほどきして生計をたてた後、重慶の第二女子師範で教職に就いた。しかし彼はやはり教壇の奥に引きこもるようなタイプではなかったらしい。24年、復権した楊森の招きに応じ、成都の通俗教育館館長に赴任した。盧作孚の采配と楊森の支持を得て、成都の通俗教育館は短期間の内に博物館・図書館・体育館・音楽ホールなどを備えた総合的社会教育施設になり、大きな成果を収めたようである。しかしそれも束の間、再び楊森が失脚したため、25年8月には盧作孚も辞任に追い込まれてしまった[10]。

教育行政における2度の意欲的な試みが、2度とも政治情勢の変化によって挫折させられるのを体験した盧作孚は、行政頼みの教育事業に見切りをつけた。民衆教育振興のためにも、上海で眼にしたように、さしあたりは社会経済の発展を重視する必要がある、と考えるようになったのであろう。教育救国から実業救国への転身である。そして四川経済振興のための最も重要な事業として盧作孚が思い至ったものこそ、自ら汽船会社を設立して四川の交通を発展させようという方策であった[11]。

当時、四川省内の河川に汽船が行き来するようになってから、十数年ほどが経過していた。中英間の煙台条約追加条項により重慶が開港したのが1891年、300トン級の汽船の重慶までの初遡航が1899年、そして官商合辦の川江輪船公司によって重慶－宜昌間の航路が開設され、重慶－上海間を汽船に乗って往復できるようになったのは1909年のことだったからである。長江航路の開設という変化が持った意味は大きい。三峡の急流を避け陸路湖南を経て漢口や広州に向かうという一九世紀前半までの四川省と省外を結ぶ伝統的交易ルートが、長江沿いの汽船主体の交易ルートへと劇的に変化したのである。伝統的ルートでは2～3カ月かかっていた重慶と沿海諸都市との輸送日数が、20年代以降の長江航路では、下りで6日間、上りでも8日間ほどに短縮され、増水期には1000トン級の汽船が重慶－上海間を直接結ぶようになった。たくさんのモノとヒトが長江に沿って下り、長江に沿って上った。四川からは生糸・豚毛・桐油・阿片・麻布などが運び出され、上海や外国からは綿糸布・各種工業製品などがさまざまな文化とともに運び込まれた。一方、フランス留学（勤工倹学）をめざす少年鄧希聖（後の鄧小平）が乗船したのも、またやはりヨーロッパ留学をめざした軍人朱徳が乗船したのも、この長江航路である。四川の人々に上海はきわめて近い存在になり、四川は上海を通じて世界につながった。そして時には上海行汽船への乗船が、彼らの人生を変えた。

2度の上海行を経験した盧作孚は、こうした事情を誰よりも痛感していた一人だったに違いない。

（2）資本金の調達

最初の会社創立発起人準備会は、1925年10月11日、合川県の通俗教育館

で開催された。出席したのは、盧作孚と彼が共同事業者に誘った知人、友人たち計 13 人で、会社の名前を「民生実業股份有限公司」とすること、盧作孚を責任者にして当面、資本金 2 万元を集め重慶－合川間に小型船を就航させること、などが確認された[12]。孫文の三民主義の一つである民生主義から「民生」の二字を採り、創立時は小さな汽船会社に過ぎなかったにもかかわらず、敢えて最初から「輪船公司」ではなく総合的事業展開を展望する「実業公司」と名乗ったところに、33 歳になった盧作孚らの上述のような意気込みを感じとるべきであろう。

　発起人のほとんどは知識人・官僚らいわゆる郷紳層に属する人々であり、その中には、かつて盧作孚が少年時代に通った瑞山書院での恩師であり、当時合川県の教育行政を統轄する視学の任にあった陳伯遵、同書院の同窓生である黄雲龍、彭瑞成らの顔もあった[13]。言い換えれば、多額の資本金を出資できる商人などの資産家は発起人の中に含まれていなかったわけであり、民生公司の設立にあたっては、まず資本金の調達という難題を解決しなければならなかった。最初の段階で実際に払い込まれた資本金額は合計 8,000 元、それに対し会社発足時に準備しようとしていた総トン数 70.6 トンの小型汽船 1 隻の価格に限ってみても約 35,000 元が必要であった[14]。

　しかし盧作孚らの働きかけに対し、当初、商人をはじめ合川の資産家たちの反応は冷ややかなものであった。なぜなら民生公司より前に設立された多くの中国資本系汽船会社が経営を悪化させており、汽船会社に投資しても利益を得られないのではないか、という懸念が広まっていたからである。汽船会社各社の経営悪化の理由としては、①　長江上流地域だけで外資系も含め 60 隻以上の汽船が就航して過当競争に陥り、収益が低下していたこと、②　各地で様々な通行税の類が課され、会社の負担が重いものになっていたこと、③　沈没事故が相継ぎ、その損失に耐えられなかったこと、などが指摘されている[15]。加えて各社の企業経営自体の中にも多くの問題が潜んでいた。ひたすら利益配分を追求め資本蓄積を軽視するなど、経営管理に関心を払わない会社がほとんどを占めた。またそもそも保有船数 1～2 隻程度と会社の経営規模が小さく、事故が発生した時の負担に耐えるような体力がなかった。1908 年から 1930 年までの間に 50 社以上が設立されたにもかかわらず、1930

年の時点で存続していたのは、わずか 16 社に過ぎなかったという[16]。合理的な企業経営がまだ根づいてないように見えるこうした状況は、結局のところ、内陸地域における経済発展の一つの段階を示すものであったのかもしれない。

　もっとも各社の経営が軒並み危機に陥っていたという状況は、後に民生公司が急拡大を遂げる重要な前提条件になった。とはいえそれはあくまで後の話であって、さしあたりはまず何としても、会社設立に最小限必要な資金を調達しなければならない。結局、先に触れた県の視学の陳伯遵が、教育関係経費の一部を融資するという策を講じ —— かなりの無理を通したように記述されている ——、さらに地元の有力者鄭東琴に借金を頼み込み、ようやく当面の運転資金を確保することができたのであった。鄭東琴は合川県の県知事や重慶警察庁の庁長を歴任した名士であり、その後も長く民生公司董事長（代表取締役）に推されることになる[17]。

## 2．企業経営の展開過程 —— 1920-30 年代の民生公司 ——

### （1）創立期の企業経営

　民生公司は、長江航路においてはもちろんのこと、四川省内の内陸河川航路においても後発企業であった。本来であれば、企業を急拡大させる余地は大きくなかったはずである。しかし創立直後から民生公司は順調に業績を伸ばしていく。その裏には盧作孚らの経営者としての緻密な計算があった。

　まず民生公司は、当初、強力な競争相手のいる長江本流のルートを避け、まだ定期航路が開設されていなかった重慶－合川間の嘉陵江ルートを開拓し、そこで事業を開始した。第2に貨物・旅客の混載によるサービスの質の低下を避けるため、敢えて旅客専用船を採用した。第3に船舶の購入にあたり、盧作孚は自ら 26 年春、上海へ赴いて検討を重ね、急流の多い四川の河川向けに船体が細く馬力の大きな汽船を注文した。さらに第4に三隻三地点回航方式により効率的な経営を実現した。これは 1929 年の時点ではまだ 3 隻しか保有していなかった民生公司が、重慶－合川間航路と重慶－涪陵間航路のそれぞれに、毎日発着する定期便を就航させるための方策である[18]。

　以上に挙げた一つひとつの非凡な着想と考え抜かれた配慮とが、創立期の

民生公司を成功に導いていった。

（2）事業内容と営業成績の推移

1926年の創立から1937年の日中戦争勃発前夜に至るまでの民生公司の歩みを、はじめに概観しておこう。船舶保有数と運航航路の推移を整理した表6-1から知られるとおり、当初、長江支流の100kmにも満たない短距離航路に、71トンの小さな船1隻を就航させて始まった実にささやかな規模の民生公司が、わずか10年の間に、重慶－上海間2,489kmの長江航路を含む8本の航路に計46隻の汽船を就航させる一大汽船会社に成長した。表6-1、並びに表6-2の旅客と貨物の輸送量を整理した概括的な数字によれば、とくに1930年から1933年にかけての伸びが著しい。旅客輸送数はこの間に2.7倍になり、貨物輸送量は10倍になった。1930年に164人だった従業員数は、1933年に1,911人、1936年に3,844人へと膨らんだ[19]。支店網の整備も進み、1937年の時点では、重慶に置いた総公司（本社、1931年1月に合川から移転）の下、上海、宜昌、叙府の3都市に分公司（支社）、合川、漢口、南京など6都市に辦事處（営業所）、4都市に代辦處（代理店）が設けられていた[20]。

とくに1930～33年を中心とする急成長の一つの画期となったのが、1932年の重慶－上海間航路への参入であった。沿海の大商工業都市であり大貿易港でもあった上海と四川省とを結ぶこの航路は、長江航路の中でも最も重要な幹線に相当し、多くの収益を見込めるドル箱路線であり、民生公司が大きな発展を遂げるためには、どうしてもこの航路に参入する必要があったので

表6-1 民生公司の保有船舶と運航路線の推移、1926-37年

| 時期 | 保有船舶数 | 運航路線 |
|---|---|---|
| 1926.8 | 1( 71t) | 重慶-合川 |
| 30.1 | 3( 230t) | 重慶-合川、重慶-涪陵 |
| 31.2 | 6( 963t) | 重慶-合川、重慶-涪陵、重慶-宜賓、重慶-宜昌 |
| 32.5 | 17( 3,542t) | 重慶-合川、重慶-涪陵、重慶-宜賓、宜賓-嘉定、重慶-宜昌 |
| 37.7 | 46(18,718t) | 重慶-合川、重慶-涪陵、重慶-宜賓、宜賓-嘉定、瀘県-鄧井関、涪陵-万県、重慶-宜昌、重慶-上海 |

出所：『民生公司史』15、31、55、56、59頁。

表6-2 民生公司の輸送量の推移、1926-36年

| 年 | 旅客輸送量 | 貨物輸送量 |
|---|---|---|
| 1926 | 14,000(人) | 500(t) |
| 27 | 27,870 | 1,000 |
| 28 | 39,500 | 1,500 |
| 29 | 35,578 | 1,800 |
| 30 | 78,253 | 3,000 |
| 31 | 164,184 | 4,000 |
| 32 | 170,547 | 10,000 |
| 33 | 210,131 | 30,000 |
| 34 | 310,000 | 50,000 |
| 35 | 348,000 | 60,000 |
| 36 | 410,000 | 80,000 |

出所：『民生公司史』69頁。
注：概括的な統計だと思われるが、他に拠るべき数字もないため、とりあえず掲げておく。

表6-3 民生公司の営業成績の推移、1926-36年
単位：元，斜体字%

| 年 | 払込資本金 | 当期利益金 | 利益率 |
|---|---|---|---|
| 1926 | 49,049 | 20,590 | *42.0* |
| 27 | 99,225 | 47,150 | *63.6* |
| 28 | 123,300 | 22,401 | *19.9* |
| 29 | 153,000 | 48,212 | *34.9* |
| 30 | 250,000 | 98,116 | *48.7* |
| 31 | 506,000 | 167,154 | *44.2* |
| 32 | 908,000 | 226,512 | *32.0* |
| 33 | 1,063,000 | 315,404 | *32.0* |
| 34 | 1,174,500 | 164,491 | *14.7* |
| 35 | 1,204,000 | 400,176 | *33.6* |
| 36 | 1,674,000 | 440,581 | *30.7* |

出所：『民生公司史』85-87頁。
注：利益率＝当期利益金÷平均払込資本金×100
平均払込資本金＝
（前期末払込資本金＋当期末払込資本金）÷2

ある。すでにこの航路では、ジャーディン・マセソン（怡和）社とジョン・スワイヤーズ＆サン（太古）社のイギリス資本系2社、日清汽船という日本資本の中国航路専門の汽船会社、中国の国営汽船会社である輪船招商局の有力4社がしのぎを削っていた。しかし民生公司は、1936年の時点で総噸数1,464トンの2隻を含む15隻の汽船をそこに就航させ、途中の積替えなしの上海－重慶間直通ルートなどで優位を確保するのに成功していた[21]。

しかもただ事業規模を拡大していただけではなく、わずかな例外の年を除き、この時期を通じて30〜40％というきわめて高い利益率を確保し続けていたことが、表6-3に示されている。

民生公司の驚異的なペースの事業拡大と高収益の維持とは、どこに理由があったのだろうか。

## 3．急成長・高収益を支えたもの

（1）急成長の道、増資と合併

先に概観したとおり、民生公司の30年代の企業経営を特徴づける顕著な動きの一つは、きわめて急激な規模拡大である。それは公司自身の増資と幾度もの企業合併によって達成された。

まず増資について見ておこう。表6-3が示しているように、民生公司の資本金は1926年の創立時から1936年まで毎年増額された。その際の特徴の一つは、新規に株を募集して増資した額よりも、積立金を含む各種準備金の一部を資本金にまわした額の方が、はるかに多かったことである。1937年の増資を例にとると、182万6000元の増資額の内163万7500元は公司自身の各種準備金から出資したものであって、新規の株募集から得た資本金は20万元程度

に過ぎなかったといういう[22]。

こうした措置が可能だった最大の理由は、積立金を含む各種準備金として公司自体に蓄積された内部留保金が多額にのぼっていたためである。表 6-4 によれば、1926 〜 36 年

表6-4 民生公司の資本金と自己資本比率の推移、1926-36 年

単位：元，斜体字%

| 年 | 払込資本金 | 当期利益金 | 各種準備金 | 総資産額 | 自己資本比率 |
|---|---|---|---|---|---|
| 1926 | 49,049 | 20,590 | — | 77,515 | *89.8* |
| 27 | 99,225 | 47,150 | — | 170,320 | *85.9* |
| 28 | 123,300 | 22,401 | — | 285,132 | *51.1* |
| 29 | 153,000 | 48,212 | — | 312,667 | *64.4* |
| 30 | 250,000 | 98,116 | — | 547,873 | *63.5* |
| 31 | 506,000 | 167,154 | 24,000 | 1,110,317 | *62.8* |
| 32 | 908,000 | 226,512 | 48,000 | 2,885,244 | *41.0* |
| 33 | 1,063,000 | 315,404 | 163,000 | 3,835,949 | *40.2* |
| 34 | 1,174,500 | 164,491 | 303,000 | 4,974,720 | *33.0* |
| 35 | 1,204,000 | 400,176 | 502,000 | 7,308,238 | *28.8* |
| 36 | 1,674,000 | 440,581 | 1,468,000 | 9,882,260 | *36.3* |

出所：『民生公司史』81、84-85、91 頁。
注：自己資本＝払込資本金＋純益＋各種準備金
　　自己資本比率(%)＝自己資本÷総資産額×100

の純利益総額 195 万元の内、株主に配分されたのはおよそ 64 ％、126 万元であり、残りのおよそ 36 ％、80 万元近い金額は積立金に回されている。これは綿紡績業の分野で蓄積重視の企業経営を展開していた上海永安や青島華新の実績と比べても、まったく遜色のない数字であった[23]。しかもそれに加えて、純利益を算出する以前の段階において、すでに営業支出としてきわめて多額の減価償却費と各種準備金が確保されていた。営業支出全体に占める両者の合計額の比率は、1932 年に 27.6 ％、1933 年に 26.2 ％、1934 年に 37.0 ％、1935 年に 37.3 ％となっている[24]。要するに民生公司は、株主への利潤配分よりも蓄積の方をはるかに重視していたのであった。ではなぜ、それが可能だったのか。

蓄積重視の経営が可能になった基本的な条件は、いうまでもなく蓄積に回すだけの余裕を生む高収益を確保し続けたことにあった。高収益を確保した仕組みについては後述する。それを前提にした上でさらに重要な条件として、まず第 1 に、盧作孚ら経営者自身が抱いていた経営理念に注目しなければならない。さきにみたとおり、実業界に身を投じた盧作孚の原点は、実業の振興を通じて中国の近代化をめざそうという「実業救国」思想であった。したがって盧作孚は同社の社内報兼宣伝広報誌『新世界』の中で「我々が生産事業に携わる目的は、ひたすら金儲けをするためではないし、まして儲けた金

をすべて、盗品を山分けするようなやり方で分配し尽くしてしまうためでもない。我々が事業に携わる目的は、その生産事業が社会に役立つように運用し、社会の助けとなるように拡大していくことでなければならない」と言い切り、「個人は事業のために、事業は社会のために」というスローガンを提起している[25]。個人の利益より社会的使命の追求を優先させる盧作孚のような強烈な個性を育んだ一つの条件が、当時の四川省をとりまく社会的経済的情況だったことは否定できない。

　第2に、そうした経営陣の経営理念とともに指摘されるべきことは、民生公司が株式会社のシステムを巧みに運用していたことである。株主の大半は中小株主であって、彼らの影響力は大幅に制約されていた。払込資本金総額がおよそ50万元だった1931年の段階において、株主総数は288人、株主一人当りの平均持株数は3株程度、金額で1600元程度であった。払込資本金が160万元を超えた1936年の段階になっても、株主総数639人、一人当り持株数5株余り、金額で2,500元程度にすぎず、いちばん大きな株主でも保有株数100株、額面金額5万元に過ぎない[26]。大株主の不在という事態は、内陸に位置する四川省の、当時の経済発展段階とかかわらせて理解されるべきものであろう。大株主がおらず、中小株主がほとんどを占めたこと、加えて、公司の規定により株主の権利が巧みに規制されていたという事情は、株主からの利益分配要求を経営側が抑え込むことを可能にさせた。

　1932年11月2日に開かれた株主総会を例にとって見よう。この日の総会には、公司法の規定に依拠して会社約款を改定し、正式に株式会社としての登記を行うという重要な議案が提出されていた。にもかかわらず出席者は98人（その保有株数は全議決権数1,506株の六割に満たない801株）であり、とくに異論は出されず、経営者側の提案がそのまま採択されている[27]。また翌1933年4月10日の株主総会では、「股息」という固定配当金1％を株主に配当する前に、公司法の規定どおり当期利益の10％を積立金として会社内部に留保しておくという利益金処理の原則に関する重要な約款改定案が提案された。この時の株主総会出席者は429人（保有株式数1,189株）であったが、やはり異議は出されず、原案がそのまま採択された[28]。

第 6 章　民生公司　　　　　　　　　　　　　　155

　民生公司の異常に急激な規模拡大を可能にしたもう一つの要因は、明らかに他の汽船会社を相継いで吸収合併していったことにあった。1930 年にまず 1 社を合併したのを手始めに、31 年に 7 社、32 年にもまた 7 社、33 年に 3 社、34 年に 2 社を吸収合併していたことが知られる[29]。いったい何が起きたのだろうか。少なくとも 3 つの要因を考慮しておく必要がある。まず第 1 は民生公司自身の事情であり、第 2 には合併された各社の側の事情であり、第 3 には政治的社会的条件にかかわる問題である。

　このうち民生公司自身の事情についてはすでに触れた。新興企業であるにもかかわらず、めざましい経営努力により急速に力をつけつつあったのが当時の民生公司であった。同公司はそうした力を背景に各社を統合し、業界の過当競争体質を克服して汽船運航の安定的な体制を築くことをめざしていた。盧作孚は「同業種の生産事業を統一して一つにしたり、あるいは全体の連合を図ることは、消極的な面からすれば、同業種間の過当競争を避ける意義があり、積極的な面からすれば、社会的なニーズに応じるのを促す意義ある。」と語っている[30]。

　第 2 に挙げた各汽船会社の側の事情についても、それぞれの企業経営に問題が多く経営基盤が脆弱であったことを第 1 節で指摘した。経営の悪化していた多くの汽船会社は、民生公司側の強力な買収合併工作に直面し、それを受け入れざるを得なかったのである。ただしそれは何の抵抗もなく進められたわけではない。「民生公司は帝国主義的な考えを抱き、弱小会社を圧迫し、汽船業界を牛耳ろうとしている」との「外部の誤解」が多く存在していることを盧作孚自身、認めざるを得ず、それに対する反論に努めていたことが知られる[31]。盧作孚の反論は、他社買収時の条件と買収価格を具体的に示し、その妥当性を説明するとともに、会社の合併拡大によって汽船輸送の効率化と安定化が達成される意義を訴える、というものであった。

　第 3 に述べておきたい問題は、この集中合併劇の背後に、地元の政治的軍事的勢力の強い意志が働いていたという点である。元来、兵員・武器・阿片などの恰好の輸送手段であった汽船の確保は、四川省支配の要に位置する重要課題になっていた[32]。当時四川を支配していた劉湘[33]の腹心であり、財政處長に就任していた劉航琛の回想によれば、1930 年の夏、劉湘は中国資本系

汽船会社の協力体制を強化し外資系汽船会社に対抗しようと企て、各社の代表を集め会議を開いた[34]。しかし各社とも自らの利害にとらわれ協力体制を築けなかったことから、ついに民生公司をバックアップし、合併と買収という二つの方法により長江上流における中国資本系汽船会社の統一を図ることにしたのであった。劉湘は川江航務管理處を設立してその處長に盧作孚を招聘するとともに、兵員輸送や阿片運搬をもっぱら民生公司に依頼するなどして、意識的に民生公司の急成長を支援している[35]。

（２）高収益確保の収支構造

30〜40％という高い利益率を保持した事実が示しているとおり、民生公司の営業成績は全体としてきわめて順調に推移したといってよい。これは営業経費を極力おさえるとともに、運賃収入をさまざまな方法で増加させることによって可能になった。

営業経費は主に船舶補修費、燃料費、人件費から構成されている[36]。このうち船舶補修費については、1928 年に民生機器廠という専属工場を開設し経費節減を図っていた[37]。また燃料費についても、1933 年以降、地元の天府炭鉱に資本参加して系列会社化し、そこから低価格の石炭を安定供給する仕組みを作り上げた[38]。

人件費については、そもそも内陸地域に属する四川省の賃金水準が、当時、沿海の上海などより相当低かったことが重要な条件になったと思われる。1940年の数字ではあるが、元来、上海に本社を持つ国営汽船会社であった招商局に比べ、民生公司の賃金水準は４割〜５割程度にとどまっていた[39]。むろん一般的水準に比べれば、民生公司の待遇が格段に悪かったわけではない。労働者との座談会の席で盧作孚が強調していたとおり、不況期にも、同業各社に見られたような人員削減を実施せず、若干とはいえ賃金も引上げていた[40]。しかしむしろよりいっそう大きな意味を持ったのは、労働者に対する社内教育の徹底にあったように思われる。会社設立期から 1937 年に出張先で病死するまで、民生公司の人事管理の責任者を務めた甘南引は「わが社の事業は集団全体（注：原語は「群」）のための事業であり、この仕事に参加する労働者は、集団全体のために努力するという認識を持た

なければならない。……様々なところから集まってくる人々が一つの事業を共同で経営するためには、事業自体の性格を正しく認識させるとともに、お互いの間の相互理解を深めることも大切である。」として、本社では週3回、毎回1時間の朝会を開き、各部署が交代にそれぞれの業務状況を全社員に説明すること、各部署ごとに会議を開きよく討論すること、その他各種の記念集会（「国恥」という民族運動にかかわる記念日と会社創立記念日の双方に言及されている）・毎週日曜日の著名人講演会・毎週金曜日夜の読書会（職員や労働者に対し交代で読書レポートをすることが義務づけられた）などを報告している[41]。このような教育につとめた結果、比較的低い賃金水準でも高い労働規律と効率を維持できたものと考えられる。

　加えて四川省の同業各社と比べ、とくに大きな意味を持ったと思われるのが、汽船従業員の雇用における労働請負制度（買辦制）を撤廃し、間接雇用を直接雇用に切替え、中間マージンを大幅に削減するのに成功したことである[42]。1930年代に労働生産性が上昇したと言われるのも、こうした客観的条件と主体的な努力の双方が功を奏したためといえよう[43]。

　一方、運賃収入の確保について言えば、前述のとおり中小各社を合併したことによって寡占的な運航体制を実現したため、運賃の値引き競争を回避できたことが大きな意味を持った。同時に、定期運航体制の維持、長江航路への進出、運賃の安定化と据置、宣伝の工夫、設備と乗客サービスの充実等々により、多くの利用客確保に成功したことも、もちろん運賃収入を増加させた重要な要因であった[44]。

（3）1934年の経営危機と上海銀行資本

　民生公司の経営は、常に順調に推移していたわけではない。とくに1934年頃には、合併のための資金調達が重荷になっていたことに加え、外国の汽船会社との競争が激化したことにより、負債が多額にのぼっていた[45]。表6-4に示されるように、1932年から35年にかけ資産総額に対する自己資本の比率が大幅に低下し、財務体質は急速に悪化している。しかも前掲の表6-3によれば、1934年には利益率も急落した。

　こうした事態への対応策として、民生公司は1935年に100万元の社債発行

に踏み切るとともに、主に金城銀行をはじめとする上海の大手銀行にその引受けを依頼し、経営の安定化を図った。1934 年末の払込資本金が 117 万元であった民生公司にとって、社債 100 万元というのは決して少ない金額ではない。社債の発行条件は、年利 10 ％の利子を付け 8 年間で償還する、というものであり、民生公司の財務状態は銀行側の厳しい監督下に置かれることになった[46]。金城銀行の関係者は「当時、四川省に自然災害が発生して貨物輸送量が減少し、労働者の賃金も規定どおり支払えなくなっていた上、怡和・太古両社が民生公司の排斥を狙って運賃を引下げてきていた。そのため民生公司はなおのこと経営を維持し難くなった。そこで盧作孚は社債 100 万元を発行して経営の維持を図ろうとしたのである。」と回想し、民生公司の経営危機を打開するため、積極的な支援策に踏み切ったという事情を明らかにしている[47]。

社債を引受けた銀行の内訳は、金城銀行 40 万元、中国銀行 20 万元、中南銀行 10 万元、交通銀行 10 万元、上海商業儲蓄銀行 5 万元、川康銀行 5 万元、美豊銀行 5 万元、聚興誠銀行 5 万元となっている[48]。上海の大手民間銀行を代表する存在であった金城・中南・上海商儲の 3 行が全体の半分以上を占めたことに、民生公司支援という上海財界の強い意思表示を見て取るべきであろう。また政府系銀行である中国・交通の両行が 3 割を引き受けていたことの意味も大きい。1930 年前後の合併推進期に民生公司をバックアップしたのが四川省の地元の政治権力であったのに対し、この 1935 年の時点になると、民生公司は中央政府である国民政府のバックアップを得ていたことになるからである。これは、従来、地方割拠的色彩の強かった四川省に対し、中央政府たる国民政府の影響力が急速に伸張した時期に重なっている。一方、四川省の地場銀行資本といってよい川康以下の 3 行が引き受けた金額は、最後に挙げたように合計 15 万元に過ぎなかった。四川省自身の経済力の限界がここに示されていたように思われる。

内陸地域四川に創設された汽船会社の経営危機は、結局、沿海地域上海の銀行資本と中央政府たる国民政府系金融機関の支援によって打開されたことになる。

## おわりに

　民生公司は、創立時における知識人の主導性、出資に対する商人層の消極性、1920年代半ば過ぎという比較的遅い開業時期など、1910～20年代の四川省に設立された汽船会社の中では、むしろ異色の存在であった。しかし長江支流の新ルート開拓をはじめとする独創的な経営方針の下、内部蓄積を重視した合理的な企業経営を貫き、さらに政治権力の強力なバックアップを受けたことによって、後発会社であるにもかかわらず、急速に経営規模を拡大することに成功したのである。四川省という内陸地域において一つの企業経営が成功を収めるためには、少なくともこれらの諸条件を備えておく必要があったとも言えよう。

　同時に注意しておかなければならない点は、民生公司の成立と発展が、四川省という内陸地域の条件のみによって可能になったものではなかったことである。そもそも四川省で汽船会社の経営が成り立つようになったのは、四川省の開港都市が長江航路を通じ、沿海の大都市であり大貿易港でもあった上海につながり、沿海地域の経済並びに国際経済と密接な関係が生じていたからであった。だからこそ民生公司が急成長するためには、長江航路の幹線である重慶－上海間航路に参入しなければならなかったのである（第1節、第2節）。そして民生公司の経営が危機に直面した1934～35年、100万元の社債引受けを通じて民生公司を支援したのは、ほかならぬ上海の銀行資本と中央政府たる国民政府の金融機関であった（第3節）。

　このように見てくると、内陸地域に成立した企業である民生公司は、内陸地域に存在した諸条件とともに、沿海地域との関係から生じた諸条件をも活用することによって、はじめて成立発展の道を歩むことができ、経営危機を乗り越えることもできたといえよう。

　その後民生公司は、1937年以降の抗日戦争期に新たな発展を遂げ、戦後は外洋航路にも乗り出す体制を固めていくことになる。本稿では、この時期の問題は取り扱えなかった。また汽船業以外に民生公司が力をいれた総合的な地域開発事業についてもほとんど触れていない。一次史料にもとづく考察を深めるという課題とともに、他日を期したい。

(1) 久保亨「内陸開発論の系譜」丸山伸郎編『長江流域の経済発展 —— 中国の市場経済化と地域開発』アジア経済研究所、1993 年。

(2) 王笛『跨出封閉的世界 —— 長江上流区域社会研究』中華書局、1993 年、隗瀛濤主編『近代重慶城市史』四川大学出版社、1991 年、中国民主建国会重慶市委員会・重慶市工商業連合会 文史資料工作委員会『聚興誠銀行』西南師範大学出版社、1988 年、裕大華紡織資本集団史料編写組『裕大華紡織資本集団史料』湖北人民出版社、1984 年など。

(3) 森時彦「中国紡績業再編期における市場構造 —— 湖南第一紗廠を事例として」『中国国民革命史の研究』京都大学人文科学研究所、1992 年（同『中国近代綿業史の研究』京都大学学術出版会、2001 年所収）。沿海地域内の地域差については輸出港上海の製糸工場と蠶産地無錫の製糸工場とを対比して論じた奥村哲「恐慌前夜の江浙機械製糸業」『史林』第 62 巻第 2 号、1979 年（同『中国の資本主義と社会主義』桜井書店、2004 年）参照。

(4) 凌耀倫主編『民生公司史』人民交通出版社、1990 年（以下『公司史』と略称）。凌耀倫『盧作孚与民生公司』四川大学出版社、1988 年。盧国紀『我的父親盧作孚』重慶出版社、1984 年、4 頁（以下『我的父親』と略称）。江天鳳主編『長江航運史（近代部分）』人民交通出版社、1992 年（以下『航運史』と略称）。

(5) 「重慶と上海 —— 長江水運に生きた盧作孚と民生公司 —— 」『月刊しにか』第 5 巻第 6 号、1994 年 6 月。

(6) 『我的父親』4 頁。

(7) 『我的父親』20-25 頁。

(8) 『我的父親』33-41 頁。

(9) 『我的父親』42-43 頁。

(10) 『我的父親』47-53 頁。

(11) 『我的父親』54-57 頁。

(12) 『民生公司史』14 頁、なお「1926 年 6 月 10 日創立」説は不正確だとされている。

(13) 『我的父親』61 頁。

(14) 『民生公司史』14-15 頁。

(15) 『航運史』247-248 頁。

(16) 『民生公司史』8-10 頁。

(17) 『民生公司史』15 頁。

(18) 『民生公司史』15-19 頁，『我的父親』60，86-87 頁。

(19) 『民生公司史』166 頁。

(20) 『民生公司史』58-59 頁。

(21) 『民生公司史』55-56 頁，50-51 頁。

第 6 章　民生公司　　　　　　　　　　　　　　　161

(22)　『民生公司史』91 頁。
(23)　上海永安の場合 1922 ～ 36 年の利益金総額中 49 %、青島華新の場合 1920 ～ 36 年の利益金総額中 23 %が積立金などの名目で内部留保に回されていた。本書第 5 章参照。
(24)　『民生公司史』86 頁。
(25)　盧作孚「超個人成功的事業，超賺錢主義的生意」『新世界』第 85 期、1936 年 1 月。
(26)　『民生公司史』85 頁。
(27)　「二十一年臨時股東大会記事録」『新世界』第 10・11 期、1932 年 12 月。
(28)　「二十二年股東大会記事録」『新世界』第 21 期、1933 年 5 月。
(29)　『民生公司史』33-36 頁。
(30)　盧作孚「民生公司的三個運動」、盧作孚『中国的建設問題与人的訓練』生活書店、1934 年、166 頁。
(31)　盧作孚「航業為什麼要聯成整個的」『新世界』第 13 期、1933 年 1 月(同上書 178 頁)。
(32)　『民生公司史』28-29 頁。四川省では 1930 年代においても、大量の阿片が取引され地元政治勢力の重要な財源になっていた。今井駿「近代四川省におけるアヘン栽培の史的展開をめぐる一考察－その数量的盛衰の検討を中心に－」『(静岡大学人文学部) 人文論集』第 41 号、1991 年。また戦時の兵員・武器の輸送に際し、盧作孚の協力は重要な役割を果たしたと言われる。沈雲龍編『劉航琛先生訪問紀録』中央研究院近代史研究所、1990 年、43-44 頁。この「川江華輪評価委員会」と呼ばれる会議の試みが失敗に終わった経緯については、華貴「民生実業股份有限公司的輪船」『新世界』第 20 期、1933 年 4 月にも言及がある。
(33)　劉湘 (1888 ～ 1938 年)。四川省大邑の人。1908 年に四川陸軍促成学堂に入学、翌年そこを卒業した後、四川省の軍に入って頭角をあらわし、1919 年、すでに一度、川軍総司令に推されたこともある。その後、政治情勢の変動にともない、劉湘の地位も動揺するが、1928 年、新たに成立した国民政府の下で四川省の軍事最高実力者として認められ、1932 年には四川善後督辦、1934 年には四川省政府主席に任命された。
(34)　前掲『劉航琛先生訪問紀録』227 頁。
(35)　『民生公司史』32-33 頁。むろん民生公司側は、兵員武器輸送の負担軽減を求めている。たとえば「本公司縷呈兵差困苦上川江航務処文」『新世界』第 25 期、1933 年 7 月。
(36)　『民生公司史』86 頁。
(37)　『民生公司史』70-74 頁。
(38)　『民生公司史』77-78 頁。
(39)　『民生公司史』162 頁。
(40)　「盧総理過宜談話誌略」『新世界』第 49 期、1934 年 7 月。

(41) 甘南引「人事報告」『新世界』第 41 期、1934 年 3 月。なお毎号の『新世界』に具体的な内容が報じられており、講演会や読書会は実際、活発に開かれていたことが知られる。甘南引は北京国立師範大学教育研究科の卒業。中東鉄路普育中学校校長、中東鉄路商務処商務委員、松花江合興輪船公司董事を歴任した後、民生公司に在職していた人物（『新世界』第 10 巻第 5・6 期、1937 年 4 月、71 頁）。その集団主義的な労資協調思想の点でも、「教育救国」から「実業救国」に転じたというキャリアの面でも、盧作孚と共通するところが多い。

(42) 『盧作孚与民生公司』94-98 頁。

(43) 『民生公司史』168 頁。

(44) 『民生公司史』60-64 頁。

(45) 『民生公司史』44-46 頁。

(46) 中国人民銀行上海市分行金融研究室編『金城銀行史料』上海人民出版社、1983 年、434-438 頁。

(47) 前掲書 434 頁。

(48) 同上。

郵便はがき

１０２８７９０

１０２

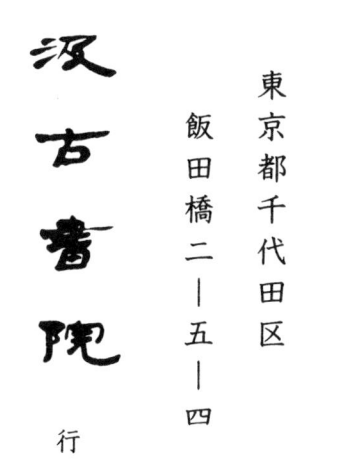

料金受取人払

麹町局承認

7033

差出有効期間
平成17年11月
30日まで
（切手不要）

東京都千代田区
飯田橋二―五―四

汲古書院 行

通信欄

# 購入者カード

このたびは本書をお買い求め下さりありがとうございました。
今後の出版の資料と、刊行ご案内のためおそれ入りますが、下記ご記入の上、折り返しお送り下さるようお願いいたします。

| |
|---|
| 書　名 |
| ご芳名 |
| ご住所<br>ＴＥＬ　　　　　　　　　　　　　〒 |
| ご勤務先 |
| ご購入方法　①　直接　②　　　　　　　書店経由 |
| 本書についてのご意見をお寄せ下さい |
| 今後どんなものをご希望ですか |

# 第7章　戦時上海の商業経営

　近年、中国の近現代経済史に関する研究がしだいに盛んになってきたとはいえ、なお多くの未開拓領域が残されている。本章でとりあげる商業経営に関する諸問題も、そうした未開拓領域の一つだといってよい。とくに20世紀に入ってからの商業経営と物資流通に関する研究は、きわめて乏しい。これは日本に限らず中国でも同様であって、製造業の代表的な業種や企業経営に関する資料集が続々と刊行され、研究論文もすでに相当の数にのぼっているのに比べ、流通業の実態や個々の企業経営に関する研究は、寥々たる状況に置かれていた。わずかな例外として、北京の絹織物販売商、上海の綿布販売商、上海の雑貨商及び百貨店などに関する資料集の刊行が挙げられるに過ぎない[1]。中国商業史に関する一概説書も、その序文の中で「中華人民共和国の成立以来、経済史学界は祖国の商業が発展してきた歴史について多少の研究はおこなってきたとはいえ、今までのところ高い水準に達した研究成果は少なく、商業史に関する公刊された著作はほとんど見られなかった」と明言している[2]。こうした事態は、恐らく、伝統的な「社会主義」理論において流通産業が軽視されてきたことと無縁ではない。

　一方、戦時期の上海経済に関する経済史研究についていえば、近現代上海の経済や歴史に関する通史的な書物の中で、その叙述にある程度のスペースは割かれてきた[3]。しかし抗日戦争期、上海は日本軍によって占領されていた。市中心部の租界地域に関する限り、1941年まで日本軍が侵入しなかったとはいえ、その周辺地域は全て占領下に置かれていた。したがって上海における中国人の経済活動については「対日協力」という微妙な政治的問題が含まれ、戦時上海経済に関する本格的な個別研究は遅れていた[4]。近年にいたり、ようやく呉景平編『抗戦時期的上海経済』のような本格的研究書が編まれるよう

になり、戦時上海の対外貿易や商業活動も検討されるようになった⁽⁵⁾。

　要するに商業史という視角からみても、上海経済史という視角からみても、戦時上海の商業経営と商品流通に関しては、いまだに多くの未開拓の部分が残されている。本章における考察も、研究史上の空白を埋めていくための、初歩的な試みに過ぎない。

　なお本章の基礎になった旧稿は、元来、日本軍が華中占領地経営のためにつくった中支那軍票交換用物資配給組合（以下、軍配組合と略称）に関する共同研究、『戦時華中の物資動員と軍票』⁽⁶⁾の一部を構成する論文として執筆された。軍配組合の活動が華中地域の物資流通を対象としている以上、軍配組合の活動内容を根本的に規定した条件の一つは、ほかならぬ華中地域の物資流通のあり方それ自体だったからである。日本軍の占領地経営の論理と、歴史的に形成されていた華中地域の物資流通のあり方との相互連関を考察することは、軍配組合の実態に迫るために欠かせぬ作業であった。換言すれば本章の狙いは、中国の近現代経済史上において、日本軍のつくった軍配組合が占めた位置を解明することにあった。そのため、歴史的な鳥瞰を試みる部分が多くなり、個別経営の分析に主眼を置いた他の章に比べ、やや異質な論述となっている。しかし戦時期の諸問題を考える手がかりが提示されているため、本書に収録しておくことにした。一橋大学に保管されている軍配組合関係の史料とそれが持っている価値については、前掲書を参照されたい。

## 1. 戦前期上海の物資流通

　日中戦争勃発の前夜までに、上海は中国経済のなかで卓絶した地位を占めるに至っていた。中国全体の対外貿易額のおよそ5割、近代工業生産額のおよそ6割が上海に集中しており、金融機関の本店なども多くが上海に置かれるようになっていたのである⁽⁷⁾。

　各年の海関報告によれば、この時期の上海の物資流通には次のような特徴があった。まず上海を経由して外国に運ばれる主な輸出品として、桐油・茶・皮革製品・鶏卵製品など四川・湖北・湖南・河南といった内陸諸省の一次産品が挙げられ、上海から国内各地や外国へ出荷される重要な移輸出品とし

て、綿糸布・生糸・小麦粉・紙巻煙草・化学工業製品・各種日常雑貨など上海市内や近辺の工場で製造される多くの近代工業製品があった。一方、国内各地からの移入品には、食用農作物とともに棉花・煙草・小麦・石炭などの工業用原燃料が多く含まれ、外国からの輸入品には、金属機械工具、車両船舶、染料油脂化学薬品類といった工業用生産設備、もしくは原材料類が多かった。こうして上海は、自らの工業力と購買力とを基礎としつつ、多数の外国や内陸諸地域とも深い関わりを持った、文字どおり中国の物資流通の中枢都市として発展していたのである。その活発な対外貿易と国内交易を支えるため、上海の物資流通機構は巨大な規模に成長しており、質的にも重要な動きが生じていたことが知られる。以下、代表的な大衆消費財の繊維製品たる綿布と、やはり大衆消費財として普及していた日用雑貨のマッチとを事例に、開戦前夜の上海の物資流通について、具体的に考察しておきたい。

＜綿布の場合＞

　上海の綿布取扱い業は、19世紀半ばの開港以降、外国製機械織り綿布の輸入が増大するのにともなって発展した。1858年に成立した「洋布公所」はそうした外国製綿布の卸売り問屋が組織した同業組合であり、19世紀末から20世紀初頭の頃までは、彼らがそれぞれ特定の外国製機械織り綿布の輸入販売総代理店の資格を持ち、上海の綿布市場に君臨していたのである。

　しかし19世紀の末以来、とくに第一次世界大戦期から戦後にかけ、国内の機械紡織工業の発展と国内市場の急速な拡大とが契機になり、上海の綿布市場にも大きな変化が生じた。その変化とは、旧来の卸売り問屋の地位の低下、メーカーの流通部門進出、新興の仲買問屋の台頭などである。1930年代半ばの状況に即して説明しておこう[8]。

　1930年代当時、綿布交易の主体としては、①外国商社、②綿紡織加工会社、③綿布卸売り問屋〔原語「布荘」、「批発字号」〕、④特定地方の綿布買付け商〔同「客幇」〕、⑤綿布小売商〔同「布店」、「門市零售店」〕の五つがあった。

　①外国商社……主にランカーシャー製綿布を扱う欧米系商社と日本製綿布を扱う日系商社とに分かれていた。前者が輸入綿布の減少とともに力を失っていったのに対し、後者は中国に進出した日本資本の在華紡製品も取扱ったため、強い影響力を保持していた。

②綿紡織加工会社……大規模な日本資本の在華紡と中国資本紡のほか、中小規模の染織捺染加工工場がこれに含まれた。このうち在華紡は、基本的に日系商社に販売を委託しており、直接、綿布の流通過程に関係することは少なかった。それに対し中国資本紡の場合、生地綿布は専門の卸売り問屋を通じて販売する一方、1920年代半ば頃から生産を増やしていた染織捺染綿布については、卸売り問屋を経由せずに、企業が直接、規模の大きな綿布小売商や各地の綿布買付け商に販売する体制をとることが多くなっていた[9]。捺染加工工場も同様である。

③綿布卸売り問屋〔原語「布荘」、「批発字号」〕……前掲の外国商社から外国製綿布を仕入れたり、中国資本紡から生地綿布を仕入れたりして、小売商や各地の綿布買付け商に卸すのが本来の業務であり、日本品専門、イギリス品専門、中国品専門などに分かれていた。20世紀はじめ頃は大きな力を持っていたこの種の卸売り問屋は、前述のように1920年代以降、中国資本の紡織メーカーが直販体制を強化するにつれ、次第にその地位を低下させていくことになった。また1920年代以降になると、手持ち資金が不足し十分な量の商品を仕入れることができない上海市内や近隣諸省の中小の小売商を対象として、外国商社、卸売り問屋、紡織会社などから安く大量に仕入れた加工綿布を掛売りで卸すのを専門の業務とする一種の仲買問屋〔原語「零匹拆貨字号」〕が、綿布市場の拡大にともなって非常に発展した。こうした動きも旧来の卸売り商の相対的な地位を低下させていたのである。

④特定地方の綿布買付け商〔同「客帮」〕……上海で綿布を仕入れようとする買付け商が国内各地から集まり、特定の地方ごとにまとまって活動していた。主なものに天津帮、漢口帮、四川帮、広州帮、湖南帮、九江・江西帮、福建帮、青島帮、蕪湖帮、大連・牛荘帮などがある。

⑤綿布小売商〔同「布店」、「門市零售店」〕……上海市内の消費者に販売する小売商である。中小の小売店と大型の小売店とが並存しており、大型店の中には、卸売り問屋の営業規模を上回る協大祥のような店もあった。

1937年頃、上海全体の綿布販売商の数は、卸売り問屋から中小の小売店などまでをすべてあわせ、700〜800軒に達していたといわれる[10]。大半の綿布商は資本金1000〜2000元程度の経営規模であって、簡単に開業できた反面、

売れ行き次第で休業したり閉店したりするものも多かったという[11]。また、こうした経営事情は、他業種から綿布販売業への新規参入を容易にさせるものであったことが、戦時期の物資流通を検討する際に注意されるべき点となる。

＜マッチの場合＞

日用雑貨としてのマッチの使用は、1910〜20年代までには一般に広がり、全国各地百数十カ所の工場で製造された国産品が、輸入品を圧倒する勢いを見せていた。しかし安全マッチを中心にスウェーデン社が展開した輸入品の安値攻勢、ならびに国内の中小メーカーや山東省に多く設立されていた日本資本中小メーカーなどの間の熾烈な販売競争により、マッチの販売価格は低落していく。これに加え1930年代にはいると中国経済全体が不景気に陥ったため、マッチ業界は深刻な経営危機に直面することになった。これに対し1933年以降、劉鴻生の大中華火柴公司など中国資本大手メーカーの主導により、日本資本との協議もふまえながら、マッチの生産販売カルテルを結成する動きが出てくるのである。

このような経緯を経て、1936年3月、中国におけるマッチの生産販売カルテル機構、中華全国火柴産銷聯営社が正式に発足し、37年2月から実質的な業務を開始した。理事長には劉鴻生が就任し、理事9人の内2人は日本資本の会社から選ばれている。聯営社の章程は「国内マッチ工業がマッチの全国的な生産販売事業を連合して経営し、自らの救済を図っていくための管理機関である」と聯営社自身の性格を規定するとともに、過去の生産実績に基づく加入各社生産量規制、聯営社による各社製品の買い上げ価格水準に関する規定（生産コストにその2割相当の各社利益を加算）、聯営社による統一販売価格の決定方法、生産販売カルテルに違反した場合の罰則規定（中央政府から聯営社の手を経由して各社に引き渡されるようになった統一消費税の納付証明印紙を、違反した社には発給しないこと、など）、聯営社による加入各社に対する立ち入り調査権等々を具体的に取り決めていた[12]。

ただし建て前としては「全国的な生産販売事業」の統制がめざされていたにもかかわらず、実際に聯営社が統制下に置くことのできた生産販売事業は、上海や江浙地方一帯のものに限定されていた。すでに省レベルの生産販売カ

ルテルを実施していた広東省のマッチ製造業者のように、改めて聯営社に加わるメリットが見いだせなかった場合もあり、四川、雲南、陝西など内陸諸地域のように、そもそも中央政府の徴税能力が及ばず統一消費税が有名無実の状態だったため、聯営社の罰則規定が意味をなさない場合もあった。さらに山東省や河北省では加入各社生産量の算定をめぐる紛争が収拾できず、やはり聯営社の活動が妨げられていたからである[13]。このように全国的な事業としては十分な展開を見なかったとはいえ、上海を中心とする華中地域では聯営社の活動は堅実な軌道に乗り、各社の収益も上向いていた。

　以上のようにマッチの場合、日中戦争が勃発する以前の時期において、十全なものではないにせよメーカー主導の販売統制が実施された数少ない業種の一つだった。こうした条件は、戦時期の物資流通に対しどのような影響を及ぼしたのか、あるいはまた及ぼさなかったのかということが問われなければならない。

＜まとめ＞

　日中戦争が勃発する前夜、上海の物資流通には、各業種に共通する変化の方向が現れていた。それは端的に言って、従来、大きな力をふるってきた外国商業資本の地位が後退しつつあったことであり、代わって、中国資本の成長が認められたことである。しかも中国資本の内部の構成にも変化があった。それは商業資本主体の流通のあり方が、工業資本の影響力が強まる方向に変わりつつあったことである。それは綿布の場合、卸売り問屋の相対的地位の低下と紡織会社の直販体制強化の動きとして現れ、マッチの場合、製造会社が組織した生産流通統制機構、中華全国火柴産銷聯営社の活動として現れていた。

## 2．「孤島の繁栄」── 戦時上海の経済動向 ──

　孤島の繁栄－中国経済の中における上海の卓絶した地位と、中国をめぐる国際関係に占める上海租界の複雑微妙な位置とは、日中戦争期の上海に、際だった経済的繁栄をもたらした。そして異様な熱気をはらむ経済の活況は、華美な消費生活の広がりや文学・映画などの興隆にもつながっていく。日本

第 7 章　戦時上海の商業経営　　　　　　　169

の全面侵略にさらされていた国内他地域に比べあまりにも対照的なその光景は、確かに孤島の繁栄と呼ばれるにふさわしいものであった。戦時上海における物資流通の変化と軍配組合の果たした役割の究明は、まず、この孤島の繁栄の実態を把握することから始めなければならない。ここでは次の 5 つの時期に分け整理していく(14)。

表7-1　戦時上海の物価上昇率*、1937-45 年

| 時　期 | ％ |
|---|---|
| 1937.7 〜 38.2 | 1.3 |
| 38.3 〜 39.8 | 3.6 |
| 39.9 〜 41.7 | 6.4 |
| 41.8 〜 41.12 | 13.3 |
| 42.1 〜 42.5 | 12.5 |
| 42.6 〜 43.6 | 10.9 |
| 43.7 〜 45.8 | 18.3 |

出所：中国科学院上海経済研究所・上海社会科学院経済研究所編『上海解放前後物価資料彙編』上海人民出版社、1958 年、48 頁。
注：*卸売物価月間上昇率平均。

　第 1 期＝戦乱期 1937 年 8 月〜 38 年 2 月
　第 2 期＝景気回復期 38 年 3 月〜 41 年 12 月
　第 3 期＝短期後退期 42 年 1 月〜 42 年 5 月
　第 4 期＝金融業活況期 42 年 6 月〜 43 年 6 月
　第 5 期＝全般的衰退期 43 年 7 月〜 45 年 8 月

＜第 1 期＝戦乱期 1937 年 8 月〜 38 年 2 月＞

　八・一三事変と呼ばれる日本軍の上海侵攻に始まり、中国軍の撤退によって周辺地域の戦火がひとまず終息する 1938 年 2 月頃までの時期である。租界地域は別として上海市内でも激しい市街戦が展開され、工場や商店に大きな被害が出た。「華商工場の破壊は各地域により異なるも軽くも 30 ％、重きものは完全破壊された」として、紡績工場 31 のうち被災 23、大規模な製粉工場 15 のうち破壊 8、大規模な煙草工場 18 のうち破壊 8、その他セメント工場、化学油脂工場、機械及び金属工場などの損害も甚大、と上海日本商工会議所の年報も記載している(15)。経済活動が全般に低調に陥ることは避けられない。物資供給量は減少していたにもかかわらず、卸売物価の上昇率は月平均 1.3 ％程度にとどまっていた（表 7-1）。

＜第 2 期＝景気回復期 1938 年 3 月〜 41 年 12 月＞

　上海周辺の戦火が収まった後、アジア太平洋戦争が勃発するまでの時期である。孤島の繁栄は、この時期に生じたものだった。それを可能にした条件を考察する前に、まず経済的繁栄の実態を確認しておくことにしよう。物価は、この時期の初めの 1 年半は月平均 3.6 ％の上昇であり、かなりのインフレ傾向を示しつつあったとはいえ、41 年末以降の月平均 10 〜 20 ％という事態に比べれば生産と流通を阻害する程度は小さく、経済活動を刺激し景気の

表7-2 戦時上海の貿易動向、1936-41 年
単位：100 万元、斜体字の指数は 1936 年 = 100

| 年 | 輸入 価額 | 輸入 価額指数 | 輸入 数量指数 | 輸出 価額 | 輸出 価額指数 | 輸出 数量指数 | 卸売物価指数 |
|---|---|---|---|---|---|---|---|
| 1936 | 553.3 | *100.0* | *100.0* | 361.4 | *100.0* | *100.0* | *100.0* |
| 37 | 507.9 | *91.9* | *77.5* | 404.3 | *111.9* | *94.4* | *118.6* |
| 38 | 376.4 | *68.1* | *47.8* | 222.1 | *61.5* | *43.1* | *142.6* |
| 39 | 1,408.8 | *254.7* | *109.8* | 591.7 | *163.7* | *70.6* | *232.0* |
| 40 | 2,975.6 | *538.0* | *106.4* | 1,367.2 | *378.3* | *74.8* | *505.7* |
| 41 | 3,409.7 | *616.5* | *56.1* | 1,929.5 | *533.9* | *48.6* | *1,099.3* |

出所：田和卿「上海之戦時工業」『銀行週報』第 31 巻第 6・7 合併号、
1947 年 2 月、19 頁。前掲『上海解放前後物価資料彙編』153 頁。
注：輸出額は海関統計。輸入額は海関統計を市中相場で換算した額。
数量指数＝価額指数÷卸売物価指数×100。

回復を促す役割を果たした（表 7-1）。上海港の貿易額（輸入額は法幣市中レートで換算）は、39 年から 40 年にかけ戦乱期の落込みを大幅に回復し激増していることが知られる（表 7-2）。金額だけではない。試みに卸売物価指数を用いて数量指数に換算してみると、39・40 両年の輸入量は戦前の最高水準である 36 年を数％上回っており、輸出量も 36 年の 7 割程度を確保しているのである。

工業生産の動向を見てみよう（表 7-3）。原料の不足が響いたゴム加工業を除き、残ったすべての業種において、1938 年から 39 年にかけ生産の回復が記録されている。1936 年に比べ最も伸びが大きかったのは製紙業であり、ついで毛紡織業、機械工業、製糸絹織物業、綿紡織業、製粉業の順であった。ただし製粉業は、1940 年以降、原料小麦の不足により再び激しい落ち込みを記録しており、綿紡織業も 41 年には衰退した。工業諸分野の上記のような動きは、工業用電力の消費状況を整理した表 7-4 からも読みとることができる。1939 〜 40 年に工業用電力消費のピークがあり、その後は激減した。中国資本綿紡織工場の生産設備の回復と増強（表 7-5）、大中華火柴公司のマッチ生産量推移における 39 年の回

表7-3 上海の業種別工業生産指数、1937-41 年
1936 年 = 100

| 年 | 綿紡織 | 製糸絹織 | 毛紡織 | 製粉 | ゴム加工 | 機械 | 製紙 |
|---|---|---|---|---|---|---|---|
| 1937 | 69.8 | 72.6 | 89.1 | 77.5 | 65.9 | 99.6 | 115.6 |
| 38 | 81.7 | 95.4 | 59.5 | 72.5 | 29.3 | 56.0 | 147.4 |
| 39 | 104.5 | 116.8 | 164.8 | 112.1 | 42.5 | 121.1 | 242.5 |
| 40 | 99.0 | 104.2 | 173.1 | 49.0 | 45.5 | 153.9 | 380.5 |
| 41 | 63.3 | 97.3 | 149.3 | 22.5 | 50.9 | 123.0 | 390.4 |

出所：前掲「上海之戦時工業」20 頁。

第 7 章　戦時上海の商業経営

**表7-4　工業用電力消費量の推移、1937-43 年**
1936 年＝100

| 年 | 消費量指数 |
|---|---|
| 1937 | 82.4 |
| 38 | 72.5 |
| 39 | 102.9 |
| 40 | 105.5 |
| 41 | 80.0 |
| 42 | 50.0 |
| 43 | 40.0 |

出所：前掲「上海之戦時工業」21 頁。

**表7-5　上海の中国資本紡*の生産設備推移、1937-41 年**

| 年 | 工場数 | 生産設備 | | 紡錘換算合計**(1,000錘) | ／指数 |
|---|---|---|---|---|---|
| | | 紡績機(1,000錘) | 織機(台) | | |
| 1937.3 | *31 | 1,114 | 8,754 | … | … |
| 38.3 | 10 | 374 | 1,700 | 429 | 100 |
| 38 末 | 13 | 445 | 1,846 | 501 | 117 |
| 39 末 | 19 | 583 | 2,788 | 667 | 155 |
| 40 末 | 20 | 633 | 4,829 | 770 | 184 |
| 41 末 | 21 | 687 | 5,328 | 836 | 195 |

出所：王子建「"孤島"時期的民族棉紡工業」『中国近代経済史研究資料』(10),1990 年,5 頁,12 頁。
注：*日本軍管理下の工場、ならびに戦災により操業停止中の工場を除外。
　　**織機 1 台＝紡錘 25 錘、撚糸機 4 錘＝紡績機 1 錘で換算。

**表7-6　大中華マッチの生産と販売の推移、1936-45 年**
単位：箱,( )内指数,1936 年＝100

| 年 | 生産量 | 販売量 |
|---|---|---|
| 1936 | 146,950(100.0) | 131,127(100.0) |
| 37 | 96,711( 65.8) | 109,208( 83.3) |
| 38 | 33,230( 22.6) | 57,085( 43.5) |
| 39 | 67,128( 45.7) | 68,183( 52.0) |
| 40 | 54,956( 37.4) | 57,077( 43.5) |
| 41 | 40,766( 27.7) | 33,253( 25.4) |
| 42 | 16,779( 11.4) | 23,516( 17.9) |
| 43 | 10,812( 7.4) | 12,192( 9.3) |
| 44 | 13,831( 9.4) | 13,385( 10.2) |
| 45 | 13,094( 8.9) | … |

出所：『劉鴻生企業史料』下冊 96 頁。上海社会科学院経済研究所企業史資料中心所蔵の档案抄件により補足。

**表7-7　永安紡の経営の推移、1936-43 年**
単位：万元、斜体字％

| 年 | 資本金 | 利益金 | 資本金利益率 |
|---|---|---|---|
| 1936 | 1,200 | 94.4 | *7.9* |
| 37 | 1,800 | 400.8 | *26.7* |
| 38 | 1,200 | 120.6 | *8.0* |
| 39 | 1,200 | 253.8 | *21.2* |
| 40 | 1,200 | 339.3 | *28.3* |
| 41 | 1,200 | 487.4 | *40.6* |
| 42 | 6,000 | 1254.3 | *34.8* |
| 43 | 12,000 | 2223.9 | *24.7* |

出所：上海市紡織工業局・上海棉紡織工業公司・上海市工商行政管理局永安紡織印染公司史料組編、中国科学院経済研究所・中央工商行政管理局資本主義経済改造研究室主編『永安紡織印染公司』中華書局、1964 年、342-345 頁。

復（表 7-6）なども、同様の傾向を示すものといってよい。

　企業収益の面からも、この第 2 期は景気回復期に相当していたことが裏付けられる（表 7-7 ～ 7-10）。ただし資本金利益率や売上高利益率は高いままで推移していたにもかかわらず、金に換算したときの実質的な利益金額は、インフレの進展により目減りしていた（表 7-11）。

　いずれにせよ「悪性インフレノ様相ヲ濃化」[16]させていたのは 1941 年半ば以降のことであり、第 2 期を全体としてみると、かなりの程度まで実体経済

表7-8 大中華マッチの経営の推移、1936-45 年
単位：万元、斜体字%

| 年 | 資本金 | 営業高 | 利益金 | 資本金利益率 |
|---|---|---|---|---|
| 1936 | 365 | … | 84 | *23.0* |
| 37 | 365 | … | 33 | *9.0* |
| 38 | 365 | … | 177 | *48.5* |
| 39 | 365 | … | 102 | *27.9* |
| 40 | 365 | … | 235 | *64.4* |
| 41 | 365 | 1,285 | 286 | *78.4* |
| 42 | 2,400 | 1,724 | 673 | *48.7* |
| 43 | 2,400 | 3,327 | 1,652 | *68.8* |
| 44 | 7,600 | 56,156 | 11,171 | *223.4* |
| 45 | 7,600 | 17,623 | 5,832 | *76.7* |

出所：『火柴工業』82,131 頁。『劉鴻生企業史料』下冊 94-97 頁。上海社会科学院経済研究所企業史資料中心所蔵档案抄件「大中華火柴公司歴史沿革・兼併企業 1930-1955」巻 108 頁。
注：資本金利益率は次の算式により算出。
利益金 ×2 ／前期末資本金＋当期末資本金

表7-9 新亜薬廠の経営の推移、1936-45 年
単位：万元、斜体字%

| 年 | 資本金 | 営業高 | 利益金 | 資本金利益率 |
|---|---|---|---|---|
| 1936 | 50 | 100 | 19 | *50.7* |
| 37 | 50 | 130 | 11 | *22.0* |
| 38 | 100 | … | 16 | *10.7* |
| 39 | 100 | 397 | 21 | *21.0* |
| 40 | 300 | … | 46 | *23.0* |
| 41 | 800 | … | 133 | *24.2* |
| 42 | 3,000 | … | 118 | *6.2* |
| 43 | 12,000 | 5,257 | 376 | *5.0* |
| 44 | 12,000 | 34,808 | 1,774 | *14.8* |
| 45 | 12,000 | 12,108 | 1,771 | *14.8* |

出所：陳禮正等主編・張忠民執筆『新亜的歴程』上海社会科学院出版社,1990 年,7 頁。

表7-10 上海の百貨店経営の推移、1937-41 年
単位：万元、斜体字%

| 年 | 永安公司 | | | 大新公司 | | |
|---|---|---|---|---|---|---|
| | 売上高 | 利益金 | 売上高利益率 | 売上高 | 利益金 | 売上高利益率 |
| 1937 | 842 | 82.1 | *9.7* | 380 | 7.2 | *1.9* |
| 38 | 1,045 | 156.2 | *15.0* | 577 | 77.7 | *13.5* |
| 39 | 1,822 | 314.1 | *17.2* | 887 | 167.7 | *19.9* |
| 40 | 3,469 | 457.0 | *13.2* | 1,756 | 402.7 | *22.9* |
| 41 | 6,896 | 1,724.5 | *25.0* | 3,926 | 1150.0 | *29.3* |

出所：上海百貨公司・上海社会科学院経済研究所・上海市工商行政管理局編著『上海近代百貨商業史』上海社会科学院出版社、1988 年、116 頁。

表7-11 上海紡績業の利益金*推移、1938-41 年
単位：市両(= 50g)

| 年 | 申新九 | 申新二 | 永安三 | 合計 | 同指数 |
|---|---|---|---|---|---|
| 1938 | 42,882 | 16,923 | 26,092 | 85,897 | *100.0* |
| 39 | 35,997 | 10,439 | 23,227 | 69,663 | *81.1* |
| 40 | 20,142 | 6,278 | 15,812 | 42,232 | *49.2* |
| 41 | 14,868 | 7,931 | 6,552 | 29,351 | *34.2* |

出所：王子建「"孤島"時期的民族棉紡工業」『中国近代経済史研究資料』(10),1990 年,22 頁。
注：*法幣表示額(元)を金の重量表示額(両)に換算。上海の金融取引における金の純度は 99.2％。

の発展に裏付けられた景気回復期であった。それを可能にした条件は、何だったのだろうか。まず第1に上海が様々な交易ルートを通じ中国内外の市場と結びついていたこと、換言すれば、原料入手にせよ製品販売にせよ物資流通の面に関する限り、この時期の上海は決して「孤島」になったわけではなかったことを指摘しておかなければならない。日本軍によってまだ占領されていなかった開港地や、香港・仏領インドシナなど中国以外の地域にある港湾を通じて、中国政府支配地域との交易ルートも確保された。この点は次節の

第7章　戦時上海の商業経営　　　　　　　　173

冒頭で具体的に考察する。

　第2の重要な条件は、上海の消費市場が急速に拡大したことである。欧米諸国の権益が集中していた上海の共同租界とフランス租界においては、日中両軍とも欧米の反発を考慮し戦闘行為を控えていた。そのため、相対的には中国全土で最も安全な地域になったこの租界地区に、国内各地から避難民が押しよせつつあった。戦前におよそ350万人であった上海市の人口が、この時期に450万人程度まで膨れあがったと推定されている。そして増加した100万人の中には、価値ある財産を保持するがゆえに戦禍を逃れようとした、比較的裕福な人々も少なくなかった。したがって戦時上海の消費市場においては、多数の難民の日々の生活を支える衣食住の必需品に対する需要だけではなく、高級品・奢侈品やさまざまな娯楽施設に対する需要にも高いものがあり、市場の規模をいっそう大きくさせていたのである。

　消費市場の拡大という点からいえば、第3に、上海製品の海外市場が広がっていたことにも注目しておくべきであろう。とくに第二次世界大戦が1939年9月に勃発した後、ヨーロッパ諸国との貿易関係が著しく縮小した東南アジアの各植民地は、日用雑貨類や繊維製品などの軽工業製品の供給をアジア諸地域に多く求めるようになった。このことは、上海にとってみれば、東南アジア向けの軽工業品輸出市場が広がったことを意味する。事実、1940年における上海製綿糸（在華紡製品とともに華僑向けの中国紡製品も多く含まれていた）・綿靴下などの東南アジア向け輸出量は、戦前の3倍ないし5倍を記録した[17]。

　第4に、国内各地から、難民だけではなく多額の資金が上海に流入したことも、景気回復を促す大きな要因になった。上海は他の地域に比べ格段に多い投資機会に恵まれ、租界地域における投資については、ある程度の安全性も保証されていたからである。むろんそうした各地からの資金が、すべて商工業に投資され活用されていたわけではない。上海に流れ込んではきたものの当面は有効な投資先を見いだせずにいた遊休資本の規模は、1940年5月には50億元に達したという[18]。遊資は、往々にして不動産や特定商品に対する投機活動の資金源となり、とくに第2期の末以降、上海経済の撹乱要因になった。

なおそのほかの景気回復要因として、労働力人口の一層の過剰傾向とインフレの進行にともない実質賃金が低下したことを挙げ、そのことが企業の収益改善を助け景気回復を促した、と指摘する向きもある。しかし実際には、製造業も含め企業収益全体に対する賃金コストの比率はそれほどに高くなく、実質賃金の低下が各企業の収益改善を助けた程度もあまり大きくはない。しかも実質賃金の低下は消費市場を冷え込ませる意味も持ったわけだから、賃金低下という現象を、景気回復要因として過大に評価することは必ずしも適切ではない。

＜第3期＝短期後退期 1942年1月～42年5月＞

　1941年12月のアジア太平洋戦争勃発と日本軍の租界進駐は、孤島の繁栄に大きな打撃を与えた。とくに工業生産は、原燃料の入手難と製品の販路喪失により、極度な困難に陥った。軍配組合の業務報告は「中支経済ハ元来世界経済的性格ヲ多分ニ具有シテ居タ結果、大東亜共栄圏経済ヘノ移行過程ニアツテ貿易ノ激減、工業生産ノ衰退ヲ斉ラシ、中支自給自足体制整備ニ際シ種々困難ナル条件ニ直面セザルヲ得ナカツタ」[19]とし、日本人商工会議所の年次報告は「……生産はすべて減退を来してゐる。新工場の開設は稀有であって在るものは機構の改革に止まり、旧来からの工業に於て原料の入手難から閉鎖するものが続出してゐる。それらの最も顕著なるものは製糸及び麺粉工業であった……」と窮状を伝えている[20]。そのほか開戦直後の一時期に実施された銀行の預金引出し制限や、各種商品取引所の一時閉鎖措置も影響し、開戦から半年ほどの間、上海の経済活動はきわめて低調な状態で推移した。

　しかしながら孤島の繁栄がまったく消滅してしまうわけではない。この第3期の景気後退は比較的短期間で終わりを告げ、新しい動きが生じてくるからである。

＜第4期＝金融業活況期 1942年6月～43年6月＞

　開戦時の混乱が鎮静化するとともに、上海経済の活気は再びよみがえった。ただしこの第4期の活況は、工業生産が著しく低下する中で、金融業を中心に生まれた特異な活況であった。

　工業用原料の輸移入と石炭・電力の供給が激減したため多くの工業生産が麻痺状態となり、モノ不足がいよいよ深刻化するとともに、物価は毎月十数

％の上昇というすさまじい高騰を続けた（表 7-1）。すでにこの物価上昇率は、正常な生産と流通が成り立つ状況ではない。商品の投機的な売買と買いだめ売り惜しみとが蔓延した。「統制機関ノ未整備ト通貨不安ニ因ル換物人気旺盛トナリ、物価ハ激シイ上昇率ヲ示シ遂ニ居倚・積ヲ醸生スルニ至ツタ」のであり、「コヽニ物価問題ハ所謂・積問題ヲ派生シ事態ハ全ク憂慮スベキ状態」[21]に陥っていた。

表7-12 上海の業種別企業動向、1942-44 年

| 業種 | 42年[1] 新設企業数 | 43年[2] 増資企業数 | 44年[3] 新設企業数 | 44年[3] 増資企業数 |
|---|---|---|---|---|
| 投資業 | 40 | 12 | 6 | 4 |
| 不動産業 | 4 | 4 | 9 | 1 |
| 百貨店業 | 3 | 9 | 8 | 2 |
| 医薬品業 | 7 | 15 | 8 | 2 |
| 文化産業 | 12 | 6 | 3 | 1 |
| 化学工業 | 6 | 8 | 15 | 5 |
| 紡織工業 | 48 | 45 | 8 | 16 |
| 食品産業 | 4 | 14 | 16 | 3 |
| 運輸業 | 12 | 4 | 5 | 1 |
| その他 | 16 | 17 | 3 | 2 |
| 合計 | 157 | 134 | 81 | 37 |

出所：[1]江川「上海企業之総合観」『華股指南』華股研究週報社、1943 年。
[2]蕭観耀「1 年来上海工商企業之増資」『銀行週報』28 巻 3・4 合併号 1944 年 1 月。
[3]蕭観耀「1 年来之上海工商企業」『銀行週報』29 巻 9〜12 合併号 1945 年 3 月。

その一方第 2 期までに流入した上海の遊資はさらに増え続けていた。この遊資が見いだした投資先こそ、商品・不動産・株などに対するに対する投機的売買と金融業だったのである。この時期の商工業分野における企業新設や増資の動きを整理してみると、とくに 1942 年に投資会社の設立数が抜きんでて多い（表 7-12）。そのほか銀行や銭荘など金融機関の新設も盛んに行われ、1942 年まで全市で 40〜50 軒程度であった銭荘の場合、1943 年には一挙に 193 軒に激増した[22]。この時期、英米系銀行の上海店が営業を停止したことも、中国系資本の金融機関新設の動きに拍車をかけた。

株式市場も、取引高や平均株価の動向を見る限り、空前の活況を呈した。しかしながら、当時発行された株投資のガイドブックすら、「雨後の筍」のような株式会社設立ブームの後、生き残る「筍」がどれほどあるのか、と強い疑問を投げかけている[23]。この時期の景気過熱は、ほとんど実体経済の発展をともなわない危うい活況であった。

＜第 5 期＝全般的衰退期 1943 年 7 月〜45 年 8 月＞

懸念は現実のものになった。製造業の各業種の操業率が軒並み低下する（表 7-13）一方、増資する企業数や新設企業数がいずれも減少傾向をたどるようになった（表 7-12）。高級家具や毛皮製品の売れ足がばったり止まり、南京路の

表7-13 上海の業種別操業率、1943-44年
単位:％

| 業種 | 43年 | 44年 |
|---|---|---|
| 木材加工 | 82 | 60 |
| 家具製造 | 68 | 45 |
| 金属加工 | 86 | 65 |
| 機械製造 | 78 | 62 |
| 船舶車両 | 60 | 55 |
| 煉瓦陶器 | 65 | 50 |
| 化学 | 82 | 82 |
| 紡織 | 75 | 60 |
| 服飾 | 74 | 62 |
| 皮革ゴム | 77 | 60 |
| 食品煙草 | 70 | 62 |
| 製紙印刷 | 86 | 60 |
| 計器楽器 | 78 | 60 |
| その他 | 65 | 60 |

出所:湯心儀「当前工商業之危機」『銀行週報』第29巻21～24合併号、1945.5。

四大デパートに人影がまばらになるなど、消費も急速に落ち込んでいく[24]。ついに孤島の繁栄が終わりを迎えたのである。

上海経済が全般的に衰退していった大きな原因は、アジア太平洋戦争の激化にともない、海上交通路の遮断、エネルギー供給量の激減、物価の暴騰など、すでに第3期、第4期に生じていた生産と流通を阻害する諸要因が、きわめて深刻化したことにあった。それに加え、物価暴騰や解雇者の増大により民衆の購買力が極端に低下したこと、戦後の見通し不安から「富者は蓄財に励み消費を抑えるようになり、貧者は元来さしたる購買力がない上に模様を見る態度をとるようになった」こと、空襲を避けるために疎開する人々や働き口を見つけられず田舎に帰る人々が増え上海の人口が減少に転じたこと、買いだめ物資の投げ売りがみられるようになったこと、などの原因も指摘されている[25]。

## 3．上海の流通構造の変動と軍配組合

戦時経済は上海の物資流通を大きく変化させた。まず第1に、そもそも上海と国内他地域との間の交易ルート自体が変わった。戦前の上海が長江の水運と鉄道を通じ内陸諸地域と深く結びついていたのに対し、戦時期の上海経済では、そうしたルートが格段に細くなる一方、周辺の江浙地方一帯や外国とのつながりに依存する度合が増したのである。とくに桐油・茶・皮革製品・鶏卵製品など内陸地域一次産品の上海経由輸出額は激減した。国産棉の上海への移入が減り、代わって外国棉の輸入が増加した。ただし後述する綿布の場合にみられるとおり、上海から内陸地域への移出ルートの方はまったく断絶してしまったわけではなく、江浙地方や西南地方の開港地、さらには貿易統計の上では外国として表れる香港を経由して相当量の物資が移出されていたことにも留意しなければならない。江浙地方や外国との交易額の比率の

上昇は、そのような事情を反映したものでもあった。

第2に、孤島の繁栄を支えた要因の一つである多額の遊資が一部の商品に対し投機的な動きを示したため、そうした商品を取扱う業種においては、従来の流通機構が大きく改編された。綿布は、その典型的な事例である。

表7-14 協大祥の綿布販売の推移、1935-43年
単位：元，（ ）内は匹

| 年 | 販売高 | 綿布価格 | 綿布換算販売高 |
|---|---|---|---|
| 1935 | 4,548,084 | 6.65 | (683,922) |
| 36 | 5,672,029 | 7.46 | (760,326) |
| 37 | 3,556,186 | 9.70 | (366,617) |
| 38 | 7,244,150 | 12.00 | (603,679) |
| 39 | 10,152,266 | 15.70 | (646,641) |
| 40 | 25,058,634 | 29.60 | (846,575) |
| 41 | 56,188,463 | 51.30 | (1,095,292) |
| 42 | 64,043,410 | 167.60 | (382,121) |
| 43 | 211,956,291 | 814.30 | (260,293) |

出所：『棉布商業』143,151,240,268,283頁。
注：＊幅1ヤード長さ40ヤード
綿布価格は12ポンドシャーチング1匹の平均卸売価格。
売上高÷綿布価格＝綿布換算売上高

第3に、軍需物資を中心に戦時統制が強化され、そのことが物資流通の新たなあり方を規定してしまうこともあった。われわれはマッチの戦時期の生産販売カルテルに、その端的な例を見て取ることができるであろう。以下、綿布とマッチの戦時期の流通について、具体的に検討していく。

＜綿布の場合＞

上海経済全体が景気を回復した第2期には、綿布の交易も活発化し、綿布商の経営も好転した。綿布の交易量は、協大祥の売上高の分析からも知られるとおり、たんに金額だけではなく数量においても増大している（表7-14）。

上海の綿布交易が戦時期に盛んになった条件の一つは、すでに景気全般の回復要因としても指摘したように、各地からの難民を中心に上海の人口が急増し、市内の綿布需要が拡大したことである。

それに加え、戦時期に入ってからも国内各地向けの販路がさまざまなルートを使って維持されたことは、上海の綿布交易の活況を支えるもう一つのきわめて重要な条件になった。従来、綿布の交易主体の有力なグループであった「客帮」と呼ばれる各地の買付け商たちの一部は、前述の時期区分の第2期になると、戦前を上回るほどの規模の積極的な買付け販売活動を再開している[26]。たとえば広州帮の綿布買付け商は、当初、広州や梧州などの開港地に上海で買い付けた綿布を運び込み、広東省や広西省一帯に綿布を販売していた。そして1938年秋に日本軍が両港を占領し綿製品の流通を阻むようになると、こんどは、まだ占領されていなかった雷州・北海・汕頭などの開港地

表7-15 協大祥綿布店の経営の推移、1935-43年

単位：万元、斜体字％

| 年 | 売上高 | 利益金A | 利益金B | 売上高利益率A | 売上高利益率B |
|---|---|---|---|---|---|
| 1935 | 4,548,084 | 68,000 | 276,189 | *1.50* | *6.07* |
| 36 | 5,672,029 | 156,620 | 365,851 | *2.76* | *6.45* |
| 37 | 3,556,186 | 51,300 | 336,983 | *1.44* | *9.48* |
| 38 | 7,244,150 | 120,911 | 271,844 | *1.67* | *3.75* |
| 39 | 10,152,266 | 103,193 | 813,839 | *1.01* | *8.02* |
| 40 | 25,058,634 | 270,572 | 1,791,524 | *1.08* | *7.15* |
| 41 | 56,188,463 | 499,541 | 7,925,400 | *0.89* | *14.11* |
| 42 | 64,043,410 | … | … | … | … |
| 43 | 211,956,291 | … | … | … | … |

出所：『棉布商業』240,268,283頁。
注：利益金Bが上掲書の修正値。但し同書内にも不一致がある。ここでは1937年は240頁の,1941年は268頁の数値をとった。

を通じて綿布を運び込み、商売を続けたのである。雲南幇の場合は、上海で買付けた綿布をまず海路によりフランス領インドシナのハイフォン港に運び出し、そこで滇越（雲南ーベトナム）鉄道に積替え、開港地の蒙自を経て昆明に搬入するという迂回路を開拓し、上海で買付けた綿布を内陸諸地域に売りさばいた。こうしたルートが日本軍によってほぼ完全に封鎖されるのは、第2期の最終局面に当たる1941年春以降のことであり、それまでは上海で取り引きされる綿布の華南及び内陸諸地域への販路は維持されていた。

この時期、綿布商がいかに多くの利益をあげていたか、ということは、上海で最大規模の綿布小売商、協大祥の営業成績にも如実に示されている。1938年から39年にかけ、協大祥は西蔵路の娯楽センター「大世界」の中や金陵路など租界の中心部に支店を開き、売上高を大幅に伸ばすとともに、7～8％という高い売上高利益率を記録した（表7-15）。

綿布が「儲かる商売」であり、しかもわずかな資本金で業務を始められる、ということが知れわたると新たに綿布取引に乗り出すものが激増し、戦前に700～800であった商店数が、戦時期に一挙に2,700程度に達した[27]。他業界からの新規参入組の中には「製糸業、証券業、銀行・銭荘業など、強い経済力があり投機取引の額も大きい」ものが含まれていたという。彼らは「二白一黒」と称された投機商品の価格変動を比較し、綿糸布の値上がり幅が他の米及び石炭より小幅だったことから、その後の価格上昇の可能性を見込んで綿布取引に大挙参入した、と指摘されている[28]。また同業者の中では、華北幇・天津幇・漢口幇など、日本軍の侵略と統制により販路の大半を失った「客幇」たちが、投機取引に積極的だったとも言われる[29]。

有力な紡績会社も綿布投機に指を染めた。申新紡の場合は「大新貿易公司」

という商品取引専門の子会社を設立し、棉花・綿布から株券に至るまで、多彩な投機活動を展開している[30]。また永安紡の場合、棉花・綿糸はもちろんのこと米ドルや金の取引市場においても巨額の資金を動かしており、1940年度の会計監査報告において、会計士からその不健全性を指摘されるほどであった[31]。

ではこうした中で進められた軍配組合の活動は、中国人綿布商にとってどんな意味を持ったのだろうか。軍配組合綿業部が配給した綿布類は、1940年に10,376梱、1941年8,085梱、1942年8,927梱などとなっている[32]。この量は上海の綿布市場全体の規模に比べれば、決して大きな数ではない。たとえば1939年の上海の綿布生産量は綿糸換算約25.7万梱に相当すると推計されているし[33]、1941年末の上海全市の綿糸布在庫量は405,165梱と算出されている[34]。

しかし商店数が激増し綿布に対する投機の波が広がるにつれ、綿布仕入れ先の確保如何が各綿布商の収益を大きく左右するようになっていた。そして日本製綿布を専門に取扱ってきた卸売問屋にとっては、軍配組合の提供する軍票交換用配給物資としての綿布が、貴重な取扱い商品になったものと考えられる。すでに戦前の商品流通を検討した際に言及したとおり、綿布流通全体の中における日本品専門の卸売り問屋の相対的な地位は、しだいに低下しつつあった。彼らはそうした劣勢を挽回するためにも、軍配組合の提供した綿布に飛びついたのであろう。以上の経緯については、中国人業者の興味深い証言が残されている。

「抗戦初期の頃、日本軍は軍需品を補給するため、日本から若干の余剰物資を運んで来て軍需物資に交換したことがある。本当のところを言えば、交換を名目としてわが国の重要な資源を収奪したのである。これらの余剰物資は、当時、イギリス人の勢力下にあった税関で関税を納めることを避けるため、多くの場合、軍艦で武装密輸入され、税関での検査を許さなかった。これらの交換用物資の包装には"交"の字が押印されていたので、"交字貨"と総称された。その中には綿布や、綿糸・人絹糸の交織布などがあった。綿布商の中の少数の卸売商は、人民が義憤にかられ敵の製品をボイコットしているそのさなかに、高利を得るため、種々の関係を通じて日本軍と連絡をつけ、

交字貨を大量に販売した（抗戦後期になると、交字貨は日本軍の交換用物資なので経済封鎖の規制を受けず、さらに多くの利益を得ることができた）。そこで福康号の周礼章、同慶号の史久茂、延豊号の翁菊堂、その他の卸売商の戴庭芳らは、買入れた交字貨を小売綿布商や各地の買付け商に売りつけていたのである。当時、その買入れを拒否した規模の大きな少数の小売商がいたが、やはり大量に買いつけた同業者たちもいた。こうした資本家は高利を得たし、日本軍もこの取引を通じて必要な物資を獲得できたのである」[35]。

　この証言にいう"交字貨"が、軍配組合の取り扱う配給物資であったことは疑いない。実名を挙げて言及された綿布商のうち福康号については、軍配組合綿業部の業務概況にも、「上海ニ於テノ当部華商配給先」として名前が出ており確認できる[36]。また福康号と同慶号が日本製綿布専門の卸売り問屋であったことも、別の史料から判明する[37]。こうして、軍配組合が運び込んだ日本製綿布は、当該時期の上海の綿布流通事情に規定され、日本の商社から日本品専門の卸売り問屋の手を経由して中国市場に流れ込んでいった。結果的にそれは、その地位を低下させつつあった日本品専門の卸売り問屋に対し、一時的なものであるにせよ、劣勢を挽回する機会を与えることにもなったのである。

＜マッチの場合＞

　一部のマッチ製造工場は戦災を被っていたし、軍需物資でもある原料の塩化カリウムが入手しにくくなったこともあって、先の時期区分の第1期に、マッチの生産流通量は激減している。1937年2月から業務を開始したばかりの中国資本主導による生産販売カルテル機構、中華全国火柴産銷聯営社は、日中戦争の始まりとともに、この年の秋以降、業務中断に追い込まれた[38]。

　第2期に入ると、マッチの生産と流通もある程度回復した。しかし1938年8月、在華日本資本工場の発起により、日本の興亜院と華北政務委員会に対し中華全国火柴産銷聯営社の再建が提議された。戦前は上海にあった本部（総社）を天津に移す（後に北京）とともに、戦前と同様、天津・青島・上海の3カ所に分社を設け、各地におけるマッチの生産と流通を統制しようとしたのである。この新しい聯営社は、翌39年3月1日から正式に業務を開始した（以下、第2次聯営社と略称）[39]。機構こそ戦前の聯営社に類似していたと

第 7 章　戦時上海の商業経営　　　　　　　　　　181

はいえ、第 2 次聯営社設立の動機と主体は大きく変化していた。すなわち戦前の場合、価格を維持しメーカー側の利益を確保するために中国資本の主導で組織されたものだったのに対し、この日中戦争開始後に組織された第 2 次聯営社は、戦略的にみて重要な物資の一つであるマッチを中国政府支配地域に流出させないため、日本軍の後押しを受けた在華日本資本の主導によって組織されていたからである。

　聯営社上海分社には 71 工場が加入し、割当てられた生産量の枠内でマッチを製造するとともに、製品を規定の価格で聯営社に引き渡していた。一方聯営社は、各マッチ販売店と販売地域・販売価格に関する契約を結び、3 ％の手数料をとって販売店に製品を卸していた。さらに 1940 年 2 月からは、原料の塩酸カリウムも聯営社がまとめて購入し各工場に配給することになったため、聯営社の統制力はいっそう強力なものになった。

　とはいえ、第 2 次聯営社によるマッチの生産流通統制も、完璧に実施されていたわけではない。たとえば 1940 年 6 月、第 2 次聯営社の上海分社は、次のような文書を加入各社に送付した。

　「1940 年 6 月 29 日、中華全国火柴産銷聯営社上海分社より各社員廠宛、滬運字第 2790 号書簡、……（総社からの総運字第 189 号書簡の引用）最近、社員廠の中には、減産を実施し、製品価格の上昇を待ってから増産販売しようとするものがおり、全体の生産量が激減してきている。このままではマッチの供給が不足して社会問題を引き起こすばかりではなく、各社員廠や聯営社の存立基盤にも影響が出てくることが懸念される。監督官庁は、原料価格が低廉な時期に巨額の利益を得ていたマッチ工場が、今、さらなる利益獲得を図って故意に減産し販売を妨げることは許されない、として、厳罰に処すことを何度も警告してきた。本聯営社としてもこの事態を憂慮しており、一、二の工場の行為が全体に影響することを、大変に恐れるものである。そこでそのようなことになるのを防ぐため、故意に毎日の生産量を減らしたり、理由もないのに操業を停止する工場に対しては、その減産量を割当生産量の枠から控除し、以後いっさい割当生産量の増加を許さないことにする。……」[40]

　この史料は、日本軍の占領統治安定化に寄与すべくマッチの生産流通を統制しようとしていた第 2 次聯営社側の目論見が、原料在庫の確保を図る個々

の中国資本工場の対応によって、十分果たされていないことを示している。換言すれば、資本側の論理を顧慮しない戦時統制策は、本来、資本側の抵抗に直面せざるを得ない矛盾を抱え込んでいたのである。

そしてマッチの流通の場合、軍配組合の活動は、以上のような第2次聯営社の機構を、そっくりそのまま取り込んでしまう形で進められた点に特徴があった。1940年8月19日に開かれた第2次聯営社上海分社の第76回理事会は、「軍部〔＝当時の日本の支那派遣軍を指す。引用者注〕の通知に従い、今後、加入各社の製品と軍票交換用に日本から輸入したマッチの搬出に際しては、搬出許可証を申請しなければならない」こと、並びに「法幣1元2角＝軍票1円のレートによって従来の法幣表示価格を軍票表示価格に換算し、9月1日から軍票による販売を実施する」ことを決定している[41]。さらに「1941年下半期から華中の日本軍占領地区ではマッチの配給制度が設けられることになり、日本軍は軍票組合で処理することを指定した。各工場で製造されるマッチは軍票組合によって買い付けられ、マッチ製造のための原料も、軍票組合から配給されることになった。ここに至り、聯営社の上海分社は、軍票組合に代わって製品の買付と原料の配給を行う代理機構になってしまった」[42]と評価されている。しかしながら軍配組合がマッチの流通把握に第2次聯営社の機構を利用したことは、さしあたりの業務遂行には役だったとはいえ、やはり第2次聯営社が単独に処理していた時期と同様、資本の論理との矛盾を避け難いものにした。

一例を挙げておこう。1942年6月19日、第2次聯営社上海分社は大中華火柴公司に対し、同公司蘇州工場が操業を停止している件について「蘇州の日本軍特務機関に対し、①操業停止の理由、②現在、同工場の原料確保が困難な理由を説明するとともに、貴公司より上海軍配組合に代表を派遣し、原料配給を求め、交渉すること」を要請した[43]。利潤追求という資本の論理からすれば、原料価格が高騰していたこの第4期にフル操業を続けることは、コスト割れを起こす危険があった。そうした資本の論理に対抗してマッチ製造工場の操業率を引き上げさせることは、第2次聯営社が軍配組合の機構に組み込まれてから2年近くたった1942年の段階でも、なお困難な課題の一つであったことが窺える史料である。

第 7 章　戦時上海の商業経営　　　　　　　　　　　　　　　　183

## おわりに

　日中戦争が上海の物資流通に与えた影響は、多義的なものであった。ここで多義的という意味は、戦前にみられた上海における物資流通の変化の方向性、すなわち外国資本主導から中国資本の主導へ、商業資本主導から工業資本の主導へという変化の方向性（1．参照）が、戦時期になると、業種によっても時期によっても多様な相違を見せたということである。本稿で提起した時期区分（2．参照）の第2期、すなわち1938年3月から1941年12月にかけての時期になると、いずれの商品の場合もある程度の生産と流通は確保されるようになり、活発な経済活動が展開された。とくに綿布の場合、商品投機の対象にもなったことから業者数が3倍以上に激増し、業者間の競争も激しくなったのである。しかし第3期から後は、生産も流通も急速に窒息させられていった。

　軍配組合が活動したのは、本稿でいう第2期から第4期にかけてのことであった。軍配組合の活動が果たした役割も、一義的なものにはなり得ない。綿布の場合、元来、その地位を後退させてきていた日本品専門の卸売り問屋が軍配組合の物資に飛びつき、自らの勢力挽回のチャンスとした。業者間競争が激化していた当時の状況の下では、そうした動きが生じるのにも無理からぬところがあったのである。しかしこれを戦前期の変化の方向性と比べてみると、むしろ本来の変化に逆行するような動きが、軍配組合の活動によって生まれていたことになる。

　それに対しマッチの場合、戦前に発足していた生産流通統制のための機構、中華全国火柴産銷聯営社が再建され、一段と強力な統制政策がとられるようになっており、軍配組合はこの第2次聯営社を傘下に組み込むことによって、活動を展開しようとした。こうした動きは戦前期に生じていた変化の方向性と表面的には合致している。ただし設立時と比べ聯営社再建の主体や目的は大きく異なっており、基本的には日本軍の占領地統治を支えるための一機構になっていた。そのため、第2次聯営社、並びにそれを傘下に組み込んだ軍配組合は、中国資本各社との間に多くの矛盾を抱え込むことにもなったのである。

(1) 中国科学院経済研究所・中央工商行政管理局資本主義経済改造研究室編写『北京瑞蚨祥』生活・読書・新知三聯書店、1959年。
上海市工商行政管理局・上海市紡織品公司棉布商業史料組編、中国社会科学院経済研究所主編『上海市棉布商業』中華書局、1979年。
上海百貨公司・上海社会科学院経済研究所・上海市工商行政管理局編著『上海近代百貨商業史』上海社会科学院出版社、1988年。
上海社会科学院経済研究所編著『上海永安公司的産生、発展和改造』上海人民出版社、1981年。

(2) 張一農『中国商業簡史』中国財政経済出版社、1989年、1頁。

(3) 上海社会科学院経済研究所著『上海資本主義工商業的社会主義改造』上海人民出版社、1980年、20〜24頁。劉惠吾主編『上海近代史』下、華東師範大学出版社、1987年、第18章。唐振常主編『上海史』上海人民出版社、1989年、第23章。

(4) あえて付言しておくと、1930年代から中国綿業の調査研究に活躍されていた王子建氏が80年代末にまとめられた遺稿は、中国における研究史上のタブーを打破する重要な意味を持つ研究成果だったように思われる。王子建「"孤島"時期的民族棉紡工業」『中国近代経済史研究資料』(10)、上海社会科学院出版社、1990年。

(5) 呉景平編『抗戦時期的上海経済』上海人民出版社、2001年。

(6) 中村政則・高村直助・小林英夫『戦時華中の物資動員と軍票』多賀出版、1994年。

(7) 上海が全国の経済活動の中枢となるプロセスについては、別稿でも言及したことがあるのでここでは触れない。拙稿「内陸開発論の系譜」、丸山伸郎編『長江流域の経済発展-中国の市場経済化と地域開発』アジア経済研究所、1993年、195〜199頁等。

(8) 以下、主に前掲『上海市棉布商業』187〜200頁、250頁などによる。

(9) 綿紡織メーカー側の史料にも、1920年代以降、メーカー側による直販体制強化の動きのあったことが明らかにされている。上海市紡織工業局・上海棉紡織工業公司・上海市工商行政管理局永安紡織印染公司史料組編、中国科学院経済研究所・中央工商行政管理局資本主義経済改造研究室主編『永安紡織印染公司』中華書局、1964年、57〜61頁。

(10) 前掲『上海市棉布商業』163頁。

(11) 当時の代表的な信用調査機関「中国徴信所」の報告による。同上書146頁。

(12) 青島市工商行政管理局史料組編、中国科学院経済研究所・中央工商行政管理局資本主義経済改造研究室主編『中国民族火柴工業』中華書局、1963年、108〜110頁、118頁。

(13) 同上書110〜118頁。

(14) 時期区分について蕭観耀「1年来之上海工商企業」『銀行週報』第29巻第9〜12合併号、1945年3月、は、一、「危急時期」(1937年8月上海戦勃発〜)、二、「沈悶時期」(1938年上半期)、三、「向栄時期」(1938年下半期〜)、四、「暫衰時期」(1941年12月太平洋戦争勃発〜)、五、「繁盛時期」(1942年〜44年)としている。本稿は主にこれを

第 7 章　戦時上海の商業経営　　　　　　　　　　　　　　185

参照し、一部修正して独自の時期区分を試みた。
(15)　『上海日本商工会議所年報（昭和 13 年度）』1939 年、21 頁。
(16)　軍配組合『昭和 16 年度下半期業務報告書』11 頁。なお軍配組合の活動が「異常ナル躍進ヲ遂ゲタ」（『昭和 15 年度下半期事業報告書』1 頁）1940 年下半期と「非常ナル躍進ヲ遂ゲタ」（同『昭和 16 年度上半期業務報告書』1 頁）1941 年上半期が、まさにこの景気回復期に重なっていたことは偶然ではない。
(17)　前掲『上海史』802 頁。海関報告による。また上海社会科学院経済研究所編『栄家企業史料』下、上海人民出版社、1980 年、68 ～ 69 頁。
(18)　「上海的游資已到帰入内地的時候」『大公報』（重慶）1940 年 8 月 12 日。
(19)　軍配組合『昭和 17 年度上半期業務報告書』1 頁。
(20)　『上海日本商工会議所年報（昭和 16 年度）』1942 年、65 頁。
(21)　軍配組合『昭和 18 年度上半期業務報告書』1 頁。
(22)　中国人民銀行上海市分行編『上海銭荘史料』上海人民出版社、1960 年、313 頁。
(23)　江川「上海企業之総合観」『華股指南』華股研究週報社、1943 年、4 頁。
(24)　『華股日報』1945 年 3 月 17 日。ただし湯心儀「当前工商業之危機」（『銀行週報』第 29 巻第 21 ～ 24 合併号、1945 年 5 月）8 頁より再引用。
(25)　同上湯心儀論文、8 ～ 9 頁。
(26)　前掲、王子建「"孤島"時期的民族棉紡工業」6 ～ 7 頁、14 ～ 17 頁。
(27)　前掲『上海市棉布商業』263 頁、153、269 頁。
(28)　同上書、275 頁。
(29)　同上書、279 頁。
(30)　『栄家企業史料』下、80 ～ 81 頁。
(31)　前掲『永安紡織印染公司』258 ～ 261 頁。
(32)　軍配組合各年度業務報告による。
(33)　前掲、王子建「"孤島"時期的民族棉紡工業」12 ～ 13 頁。
(34)　軍配組合『昭和 16 年度下半期業務報告書』52 頁。
(35)　董久峰らへのインタヴュー記録、前掲『上海市棉布商業』284 頁。
(36)　軍配組合『昭和 17 年度上半期業務報告書』21 頁。なおここでは、他に司達と兆記の 2 公司が言及されている。
(37)　前掲『上海市棉布商業』279 頁。なお 316 頁には、1943 ～ 45 年に交字貨の綿布を取り扱った商人として、前掲董久峰らへのインタヴュー記録に出てきた者以外に、源長永号の徐子盈、永祥号の陳子馨、長康号の唐元杰らの名前が挙がっている。

(38) 上海社会科学院経済研究所編『劉鴻生企業史料』下冊、上海人民出版社、1981年、65頁。
(39) 同上書65～66頁。また前掲『中国民族火柴工業』126～127頁。とくに断らない限り、第2次聯営社に関する記述は上記による。
(40) 上海社会科学院経済研究所企業史資料中心所蔵档案抄件、「淪陥区大中華火柴公司、1941-45年」巻、95頁。
(41) 前掲『劉鴻生企業史料』下冊、88頁。
(42) 前掲『中国民族火柴工業』130頁。
(43) 前掲档案抄件、「淪陥区大中華火柴公司、1941-45年」巻、56頁。

# 第8章　金城銀行の工業金融

　中国における近代的銀行業の発展を、中国近現代経済史全体の中において、どのように位置づけるかという問題が、本章の検討課題である。従来の研究史を振り返ってみると、中国の銀行業が政府財政と密接な相互依存的関係を保ちながら発展してきたことが、しばしば強調されてきた。その一方、国内産業の発展に対し銀行業が果たした役割については、あまり評価しない傾向が強かった。しかし近年、そうした従来の研究を批判し、中国の近代的銀行業が工業化に対しても積極的な役割を果たしたことを指摘する研究がなされるようになってきている。

　本章では、最初にそうした研究史を整理するとともに、民国期中国の有力銀行の一つであった金城銀行の綿業と化学工業への投資貸付を事例に、中国の近代的銀行業が工業化に対して果たした役割を具体的に検討する。

## 1．中国銀行業の工業金融をめぐる研究史

　工業発展に対する中国銀行業の貢献をきわめて低く評価する傾向は、戦前来、ほぼ定着したものになっていた。たとえば1930年代に出版された呉承禧『中国的銀行』は、中国・交通・上海商業儲蓄の3行について、工業貸付が貸付金総額に占める比率を算出し「銀行と産業界との関係がきわめて希薄であることは、これによって十分理解できる」としている[1]。こうした評価は専門家の間に広がっていただけではなく、年鑑類などの一般向け書物の叙述にも採用されていた。『中国金融年鑑』は「各銀行の貸付先についていえば、政府関係機関に対する貸付が最も多く40％を占め、商業に対する貸付が20％以上、工業に対する貸付が約12％、農業に対する貸付が5％以下、そして同

業間貸付が 10 ％以上だった」との数値をあげている[2]。このような事実に基づき、銀行業の発展は「新しい産業の発展をその後ろ盾にしていたわけではない」と結論づけるのが一般的であった[3]。戦後の早い時期に人民共和国で出版された概説書[4]、台湾の代表的な研究書[5] なども同様である。

しかし 1990 年代になると、新しい評価が提起されるようになった。李一翔『近代中国銀行与企業的関係』は、銀行の鉱工業向け貸付と投資の動向を、鉱工業企業側の資金調達状況と関連づけ総合的に考察した末、「工業資本の形成過程において銀行資本が果たした役割は、戦前にあってもそれほど低かったわけではないが、とくに戦時期になると、平時とは異なる発展要因が作用し、きわめて高いものになった」と総括している[6]。簡潔な概説書という性格が強い鐘思遠らの本も、「民間銀行は商工業の発展を支えた」、「民間銀行は国民経済の発展を促す役割を演じた」等々の積極的な評価を与えた[7]。筆者自身、講義用テキストの中で「1930 年代の各行の民間商工業に対する貸付金は，総額の 4 〜 5 割という高い比重を示すようになっており，今や従来の銭荘に代わって近代的な民間銀行が，一般の商工業に対する主要な金融機関の位置につきつつあった」との評価を提示したことがある[8]。

一方、中国銀行という一つの銀行の工業金融を検討した中嶌太一は、すでに 1960 年代に書かれた論文の中で、それが工業発展を促す意味を持ったことを肯定的に評価していた[9]。また本書第 1 章の中でも触れたように、富澤芳亜は 1930 年代に銀行管理の下で大生紡績の経営改革が進展したことを指摘しており[10]、本書第 2 章、第 4 章に収録した拙稿も、それぞれの事例に即して同様の事実を明らかにした作業であった。

こうした新しい研究の進展によって、1930 年代になると中国銀行業の中に鉱工業金融に対し積極的に取組む姿勢が生まれてきたことは、ある程度、確認されてきたように思われる。しかし当時、すべての銀行が鉱工業金融に対し同じように積極的だったというわけではないし、各銀行が工業金融から確実に利益を獲得するためには、様々な努力が必要とされた。以下本章では。当時、最も工業金融に積極的であった金城銀行の事例をとりあげ、その背景を検討するとともに、工業金融を成功させるため、いかなる努力が払われていたか、具体的に考察することにしたい。

## 2．金城銀行の経営の特徴とその工業金融

　1917 年、周作民（1884-1955）らによって天津に設立された金城銀行は、いくつか際だった特徴を備えた民間銀行であった。

　まず第１に同行は、戦間期中国において最も急速に成長した銀行の一つであった。金城銀行は中華民国北京政府の政府系銀行であった交通銀行で働いていた官僚らが中心になって創設した銀行であり、「安福派」、「交通系」などと呼ばれた政治集団と密接な関わりを持ち、彼らの政治活動と資産形成を助けるとともに、彼らによって強力に支持されていた。加えて、1922 年から 23 年にかけ、人的関係が密接だった塩業銀行、中南銀行、大陸銀行と業務提携関係を結び、四行準備庫、四行儲蓄会を設立して信用力を強めていた[11]。後に「北四行」と総称される金融グループの誕生である。1921 ～ 1932 年の間における金城銀行の預金総額の伸びは、主要 24 行平均の２倍近くに達した（図8-1）。こうして獲得した資金を銀行の利益に結びつけるためには、預金利率を上回る高収益を生み出す投融資活動を展開しなければならない。そのため金城銀行は常に資産額の 50 ％以上を貸付業務にふり向けるという積極的な経営

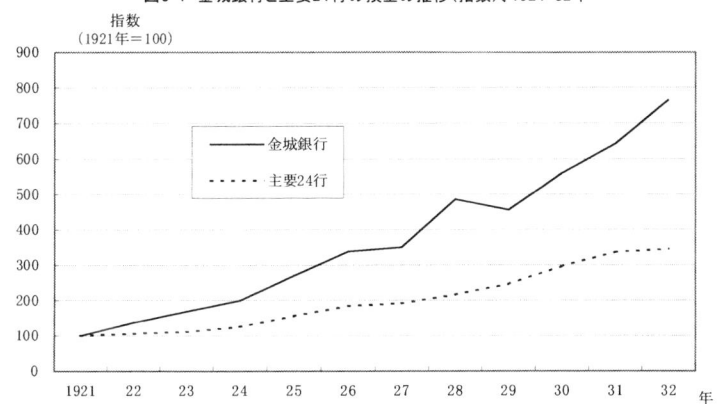

図8-1　金城銀行と主要24行の預金の推移（指数）、1921-32年

出所：『金城銀行史料』118-119頁、347頁。『中国的銀行』22頁。

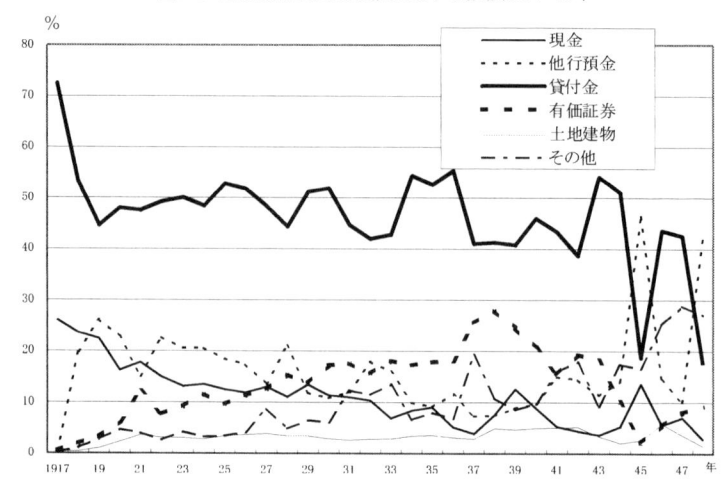

図8-2 金城銀行の資産類構成比率の推移,1917-48年

出所：本章付表8-2。

姿勢を保持していた（図8-2）。

　第2に同行の経営を特徴づけていたのは、最も重要な収益源が利息収入だったことである。特別な事情があった何年かを除き、金城銀行はその収益の60％以上を貸付金の利息から得ていた（図8-3）。利息収入の比率が低下したのは1919、1920、1932、1937、1947の各年である。このうち1919年と1920年は、利息収入の絶対額が低下したためではなく、為替投機による収益が多額に達したため、利息収入が収益総額中に占める比重が低下した結果であった[12]。また1932年と1937年の比率低下は、ともに日本の侵略戦争により利息収入自体が激減したために生じた。また1947年も戦後の急激なインフレーションにより、やはり利息収入自体が低下している。したがって戦争などによって経済に異常な変動が起きない限り、金城銀行の経営の成否は、あげて貸付業務の成果如何にかかっていた。前述のように貸付金が多くなっていた以上、そうした傾向が生まれるのは避けがたかった。

　このように貸付業務を主体とした銀行経営の場合、貸付金の焦げつきは、銀行への信用を根本から揺るがせることになる。経済危機に直面した1930年代、金城銀行は貸付金回収の安定性を確保するため、有担保貸付の比率を高

第 8 章　金城銀行の工業金融

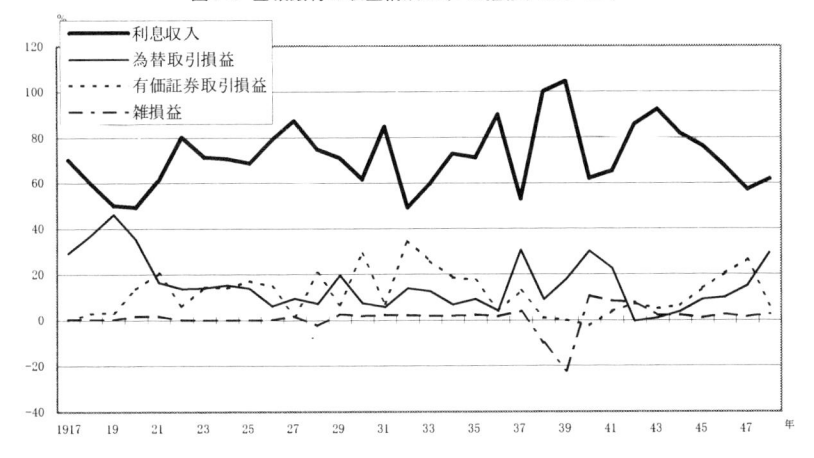

図8-3　金城銀行の収益構成比率 の推移、1917-48年

（グラフ：利息収入、為替取引損益、有価証券取引損益、雑損益）

出所：本章付表 8-3。

めることに全力を傾注した。1925-32 年に貸付金の中で有担保貸付が占める比重は 32-36 ％だったに過ぎない。ところが 1933 年にその比率は 39.94 ％に上昇し、以後、1934 年に 43.91 ％、35 年に 45.04 ％、36 年に 51.90 ％と増え続け、37年には 53.03 ％に達した[13]。

　金城銀行の経営の第 3 の特徴は、民間への貸付金、とくに鉱工業に対する金融の比率が他の中国資本銀行に比べ、相当に高い水準を維持していたことである。冒頭に述べたとおり主要 24 行の平均が貸付金総額の 13 ％という水準だったのに対し、金城銀行の場合、鉱工業向け貸付が全体の 20 ％を上回っていた（表 8-1）。ただしこの表 8-1 に掲げたのは金城銀行が鉱工業企業名義で貸付けていた融資に限られており、実はこの他にも経営者個人に対する貸付金があった。その部分的な事例が表 8-2 に示されている。また鉱工業企業が発行した株券や社債を購入する投資活動も、もちろん存在した（表 8-3）。これらを総計すると、金城銀行の工業向け投融資は、きわめて大規模なものになっていた。

　金城銀行が鉱工業金融にシフトした要因としては、客観的要因と主体的要因の双方を重視する必要がある。前者の客観的な要因とは金城銀行が置かれ

表8-1　金城銀行の分野別融資額の推移、1919-37年

単位：1,000元、斜体字は％

|  | 1919年 | 1923年 | 1927年 | 1933年 | 1937年 |
|---|---|---|---|---|---|
| 工鉱業 | 834(*15.0*) | 4,259(*31.94*) | 6,996(*25.55*) | 12,172(*19.48*) | 24,155(*25.12*) |
| 商業 | 1,758(*31.6*) | 2,539(*19.04*) | 4,316(*15.76*) | 16,883(*27.01*) | 18,687(*19.43*) |
| 個人 | 981(*17.6*) | 2,899(*21.74*) | 6,662(*24.33*) | 14,733(*23.57*) | 21,306(*22.16*) |
| 鉄道 | 218(*3.9*) | 802(*6.01*) | 4,010(*14.64*) | 9,770(*15.63*) | 16,426(*17.08*) |
| 政府・軍 | 1,732(*31.1*) | 2,176(*16.32*) | 3,932(*14.36*) | 6,841(*10.95*) | 10,325(*10.74*) |
| 其他 | 41(*0.7*) | 660(*4.95*) | 1,470(*5.37*) | 2,100(*3.36*) | 5,258(*5.47*) |
| 総計 | 5,564(*100.0*) | 13,335(*100.00*) | 27,386(*100.00*) | 62,499(*100.00*) | 96,157(*100.00*) |

出所：『金城銀行史料』155、366頁。

表8-2　金城銀行の経営者個人向け融資の事例(1937年6月)

単位：元

| 氏名 | 職業、職歴 | 融資額 |
|---|---|---|
| 徐静仁 | 溥益紗廠元総経理 | 97,100 |
| 厳恵宇 | 溥益紗廠元経理 | 168,738 |
| 簀延芳 | 新裕紗廠元総経理 | 57,000 |
| 范旭東 | 永利化学公司総経理 | 200,000 |
| 黎重光* | 中興煤礦公司責任者 | 111,915 |
| 張仲平* | 中興煤礦公司経理 | 70,502 |
| 劉子敬 | 漢口の大型店店主 | 359,937 |

注：*は1933年のデータ。
出所：『金城銀行史料』374-375頁。

表8-3　金城銀行の業種別投資額（1937年6月)

単位：元、斜体字は％

| 業種（企業） | 投資額 | 比率 |
|---|---|---|
| 紡織工業 | 2,025,042 | *20.24* |
| （天津北洋） | (300,000) | *3.00* |
| （上海新裕） | (450,000) | *4.50* |
| （誠孚信託） | (500,000) | *5.00* |
| （済南仁豊） | (300,000) | *3.00* |
| （その他） | (475,042) | *4.75* |
| 化学工業 | 738,626 | *7.38* |
| 製粉業 | 132,280 | *1.32* |
| 炭鉱業 | 542,168 | *5.42* |
| 交通産業 | 611,815 | *6.12* |
| 公共事業 | 887,834 | *8.88* |
| 金融業 | 2,005,271 | *20.05* |
| その他 | 977,480 | *9.77* |
| 付属事業 | 2,083,000 | *20.82* |
| 総計 | 10,003,516 | *100.00* |

注：帳簿上の金額。
出所：『金城銀行史料』376-379頁。

た客観的な外部条件の変化を意味している。元来、「安福派」や「交通系」との密接な連携の下に成立した金城銀行の場合、中華民国北京政府が倒れ、そうした政治家や官僚たちが権力を失ったことにともない、国家財政へ過度に依存した営業を継続できなくなり、新たに民間経済に依存した業務を展開せざるを得なくなっていた。また後者の主体的な要因とは、金城銀行自身の営業戦略の中に、本来、鉱工業投資を重視する方針が存在していたという事実をさしている。金城銀行の創立20周年誌は「銀行業とは社会事業であって、国民経済の発展を支援することをめざしている」とその冒頭で宣言しており、その後に掲載された業務方針においても、信用供与先の柱の一つは農業・鉱工業であって「各分野の主な鉱工業事業の設備・技術・管理の改善とそれに要する資金については、適宜相当の援助を与えていく。たとえば紡織工業、化学工業、日用雑貨品製造工業、炭鉱業などに対し、資金を貸付けた

り、社債の募集を引受けたり、新たな機構を設けて専門家を派遣し経営管理を代行したりしていく」との具体的な方策まで提示していた[14]。こうした金城銀行の経営戦略は、次に述べるとおり総経理（頭取）周作民の経済思想と分かちがたく結びついている。

## 3．周作民の経済思想と日本留学

　産業振興のため、銀行が重要な役割を果たさなければならないという使命観は、とくに金城銀行総経理の周作民の場合に顕著であった。『金城銀行史料』の編者も「銀行資本を産業資本に浸透させようという周作民の思想には、きわめて強烈なものがあった。彼は銀行を核心に据え、鉱工業、交通、貿易など各分野の企業を統括しようと考えていた。」と総括している[15]し、周作民にとって商工業投資は銀行の「天職」と見なされていたという指摘もある[16]。ここでは、綿紡織業の委託経営に従事した子会社、誠孚信託公司の役員会議事録から、日中戦争期における周作民の発言を例示しておこう[17]。「私は民族と国運の盛衰が工業と密接な関係にあることに鑑み、諸君の後に付き従い、技術専門家の同志を結集してわが社を設立し、紡織業の信託管理を請け負ったのであった。その任に当たってからというもの、外には国際間競争の厳しさを感じ、内には実力の不足を痛感してきた。今また戦争の影響を受けることになり、我々が経験しつつある困難の中には、一見して明かな問題もあれば、なかなか理解できない隠された障害もある」[18]。こうして周は、「民族と国運」発展のため産業振興をめざす立場を表明した後、機械設備の改良を図っていく意義を力説した。無論この発言がなされた事情、即ち恐らくは利益金処分の方法をめぐる経営陣内部の対立の下で、配当金を低く抑え設備投資を推進する方針を擁護する必要に迫られていたという事情も、考慮されなければならない。それにしても日中戦争の最中という緊迫した時期に、会社の役員会議といういわば内輪の会議でなされた発言の記録だけに、ここには本音に近いことが語られている可能性が強い。銀行家周作民にとって、産業の振興はきわめて高く位置づけられた経営目標の一つだった。

　周がこうした経営理念を身につけていく上で、日本への留学が持った意義

を指摘する関係者は少なくない。清末の在日留学生の一人として京都の第三高等学校に学んだ周は、産業勃興期の明治日本で銀行が産業振興に積極的な役割を果たしていたことに強い印象を受けたのだという。

　日本に留学した周作民の前に、近代日本の銀行業はどのような姿を見せていたのだろうか。周作民が留学した 1906 〜 1908 年頃の日本は、日露戦争後経営が展開され、まさに後発資本主義としての新たな発展が記録された時期に当たっており、都市銀行と地方銀行が分化し、三井、第一、三菱など一部の都市銀行が巨大化するなど銀行業にも顕著な変化が生じた時期であった。この時期における日本の銀行業の特質について整理しておこう。　まず第1に、この時期は民間銀行が急速な成長を遂げた時代であった。預金高は 1898 年の 2 億 8700 万円から 1908 年の 9 億 3800 万円へと、10 年間に 3 倍以上の伸びを記録している[19]。第2に、その中にあって、1901 〜 1910 年の間の顕著な変化として、三井・第一・住友・安田・三菱の五大銀行が他の銀行を圧して「中核的な地位を占めるようになった」ことが指摘されている[20]。そして第3に銀行の資金調達面の動きを見ると、民間からの預金量増大を基礎に、政府借入金に依存する状態や、貸出高が預金高を上回るオーバーローン状態から脱却していったことが特筆されている。規模の大きな都市銀行を例にとると、自己資本に対する預金の比率は 1899 年に 3.4 倍だったのに対し、1910 年には 5.0 倍になっていた[21]。また第4に資金運用面では、引き続き商業金融より産業金融の方に大きな比重が置かれていた点に大きな特徴があった。たとえば 1902 年の三井銀行を例にとると、貸出金 1800 万円のうちの半分は三井鉱山・三井物産・三井呉服店・鐘淵紡績・王子製紙・貝島鉱業などに対する貸付であり、その他に各社が発行した有価証券 1500 万円を保有していた。商業銀行というよりは投資銀行というべき存在だったことが知られよう。同じ時期の三菱銀行の場合も、系列の鉱山業・造船業などに対する貸付が多かった[22]。

　周作民は、こうした日本の銀行業の活発な動きに大きな刺激を受けながら、中国において近代的な銀行経営が、工業化の推進に向け積極的な役割を果たすべきだとの信念を固めていったものと思われる。金城銀行の経営統括機関である総管理処の秘書処処長（総務部長ともいうべき役職）をつとめ、周作

第 8 章　金城銀行の工業金融　　　195

民に非常に近いところにいた陳伯流は、周作民に対し「なぜ銀行家のあなたが、そんなにまで工業に対し興味を抱くのですか？こんなに多くの企業のことを手がけて、いったいどんな意味があるのですか？」と尋ねたことがあるという。周作民の答えは「もし銀行が金儲けのことばかり考えていたら、金儲け自体も危うくなる。しかも鉱工業の発展を図ることは、結局のところ国の経済と民衆生活全体にかかわる問題だ。私は日本に留学していた時、こうした考えを抱くようになった。」というものであった[23]。20 年近く周作民の傍らで仕事をしていたという邵怡度も、まったく同様な思い出を書きつづっている。「日本留学中、あの小さな島国が明治維新によってたいへん繁栄するようになり、世界の列強の一員に加わっていったということが、彼の愛国心と中華振興の志を大いに刺激した。自らの字を"維新"としたのもそのためである。彼はまた日本の三菱、三井といった財閥が工業や貿易を発展させ経済面で大きな成果をあげていたことを見て、たいへん企業者精神を鼓舞された」[24]。こうした回想は他にも数多く残されている[25]。

## 4．溥益（新裕）紡への貸付と誠孚信託公司

　以上述べてきたように鉱工業への投融資が重視されていたとしても、それが必ずしも順調に成果を収めるとは限らない。貸付先の企業が収益をあげ、確実に銀行への債務を返済する必要があった。むろん貸付先が倒産してしまい、銀行が一時経営権を掌握して再建策を模索するというケースも少なくなかった。そのため 1920 ～ 30 年代の中国では、銀行が貸付先に関する情報収集を強化したり、銀行が協同して興信所を設立するなど、様々な活動が試みられている。そうした中にあって、金城銀行の場合、最終的には代理経営にまで乗り出し、そのための専門的な機構まで創設した点に特徴があった。ただし当初から金城銀行の側にそうした構想が確固として存在していたわけではない。失敗を重ね試行錯誤を繰り返しながら、産業金融を有効に機能させていくための新たな方法を探り当てていく過程が存在したことに注意しなければならない。

　以下、金城銀行の溥益紡（1935 年に新裕紡に改組改称）に対する投融資を

**表8-4** 金城銀行の業種別企業別鉱工業融資額の推移、1919-37年

単位：元、斜体字は％

|  | 1919年 | 1923年 | 1927年 | 1937年 |
|---|---|---|---|---|
| 棉紡織業 | 402,687( *48.26*) | 2,073,958( *48.69*) | 3,223,643( *46.08*) | 11,351,114(*46.99*) |
| 裕元 | 262,570( *31.47*) | 840,471( *19.73*) | 901,929( *12.89*) | ― |
| 恒源 | ― ― | 23,914( *0.56*) | 370,751( *5.30*) | 1,597,362( *6.61*) |
| 大生 | 38,431( *4.61*) | 218,570( *5.13*) | 221,071( *3.16*) | 4,225,319( *17.49*) |
| 永金(大生) | ― ― | ― ― | 318,897( *4.56*) | ― |
| 揚子 | ― ― | ― ― | ― ― | 800,000 ( *3.31*) |
| 溥益新裕 | 49,839( *5.97*) | 461,966(*10.85*) | 954,607( *13.64*) | 3,248,039( *13.45*) |
| 誠孚信託 | ― ― | ― ― | ― ― | 474,839 ( *1.97*) |
| 他社 | 51,847( *6.21*) | 529,037( *12.42*) | 456,388( *6.52*) | 1,005,555( *4.16*) |
| 化学工業 | 309,882( *37.14*) | 639,415( *15.01*) | 1,332,372( *19.04*) | 4,031,061( *16.69*) |
| 製粉業 | 116,976( *14.02*) | 536,909( *12.61*) | 596,025( *8.52*) | 49,527( *0.21*) |
| 炭鉱 | ― | 548,925( *12.89*) | 727,563( *10.40*) | 2,710,182( *11.22*) |
| その他 | 4,795( *0.57*) | 459,873( *10.80*) | 1,116,650( *15.96*) | 6,012,332( *24.89*) |
| 合　計 | 834,340(*100.00*) | 4,259,080(*100.00*) | 6,996,253(*100.00*) | 24,154,216(*100.00*) |

出所：『金城銀行史料』157-160頁、370頁。

例に検討しておこう。はじめに金城銀行の工業金融全体の中に於ける紡績金融、とくに溥益紡への金融の位置を確認しておこう。1920～1930年代を通じ工業向け貸付の半分近い額が綿紡績業関係であり、溥益（新裕）紡の位置は、天津の裕元紡・南通の大生紡と並ぶ大きなものであった（表8-4）。投資額に関する前掲の統計も、やはり綿紡織業が占めた重要性を示している（表8-3）。1936年以降は新裕紡を含む3つの紡績会社の委託経営に当たった誠孚信託公司への投資が大きな意味を持つようになった。これについては後述する。

溥益紡は1918年、上海租界の一角に開業していた紡績工場。金城銀行が溥益紡に対し貸付を始めたのは、恐らく個人的な信用関係を基礎としたものであって、必ずしも合理性と計画性を持った決定ではなかった可能性が高い。ここにいう個人的な関係とは創業者の徐静仁、中南銀行の胡筆江、金城銀行の周作民らの間の交友である（第2章参照）。ただし溥益紡に対する金融がまったく無謀な試みだったというわけではない。溥益紗廠は創設当時、相当大規模な機械設備を備えた最新鋭の綿紡績工場として、将来を期待されていた。しかし1923年、中国綿紡績業界に恐慌が発生し多くの工場が破産の危機に直面すると、溥益紡織公司もその例外となるのを免れられなかったのである。溥益紡の借入金は、金城銀行からの分だけを見ても、1919年が約5万元だったのに対し、1923年に46万2000元、1927年に95万4600元と急速に膨らん

## 第 8 章　金城銀行の工業金融

でいく（表 8-4）。以下、溥益（新裕）紡の設立から業績の悪化、経営再建に至る過程は、本書第 2 章に詳述したとおりである。金城銀行側の関与という点から簡潔に整理し直しておくと、下記のようになる。

（1）1919 ～ 1926 年

　貸付先である溥益紡の経営状況に無関心。無責任な貸しっぱなし状態。

（2）1926 ～ 1931 年

　溥益紡の経営悪化に最初の対処。経営陣に金城銀行から厳恵宇派遣。

（3）1931 ～ 1935 年

　溥益紡破産。銀行管理下で経営再建模索。黄首民らに経営陣交代。巨額債務に危機感。

（4）1935 ～ 1937 年

　新裕紡に改組改称。簀延芳らに経営陣交代。

（5）1937 ～ 1952 年

　再度経営陣交代。金城銀行等が創設した経営代理会社誠孚公司の童潤夫らに経営委託。

　1925 年まで、溥益紡の業績悪化に対し金城銀行として積極的な対策がとられた形跡はない。ようやく 1926 年になってから、創業者の徐静仁とも近い関係にあった厳恵宇（当時、金城銀行本店業務科長）が派遣された。なお同年、やはり同じ紡績工場で貸付金が膨らんでいた天津の裕元紗廠に対しても、収支を監視するため蒋淵（允福）が派遣されることになっている。この時点から、金城銀行として、貸付先の状況を把握し確実に資金を回収するための活動が開始されたと言えよう。

　しかしその後も金城銀行から溥益紡への貸付金は増え続け、債務回収の目途は立たなかった。結局、上記のように２回の改組失敗を重ねた末、1937 年、経営を委託された誠孚信託公司の下、ようやく新裕紡の経営再建は軌道に乗ることになった。誠孚信託公司は元来、天津にあった小さな資産管理会社に過ぎない。だが、この時期に改組され、金城銀行と中南銀行の 100 ％出資子会社として、両銀行に代わって３つの紡績会社の経営再建を推進した（第 2 章第 4 節参照）。

近年の新しい研究を見ると、この誠孚信託公司の行った紡績業経営が、きわめて高く評価されている。これは経営再建の成果を客観的に承認する点において、かつての通説のような、「銀行資本による産業資本の吸収、合併」といった否定的評価に比べ、はるかに説得力のあるものである。しかし誠孚公司による委託経営にまったく問題がなかったのかどうか、さらに慎重な検討も必要とされる。

近年の研究に見られる高い評価の例を示しておこう。たとえば李一翔は次のように書いている。「金城銀行と中南銀行は、(1) 銀行が工業経営にすぐれた能力を持っているわけではないので、専門的な機構にその職務を任せた方がよいこと、(2) 銀行が直接工業経営に当たるのは、新しい銀行法の規定に抵触する恐れがあったこと、の2点を考慮し、誠孚信託公司に紡績工場の管理を委託することにした。……各紡績会社にはそれぞれ株主がおり、各社の資産管理と会計決算は完全に独立したものとして処理され誠孚公司の財産になっておらず、同公司はただ経営管理の代行という職責を果たすだけであった。これは所有権と経営権を分離した典型的な管理方法であり、近代化のための科学的要請にも合致しており、企業管理の水準を高め、管理の効率を高めるにも有利であった」[26]。また鐘思遠らは簡潔に「金城銀行は紡績工場を管理するため、誠孚公司を設立し、高額の給与によって専門家を招聘し、〔紡績工場の〕経営管理に当たらせた」と肯定的な評価を与えた[27]。

しかしながら誠孚信託公司は経営代理会社の一種であって、それ以上のものでもなければ、それ以下のものでもない。実は経営代理制は、株式会社制度が普及していく過程において世界各地で成立したものであった。とくに有名なものは 19 世紀後半のインド紡績業に広がった経営代理会社であり、同じ頃に中国の貿易会社などに多く見られた買辦制度も、経営代理制の一種であった。経営代理制とは、要するにある会社企業が実質的経営を代理会社に委託し、代理会社に経営報酬を払うというものである。それぞれの会社企業が経営能力を欠いている状況の下で成立する形態であって、本来の株式会社経営がめざすべきものではなく、経営代理会社に支払われる経営報酬は、結局のところ高コスト経営の原因になる。「会社経営のアジア的異種」と呼ばれる所以である[28]。

では誠孚信託公司はなぜ大きな成功を収めることができたのであろうか。その理由の一つは戦時期の上海に生まれたきわめて特殊な条件である。綿糸布に対する需要が高まる一方、アメリカ棉花を含め比較的安価に原料棉花は調達することができたため、上海の租界地域にあった綿紡績工場は、戦時期にきわめて高い利益を得ることができた[29]。

表8-5　上海新裕紡の利益金処分、1938-43年

単位：1,000元、斜体字は%

| 年 | 1938 | 1939 | 1940 | 1941 | 1942 | 1943 | 平均 |
|---|---|---|---|---|---|---|---|
| 利益金総額 | 3,953 | 5,989 | 5,947 | 9,363 | 36,233 | 8,803 | 11,715 |
| 銀行側収益 | *56.52* | *40.79* | *29.37* | *52.50* | *33.82* | *49.61* | *43.77* |
| 役員手当 | *22.64* | *17.41* | *15.95* | *20.87* | *30.75* | *22.70* | *21.72* |
| 税金等 | *3.79* | *24.21* | *28.59* | *8.54* | *9.20* | *0.00* | *12.39* |
| 企業内部蓄積 | *17.05* | *16.08* | *25.75* | *18.02* | *26.21* | *19.96* | *20.51* |
| その他 | *0.00* | *1.50* | *0.34* | *0.07* | *0.02* | *7.73* | *1.61* |

出所：上档198-1-1517　董事会紀録、198-1-263等を整理。

そしてもう一つの理由は誠孚信託公司に結集した専門家たちが、きわめて的確な経営方針を貫く能力と責任感を持っていたからである（第2章第4節参照）。

　結局、経営代理会社が成功した条件が問われるべきなのであって、経営代理会社という方式それ自体をあまり高く評価するのは適切ではない。経営代理会社が成功するか否かは、その制度ではなく、むしろ経営をめぐる外的条件と経営者自身の能力とに大きく依存していた。

　とはいえ銀行が紡績業の経営にこれほど関わることは、長期的に見れば、必ずしも望ましいことではない。そもそも銀行による工場や一般の会社経営を銀行法が禁じていたのは、それが本来の商工業の発展を歪ませる恐れがあるからである。実際、戦時期の新裕紡績の利益金処分を整理してみると、多くの収益をあげたにもかかわらず、その大部分は銀行への借金返済にあてられ、新裕紡績の内部に蓄積された分は2割ほどにとどまり、決して多くはなかったことが判明する（表8-5）。こうしてみると、誠孚公司の場合も最終的には銀行の利害が優先される傾向を免れることはできなかった。

　その後、誠孚信託公司は、設立時には予想もされなかったような意味を持たされることになった。すなわち同公司は人民共和国の成立以降、政府が産業界に対する統制を強めていく過程において、その先導役としての役割を果たしたのである。

## 5. 永利化学への貸付・投資

　誠孚信託公司を通じた紡績会社に対する投融資は、経営が破綻した貸付先の企業を何とか建てなおし、金城銀行自身の債権の焦げつきを回避しようとする、いわば防衛的性格の濃い動きであった。それに対し、以下で触れる永利化学向けの貸付は、国民政府、及び国民政府系の銀行とも協力した、きわめて積極的、攻勢的な投資活動の事例である。

　永利化学の原名は永利製碱（ソーダ製造）公司。日本留学生出身の范旭東（1883～1945年）によって1918年天津に設立され、当初は、関連会社から提供される安価で豊富な塩を原料に、ソーダ灰、炭酸ソーダ等を製造する事業を展開していた[30]。1930年、水酸化ナトリウムの生産にも着手、1934年には資本金を850万元に大幅増額するとともに社名を永利化学工業公司に改称している。この時、金城銀行も増資の一部を引き受け、1937年に永利化学が1,000万元の社債を発行した際は、そのうちの200万元を引き受けた。こうして調達された巨額の資金は主に1937年に南京で操業を開始した硫安・硝酸製造の大規模プラントを建設するために用いられた。

　ほぼ同じ時期に日本に留学し、同じ天津で企業活動を展開してきたことから、金城銀行の周作民と永利化学の范旭東の2人の間柄はきわめて親密であり、金融面の取引関係も早くから存在していた（表8-6）。中国最初のソーダ製造工場設立という事業は、けっして最初から成功を約束されていたものではない。そうした事業に対し、銀行の同僚たちの慎重論も押し切って融資を継続したのは、周作民が范旭東を深く信頼していたからであった[31]。しかしそうした個人的関係だけでは、1934年から37年にかけてのように大規模な投融資が行われた理由は説明できない。

　それでは、いかなる事情がこのような投融資を実現させたのか？実は1930年代初め、硫安製造工場の建設計画をめぐり、国民政府

表8-6　金城銀行の永利公司向け
貸付・社債引受推移、1929-37年
単位：元

| 年 | 貸付額 | 社債引受額 |
|---|---|---|
| 1929 | 480,000 | – |
| 1930 | 77,811 | – |
| 1931 | 50,372 | 490,000 |
| 1932 | 121,907 | 450,000 |
| 1933 | 61,601 | 450,000 |
| 1934 | 419,334 | – |
| 1935 | 656,796 | – |
| 1936 | 1,322,347 | – |
| 1937 | 2,455,542 | – |

出所：『金城銀行史料』430頁。

とその周辺で厳しい政策対立が生じていた。硫安製造工場は、たんに農業振興のための化学肥料を製造できただけではなく、各種の硝酸化合物など軍備強化に不可欠な爆薬原料も製造できたことから、国民政府は、その早期設立を重視し、様々な方策を検討していたのである。

一方にはイギリスの世界的な化学工業会社 ICI との合弁工場設立計画があり、財政部長であった宋子文や、国際連盟から派遣されていたライヒマンらが、それを積極的に推進しようとしていた。他方には、范旭東らが模索していた永利公司を軸にした建設計画があった。前者の ICI 合弁案は、経営管理の実権を外国側が掌握し、出荷額の 5 ％の手数料を常に外国側に支払うことが義務づけられるなど、中国側の主権を損なう恐れが強いものであった。交渉内容を熟知する立場にあった上海商業儲蓄銀行副経理の鄒秉文が、同行内部の会議で契約原案を「売国契約」と呼んでいたほどである[32]。

しかし後者の永利公司を軸にした建設計画の場合、最大のネックは中国の民間資本だけで巨額の資金を調達できるか否かにあった。この決定的な問題をめぐり、范旭東が周作民に宛てた書簡が残されている。范旭東は、硫安工場建設に向け永利公司がアメリカ企業と提携する可能性があったことにも言及しながら、「万一、中国側銀行が十分な資金を用意できなければ、硫安工場建設計画は ICI のものになってしまう。……もし ICI が中国国内に工場を設けたならば、我々が十数年を費やし築いてきた中国化学工業の基礎が何もかも失われてしまう。……」と ICI 合弁案に対する強い懸念を滲ませている[33]。20年来の友人同士のことである。范旭東の危機感溢れる文章は、こうした訴えに周作民が敏感に反応することを百も承知の上で書かれたものだったに違いない。その後、何度かの紆余曲折を経ながらも、最終的には、前述したように金城銀行から永利公司に対し多額の投融資が行われるようになった。そのような銀行側の政策決定を促した大きな要因の一つは、民族産業振興に対する周作民の強い信念に求められる。

とはいえこの硫安製造工場の建設事業は、金城銀行が単独で引き受けるには、あまりにも多くの出資金が必要な新事業であった。そこで周作民は、中南銀行、上海商業儲蓄銀行、浙江興業銀行など他の有力民間銀行の幹部たちを説得し、政府系の中国銀行、交通銀行とあわせて 6 つの銀行が共同で永利

公司の新事業を支援する体制を作り上げた[34]。1937 年 7 月に発行された永利公司の社債 1,500 万元の引受先は、中国銀行 200 万元、交通銀行 200 万元、金城銀行 200 万元、上海商業儲蓄銀行 180 万元、浙江興業銀行 120 万元、中南銀行 100 万元となっている[35]。周作民としては、金城銀行本体の経営の安定性も配慮しつつ、朋友范旭東の永利公司に対し最大限の援助を与えるための方策であった。

## おわりに

　金城銀行は民国時期に発展した最も有力な民間銀行の一つであり、多くの預金を集めるとともに、それを資金源として鉱工業に対しても積極的に貸付と投資を行った。そうした工業金融に対する積極的な姿勢は、当時の中国の社会経済情勢と金城銀行の基本的経営方針に基づくものであり、総経理周作民の経済思想を反映していた。周作民が日本に留学した 1906 ～ 1908 年という時期は、日本の銀行業が大きく発展した時期に重なっており、当時、産業金融を推進していた日本の大手銀行の姿が周作民に強烈な印象を与えていた可能性が高い。

　しかし工業金融で成果を収めるのは、決して容易なことではなかった。相手先の企業は必ずしも常に成長を遂げ、安定した経営を続けるわけではない。金城銀行が多額の貸付・投資を行っていた綿紡績業分野を例にとると、同行の溥益（新裕）紡績に対する貸付・投資は失敗に次ぐ失敗であった。ようやく 1936 年、誠孚信託公司に経営を委託するようになって以降、新裕紡績の経営は好転し、同行も資金を順調に回収していくことができた。

　このような経緯に基づき、誠孚信託公司に対しては高い評価が与えられることが多い。確かに誠孚信託公司は成功した事例の一つであった。とはいえその制度の意味を、あまり過大に評価してはならない。それは経営代理会社の一種であって、それが成功するか否かは、制度ではなく、経営をめぐる外的条件と経営者自身の資質とに大きく依存していたからである。誠孚信託公司は人民共和国の成立以降、国家が経済に対する統制を強めていく過程において、その先導役としての役割も果たした。

一方、新興の化学工業分野に対しても、金城銀行は大胆な投資活動を展開した。それを支えたのは、化学工業の例に即していえば、金城銀行の周作民と永利化学の范旭東の2人の間にあった強い信頼関係であり、同時にまた民族産業の発展を支えようとする周作民の固い信念であった。そのため、金城銀行の単独支援に限界が見えた場合には、他の有力銀行や政府系銀行とも協力し、金融支援を行っていた[36]。

---

(1)　呉承禧『中国的銀行』国立中央研究院社会科学研究所叢刊　第壱種、商務印書館、1934年、55頁。

(2)　『中国金融年鑑』1939年版、119頁。工業貸付の12％という数値も含め、貸付先内訳の比率を算出した根拠は明記されていないが、恐らく1930年代の『全国銀行年鑑』の数字であろう。

(3)　銭承緒主編「中国金融之組織　──　戦前与戦後　──　」『経済研究』第2巻第8期、1941年、39頁。

(4)　張郁蘭『中国銀行業発展史』上海人民出版社、1957年。

(5)　王業鍵『中国近代貨幣与銀行的演進（1644-1937)』中央研究院経済研究所現代経済探討叢書　第2種、1981年。

(6)　李一翔『近代中国銀行与企業的関係(1897-1945)』海嘯出版事業公司、1997年、232頁。

(7)　鐘思遠・劉基栄『民国私営銀行史(1911-1949年)』四川大学出版社、1999年、53-58頁、147-152頁。

(8)　久保亨『中国経済100年のあゆみ　──　統計資料で見る中国近現代経済史　──　』創研出版、1991年、88頁。

(9)　中嶌太一「1936年前後に於ける中国銀行の生産的投資について」『彦根論叢』第132・133号、1968年。

(10)　富澤芳亜「銀行団接管期の大生第一紡織公司　──　近代中国における金融資本の紡織企業代理経営をめぐって」『史学研究』第204号、1994年。

(11)　中国人民銀行上海市分行金融研究室編『金城銀行史料』上海人民出版社、1983年（以下、『金城銀行史料』）、2-3頁。

(12)　『金城銀行史料』38-39、41頁。

(13)　『金城銀行史料』156、367頁。

(14)　『金城銀行剏立二十年紀念刊』1937年、1頁、114頁。

(15)　『金城銀行史料』18頁。　　　　　　　　　　　　　　（以下　210頁に続く）

## 付表8-1 金城銀行の貸借対照表、負債類各費目別推移、1917-1948年

単位:元

| | 払込資本金等 | % | 預金 | % | 他行借入金等 | % |
|---|---|---|---|---|---|---|
| 1917 | 500,000 | 9.58 | 4,046,913 | 77.52 | 0 | 0.00 |
| 1918 | 1,031,480 | 8.43 | 9,202,612 | 75.19 | 139,858 | 1.14 |
| 1919 | 2,111,458 | 13.54 | 9,807,460 | 62.88 | 315,901 | 2.03 |
| 1920 | 3,702,071 | 20.87 | 11,984,831 | 67.55 | 306,255 | 1.73 |
| 1921 | 4,862,660 | 21.98 | 9,999,136 | 45.20 | 4,773,216 | 21.57 |
| 1922 | 5,601,395 | 20.75 | 13,700,066 | 50.75 | 5,573,612 | 20.65 |
| 1923 | 5,774,634 | 19.11 | 16,893,749 | 55.92 | 4,792,387 | 15.86 |
| 1924 | 6,501,718 | 18.38 | 19,909,539 | 56.27 | 6,239,364 | 17.64 |
| 1925 | 7,305,780 | 16.42 | 27,030,530 | 60.77 | 5,762,512 | 12.95 |
| 1926 | 8,059,167 | 16.14 | 33,803,838 | 67.72 | 4,223,765 | 8.46 |
| 1927 | 8,752,646 | 15.49 | 34,986,920 | 61.92 | 6,437,702 | 11.39 |
| 1928 | 8,892,285 | 12.06 | 48,626,768 | 65.97 | 9,825,791 | 13.33 |
| 1929 | 9,050,757 | 12.11 | 45,612,523 | 61.01 | 8,159,629 | 10.91 |
| 1930 | 9,214,044 | 10.29 | 55,959,795 | 62.48 | 10,806,153 | 12.07 |
| 1931 | 9,408,778 | 9.27 | 64,347,064 | 63.43 | 9,062,840 | 8.93 |
| 1932 | 9,600,584 | 7.77 | 76,501,797 | 61.89 | 9,747,418 | 7.89 |
| 1933 | 9,801,552 | 6.09 | 100,859,483 | 62.65 | 6,580,359 | 4.09 |
| 1934 | 10,002,420 | 6.07 | 122,885,743 | 74.55 | 10,165,464 | 6.17 |
| 1935 | 10,203,561 | 5.75 | 117,986,957 | 66.53 | 9,652,544 | 5.44 |
| 1936 | 10,426,318 | 5.04 | 129,149,747 | 62.43 | 14,532,805 | 7.02 |
| 1937 | 10,671,989 | 4.43 | 159,000,630 | 65.94 | 18,616,935 | 7.72 |
| 1937 | 10,671,989 | 4.47 | 137,470,969 | 57.61 | 27,169,079 | 11.39 |
| 1938 | 10,330,927 | 4.45 | 151,959,519 | 65.43 | 29,084,304 | 12.52 |
| 1939 | 10,736,738 | 4.16 | 178,257,661 | 69.01 | 26,118,175 | 10.11 |
| 1940 | 10,737,222 | 3.54 | 215,654,447 | 71.02 | 20,254,690 | 6.67 |
| 1941 | 10,598,363 | 2.62 | 304,832,039 | 75.31 | 29,562,125 | 7.30 |
| 1942 | 8,802,165 | 3.42 | 187,867,346 | 72.95 | 16,153,838 | 6.27 |
| 1943 | 8,950,994 | 2.13 | 298,937,955 | 70.98 | 58,593,713 | 13.91 |
| 1944 | 9,284,333 | 0.78 | 676,901,140 | 56.75 | 248,506,615 | 20.83 |
| 1945 | 9,638,356 | 0.25 | 3,071,595,556 | 79.35 | 469,104,545 | 12.12 |
| 1945 | 10,534,367 | 0.11 | 7,781,638,587 | 77.68 | 670,084,747 | 6.69 |
| 1946 | 10,740,607 | 0.03 | 32,032,305,531 | 74.66 | 1,556,370,488 | 3.63 |
| 1947 | 47,620,398 | 0.02 | 211,514,325,024 | 71.84 | 12,573,682,151 | 4.27 |
| 1948 | 10,433,110 | 3.35 | 41,549,268 | 13.35 | 2,122,582 | 0.68 |

出所:『金城銀行史料』18-119、347、660-661、832-833頁
注:1937,1945は6月末が上段、他と同じ12月末は下段。
　　1937から1945年上半期までは重慶管轄は別に集計。

第 8 章　金城銀行の工業金融　205

| 為　替 | % | その他 | % | 本年純益 | % | 総　計 |
|---:|---:|---:|---:|---:|---:|---:|
| 8,200 | 0.16 | 569,454 | 10.91 | 96,080 | 1.84 | 5,220,647 |
| 10,387 | 0.08 | 1,485,673 | 12.14 | 368,478 | 3.01 | 12,238,488 |
| 21,027 | 0.13 | 2,694,028 | 17.27 | 646,913 | 4.15 | 15,596,787 |
| 39,229 | 0.22 | 811,711 | 4.57 | 898,699 | 5.07 | 17,742,796 |
| 250,708 | 1.13 | 1,033,826 | 4.67 | 1,204,621 | 5.44 | 22,124,167 |
| 343,059 | 1.27 | 562,817 | 2.08 | 1,214,627 | 4.50 | 26,995,576 |
| 378,473 | 1.25 | 1,083,756 | 3.59 | 1,287,263 | 4.26 | 30,210,262 |
| 222,944 | 0.63 | 1,175,790 | 3.32 | 1,330,803 | 3.76 | 35,380,158 |
| 312,647 | 0.70 | 2,715,778 | 6.11 | 1,356,266 | 3.05 | 44,483,513 |
| 219,154 | 0.44 | 2,355,720 | 4.72 | 1,258,543 | 2.52 | 49,920,187 |
| 85,409 | 0.15 | 5,254,131 | 9.30 | 990,617 | 1.75 | 56,507,425 |
| 190,159 | 0.26 | 5,171,634 | 7.02 | 1,008,797 | 1.37 | 73,715,434 |
| 86,822 | 0.12 | 10,840,939 | 14.50 | 1,014,695 | 1.36 | 74,765,365 |
| 190,182 | 0.21 | 12,344,741 | 13.78 | 1,046,764 | 1.17 | 89,561,679 |
| 200,255 | 0.20 | 17,487,353 | 17.24 | 942,056 | 0.93 | 101,448,346 |
| 83,527 | 0.07 | 26,843,533 | 21.72 | 830,968 | 0.67 | 123,607,827 |
| 349,571 | 0.22 | 42,563,933 | 26.44 | 830,868 | 0.52 | 160,985,766 |
| 208,828 | 0.13 | 20,736,894 | 12.58 | 831,141 | 0.50 | 164,830,490 |
| 1,334,926 | 0.75 | 37,311,731 | 21.04 | 852,757 | 0.48 | 177,342,476 |
| 1,596,581 | 0.77 | 50,297,584 | 24.31 | 875,671 | 0.42 | 206,878,706 |
| 649,959 | 0.27 | 51,769,499 | 21.47 | 409,310 | 0.17 | 241,118,322 |
| 3,646,517 | 1.53 | 59,615,306 | 24.98 | 58,938 | 0.02 | 238,632,798 |
| 377,040 | 0.16 | 40,488,744 | 17.43 | 5,810 | 0.00 | 232,246,344 |
| 824,320 | 0.32 | 42,354,129 | 16.40 | 484 | 0.00 | 258,291,507 |
| 1,016,731 | 0.33 | 55,999,367 | 18.44 | 1,140 | 0.00 | 303,663,597 |
| 2,227,722 | 0.55 | 57,524,651 | 14.21 | 43,546 | 0.01 | 404,788,446 |
| 235,491 | 0.09 | 42,759,713 | 16.60 | 1,721,635 | 0.67 | 257,540,188 |
| 1,912,097 | 0.45 | 49,482,414 | 11.75 | 3,283,338 | 0.78 | 421,160,511 |
| 43,105,507 | 3.61 | 211,560,287 | 17.74 | 3,504,024 | 0.29 | 1,192,861,906 |
| 36,886,112 | 0.95 | 255,495,036 | 6.60 | 28,248,277 | 0.73 | 3,870,967,882 |
| 1,114,313,082 | 11.12 | 438,360,410 | 4.38 | 2,256,240 | 0.02 | 10,017,187,433 |
| 2,496,927,143 | 5.82 | 6,716,642,440 | 15.66 | 88,729,791 | 0.21 | 42,901,716,000 |
| 16,603,118,825 | 5.64 | 48,014,920,046 | 16.31 | 5,690,671,496 | 1.93 | 294,444,337,940 |
| 41,401,979 | 13.30 | 215,007,805 | 69.08 | 741,261 | 0.24 | 311,256,005 |

付表8-2 金城銀行の貸借対照表、資産類各費目別推移、1917-1948年　単位:元

| | 現金 | | 他行預金 | % | 貸付金 | % |
|---|---|---|---|---|---|---|
| 1917 | 1,360,018 | 26.05 | 14,086 | 0.27 | 3,782,700 | 72.46 |
| 1918 | 2,886,665 | 23.59 | 2,424,401 | 19.81 | 6,513,704 | 53.22 |
| 1919 | 3,491,184 | 22.38 | 4,063,783 | 26.06 | 6,958,968 | 44.62 |
| 1920 | 2,874,633 | 16.20 | 4,041,356 | 22.78 | 8,515,765 | 48.00 |
| 1921 | 3,921,226 | 17.72 | 3,333,110 | 15.07 | 10,516,927 | 47.54 |
| 1922 | 4,027,700 | 14.92 | 6,090,505 | 22.56 | 13,282,829 | 49.20 |
| 1923 | 3,949,019 | 13.07 | 6,201,318 | 20.53 | 15,114,394 | 50.03 |
| 1924 | 4,773,523 | 13.49 | 7,260,368 | 20.52 | 17,109,922 | 48.36 |
| 1925 | 5,516,848 | 12.40 | 8,204,491 | 18.44 | 23,478,604 | 52.78 |
| 1926 | 5,893,378 | 11.81 | 8,656,679 | 17.34 | 25,843,662 | 51.77 |
| 1927 | 7,342,596 | 12.99 | 7,659,731 | 13.56 | 27,295,378 | 48.30 |
| 1928 | 8,120,542 | 11.02 | 15,519,679 | 21.05 | 32,692,720 | 44.35 |
| 1929 | 9,998,866 | 13.37 | 8,845,321 | 11.83 | 38,241,765 | 51.15 |
| 1930 | 10,136,990 | 11.32 | 9,616,095 | 10.74 | 46,443,965 | 51.86 |
| 1931 | 11,096,988 | 10.94 | 12,146,826 | 11.97 | 45,273,946 | 44.63 |
| 1932 | 12,725,616 | 10.30 | 22,110,522 | 17.89 | 51,831,704 | 41.93 |
| 1933 | 11,036,975 | 6.86 | 25,724,450 | 15.98 | 68,855,428 | 42.77 |
| 1934 | 13,817,475 | 8.38 | 16,401,437 | 9.95 | 89,580,596 | 54.35 |
| 1935 | 15,924,008 | 8.98 | 16,228,096 | 9.15 | 93,197,150 | 52.55 |
| 1936 | 10,599,279 | 5.12 | 23,892,631 | 11.55 | 114,508,344 | 55.35 |
| 1937 | 9,211,592 | 3.82 | 34,847,098 | 14.45 | 110,829,979 | 45.96 |
| 1937 | 9,317,724 | 3.90 | 17,433,817 | 7.31 | 97,852,357 | 41.01 |
| 1938 | 17,651,751 | 7.60 | 17,116,801 | 7.37 | 95,885,634 | 41.29 |
| 1939 | 32,472,848 | 12.57 | 23,007,183 | 8.91 | 105,257,774 | 40.75 |
| 1940 | 27,054,354 | 8.91 | 29,409,987 | 9.69 | 139,551,983 | 45.96 |
| 1941 | 21,250,079 | 5.25 | 60,483,694 | 14.94 | 175,441,021 | 43.34 |
| 1942 | 11,249,591 | 4.37 | 37,206,754 | 14.45 | 99,696,321 | 38.71 |
| 1943 | 15,354,780 | 3.65 | 47,952,380 | 11.39 | 227,761,489 | 54.08 |
| 1944 | 62,359,773 | 5.23 | 168,673,680 | 14.14 | 608,917,332 | 51.05 |
| 1945 | 609,096,689 | 15.73 | 1,292,668,406 | 33.39 | 955,229,377 | 24.68 |
| 1945 | 1,360,934,970 | 13.59 | 4,646,219,551 | 46.38 | 1,878,579,169 | 18.75 |
| 1946 | 2,373,245,970 | 5.53 | 6,169,225,793 | 14.38 | 18,697,766,987 | 43.58 |
| 1947 | 20,468,324,120 | 6.95 | 29,713,591,772 | 10.09 | 124,998,831,207 | 42.45 |
| 1948 | 8,463,779 | 2.72 | 131,160,019 | 42.14 | 54,334,285 | 17.46 |

出所:金城銀行史料116-117、346、654-655、830-831頁
注: 1937,1945は6月末が上段、他と同じ12月末は下段。
　　1937から1945年上半期までは重慶管轄は別に集計。

第 8 章 金城銀行の工業金融　　　　207

| 有価証券 | % | 土地建物 | % | その他 | % | 総　計 |
|---|---|---|---|---|---|---|
| 27,484 | 0.53 | 24,636 | 0.47 | 11,723 | 0.22 | 5,220,647 |
| 233,779 | 1.91 | 47,841 | 0.39 | 132,098 | 1.08 | 12,238,488 |
| 495,357 | 3.18 | 161,183 | 1.03 | 426,312 | 2.73 | 15,596,787 |
| 1,081,837 | 6.10 | 406,100 | 2.29 | 823,105 | 4.64 | 17,742,796 |
| 2,677,515 | 12.10 | 788,911 | 3.57 | 886,478 | 4.01 | 22,124,167 |
| 2,066,701 | 7.66 | 826,332 | 3.06 | 701,509 | 2.60 | 26,995,576 |
| 2,761,254 | 9.14 | 913,540 | 3.02 | 1,270,737 | 4.21 | 30,210,262 |
| 4,096,098 | 11.58 | 991,290 | 2.80 | 1,148,957 | 3.25 | 35,380,158 |
| 4,261,168 | 9.58 | 1,521,238 | 3.42 | 1,501,164 | 3.37 | 44,483,513 |
| 5,631,286 | 11.28 | 1,840,034 | 3.69 | 2,055,148 | 4.12 | 49,920,187 |
| 7,081,248 | 12.53 | 2,197,067 | 3.89 | 4,931,405 | 8.73 | 56,507,425 |
| 11,324,770 | 15.36 | 2,516,878 | 3.41 | 3,540,845 | 4.80 | 73,715,434 |
| 10,283,621 | 13.75 | 2,576,339 | 3.45 | 4,819,453 | 6.45 | 74,765,365 |
| 15,393,681 | 17.19 | 2,551,662 | 2.85 | 5,419,286 | 6.05 | 89,561,679 |
| 17,827,701 | 17.57 | 2,668,160 | 2.63 | 12,434,725 | 12.26 | 101,448,346 |
| 19,316,959 | 15.63 | 3,421,724 | 2.77 | 14,201,302 | 11.49 | 123,607,827 |
| 29,141,006 | 18.10 | 4,565,247 | 2.84 | 21,662,660 | 13.46 | 160,985,766 |
| 28,398,377 | 17.23 | 5,696,796 | 3.46 | 10,935,809 | 6.63 | 164,830,490 |
| 31,610,420 | 17.82 | 6,259,991 | 3.53 | 14,122,811 | 7.96 | 177,342,476 |
| 37,408,498 | 18.08 | 6,425,486 | 3.11 | 14,044,468 | 6.79 | 206,878,706 |
| 57,454,163 | 23.83 | 6,743,111 | 2.80 | 22,032,379 | 9.14 | 241,118,322 |
| 60,904,979 | 25.52 | 6,928,816 | 2.90 | 46,195,105 | 19.36 | 238,632,798 |
| 64,931,617 | 27.96 | 11,509,928 | 4.96 | 25,150,613 | 10.83 | 232,246,344 |
| 63,451,791 | 24.57 | 12,073,441 | 4.67 | 22,028,470 | 8.53 | 258,291,507 |
| 62,942,283 | 20.73 | 15,168,744 | 5.00 | 29,536,246 | 9.73 | 303,663,597 |
| 62,858,821 | 15.53 | 20,398,829 | 5.04 | 64,356,002 | 15.90 | 404,788,446 |
| 49,839,861 | 19.35 | 13,399,469 | 5.20 | 46,148,192 | 17.92 | 257,540,188 |
| 76,931,824 | 18.27 | 14,244,208 | 3.38 | 38,915,830 | 9.24 | 421,160,511 |
| 121,750,325 | 10.21 | 23,849,315 | 2.00 | 207,311,481 | 17.38 | 1,192,861,906 |
| 379,526,352 | 9.80 | 56,200,348 | 1.45 | 578,246,710 | 14.94 | 3,870,967,882 |
| 217,208,583 | 2.17 | 261,047,831 | 2.61 | 1,653,197,329 | 16.50 | 10,017,187,433 |
| 2,385,283,096 | 5.56 | 2,481,446,529 | 5.78 | 10,794,747,625 | 25.16 | 42,901,716,000 |
| 23,592,923,473 | 8.01 | 10,665,786,298 | 3.62 | 85,004,881,070 | 28.87 | 294,444,337,940 |
| 28,695,293 | 9.22 | 4,439,654 | 1.43 | 84,162,975 | 27.04 | 311,256,005 |

付表8-3　金城銀行の損益計算書、各費目別推移、1917-1948年

単位:元

| | 収益総額 | 利息収入 | % | 為替取引損益 | % |
|---|---|---|---|---|---|
| 1917 | 139,326 | 97,968 | 70.32 | 40,804 | 29.29 |
| 1918 | 467,734 | 279,857 | 59.83 | 173,148 | 37.02 |
| 1919 | 819,383 | 411,402 | 50.21 | 378,604 | 46.21 |
| 1920 | 1,201,881 | 592,255 | 49.28 | 424,472 | 35.32 |
| 1921 | 1,537,689 | 942,094 | 61.27 | 252,340 | 16.41 |
| 1922 | 1,595,719 | 1,280,436 | 80.24 | 218,058 | 13.67 |
| 1923 | 1,675,749 | 1,196,092 | 71.38 | 236,183 | 14.09 |
| 1924 | 1,719,452 | 1,214,790 | 70.65 | 262,587 | 15.27 |
| 1925 | 1,791,748 | 1,231,768 | 68.75 | 250,693 | 13.99 |
| 1926 | 1,707,204 | 1,348,025 | 78.96 | 105,275 | 6.17 |
| 1927 | 1,439,155 | 1,255,261 | 87.22 | 135,292 | 9.40 |
| 1928 | 1,598,097 | 1,194,176 | 74.72 | 114,870 | 7.19 |
| 1929 | 1,651,467 | 1,173,149 | 71.04 | 323,049 | 19.56 |
| 1930 | 1,702,219 | 1,048,732 | 61.61 | 125,903 | 7.40 |
| 1931 | 1,883,544 | 1,596,840 | 84.78 | 106,673 | 5.66 |
| 1932 | 1,880,768 | 923,769 | 49.12 | 262,386 | 13.95 |
| 1933 | 1,986,493 | 1,185,505 | 59.68 | 252,802 | 12.73 |
| 1934 | 1,998,019 | 1,455,622 | 72.85 | 133,986 | 6.71 |
| 1935 | 2,176,135 | 1,548,130 | 71.14 | 199,653 | 9.17 |
| 1936 | 2,419,731 | 2,178,795 | 90.04 | 100,748 | 4.16 |
| 1937.1-6 | 1,226,598 | 873,927 | 71.25 | 83,017 | 6.77 |
| 1937.7-12 | 1,908,410 | 1,011,004 | 52.98 | 582,212 | 30.51 |
| 1938 | 1,598,606 | 1,599,185 | 100.04 | 143,864 | 9.00 |
| 1939 | 2,253,499 | 2,352,179 | 104.38 | 400,206 | 17.76 |
| 1940 | 3,466,247 | 2,150,132 | 62.03 | 1,040,734 | 30.02 |
| 1941 | 9,638,836 | 6,293,777 | 65.30 | 2,170,735 | 22.52 |
| 1942 | 12,037,074 | 10,318,688 | 85.72 | -66,382 | -0.55 |
| 1943 | 28,238,415 | 26,044,298 | 92.23 | 227,348 | 0.81 |
| 1944 | 113,629,641 | 92,906,895 | 81.76 | 4,216,776 | 3.71 |
| 1945.1-6 | 547,200,270 | 448,047,222 | 81.88 | 18,708,128 | 3.42 |
| 1945.7-12 | 606,483,001 | 462,931,041 | 76.33 | 54,087,448 | 8.92 |
| 1946 | 7,605,233,573 | 5,116,072,653 | 67.27 | 751,519,850 | 9.88 |
| 1947 | 103,138,347,444 | 58,999,571,075 | 57.20 | 15,523,426,319 | 15.05 |
| 1948 | 18,792,436 | 11,617,567 | 61.82 | 5,524,184 | 29.40 |

出所:『金城銀行史料』40-41、356-357、843頁。
注:1937.12-1945.6は重慶総處所属の店舗を含まない数。

第 8 章　金城銀行の工業金融　　　　　　　209

| 証券取引損益 | % | 雑損益 | % | 支出総額 | 純益 |
|---:|---:|---:|---:|---:|---:|
| 0 | 0.00 | 554 | 0.40 | 43,246 | 96,080 |
| 13,841 | 2.96 | 888 | 0.19 | 99,256 | 368,478 |
| 27,893 | 3.40 | 1,484 | 0.18 | 172,470 | 646,913 |
| 164,610 | 13.70 | 20,544 | 1.71 | 303,182 | 898,699 |
| 316,948 | 20.61 | 26,307 | 1.71 | 333,068 | 1,204,621 |
| 96,895 | 6.07 | 330 | 0.02 | 381,092 | 1,214,627 |
| 243,474 | 14.53 | 0 | 0.00 | 388,486 | 1,287,263 |
| 242,075 | 14.08 | 0 | 0.00 | 388,649 | 1,330,803 |
| 309,287 | 17.26 | 0 | 0.00 | 435,482 | 1,356,266 |
| 251,286 | 14.72 | 2,618 | 0.15 | 448,661 | 1,258,543 |
| 23,041 | 1.60 | 25,561 | 1.78 | 448,538 | 990,617 |
| 329,051 | 20.59 | -40,000 | -2.50 | 589,300 | 1,008,797 |
| 111,406 | 6.75 | 43,863 | 2.66 | 636,772 | 1,014,695 |
| 495,578 | 29.11 | 32,006 | 1.88 | 655,455 | 1,046,764 |
| 136,009 | 7.22 | 44,022 | 2.34 | 941,488 | 942,056 |
| 653,074 | 34.72 | 41,539 | 2.21 | 1,049,800 | 830,968 |
| 511,500 | 25.75 | 36,686 | 1.85 | 1,155,625 | 830,868 |
| 370,543 | 18.55 | 37,868 | 1.90 | 1,166,878 | 831,141 |
| 379,050 | 17.42 | 49,302 | 2.27 | 1,323,378 | 852,757 |
| 99,641 | 4.12 | 40,547 | 1.68 | 1,544,060 | 875,671 |
| 256,629 | 20.92 | 13,025 | 1.06 | 817,288 | 409,310 |
| 242,737 | 12.72 | 72,457 | 3.80 | 1,849,472 | 58,938 |
| 16,503 | 1.03 | -160,946 | -10.07 | 1,592,796 | 5,810 |
| -356 | -0.02 | -498,530 | -22.12 | 2,253,015 | 484 |
| -85,170 | -2.46 | 360,511 | 10.40 | 3,465,107 | 1,140 |
| 372,558 | 3.87 | 801,766 | 8.32 | 9,595,290 | 43,546 |
| 851,202 | 7.07 | 935,566 | 7.77 | 10,315,439 | 1,721,635 |
| 1,375,426 | 4.87 | 591,343 | 2.09 | 24,955,077 | 3,283,338 |
| 7,063,200 | 6.22 | 2,442,149 | 2.15 | 110,125,617 | 3,504,024 |
| 80,538,210 | 14.72 | -93,290 | -0.02 | 518,951,993 | 28,248,277 |
| 83,647,744 | 13.79 | 5,816,768 | 0.96 | 604,226,761 | 2,256,240 |
| 1,544,581,211 | 20.31 | 193,059,859 | 2.54 | 7,516,503,784 | 88,729,789 |
| 27,218,724,861 | 26.39 | 1,396,625,189 | 1.35 | 97,447,675,948 | 5,690,671,496 |
| 1,150,284 | 6.12 | 500,401 | 2.66 | 18,051,176 | 741,260 |

（203頁より続く）

(16) 顧関林等編著『中国十大銀行家』上海人民出版社、1997年、278頁。

(17) 誠孚信託公司については後述。なお本書第2章も参照のこと。

(18) 誠孚信託公司第8次董監聯席会議紀録、1940年3月20日、上海市档案館198-1-237。

(19) 神山恒雄「財政政策と金融構造」、石井寛治・原　朗・武田晴人編『日本経済史』〔2〕産業革命期、東京大学出版会、2000年、96頁。

(20) 石井寛治『近代日本金融史序説』東京大学出版会、1999年、281頁。

(21) 神山前掲論文97頁、石井前掲書210頁。

(22) 石井前掲書213頁、神山前掲論文98頁。

(23) 陳伯流「我所知道的周作民」、許家駿等編『周作民与金城銀行』中国文史出版社、1993年、83-84頁。

(24) 邵怡度「我所知道的周作民先生」、『淮安文史資料』第7輯、1989年、56頁。

(25) 徐国懋「周作民対発展民族工業的貢献」『淮安文史資料』第8輯、1990年、15頁。籍孝存、楊固之「周作民与金城銀行」（1964年執筆）、『天津文史資料選輯』第13輯、1981年、107頁。

(26) 李一翔前掲書、153-154頁。

(27) 鐘思遠前掲書、55頁。

(28) 米川伸一『紡織業の比較経営史研究』有斐閣、1994年、124-128、105-106頁など。

(29) 王子建「"孤島"時期的民族棉紡工業」『中国近代経済史研究資料』(10)、上海社会科学院出版社、1990年。

(30) 永利公司に関する簡潔な紹介と参考文献については、本書第10章の「１３．范旭東と永利化学」参照。2005年現在、本格的な企業史料集の編集が進められている。

(31) 前掲、徐国懋「周作民対発展民族工業的貢献」、12頁。

(32) 「鄒秉文報告硫酸錏廠之経過情形」上海銀行第118次総経理処会議録、1933年12月13日、『金城銀行史料』422-423頁。

(33) 范旭東→周作民、函、1933年11月24日、『金城銀行史料』423-424頁。

(34) 前掲、徐国懋「周作民対発展民族工業的貢献」、13頁。

(35) 「永利公司発行公司債之経過節略」、1937年7月1日、『金城銀行史料』428-429頁。

(36) 本書第6章で取りあげた民生公司に対しても金城銀行は積極的な金融支援を展開している。前掲、徐国懋「周作民対発展民族工業的貢献」、13-15頁。

# 第9章　華僑と留学生の企業経営
―― 周辺要素的企業の発展 ――

　近現代の経済活動を支えてきた一つの単位としての企業経営を歴史的に考察する作業は、ある地域の社会経済史研究にとって大きな意味を持っている。しかし我々の歴史認識は、ともすればあまりにも自国中心の発想に陥りやすい。戦後中国における近代企業経営史の研究にも、そうした問題点が存在した。序章で指摘したとおり、従来の中国における企業経営史研究には、①濃厚な政治主義的色彩、②民族主義、③「出身階級」（「階級成分」）決定論とも呼ぶべき思考方法など、様々な問題点がつきまとっていた。一方、近年にいたり、そうした従来の殻を破るような新しい研究動向もでてきている。

　そのような研究史に対する認識を踏まえ、本章においては、自国中心の発想の下では軽視されがちだった周辺的要素に着目し、それが果たした役割について考察する。以下の叙述では、とくに華僑もしくは留学生が設立経営に関与した企業を「周辺要素」的企業と呼び、その企業経営としての特徴、並びにそれが中国の近代企業経営史上、果たした役割について考察することにしたい。華僑及び留学生は中国社会の内部から外部の国際社会に飛び出していった存在であり、華僑送金などのように中国経済の存立に不可欠な役割を果たす一面も持っていたとはいえ、伝統中国の社会経済構造の内部に組込まれる存在ではなかった。その意味において、中国社会の中心ではなく周辺に位置する存在であった。したがって華僑もしくは留学生が関係した企業のことを、さしあたり「周辺要素」的企業と呼ぶことは許されるであろう。ただし20世紀全体を通して華僑や留学生が周辺的存在であったかと問われると、必ずしもそれに対する答えは簡単なものではない。この点については最後に改めて触れることにする。

## 1．「周辺要素」的企業が占めた地位とその役割

　華僑もしくは留学生が設立経営に関与した企業は、どの程度の数にのぼり、それは中国全体の企業経営の中において、どのような地位を占めたのであろうか。華僑の本国投資については、厦門大学の林金枝が詳細な統計資料を作成している。その研究によれば、1862～1949年の間に広東・福建の両省、並びに上海市に於ける華僑の投資規模は、企業数で2万5,510社、投資総額で6億3,271万6,382元に達した[1]。広東・福建の両省と上海市が、華僑の主な出身地であったことを考えると、この数値はほぼ全体の傾向を反映しているものと考えられる。投資先を見ると、不動産業が42.24％を占め最も多く、次いで商業が15.6％、工業が15.0％となっていた。ただし上海市だけに限るならば、47.43％が工業向け投資であり、次いで商業が30.18％、金融業が17.4％となっている。広東・福建両省に比べ、上海の経済的発達がずば抜けたものだとう事実が、ここには反映されている。

　中国経済全体の中で華僑系企業が占めた地位について、林金枝の研究はそれほど詳しい検討を行っていない。そもそも国内の工場総数や資本金総額、工業生産総額などに関する統計自体がほとんど整っていないので、そこに占める華僑系企業の比率も求めようがない、というのが実状であろう。しかし上海に関してだけは、周知のように劉大鈞らによって、非常に精度の高い工業統計がまとめられていた[2]。林金枝もその数値を基礎にして、1934年以前に上海に設立された中国資本企業のうち、華僑系企業はほぼ一割を占めた、との推計を提示している[3]。規模別、産業分野別に検討すれば、さらに華僑系企業の占める比率が高い結果も出てくるに違いない。

　一方、留学生が設立経営に関与した企業の数については、全く統計的なデータがない。

　華僑もしくは留学生が設立経営に関与した企業が中国経済全体の中で占めた位置を考えるため、以下、簡単な推計作業を行っておくことにする。推計の素材にしたのは、1980年代～1990年代に中国各地で出版された一般向けの経営者評伝集である。

　呉広義らの『苦辣酸甜－中国著名民族資本家的路』は全部で31の企業、も

第9章　華僑と留学生の企業経営

**表9-1**　主な企業経営者の経歴、その一

| 姓　名 | 会社、工場名 | 経　歴 |
|---|---|---|
| 張謇 | 大生紗廠（綿紡績） | その他 |
| 張弼士 | 張裕醸酒公司 | 東南アジア華僑 |
| 簡照南、簡玉階 | 南洋兄弟煙草公司 | 日本華僑 |
| 黄煥南 | 先施百貨公司 | オーストラリア華僑 |
| 盧作孚 | 民生公司（汽船） | その他 |
| 范旭東 | 永利製碱公司（化学） | 日本留学生 |
| 李燭塵 | 永利製碱公司（化学） | 日本留学生 |
| 都錦生 | 都錦生絲織廠（絹織物） | その他 |
| 栄宗敬、栄徳生 | 申新紗廠（綿紡績）、福新麺粉公司（製粉） | その他 |
| 劉国鈞 | 大成紗廠（綿紡績） | その他 |
| 郭楽 | 永安百貨公司，永安紗廠（綿紡績） | オーストラリア華僑 |
| 孫潤生 | 利生体育用品工廠 | ﾐｯｼｮﾝｽｸｰﾙ卒業生 |
| 方液仙 | 中国化学工業社 | |
| 厳裕棠、厳慶齢 | 大隆機器廠 | ドイツ留学生（慶齢） |
| 余芝卿、薛福基 | 大中華橡膠廠（ゴム加工品） | 日本華僑 |
| 沈九成、陳万運 | 三友実業社 | その他 |
| 呉蘊初 | 天厨味精廠 | その他 |
| 竺梅先、金潤庠 | 民豊造紙廠，華豊造紙廠 | その他 |
| 李康年 | 中国国貨公司（百貨店業） | その他 |
| 周子柏 | 金星筆廠（万年筆製造業） | （韓国人創設） |
| 劉鴻生 | 大中華火柴公司（マッチ）、上海水泥公司（セメント） | 買辦 |
| 胡西園 | 中国亜浦耳電器廠 | （ドイツ人創設） |
| 冼冠生 | 冠生園糖果餅乾廠（製菓） | その他 |
| 項松茂 | 五洲薬廠（薬品製造） | その他 |
| 武百祥 | ハルビン同記商業集団 | その他 |
| 梁墨縁 | 粵海公司（汽船） | その他 |
| 張元済 | 商務印書館 | その他 |
| 滕虎沈 | 瀘県華豊機器廠 | 元教会勤務 |
| 宋棐卿 | 天津東亜毛呢紡織公司（毛紡織） | アメリカ留学生 |
| 朱継聖、凌其峻 | 北京仁立公司（外国貿易） | アメリカ留学生 |
| 蔡声白 | 美亜織綢廠（絹織物） | アメリカ留学生 |
| 蔡昌 | 大新百貨公司 | オーストラリア華僑 |

出所：呉広義・范新宇『苦辣酸甜：中国著名民族資本家的路』黒龍江人民出版社、1988年。

しくは企業グループをとりあげている。このうち外国人創設の 2 社を除外した 29 社中、華僑もしくは留学生が設立経営に関与した企業は 12 社であった（表 9-1）。また果鴻孝『中国著名愛国実業家』の場合、とりあげられている 21 人の実業家中、6 人が華僑もしくは留学生の出身であった（表 9-2）。さらに馬学新主編『近代中国実業巨子』は全部で 35 人の実業家の伝記を掲載しているが、このうち 10 人が華僑もしくは留学生の出身であった（表 9-3）。おしなべて三割程度が、華僑もしくは留学生が設立経営に関与した企業、すなわち本稿が「周辺要素」的企業と呼ぶ存在で占められている。以上のような現象を偶然の一致だと片づけるわけにはいかない。恐らく実際、近代中国の有名企業に限るならば、およそ三割が「周辺要素」的企業だったのであり、これに

表9-2　主な企業経営者の経歴、その二

| 姓　名 | 会社、工場名 | 経　歴 |
|---|---|---|
| 張弼士(振勛) | 張裕醸酒公司 | 東南アジア華僑 |
| 張謇 | 大生紗廠（綿紡績） | その他 |
| 宋則久 | 天津工業售品所（綿布商） | その他 |
| 簡照南、簡玉階 | 南洋兄弟煙草公司 | 日本華僑 |
| 華之鴻 | 貴州文通書局 | その他 |
| 夏瑞芳 | 商務印書館 | その他 |
| 栄宗敬、栄徳生 | 申新紗廠（綿紡績）、福新麺粉公司（製粉） | その他 |
| 郭楽 | 永安百貨公司、永安紗廠（綿紡績） | オーストラリア華僑 |
| 陳嘉庚 | ゴム園、ゴム販売会社 | 東南アジア華僑 |
| 穆藕初 | 徳大紗廠、厚生紗廠（綿紡績） | アメリカ留学生 |
| 項松茂 | 五洲薬廠（薬品製造） | その他 |
| 范旭東 | 永利製碱公司（化学） | 日本留学生 |
| 劉国鈞 | 大成紗廠（綿紡績） | その他 |
| 劉鴻生 | 大中華火柴公司（マッチ）、上海水泥公司（セメント） | 買辦 |
| 呉蘊初 | 天厨味精廠 | その他 |
| 方液仙 | 中国化学工業社 | その他 |
| 盧作孚 | 民生公司（汽船） | その他 |
| 呉百亨 | 温州百好煉乳廠 | ﾐｯｼｮﾝｽｸｰﾙ卒業生 |
| 都錦生 | 都錦生絲織廠（絹織物） | その他 |

出所：果鴻孝『中国著名愛国実業家』人民出版社、1988年。

買辦出身者をはじめ序章で触れた「外資系企業勤務の経験者」（賀水金）を加えるならば、その比率は半数を大きく上回るであろう。

　さらに重要な点は「周辺要素」的企業がそれぞれの産業分野に於て、きわめて重要な役割を果たしていたことである。以下 1920 ～ 30 年代を中心に産業分野別に、華僑もしくは留学生が設立経営に関与した企業の位置と役割について、表 9-1 ～ 9-3 に掲載されていない有力企業を拾い上げた表 9-4 も参照しながら検討してみよう。

　綿紡績業：何といっても永安紡が抜きんでた存在であった。香港・上海に高級百貨店を展開していたオーストラリア華僑が設立した永安紡は、1930 年代初めまでに、日本資本の在華紡を別にすれば、申新紡に次ぐ大規模な生産設備を擁するようになっていた。それだけではない。経営内容の面では、利潤率・資本回転率・資本の内部蓄積額など、あらゆる指標において申新紡を上回るすぐれた営業成績を残している[4]。永安紡経営者の郭楽が、当時、製造業の全国団体が組織した中華工業總連合会の代表に就任したのも、そうした実績を買われてのことであった。

　製糸業：1930 年代に国内最大規模に成長したのは永泰絲廠である。その設立者薛南溟の第 3 子薛寿萱は、アメリカ留学の後、日本の製糸業も視察し、

第9章　華僑と留学生の企業経営　　　　　　　　　　215

**表9-3** 主な企業経営者の経歴、その三

| 姓名 | 会社、工場名 | 経歴 |
|---|---|---|
| 徐潤 | 輪船招商局 | 買辦 |
| 鄭観応 | 上海機器織布局等 | 買辦 |
| 朱葆三 | 華成保険公司等 | 買辦 |
| 周廷弼 | (無錫) 裕昌絲廠 | 元外国商社勤務 |
| 張謇 | 大生紗廠 (綿紡績) | その他 |
| 葉鴻英 | 源来号 (海産物雑貨卸売業) | 日本華僑 |
| 朱志堯 | 求新機器廠 | 買辦 |
| 黄奕佳 | 中南銀行 | 東南アジア華僑 |
| 夏瑞芳 | 商務印書館 | その他 |
| 宋漢章 | 中国銀行 | 上海中西書院卒 |
| 栄宗敬 | 申新紗廠 (綿紡績)、福新麺粉公司 (製粉) | その他 |
| 郭楽 | 永安百貨公司、永安紗廠 (綿紡績) | オーストラリア華僑 |
| 簡照南 | 南洋兄弟煙草公司 | 日本華僑 |
| 穆藕初 | 徳大紗廠、厚生紗廠 (綿紡績) | アメリカ留学生 |
| 秦潤卿 | 福源銭荘等 | その他 |
| 呂岳泉 | 華安合群保寿公司 | 元外国保険会社勤務 |
| 史量才 | 申報 | その他 |
| 聶雲台 | 恒豊紗廠 | その他 |
| 項松茂 | 五洲薬廠 (薬品製造) | その他 |
| 盛丕華 | 大豊洋布号 | その他 |
| 陳光甫 | 上海商業儲蓄銀行 | アメリカ留学生 |
| 陳万運 | 三友実業社 | その他 |
| 費伯鴻 | 中華書局 | その他 |
| 冼冠生 | 冠生園糖果餅乾廠 (製菓) | その他 |
| 劉鴻生 | 大中華火柴公司 (マッチ)、上海水泥公司 (セメント) | 買辦 |
| 竺梅先 | 民豊造紙廠、華豊造紙廠 | その他 |
| 方液仙 | 中国化学工業社 | その他 |
| 陸紹雲 | 宝成紗廠、大成紗廠等 (綿紡績) | 日本留学生 |
| 王志莘 | 新華銀行 | 東南アジア華僑 |
| 丁佐成 | 大華科学儀器公司 | アメリカ留学生 |
| 孫瑞璜 | 新華銀行 | アメリカ留学生 |
| 厳慶祥 | 蘇綸紗廠、大隆機器廠 | その他 |
| 鄭仲和 | 安楽棉毛紡織染廠 | その他 |
| 王佐堯 | 中国国貨公司 (百貨店業) | その他 |
| 湯蒂因 | 現代教育用品社、緑宝金筆廠 | その他 |

出所：馬学新・曹均偉・席翔徳主編『近代中国実業巨子』上海社会科学院出版社、1995年。

　アメリカ留学生出身の薛祖康、日本留学生出身の鄒景衡らを登用して経営改革を成功させていた[5]。

　人絹織物製造業：経営者にアメリカ留学生出身の蔡声白を据えた美亜織物が、人絹織物の製造で業界トップの座を占め、1930年代には東南アジア向け輸出にも力を注いでいた。

　肌着製造業：アメリカ華僑が創設した中国内衣廠は、肌着の国内市場で最も有力なメーカーの一つになった。

　紙巻煙草製造業：飲食品産業の中で最も大規模な機械制工業が発展した分野である。この分野に於ては、広東出身の在日華僑が設立した南洋兄弟煙草

**表9-4　その他の周辺要素的企業と経営者略歴（表 9-1・9-2・9-3 掲載企業以外）**

| 企業名（設立年） | 経営者／　略　歴　／　史料 |
|---|---|
| 梁新記兄弟牙刷廠＊(1909) | 梁日盛／広東省仏山県出身、キリスト教徒／(3)13頁 |
| 徳昌紡織廠 (1915) | 沈国禎／東三省アジア石油公司買辦／(3)32頁 |
| 振豊棉織廠 (1919) | 王蓮舫／日本出稼労働者、技術修得／(1)136頁 |
| 華福製帽廠 (1919) | 陳吉卿／日本華僑／(1)157頁 |
| 中国内衣織染廠＊＊ (1920) | 黄鴻鈞／アメリカ出稼労働者、後ハーバード大卒／(2)20頁 |
| 中国銅鉄工廠 (1925) | 李賢堯／元イギリス資本の窓枠サッシ会社勤務／(3)89頁 |
| 民生墨水廠 (1925) | 鄭尊法／東京工業大学化学科卒　日本留学生／(3)86頁 |
| 天一味母廠 (1926) | 葉墨君／日本留学生／(1)28頁 |
| 新亜化学製薬廠 (1926) | 趙汝調／千葉医科大学卒／日本留学生／(2)94頁 |
| 義生橡膠廠 (1929) | 李葆生／日本華僑／(2)99頁 |
| 亜光製造公司 (1931) | 張恵康／コーネル大学卒　アメリカ留学生／(1)85頁 |
| 裕華化学公司 (1933) | 梁嵩齢／ニューヨーク市立大学卒　アメリカ留学生／(3)194頁 |
| 中華賽璐珞廠 (1933) | 陳旋笙／日本のセルロイド事業視察／(1)66頁 |
| 中国鉛筆廠 (1934) | 呉羹梅／横浜高等工業学校卒　日本留学生／(2)34頁 |
| 無敵香皂廠# (1935) | 翁栄炳／元日本品輸入販売商店員、1915年以来従事／(1)177頁 |
| 長城鉛筆廠 (1937) | 張大煜／トライスデン大学卒　ドイツ留学生／(3)204頁 |

注：( ) 内は設立年。＊歯ブラシ製造。＊＊下着縫製。＃石けん製造。
出所：(1) 上海機製国貨工廠連合会『工商史料』第一集、1935年。
　　　(2) 上海機製国貨工廠連合会『工商史料』第二集、1936年。
　　　(3) 上海機製国貨工廠連合会『中国国貨工廠全貌』、1947年。

が、多国籍企業である英米煙草に次ぐ大会社に成長していた。経営内容は必ずしも良好なものではなかったとはいえ、中国民族運動の高揚に歩調を合わせ、急速に販売額を伸ばしている。

醸造業：華僑の張振勛（弼士）が山東省煙台に設立した張裕醸酒公司は、万博でも好評を得たような高品質のワイン、ブランデー等を製造し、中国酒造業界に於て最も名を知られた企業の一つになった。

ゴム加工品製造業：神戸の在日華僑が 1920 年代末に創設した大中華ゴムは、他社を次々に吸収合併し、中国最大のゴム加工品製造工場へと急成長した。

化学工業：トップ企業の永利公司には、創設者であった日本留学生范旭東らの他にも、やはり日本留学生で東京高等工業高校で電気化学を専攻していた李燭塵、アメリカ留学生で皮革加工の研究者としての実績も積んでいた侯徳榜ら、留学経験のある優秀な人材が数多く集まっていた。

機械工業：従業員数 700 人、旋盤 200 台という有力機械メーカー大隆機器廠の場合、その創設者厳裕棠の第 6 子厳慶齢がドイツのベルリン工科大学に留学しており、その経験を生かし、技術開発本部にあたる「総工程師辦公室」を設け、工場内の技術革新を主導した。

以上にあげたのは、いずれも当時の中国製造業を代表する産業分野にほかならない。換言すれば、1920〜30年代、中国製造業のリーディング・カンパニーの大半は、華僑もしくは留学生が設立経営に関与した「周辺要素」的企業によって占められていた。

　なお製造業以外の分野に目を移せば、やはり華僑や留学生の活躍が顕著だった業種として、大規模小売業の雄たる百貨店業と近代的金融を支えた銀行業の両者をあげることができる。上海のメインストリート南京路に軒を連ねた大新・新新・永安・先施の四大百貨店は、いずれも華僑が設立したものであった。またアメリカ留学生出身の陳光甫が設立経営に当たった上海商業儲蓄銀行、日本留学生出身の周作民が設立経営に当たった金城銀行、東南アジア華僑が出資設立した中南銀行など、有力銀行の多くは留学生や華僑によって支えられていた。

## 2．「周辺要素」的企業の発展要因

　外国企業勤務経験者の重要性に着目した前掲の賀水金論文は、彼らが資本蓄積と経営能力の面で優位を発揮したことに注意を向けている。こうした指摘にも留意しながら、「周辺要素」的企業が、どのような企業活動を展開することによって有力企業に発展していったのかを、それぞれの産業分野に於て具体的に探ってみることにしよう。

　まず第一に、とくに華僑系企業の場合、製品販売網の掌握力に見るべきものがあった。むしろ正確には、外国製工業製品を輸入販売していた実績の上に立って、その工業製品の輸入代替生産に乗り出した、といった方が適切かもしれない。

　たとえば最も早い時期に成立した機械制製造業の一つ、マッチ製造業がそうである。通説によれば、中国最初のマッチ製造工場は、在日帰国華僑の衛省軒が広東省佛山県文昌沙（後に同県内の缸瓦欄へ移転）に設立した巧明マッチであった[6]。もっとも近年のある研究は、上海に設立された工場の方が早かったと主張している[7]。いずれにせよ明白な点は、中国に於けるマッチ製造工場の設立に際し在日華僑の関与が確認されることである。一方、日本側の

調査によれば、19世紀末から20世紀初頭にかけ、日本から中国に向けてマッチの輸出を盛んに行っていたのは在日華僑商人たちであった。横浜税関がまとめた調査によれば、「支那向キ燐寸ノ輸出事業ニ関シ、常ニ之ヲ輸出スルニ支那商ノ為メニ其主権ヲ掌握セラレテ、本邦当業者ハ唯彼等支那商ノ手足タルガ如キ……」[8]状態であった。雑貨工業の代表的な存在としてマッチ製造業について考察した研究も「初期においては輸出マッチの製造業者は、資本力が乏しいために製品代金を中国人の輸出商から前借りし、資本蓄積の機会に恵まれなかった。」[9]と指摘している。在日華僑商人の一部は、このような日本からの中国向けマッチ輸出業務を通じて培った製品販売網を活用し、本国でのマッチ工場設立に乗り出したものと見られる。

　類似した構図は1920年代末のゴム加工品製造業の発展に際しても認めることができる。元来、1910年代から20年代にかけ長靴やズック靴などのゴム加工品を中国市場に持ち込み盛んに販売していたのは、日本の阪神地方に住む在日華僑商人であった。しかし1920年代末、異変が生じる。銀の国際価格の下落にともない、中国の為替レートが低下し輸入品の価格が上昇したため、日本からの輸入品であるゴム加工品の販売価格も引上げざるを得なくなり、売り上げが減少した。さらに日本の山東出兵に対する反発、とくに1928年5月に日本軍が引き起こした済南事件に抗議する反日運動が大きく高揚し、日本品をボイコットする動きが広がったことも、日本製ゴム加工品の販路を狭める要因になった。また国民政府の関税政策も、ズック靴などに対する輸入税率を引き上げ、その輸入を困難にする方向で展開されていた。こうした状況に対する対応策として、日本製ゴム加工品を取り扱っていた商人たちの間に、上海など中国国内に工場を創設する動きが広がったのである。なお民国時期の上海に於けるゴム加工品工業の発展を整理した研究書は次のように総括している。「上海の民族ゴム工業の発展は、初期に設立されたいくつかの小さな工場を除き、1928年から1931年にかけてのわずか4年間に集中している。その投資者たちは、主にそれまで日本製ゴム加工品を販売していた日本製品取扱い専門問屋〔原語は「東洋荘」〕の商人たちであった。人民大衆の日本品ボイコット運動が高揚する中、日本製品取扱い専門問屋の業務が急速に衰えてしまったため、資本家たちは急いで姿勢を変え、ゴム製品工業に投資する

ことにしたのである。……こうした現象は何も護謨工業に限ったことではなく、製粉業や毛紡績工業などでも類似した状況が生じている。しかしゴム工業ほど際だった変化が見られた産業分野はなかった」[10]。日本品ボイコット運動の影響だけを強調している点は訂正されるべきであろう。しかし1920年代末、日本製ゴム加工品を取り扱っていた商人たちによりゴム加工品製造業発展の基礎が据えられたという事実は確認されている。

当時の日本側史料によれば、この上海の日本品取扱い商人たちは、大阪の川口華僑と呼ばれるグループと人的にも資金的にも重なる人々であった。「当地護謨工場は川口華商が従来の製品輸出に代り、技術並に原料を供給せる関係上全く邦人によって構成されたと云っても過言ではなく、現在当地にある邦人技術者は十人に近く、原料薬品類も殆んど本邦品が使用されて居る」[11]。

アメリカ、オーストラリア、日本などに居住していた華僑商人たちは、近代の機械制工業製品に対し、本国商人と比べより多くの商品知識を持つことができた。その一方、中国人としての言語や文化を共有し、中国在来の商習慣を熟知していた華僑商人たちは、外国人商人と比べ比較的容易に本国の市場に入り込んでいくことができた。

第二に華僑企業がとくに金融面で独自の力量を備えていたことに注意しておく必要がある。たとえば1870年代に広東で器械製糸業を創設したベトナム華僑出身の陳啓?の場合、彼自身の帰国後も彼の兄はサイゴンの華僑街ショロン地区で絹織物商を続け、工場設立に必要とされた資金の援助を続けている[12]。煮繭作業にボイラーを用いるだけの簡便な機械設備に過ぎなかったとはいえ、器械製糸業はそれまで中国国内にはまったく存在しなかった産業分野である。中国国内の金融業者がそうした未知の企業活動に資金を貸与した可能性はきわめて小さく、もし華僑として国外にあった兄の資金援助がなかったならば、陳啓?の製糸工場はとうてい実現し得なかったに違いない。

後に業界トップ企業に成長した南洋兄弟煙草も、設立時は、当面の資金確保にも苦しむ小さな会社に過ぎなかった。創設者の一人簡玉階の回想によれば、南洋兄弟煙草の前身にあたる広東南洋煙草が1905年に資本金10万元を集めることができたのは、当時親密な関係にあったベトナム華僑曽星湖の協力を得て、香港で商売をしていた数軒の中国製品取扱い商から出資金を獲得

できたうえ、叔父に当たるベトナム華僑簡銘石からも資金援助を受けたからであって、本人たちは2万元程度を出しただけだったという[13]。

　恐らく在外華僑の資金を最も効率よく集め、それを経営に活用していた企業の一つが、永安公司である。広東出身のオーストラリア華僑郭一族が中心になって作り上げたその金融ネットワークは、永安百貨店、永安紡績、永安保険、永安銀号など系列会社間の緊密な資金協力関係を基礎としていた。1928～1935年に於ける永安紡績の経営を例にとると、この期間中、系列会社からの借入金は、各年の借入金総額の72～96％を占めている。系列会社からの借入金は他の金融機関からの借入金に比べ、格段に条件がよいものであった。利率が低いというだけではなく、返済期間は事実上無制限であり、抵当を差し出す必要もなかったからである。また永安紡績は株式会社形態を採用し、多数の海外在住華僑を小口の株主に組織し、多くの資金を集めることにも成功していた[14]。

　むろん全ての華僑系企業が強い資金調達力を持っていたというわけではない。しかし彼らが同族の間に築いていた金融ネットワークは、非常に緊密な信頼関係によって支えられていた[15]。

　第三に「周辺要素」的企業は、他の一般的な中国資本企業に比べ相対的に高い技術水準を備えていたことを指摘しておかなければならない。汪敬虞は最近の論文の中で、すでに19世紀後半、ヨーロッパの近代的工業技術を中国に導入するに当たり、華僑商人たちが、多くの困難に逢着しながらも重要な役割を果たしたことを確認している[16]。20世紀に留学生が設立経営に関与した企業の場合、彼ら自身が留学中に修得した最新技術を自らの企業経営に持ち込んで成功した事例を少なからず確認することができる。たとえば前掲表1～3にも顔を出す著名な人物として、穆湘玥、蔡声白、侯徳榜らがいる。アメリカに留学して紡績技術を学んだ穆湘?は、徳大・厚生の両紡績工場を経営するとともに、当時の新聞雑誌紙上に紡織技術と工場経営に関して多くの文章を発表していた[17]。やはりアメリカ留学生出身で美亜織物の経営に当たった蔡声白の企業経営については、彼と業務をともにした邱鴻書がすぐれた文章を書き残している[18]。また永利化学の経営陣に加わった技術者の一人侯徳榜の伝記は、アメリカに留学し第一線の化学者として活躍していた彼が、

第 9 章　華僑と留学生の企業経営　　　　　　　　　　　　221

どのような経緯で永利に入社し、技術面でどのように貢献したかを具体的に明らかにしており、興味深い[19]。

　従来あまり知られていなかった例も次に紹介しておこう。民生墨水（インク）の創設者鄭尊法は東京工業大学応用化学科の卒業生だったが、1923年に帰国した後は、著名な出版社である商務印書館に入社し自然科学関係の本の編集に当たっていた。しかし彼は編集業務の合間を縫って自らの研究を続け、ついに高品質で廉価な印刷用インクの開発に成功、民生墨水を創設した[20]。また天一味母廠を創設した葉墨君は、元来、清末の日本留学生であって東京高等師範に学び、帰国後は杭州女子師範学校の校長を七年間務めたのをはじめ、長い間、教育界で生きてきた人物であった。しかし日本の「味の素」や上海の天厨公司製「味精」といった化学調味料が市場でたいへんな人気を得ていたのに刺激され、独自の技術により化学調味料「味母」を製造することに成功、天一味母廠の創設に至ったのである[21]。新亜化学製薬廠の趙汝調も日本に留学している。彼の場合は千葉医科大学薬学科を卒業した後、大阪の藤沢薬品に入社し働いていた。しかし1926年に自ら職を辞して帰国、許冠群と協力し新亜化学製薬廠を創設したのであった[22]。似たような経歴を持っていたのが鉛筆会社を創設した呉羹梅である。横浜高等工業学校で応用化学を学んだ呉は、卒業後、日本の真崎大和鉛筆株式会社に勤務し、鉛筆の製造技術を習得、帰国後に中国鉛筆廠を創設している[23]。

## おわりに

　本稿が「周辺要素」的企業と名づけた華僑もしくは留学生が設立経営に関与した企業は、中国の近代産業の発展をリードしたきわめて大きな存在であった。その比率は1920～1930年代に有力企業のおよそ3割程度に達していたものと推測され、それぞれの産業分野に於て重要な役割を果たしていた。「周辺要素」的企業が発展した要因は、他の一般企業に比べ商品販売網・資金調達力・技術水準など様々な面に於て優位に立つ場合が多かったことに求められる。

　一方に於て純然たる外国資本企業の場合、多かれ少なかれ、当時の中国の

国内市場に参入することに困難を感じざるを得ず、中国人の買辨を雇用したり、多額の中間マージンを負担するなどして、高い流通コストを強いられる場合も多かった。それに対し中国の伝統的な商慣習や社会経済を熟知していた「周辺要素」的企業は、そうした困難を大幅に軽減することができた。

　他方、国内の商工業者らが設立した中国資本企業の場合、資金調達や技術水準の面に於て様々な限界にぶつかることが多かった。1920～30年代当時、産業金融に積極的な銀行は数少なく、近代工業に対する金融支援システムはまだまだ不十分なものであったし、国内の技術開発体制や技術者養成制度にいたっては、ようやくその整備が緒に付いたという段階に過ぎなかったからである[24]。こうした状況の下では、華僑資本の強力な金融網に支えられ、留学生を通じて最新の技術を直接導入できた「周辺要素」的企業の方が、明らかに他の中国資本企業より有利であった。

　以上のような事情は注目に値する。「周辺要素」的企業は、純然たる外国の経済勢力が設立した企業ではなかったし、中国在来の有力な経済勢力が設立した企業でもなかった。中国の社会経済の内部に入り込みながら、なおかつその外部に最も近いところにいた存在、まさに「周辺」的な存在にほかならない。そして19世紀末から20世紀前半を中心に見た場合、とくに1920～30年代中国の歴史的条件の下にあっては、「周辺要素」的企業は「周辺」的存在であるが故の優位を確保し、めざましい発展を記録したのであった。

　したがって当然のことだが、歴史的諸条件が変動すれば、「周辺要素」的企業の立場も大きく異なってくる。たとえば中国市場の特異性が弱まってくれば、純然たる外国資本企業と「周辺要素」的企業の間の競争力格差は小さくなるであろう。また中国国内の金融システムや技術者教育の整備が進むならば、国内資本企業と「周辺要素」的企業との間の競争力格差も小さくなるであろう。「周辺要素」的企業が、いつも変わらず重要な役割を果たし続けるわけではない。20世紀末の1980年代から21世紀はじめにかけてのいわゆる「改革開放」時代にも、当初は「周辺要素」的企業の活躍が顕著に認められたのに対し、その後、しだいにその位置が後退していく過程が見られた。

　要するに「周辺要素」的企業に対する歴史的な認識を深めることが求められるのであり、中国近現代史にとって「周辺」的存在が持つ意味についても、

第 9 章　華僑と留学生の企業経営　　223

また同様の配慮が求められるに違いない。

---

(1)　林金枝『近代華僑投資国内企業概論』厦門大学出版社、1988 年、40-41 頁。
(2)　Lieu,D.K.〔劉大鈞〕,*The Growth and Industrialization of Shanghai*, China Institute of Pacific Relations,1936.
(3)　林、前掲書、59 頁。
(4)　本書第 5 章、菊池敏夫「中国資本紡績業の企業と経営 ―― 1920 年代の永安紡織印染公司について ―― 」『近きに在りて』第 13 号、1988 年。
(5)　鄒景衡〔池田憲司等訳〕「鄒景衡と永泰絲廠」『近きに在りて』12 号、1987 年。また本書第 10 章 6 も参照。
(6)　中国科学院経済研究所・中央工商行政管理局資本主義経済改造研究室主編、青島市工商行政管理局史料組編『中国民族火柴工業』中華書局、1963 年、5 頁。
(7)　黄振炳『走進火花世界』中国商業出版社、2001 年、3 頁。
(8)　横浜税関『清韓商況視察報告』1906 年、4 頁。マッチの輸入貿易については Cochran,Sherman, 'The Roads into Shanghai's Market; Japanese,Western, and Chinese Companies in the Match Trade 1895-1937', Wakeman, Frederic Jr. and Yeh, Wen-hsin, Shanghai Sojourners　University Press of California,1992.
(9)　藤井茂編『マッチ工業構造論』日本評論新社、1962 年、4 頁。
(10)　中国社会科学院経済研究所主編、上海市工商行政管理局・上海市橡膠工業公司史料工作組編『上海民族橡膠工業』中華書局、1979 年 22-25 頁。また本書第 10 章 9 も参照。
(11)　大阪市役所産業部調査課『大阪の護謨工業』〔大阪市産業叢書第 11 輯〕、1932 年、230 頁。
(12)　徐新吾主編『中国近代繰絲工業史』上海人民出版社、1990 年。また本書第 10 章 5 も参照。
(13)　中国科学院上海経済研究所・上海社会科学院経済研究所編『南洋兄弟烟草公司』上海人民出版社、1960 年、2 頁。また本書第 10 章 9 も参照。
(14)　上海市紡織工業局・上海市工商行政管理局等編『永安紡織印染公司』中華書局、1964 年、172-180 頁。また本書第 10 章 4 も参照。
(15)　S.Gordon Redding, 'Weak organization and strong linkages',Chinese Business Enterprise,vol.2,1996(Originally published in Gary G. Hamilton ed.,Business Networks and Economic Development in East and Southeast Asia, Centre of Asian Studies,University of Hong Kong,1991)
(16)　汪敬虞「中国現代化黎明期西方科技的民間引進」『中国経済史研究』2002 年第 1 期。
(17)　穆湘玥『藕初五十自述、藕初文録』商務印書館、1926 年。

(18) 徐新吾主編『近代江南絲織工業史』上海人民出版社、1991年、第7章1 美亜織綢廠廠史（元同廠上海分公司経理邱鴻書執筆）。また本書第10章7も参照。

(19) 李祉川・陳韵文『侯徳榜』南開大学出版社、1986年。本書第10章の13も参照。

(20) 上海機製国貨工廠聯合会『中国国貨工廠全貌（初編）』上海機製国貨工廠聯合会、1947年、86頁。

(21) 上海機製国貨工廠聯合会『工商史料』第1輯、上海機製国貨工廠聯合会、1935年、28頁。上海商報社『現代実業家』上海商報社、1935年。

(22) 上海機製国貨工廠聯合会『工商史料』第2輯、上海機製国貨工廠聯合会、1936年、94頁。陳礼正・袁恩楨『新亜的歴程－上海新亜製薬廠的過去現在和未来』上海社会科学院出版社、1990年。

(23) 上海機製国貨工廠聯合会『工商史料』第2輯、上海機製国貨工廠聯合会、1936年、34頁。

(24) 富澤芳亜「『満洲事変』前後の中国紡織技術者の日本紡織業認識」、曽田三郎編『近代中国と日本』御茶の水書房、2001年。

# 第10章　近代中国の企業経営と経営者群像

　そもそも近代中国には、どのような企業経営が存在したのだろうか。現在の我々にとって、その具体的なイメージを描くのはなかなか難しい。中国的な企業経営の特質を探っていくためにも、いつ頃から、どのような産業分野で、誰によって近代的な企業経営が試みられていったのか、まずはそうした基本的な事実を整理しておく必要がある。それを踏まえ、それぞれの企業における資金確保の方法や利益配分の内容、またとくに製造業の場合で言えば生産技術に対する姿勢などに着目し、それぞれの企業経営の在り方を考察していくことにしたい。序章で書いたとおり、本章は個別研究ではない。以上のような意図に沿って書かれた一種の概説であり、文献案内でもある。

## １．鄭観応と上海機器織布局

　中国における近代企業経営史の最初の頁を飾るにふさわしい人物が、この鄭観応（1842〜1922年）である。汽船会社、紡績会社、製紙会社など多くの企業経営に携わるとともに、『盛世危言』などの著作を通じ近代政治思想の紹介にもつとめたことで知られる。近代中国の経済発展を担う最も有力な機械制大工業となった綿紡績業における中国最初の機械紡績工場、上海機器織布局が設立される際も、鄭観応は重要な役割を果たしていた。

　鄭観応は1842年広東省香山県（現在の中山市）で生まれた。孫文の出身地として知られ、華僑の故郷と呼ばれた土地柄のところである。伝統的な知識人の家庭に育ち、科挙試験に挑戦したが失敗、1858年に叔父を頼って上海に出た。男9人女8人と子どもの多い家庭だったため、経済的余裕があまりなかったことも故郷を離れた一つの理由であろう。上海ではイギリスの商社新

徳洋行の買辦をしていた叔父鄭秀山の下で働きながら英語学校に通い、翌年やはりイギリス資本の商社宝順洋行に入社した。

商社間の競争が激しくなっていた中、アメリカの南北戦争の影響で多くの負債を背負った宝順洋行は 1868 年、閉店に追い込まれた。それを機会に独立した鄭観応は、友人たちと資金を出し合って和生祥茶桟という茶葉の取引問屋を設立、多くの利益を得るとともに、公正輪船公司という外資系汽船会社の役員にも就任した。こうした若手実業家としての手腕を見込まれ、1874 年には、イギリス資本の有力商社太古洋行 Butterfield & Swier 商会の系列汽船会社から請われ、同社の経営の責任を負う買辦に就任した。上海機器織布局の経営に関わったのはこの時期である。

上海機器織布局の設立準備作業は 1878 年頃から進んでいた。機械織り綿布の輸入と国内消費が増大していたことから、国産棉花を用いて国内でそれを生産し、多くの利益をあげるとともに外貨流失を防ぐことをめざし、機械紡績－機械織布の一貫生産が可能な工場を設立しようとしたのである。しかし設立準備に当たるメンバーの中に人を得ず、開業にいたるまでの道筋がなかなか明らかにならない。そこで鄭観応に白羽の矢が立った。

1880 年、上海機器織布局総辦に就任した鄭観応は、経営方針をまとめた文書の中で次の 3 点を強調している。

① 財務を公開し信用を獲得すること。

「明示籌集之款、以堅衆信……」（集めた準備資金の内容を明らかにし、一般からの信用を堅固なものにする）、「在股份本銀明見実数、……断不可稍渉虚仮。」（株主払込資本金については実数を明示し、いささかなりとも虚偽の数字を用いるべきではない）などと述べ、一部の者のみが資金事情を掌握していた従来の状況を改善し、多くの人に財務を公開することによって機器織布局に対する信用を獲得しようとした。

② 西欧の技術力を活用すること。

「専用西法以斉衆力。」（西欧の技術を重視して用い、力を合わせていく）とする立場から、機器織布局設立の技術上の困難を打開するため、アメリカ人技術者に依頼し、短繊維の中国産棉花を紡績機で使用する際に必要な機械の仕様の変更点、運転の際の留意点などを探らせている。

③ 政府に産業保護政策を実施させること。

「概免抽厘」(一切の国内通行税の免除)、「在十五年或十年之内、通商口岸無論華人洋人、均不得另自紡織」(今後15年間もしくは10年間、開港都市では中国人であると外国人であるとを問わず、上海機器織布局以外に紡織工場を操業してはならない)などの要求が語られ、設立早々の工場に対し政府は保護政策をとるべし、との期待が表明されている。

全体としてみると、①により株式会社として成立つ大前提を固めながら、②にいう西欧の技術と③にいう政府の産業保護政策とによって、大きな発展を図ろうとしていたものと言えよう。しかしこうして事業が軌道に乗ろうとしていた矢先、清朝政府とフランスとの間で生じていたインドシナ植民地化をめぐる紛糾がこじれ、清仏戦争が勃発、上海の株式市場は暴落した。その結果、上海機器織布局の設立準備金を株式投資で増やそうとしていた鄭観応は大きな損失を被り、1884年、失敗の責任をとって機器織布局の経営から退かざるを得なかった。資金不足を解消するための窮余の一策だったとはいえ、まだ操業にも至っていない企業の設立準備金を株式投資につぎ込んだのは、あまりにも無謀だったと言わざるを得ない。鄭は香港に居を移した後、同地の治安当局に捕えられ ── 直接の容疑は太古汽船の公金使込みだったと言われる ── 、半年間の拘禁生活を送るという屈辱的な経験も強いられた。一方、鄭が去った後の機器織布局は、会社資産の厳正な管理、経理部門への縁故者不採用など、失敗を繰返さないための原則を明確にしつつ経営体制の立直しが図られ、ようやく1890年に至り開業の日を迎えている。

結局のところ鄭観応が上海機器織布局の設立にかかわった時期は短く、わずか4年間ほどだった。だが、中国産の棉花を用いた機械紡績業の基礎的な条件を明らかにした点において、そして株式会社制を採用し広い層から多くの資金を集めていくという大規模な紡績会社経営の基本線を確立した点において、やはり鄭観応の功績を否定することはできない。そのような役割を果たしたはずの彼が、株式会社経営のモラルを踏み外し、表舞台から立ち去らざるを得なかったのは皮肉である。それは近代企業黎明期の上海に生まれた、一つの印象的な情景であった。

【参照文献】詳細な出版データは巻末の文献目録参照。以下同様。

『鄭観応集』（夏東元編）
『鄭観応伝』修訂本（夏東元）
「19 世紀 70-80 年代の近代綿業移植論」（鈴木智夫『洋務運動の研究』）
「上海機器織布局の創設過程」（同上）
「19 世紀 90 年代の中国における綿業近代化の二つの道」（同上）

## 2．張謇と大生紗廠

　清末の改革派たる立憲派の有力政治家としての顔と、近代的な企業経営者としての顔の二つの顔を持っていた人物が張謇（1853 〜 1926 年）である。1853 年、長江の河口に近い江蘇省南通に生まれた。科挙試験に何度も挑戦した末、40 歳を過ぎた 1894 年、ようやく進士に合格し、清朝政府の高官になる道を歩み始めた。ところが状元というトップの成績で合格し官僚としての出世コースに乗ったはずの 1896 年、張謇は実業界に身を転じ、郷里で様々な事業を起こして企業経営に携わっていく。その後、そうした経営者としての実績を基盤に政界における発言力も強め、立憲派の勢力に推されて江蘇省諮議局（清朝が開設した一種の地方議会）議長に就き、さらに辛亥革命後は中華民国政府の工商部、農商部（現在の日本の通産省、農水省等に相当）の大臣まで務めた。しかし政治家としての活動に忙しくなった後も、終始、企業経営に対する関心を弱めてはいない。

　張謇はなぜ実業界に身を転じたのか。その第 1 の理由はむろん、当時、澎湃として巻き起こりつつあった実業振興ブームに違いない。輸出貿易の伸長で経済が活況を帯びていたことに加え、日清戦争の終結にともない 1895 年に締結された下関講和条約で外国人の製造業投資が容易になり、外国商社主導で上海に相継いで大きな綿紡績工場が設立されたことも実業振興ブームをあおる一因になった。第 2 に、日清戦争敗北の責任を問われ、民族主義的強硬論を唱えていた「南派清流」グループという官僚たちの勢力が凋落したことは、そこに属していた張謇が官界における自らの将来に見切りをつける契機になった。しかしそれは恐らくあくまで直接の契機に過ぎない。雨天をついて強行された皇帝謁見行事への参加体験などを通じ、清朝の伝統的な政治行

第 10 章　近代中国の企業経営と経営者群像　　　　　　　　　229

政機構そのものに対し、張謇は失望の念を深めていた。たとえ「南派清流」グループの凋落という事態が起きなかったとしても、何らかのきっかけで当時の官界から彼が飛び出していた可能性は強い。第3に、張謇の実業界入りを促すような交友関係と社会層が存在したことも、注意されなければならない。大生紗廠の設立準備で実際に動いたのは、張謇と親交があった南通並びに隣接する海門の下級郷紳といわれる人々であり、彼らは自らの生業としては綿布商、材木商、金融業などを営んでいた。彼らが張謇を推したて、周囲の商人や地方官を巻き込み、大生紗廠の設立までこぎつけたのである。もし彼らの存在がなければ、張謇の実業界入りはありえなかった。

　張謇のかかわった事業は広い範囲に及んでいる。しかしその中心は大生紗廠という綿紡績工場であった。会社設立は1896年、操業開始は1899年で、原料には地元産の棉花を使い、製品である綿糸の販売先市場もやはり地元の手織綿布業であった。最盛時、大生が擁していた紡錘数は13万7000錘になり、資本金は1348万両に達している。この大生紗廠の経営の特徴を整理しておこう。

（1）　少ない自己資金

　2万錘という大規模な機械制紡績工場を設立するためには、少なくとも50万両程度の資本金を用意する必要があった。しかし設立当初に資本金として集められたのは、紡績機を現物供与する形で地方政府が出資した25万両、並びにやはり地方政府からの出資金4万両を除くと、わずか15万両程度に過ぎない。実際には、工場設立に要する費用以外に、原棉の買付けを始めとする運転資金も必要になるため、資本金はきわめて不足した状態であり、不足分は借入金でまかなわざるを得なかった。このような自己資金の少なさが、その後も大生の経営上、一貫して問題になった。

（2）　官利という固定配当金制度

　少しでも多くの自己資金確保をめざし、出資者を募るために採用した一つの方法が、官利という固定配当金の支払いであった。これは営業成績に関わりなく、出資者に対し毎年一定の利率で配当金を支払うことを約束する制度であり、大生紗廠の場合、年率八％になっている。実質的に年率八％の利子支払を条件に借入を行ったに等しい。その結果、官利は当面の資金調達には

有効だったとはいえ、全体としてみると二三年間を通じ平均五八％という高い配当性向を余儀なくされる一因になり、不況期には企業経営を圧迫する要因になり、平常な年でも減価償却を遅延させる大きな要因になった。減価償却の遅れは設備の更新を困難なものにし、ひいては競争力そのものを低下させていくことになった。

(3) 政治的社会的地位の利用

張謇はまた少ない自己資金を補うための方便として、自らが得た政治的社会的な地位をフルに活用した。大生紗廠が格安の価格によって紡績機を調達したのも、その一例に数えることができる。張謇たちは、洋務派の高官張之洞によって購入されながら様々な経緯で放置されていた紡績機に目をつけ、個人的な人脈に頼り、これを格安の価格で引き取ることに成功したのである。また資金集めの一法として、張謇自らが筆をふるい、科挙試験トップ合格者である「状元」の書、と銘打って販売するような努力も払っていた。

ただしこのように張謇の個人的な力量と努力に負うところが大きかったという創業当初の事情は、その後の企業経営の中で別の弊害を生む条件にもなった。とくにそれは、学校教育の振興をはじめとする各種の社会事業に対し張謇の個人的な判断によって企業の利益金のうちの相当部分が回されていたという事態の中に、集中的に示されている。学校教育の充実そのものには大きな意義が認められるにしても、そうした支出を優先したことにより、資金の内部蓄積や新たな設備投資が抑制されるなど企業経営に対しては相当の負担が強いられる結果になり、やがて企業経営が行き詰まる遠因となった。むろん企業内部でもこのことは相当問題になり、張謇の個人企業的色彩を薄める努力が払われたりはした。

大生紗廠は、戦後恐慌が深刻化した1923年、ついに資金調達が困難な状況に追い込まれ、工場施設を担保物件に銀行から巨額の融資を受けることになった。しかし苦境を打開することはできず、1925年にいたり大生一廠と大生二廠は双方とも銀行団の管理下に置かれた。銀行団管理下の大生紗廠が合理化を進め、経営再建の道を歩み始めるのは、1930年代を迎えてからのことになる。その時、すでに1926年に世を去った張謇の姿はない。張謇なくして生まれ得なかったであろう大生紗廠の再建は、張謇の逝去後、ようやく本格化

第 10 章　近代中国の企業経営と経営者群像　　　231

したのであった。
【参照文献】
　　『大生系統企業史』（大生系統企業史編写組）
　　『大生系統企業档案選編（紡織編 I ）』（南通市档案館等編）
　　『開拓者的足跡 ── 張謇伝稿』（章開沅）
　　『張謇と中国近代企業』（中井英基）
　　「中国の半植民地化と企業の運命
　　　　　── 張謇の企業経営と政治行動をめぐって」（野沢豊）
　　「中井英基氏の近代中国経営史研究について」（金丸裕一）
　　「銀行団接管期の大生第一紡織公司 ── 近代中国における金融資本の
　　　　紡織企業代理経営をめぐって」（富澤芳亜）

## 3．栄家と申新紗廠

　20 世紀前半までに時期を限定すれば、中国最大の企業グループを形成したのが、栄宗敬・栄徳生兄弟が中心になって築きあげた、綿紡績の申新紗廠 9 工場と製粉業 12 工場を擁する栄家企業グループであった。また 1979 年に中国国際投資信託公司ＣＩＴＩＣを設立、1983 年から全国人民代表大会常務委員会副委員長、1993 年からは国家副主席の重任にある栄毅仁（1916 年〜）が栄徳生の息子の一人であることは、よく知られている。
　栄宗敬（1873 〜 1938 年）と弟の栄徳生（1875 〜 1952 年）は江蘇省無錫の生まれである。父の栄煕泰は、農地が 1ha にも満たない小さなものだったため、徴税を請負う下級官吏になるなどして生活の資を得ていたという。このように決して余裕のある暮しではなかったことから、栄宗敬は 1886 年に上海へ出て働き始め、鉄工所の帳簿係になった。しかし翌 87 年には永安街の豫源銭荘に勤務先を変え、さらに 91 年からは森蓉泰銭荘に勤務した。弟の栄徳生も 89 年から同じ永安街の通順銭荘で働くようになっている。当時、銭荘は上海と近隣地域の商工業に対する最も有力な金融機関だったので、そこでの勤務を通じ栄兄弟は棉花や小麦などの取引慣行に習熟していくことができた。
　1892 年、父の栄煕泰が広東の厘金局に職を見つけたことから栄徳生も父に

ついて広東に赴き、そこで 3 年間ほど働いた後 1895 年に帰郷した。一方栄宗敬は、それまで勤めていた森蓉泰銭荘が日清戦争にともなう経済変動の影響で閉店したため、1894 年に帰郷している。父と兄弟はこうして貯めた資金 1500 元を持寄り、親戚などからも別に 1500 元の出資を得て、1896 年、上海に広生銭荘を開設した。さらに 1898 年には近代器械製糸業向けの繭取引問屋である繭行も設立している。銭荘と繭行の経営を通じて、栄兄弟はますます多くの資金を蓄積していく。

1900 年、義和団事件の影響で華北地方向け小麦粉取引が活発化したの直接の契機として、兄弟たちは蓄積した資金の一部をさいて製粉業に進出することを決めた。栄徳生はすでに広東で機械製小麦粉の品質を知り、機械製粉業の発展可能性を考えていたともいわれる。なお当時、銭荘の利益に陰りが生じていたことも、他産業への進出を企てた一因だったようである。1902 年、無錫に設立した保興麺粉廠（翌年、茂新麺粉廠に社名変更）が操業を開始した。さらに 1913 年には、上海において福新麺粉廠も開業させている。

金融業を足場に繭取引業と機械製粉業に乗り出していた栄兄弟が、次に着手した大事業が綿紡績業であった。1905 年、資本金 27 万元で発足した無錫の振新紗廠に対し、栄兄弟は 6 万元を出資した。振新紗廠は 1907 年に操業を開始したが、その後利益配分方法などで紛糾が持ち上がり、結局 1915 年、栄兄弟は同紗廠から資本を引上げ、上海に申新紗廠を新設した。当初わずか 30 万元の資本規模から出発していたにもかかわらず、申新は積極的に工場増設と買収を押し進め、1931 年には 9 工場 46 万錘を擁する中国最大の紡織企業へと急成長を遂げている。しかし 1934 年に手形の不渡りが発生し、翌 1935 年には申新第七工場の競売未遂事件が起きるなど、必ずしも経営が安定した基盤を持っていなかったことに注意しておかなければならない。その原因は、以下に述べるとおり申新紗廠の経営の特質自体の中に求められる。

（1）合股制を保持したこと

これだけの規模の企業に成長していたにもかかわらず、申新紗廠は、会社の形態として、多数の株主に出資を求める有限責任の株式会社制を採用せず、「合股制」、すなわち少数の出資者が無限責任を負って経営に当たる合資会社制を保持したままであった。その理由は、経営者の栄兄弟らが、株主総会の

意向により経営権を制約されるのを嫌ったためだとされる。加えて金融業から紡績業へ参入したという経緯もあり、自己資金が比較的潤沢だったことから、株式を公開して資金を集める必要性をそれほど感じていなかったのも、長期間にわたり合股制を保持し続ける一因になったと思われる。

（2）同族経営であったこと

申新第一工場の経営責任者は栄宗敬、第二工場の責任者は栄宗敬の長男である栄溥仁、第三工場の責任者は栄徳生、第四工場の責任者は同族の一人栄月泉、第五工場の責任者は栄徳生の子である栄偉仁、第六工場の責任者は栄熙泰の弟である栄鄂生（したがって栄兄弟にとっては叔父に当たる）という具合に、各工場の経営のトップには栄一族が就いていた。それだけではない。幹部社員のうち 12 ％は栄姓であり、全社員の 65 ％は無錫人で占められる（1928 年時点の調査）など、経営体制の根幹部分に同族支配があった。大規模な企業経営を合股制によって維持していくため、同族支配は避けられなかったとも見られる。しかし上海・無錫・武漢の全国3都市に散らばる9つの工場を統轄的に経営していくのは、決して容易なことではない。同族支配の絆に頼るだけではそれは十分に果たされず、実際ある1つの工場が経営危機に陥っても、全社を挙げて資金を機動的に用いることは困難だったのである。

（3）借入金への依存が大きかったこと

9つの工場のうち5つまでは、元来他社の工場だったものを申新紗廠が吸収合併したものである。しかしこうした企業の大型化を、あくまで株式会社制を採用せずに進めた結果、一族の自己資金だけでは支えきれない分については、結局のところ借入金に依存せざるを得なかった。そのため借入金の額は 1931 年の時点で総額 5000 万元にも達し、その元利支払の負担が申新紗廠の経営を大きく圧迫し、ひいては 1934〜35 年の経営危機を招く最大の要因にもなった。

【参照文献】

『茂福申新卅週紀念冊』（茂福申新総公司）

『楽農自訂行年紀事』（栄徳生）

『茂新、福新、申新系統　栄家企業史料』（上海社会科学院経済研究所編）

『栄家企業発展史』（許維雍・黄漢民）

「近代中国の企業経営 ── 『栄家企業』の研究 ── 」（鈴木智夫）
「1930 年代の金融危機と申新紡織公司」（菊池敏夫）

## 4．郭家と永安紗廠

　申新紗廠につぐ規模を誇った綿紡織企業であり、華僑系資本の代表的な企業でもあった。永安紗廠は株式会社制のメリットをフルに活用した企業経営を展開しており、その点では合股制に執着した申新紗廠とは対照的な存在だったといえよう。

　郭家の企業活動を主導した郭楽（1874 ～ 1956 年）は広東省香山県で生まれ、十代半ばの 1890 年、すでに移住していた兄を頼ってオーストラリアに渡り、シドニー近郊の農場で働いた後、1893 年から父方の従兄弟の紹介で「永生果欄」というシドニー市内の果物取引を扱う商店に勤めるようになった。4 年後に独立、友人と共同出資し「永安果欄」という名の店をつくり、果物の卸、小売、並びに同地の華僑向けに中国物産の販売などを手がけ始める。この間、兄弟のうち最初の移住者だった郭楽の兄は早世しているが、郭楽の 4 人の弟たちが相継いでオーストラリアに渡り、事業を手伝うようになった。1905 年には、他の華僑資本系 2 社と共同でフィジー諸島に直営バナナ農園を開設し販売体制を強化するなど、郭兄弟たちの事業は順調に軌道に乗っていく。

　このようにオーストラリアで経営基盤を固めた郭楽たちは、1907 年、香港に進出した。最初に手がけた事業はデパートである。といっても創立した時点では店員数 10 ～ 20 人という小さな店に過ぎなかったのだが、1912 年、60 万香港ドルに増資するとともに株式会社に改組、店員の数も 60 人を超えた。この成功を踏まえ、郭楽たちは香港での一層の事業拡大とともに、上海への進出も企てる。周到な準備の末、1918 年、資本金 200 万香港ドルを準備して、上海のメインストリート南京路に 7 階建の偉容を誇る永安デパートが開店した。以後、この香港と上海のデパート事業は、郭家が手がける事業全体の中核的存在になっていく。

　大規模小売店業の分野で相当の地歩を築いた郭楽たちが次にめざした目標こそ、綿紡織業への進出にほかならない。1922 年、資本金 600 万元の永安紡

織公司が上海で操業を開始した。同公司は1931年までに5工場24万6500錘の生産設備を擁すまでになり、中国資本企業の中では申新につぐ業界第2の紡織会社へと発展した。

次にこの永安紗廠の経営の特徴をまとめておくことにしよう。

(1) 株式会社制を採用したこと

永安紗廠の場合、すでに開業した時点で、5302人の株主から600万元の資本金が全額払い込まれている。株主名簿の分析結果によれば、78％までは1人当たり出資額1000元以下の小株主であり、そのほとんどが香港・広東・オーストラリアなどに居住する華僑たちであった。300万元という当初予定の2倍に当たる額を、多数の大衆株主から集めることができたわけであり、株式会社制のメリットが見事に生かされたといってよい。むろんデパート事業が成功していたため、郭楽たちに対する華僑仲間の信頼が抜群に厚かったことが、とくに重要な前提条件になった。

同時に郭楽たちは経営権を安定的に掌握しておくため、系列6社で116万7000元、郭一族で15万3500元の株券を取得する措置を取り、資本金総額の2割程度に当たる金額は自ら保有していた。他方、大衆株主は一人ひとりの力が弱い上、遠隔地での居住という事情もあり、経営に対し発言する機会は少なくならざるを得なかった。

(2) 蓄積重視の経営を貫いたこと

そもそも株主に対する配当率が4～10％程度と同じ時期の他の企業に比べ低く抑えられていた上、配当を実施する期日を延期したり、配当金の代わりに新規発行株を割当てたりするなどさまざまな策を弄し、利益金の配当を抑制した。その結果、創立以来1936年までの時点で実質的には利益金の78.5％までが蓄積に回されており、減価償却の合計は固定資産額の35％に達している。このように蓄積重視の経営が貫徹された一つの条件は、前述のとおり、たとえ株主の一部から高い配当金を求める声が出されたとしても、経営側がそれらを拒否するに足る発言権を確保していたことに求められる。

(3) 系列会社から有利な資金調達を行ったこと

生産規模拡大などのために急遽資金が必要になった場合、永安デパート・永安銀号・大東酒店（ホテル）・永安水火保険公司などの系列会社から、無期

限、無担保、低利率という甚だ有利な条件で資金を調達することができた。通常であれば年率8～12％の返済利息のところ、永安紗廠は高くても年率7％程度ですんだ。

（4）製造面・財務面で専門家を重用したこと

最新鋭技術の導入につとめるとともに、会計管理の点でも専門家を招聘し合理化を進めていたことが知られる。こうした動きを主導したのは、郭兄弟の子どもたち、第2世代の一人、郭棣活（1904～1986年）であった。郭棣活はシドニーで郭葵の子として生まれ、香港の小学校、広州の高校と大学に通った後、1922～26年、一族の期待を担ってアメリカのマサチューセッツ州立大学に留学、綿業関係を専門に学んだ。帰国と同時に永安紗廠に入社し、1929年、25歳の若さで副社長に抜てきされ、上記のような改革を推進したのである。郭家はこうしていわば内部から、専門的力量を備えた経営者を養成することに成功していた。

【参照文献】

『永安紡織印染公司』（上海市紡織工業局等編）

「中国資本紡績業の企業と経営 —— 1920年代の永安紡織印染公司について —— 」（菊池敏夫）

## 5．陳啓沅と広東製糸業

中国で初めて器械製糸業に近い工場を設立したのが、ベトナム華僑出身の陳啓沅（1825～1905年）であった。マカオの対岸に位置する広東省南海県に生まれた陳は、1854年ベトナムへ赴き、兄とともにサイゴンの華僑街ショロン地区で絹織物商を始めた。そして1870年頃から工場開設に関心を抱くようになり、1872年に帰国、翌1873年、故郷の南海県に継昌隆絲廠を設立したのである。

その後、同種の工場の増設によって器械生糸の輸出も伸長していくが、これは在来の絹織物業者への原料供給の道を狭め彼らの経営を脅かす動きだったことから、1881年、そうした製糸工場の一つ裕昌厚絲廠を手工業ギルドの親方や労働者たちが襲撃する、という事件が発生した。治安の悪化を恐れた

地方政府が、しばらくの間南海県近辺における器械製糸工場の営業を禁止する措置を取ったので、継昌隆絲廠も対岸のマカオに移転し和昌絲廠と改名して営業継続を図ることを強いられた。しかし3年後には禁止令も解除され、再び南海県に戻った陳啓沅は世昌綸絲廠という名前で営業を再開している。結局この時の紛糾は近代産業の展開にともなう在来産業との摩擦が表面化したものであり、広東器械製糸業の発展に対しそれほど大きな障害をもたらしたわけではなかったといえよう。

継昌隆絲廠はボイラーからの給湯による煮繭設備と足踏式の繰り糸器とを備えただけの工場に過ぎず、厳密な意味においては機械制工業と呼ぶわけにいかない。しかし繰り糸器の駆動に機械動力が導入されれば、もうそれは立派な器械製糸工場である。こうした工業技術上の発展段階、並びに設立当初約300人、最盛時には約800人の労働者が働いていたというその規模を考慮し、ここでは陳啓沅の企業経営について整理しておくことにしたい。

上海、江浙一帯や広州など当時の経済的先進地帯を避け、敢えて郷里の南海県に立地したことが一つの重要な前提条件になった。これにより政治変動の影響を受けることが少なくなり、原料繭と労働者の確保が容易になったからである。また初期の工業化段階に適合した簡便な技術を採用し、近隣にある広州の機械工場で生産可能な機械設備だったことも、同種の器械製糸工場が激増した原因だったと思われる。そうした条件に加え、継昌隆絲廠は、条件のあるところでは原料繭の直接買付けを行い、製品である生糸の直営販売店を広州市内に設け、消費者に直接販売するなどして収益を高めることに努力した。

各種の社会事業に出資し、地元の信頼を勝ち得る努力を払っていた事実も伝えられている。

【参照文献】
　「広東器械製糸業の成立」（鈴木智夫『洋務運動の研究』）

## 6．薛家と永泰絲廠

　江南最大規模の器械製糸工場を展開したのは薛家の一族である。元ヨーロッパ駐在公使で「工商立国」を唱えた著名な洋務派官僚の薛福成（1838～1894年）を父に持つ薛南溟（1862～1929年）は、1880年代にイタリア人の繭取引商の下で働いた後、1892年自ら繭行（取引問屋）を設立した。繭行は、当時勃興していた器械製糸業向けに、農家から繭を買集め供給していた流通業者であり、繭取引から大きな収益をあげていた。薛南溟は繭行の経営を通じて得た利益と経験とを手がかりに、1896年、器械製糸業にも乗出す。それがこの年、資本金5万両で312釜のイタリア式繰糸器を備え上海市内に創設された永泰絲廠であった。

　しかし操業開始後まもない1903年、同社は繭投機に失敗し巨額の損失を出してしまう。大量の繭を買い占めたにもかかわらず生糸の国際価格が低迷し、繭の価格が下落した状態で売り払わざるを得なかったためである。工業資本としての活動ではなく、商業資本的な活動に走った末、失敗したことになる。

　経営の抜本的な立直しを迫られた永泰絲廠は、すぐれた経営手腕が見込まれた徐錦栄という人物にその全権を委ねた。同社も含め当時上海の器械製糸業においては「租廠制」と呼ばれる工場設備をまるごとレンタルする制度、つまり借りる側からいえば、一定の期間を決めて経営を請負う制度が普及していた。工場設備を所有する「実業廠主」は経営に関与せずにレンタル収入を期待でき、経営に携わる「営業廠主」は固定資産にあたる金額を負担せず、レンタル料と流動資金を負担するだけで営業収益を獲得できる、という仕組みである。経営の全権を掌握した徐錦栄は、原料繭の精選、労働者の日々の出来高をチェックする方法の導入などによる労務管理の強化、以上を踏まえて高品質を保証した新ブランド「金双鹿」の創出等々の新基軸をうちだし、経営立直しに成功した。

　一方、この間に上海製糸業を取り巻く条件は急速に変化しつつあった。人件費や各種のコストが高騰した反面、無錫などの近郊都市において工業発展のための条件整備が進み、上海の相対的な優位が失われてきたからである。しかも「租廠制」は工場設備のレンタル料の分だけコストが多くかかる仕組

みになっており、長期的な設備投資が行われにくいという難点も抱えていた。こうした状況の変化をにらみながら、永泰絲廠は無錫で 1912 年に 1 工場、1918 年には 2 つの工場を買収するとともに、1920 年には自ら投資して新しい工場も建設するなどして次第に無錫に経営の軸足を移していき、1926 年、上海工場を閉鎖し、完全に上海から撤退した。

　無錫に移った永泰絲廠は、薛南溟の第 3 子薛寿萱（1899 ～ 1971 年）の下、「租廠制」によらず新たな経営改革を推進していく。その 1 つの特徴は、当時の日本型生産システムを導入することであった。薛寿萱は、蘇州の東呉大学を経てアメリカに留学、1925 年に帰国し永泰絲廠の経営陣に加わった後、1928 年、日本の製糸業視察へ自ら赴くとともに、そうした経験を生かし、アメリカ留学生出身の薛祖康、日本留学生出身の鄒景衡ら、新世代の技術者を登用して経営改革に取組んだ。1930 年には華新製糸養成所を設け労働者の内部養成システムを整備する一方、日本製の煮繭機と多条機を購入、それを模造して生産設備を更新する作業に着手した。蚕の品種改良普及に力を入れるため、蚕事部も設置している。さらに製品の直販体制を強化するため、通運公司という子会社を設立したり、ニューヨークに出張所を設けたりした。こうした一連の方策が奏功し、永泰絲廠は 1930 年代の経済恐慌を乗り切り、生産と輸出を伸ばしていくことに成功する。1937 ～ 45 年の日中戦争期間中、無錫地域は日本の占領下に置かれ同社も接収されたが、その技術水準は日本側関係者の間でも高く評価された。

【参照文献】
　　「恐慌下江南製糸業の再編試論」（奥村　哲）
　　「鄒景衡と永泰絲廠」（鄒景衡）


## 7．蔡声白と美亜織綢廠（絹・人絹織物）

　上海市内の 10 箇所に工場を展開し、国内市場はもとより東南アジア向け輸出にも積極的に取組んだ絹・人絹織物工場が美亜織綢廠である。経営者の蔡声白（1894 ～ 1977 年）は浙江省呉興県の生まれ。呉興県一帯は湖州糸として知られる優れた品質の生糸の伝統的な産地だった。父は挙人の資格を持つ知

識人であり、蔡声白自身は1911年にアメリカ留学をめざして清華学堂へ進み、1915～19年、マサチューセッツ工科大学に留学している。帰国後まもない1920年、同郷の著名な製糸工場経営者莫觴清に見込まれ、莫が創設した美亜織綢廠の経営をまかされた。この時、同社が備えていた織機はわずか12台だったに過ぎない。しかしその後の十数年間に美亜織綢廠は急成長を遂げ、1933年の段階で10工場、織機1200台、資本金280万元と、業界トップクラスの企業に躍りでた。

　同社の経営の特徴は、新技術の導入と経営規模の拡大に対し、きわめて積極的な姿勢をとったことである。赴任した蔡声白は、まず日米両国から新鋭の織機80台を輸入し、紋羽二重などの新製品を生産できる体制を固めて販売を伸ばしていった。それに成功すると、新たな資金をつぎ込み、1924年から30年にかけ、ほとんど毎年のように他社工場を買収し事業を拡大している。

　このように積極的な設備革新と事業拡大が可能だった一つの条件は、美亜織綢廠が豊富な資金をもっていたことである。そもそも創設者の莫觴清が経営していた久成製糸工場は、上海市内を中心に十数箇所の工場があり、計2500釜以上の繰糸機を擁する業界最大手の会社だった。莫觴清が相当の手元資金を持っていたことは疑いない。またこのように有力な後ろだてを持つ企業であったことが恐らく重要な要因の一つとなって、中国銀行という政府系金融機関も、美亜織綢廠に対し相当の額の融資を行っている。

　また美亜織綢廠は宣伝などによる新たな市場開拓にも力をいれ、独自にファッションショーを開催したり、そのショーの模様を収めた映画をつくり全国各地で上映会を開いたり、1932年と1936年には、東南アジア向け輸出促進の使節団を送り込んだりしている。

　そのほか政府に対し美亜織綢廠は、輸出促進のための保税工場制度創設を働きかけていた。人絹糸の輸入税を免除して人絹織物の価格を引下げ、輸出を促進することをめざし、様々な方策が語られていた。

【参照文献】
　『上海市之国貨事業』（晨報社）
　『現代実業家』（商報社）
　『苦辣酸甜 —— 中国著名民族資本家的路』（呉広義・范新宇編）

## 8．簡兄弟と南洋煙草公司

　華僑の国内投資によって設立され、ついには中国最大の煙草製造販売会社に発展したのが、この南洋煙草公司である。創業者の簡照南（1870 ～ 1923 年）・簡玉階（1875 ～ 1957 年）兄弟は海外移住者が多かった県の一つ広東省南海県の出身。兄照南は 1886 年に香港へ出て陶磁器商の店員として働き始めた。2 ～ 3 年たってから日本に駐在することになり、1890 年代に独立、神戸に海産物や綿糸を取扱う店を開いた。弟の玉階は 1893 年、日本に渡って兄の仕事を手伝うようになる。香港に関連会社を設立して東南アジアとの交易にも手を染め、香港－東南アジア間を結ぶ汽船会社の経営も開始して事業を拡大しつつあった矢先、1902 年に沈没事故が起きてしまい、汽船会社経営からは撤退することを余儀なくされた。

　こうした経緯を経て、1905 年、新たな事業展開先を模索していた簡兄弟は、広東南洋煙草公司を設立しタバコの製造販売に乗り出した。ベトナム在住華僑が共同出資者になり、日本で中古の紙巻タバコ製造機を調達、工場は香港に設立している。市場競争が激しく 1908 年に一度休業したが、翌年、広東南洋兄弟煙草公司と改称して再出発した。東南アジアの華僑たちをターゲットに、「中国人は中国の煙草を」とのキャッチフレーズで売込みを図り成功したと言われる。1916 年、上海に大規模な工場を設立してからは、中国国内の市場にも大々的に進出していくことになった。1918 年には資本金 500 万元の株式会社に改組している。

　南洋煙草が大きく発展した背景を理解するためには、1880 年代までのアジア間貿易の実態を知っておかなければならない。日本の対アジア貿易も含め、この時期のアジア間貿易を掌握していたのは中国人商人たちであった。欧米の貿易商社にせよ、勃興しつつあった日本の商社にせよ、何らかの形で中国人商人たちの手を経ることによって、初めて自らの商売を展開できたような時代だったのである。19 世紀末から 20 世紀にかけこうした状況は大きく変わっていくが、アジア間貿易において中国人商人たちが築いたネットワークには、依然きわめて強力なものがあったわけであり、簡兄弟のようにそこで成功した経営者は、相当の資力を蓄えることができた。

その販売政策には際だった特徴があった。先行していた英米煙草というアメリカ資本企業に対抗するため、南洋煙草は国産品であることを強調した新聞広告などを繰り広げながら、10本入りの小さなパッケージまで工夫して一般庶民向けの低価格製品にシフトするとともに、代金後払いの仕組で稠密な販売代理店網を作りあげたのである。いずれも当時の中国の経済事情に即した、すぐれた着眼点だったと言わなければならない。

南洋煙草の経営のもう一つの特徴は、同族経営という性格が濃厚だったことである。株式会社に改組された直後の1919年段階でも、出資者の6割以上は簡一族であった。同族経営という条件は、巨額の新規投資を容易にした反面、恣意的な経営方針のチェックを難しくさせ、やがて1930年代に同社の経営を危機に陥らせる遠因にもなった。

【参照文献】
『上海近代民族巻烟工業』（方憲堂主編）
『南洋兄弟烟草公司』（中国科学院上海経済研究所等編）
Big Business in China － Sino-Foreign Rivality in the Cigarette Indus －try 1890-1930（Cochran,S.）
「上海にみる民族資本工業の展開とその性格
　　── 南洋兄弟煙草会社の場合 ── 」（大野三徳）
「1930年代の経済危機下における中国民族資本企業の実態
　　── 南洋兄弟烟草公司についてのノート ── 」（芝池靖夫）

## 9．余芝卿と大中華橡膠廠（ゴム雑貨）

民国期に発展した雑貨工業にゴム製品加工業がある。この業界を代表する存在になった大中華橡膠廠を創設したのも、日本で働いた経験を持つ余芝卿（1874～1941年）という人物だった。浙江省寧波地方の出身。1887年に上海へ出て「東洋荘」と呼ばれていた日本製品専門商店の一つ徳盛成に勤めるようになった。1894年、同じ業界の泰生祥へ勤務先を変更、1900年頃にはそこも辞め独立している。1904年から3年間ほど日本に渡って働いた後、1907年、上海に戻って和昌盛と名づけた東洋荘を設立、この店の経営に30年以上携わ

るようになった。

　転機が訪れたのは 1920 年代に入ってからのことであった。当時和昌盛は日本国内の企業に委託生産したゴム製レインシューズを輸入販売し、大きな利益を得ていた。裏地に布を使った履き心地の良い新製品がアメリカで発明され、人気を博していたので、それを模倣した製品を安く製造し販売したからである。ところが折から日本軍の山東出兵に反対する排日運動が高揚し、日本製品の輸入販売を手広く続けることが困難になった。そこで 1928 年、日本からゴム製品加工のための機械を輸入して大中華橡膠廠を設立、自ら製造販売に乗り出すことを決めたのである。創立当初は資本金 8 万元、従業員数 83 人という小さな町工場に過ぎなかったにもかかわらず、国産品愛用の風潮に対応することができ、事業は急速に拡大していった。1931 年には株式会社へと改組して資本金 110 万元にまで増資しており、従業員は 1800 人を数えるようになった。1935 年からは、より高度な技術を必要とするタイヤの製造も開始している。

　大中華橡膠廠の企業経営における大きな特徴の一つは、技術力の不足を販売力でカバーする戦略をとっていた、と見られることである。同社の場合、独自の技術開発を進める努力を払ったという記録は眼にすることができず、いかにして日本から機械を持ち込んだかという話が多く残されている。その一方、世界のタイヤ市場を支配していた巨大外国資本、ダンロップ社と対抗するため、大中華橡膠廠は価格を引下げるとともに保証期間を長くして顧客を得ることに努めた。もっともトレードマークをダンロップ社のものに類似させた点については、結局、ダンロップ社が中国国民政府に対し訴えを出し、政府がそれを認めたことから、訂正を迫られている。このようなきわどい手法も使いながら、大中華橡膠廠は経営の存続と発展を実現したのであった。

【参照文献】
　『上海民族橡膠工業』（中国科学院経済研究所主編）

## １０．胡西園と亜浦耳(オペル)電器

　ドイツ人の技術者が創設した小さな電球製造工場を引継ぎ、中国を代表する家電製造会社に育て上げたのが胡西園（1896 ～ 1981 年）である。浙江省鎮海県の生まれで浙江の中学校を卒業。初めは上海の金属販売商の下で、ついで恒昌造船廠に移り働いていた胡西園は、1925 年、親交のあったドイツ人技術者オペル Opel から彼の創設になる電球製造工場、亜浦耳灯泡廠を購入し、同社の経営に当たることになった。オペル自身は、その後、租界工部局の電気部門に就職したと言われる。

　胡西園が購入した時、亜浦耳社の資本金はわずか 3 万元だったに過ぎない。しかし 1931 年には 30 万元に増資してモーター・扇風機の製造工場を設立、さらに事業を拡大することに成功し、1936 年の時点で資本金 120 万元、従業員数 600 人という規模にまで成長することができた。

（１）亜浦耳電器の経営は、技術力を重視したことに大きな特徴があった。オッペルから経営を引継いだばかりの 1927 年、交通大学の電機科卒の馮家錚を採用し、早くも自前の技術陣形成に着手するとともに、彼らの力に依拠し次々と新製品の製造に乗り出している。1928 年にはアルゴンガスを充填した電球を市場に投入し、東南アジア向けの輸出も手がけるようになった。またアメリカ資本のＧＥ社中国工場がフィラメントの効率を高めたコイル電球の製造販売を開始すると、ただちにこれに対抗し同じ品質の製品を作り始める、ということもあった。胡西園は「一時の利益に眼が眩んで粗製乱造に走れば、結局は優勝劣敗の鉄の法則によって審判を下される」との信条を語っている。

（２）亜浦耳電器は国内市場のみならず東南アジア市場への販売も相当に重視していた。その際に注目されるのは、敢えて「国貨亜浦耳」と、国産品であることを強調する名称を採用していたことである。恐らく亜浦耳オペルという外国語のイメージが、国産品愛用の風潮に適合せず、商品販売を妨げることがないように配慮したものと見られる。

（３）さらに亜浦耳社の発展にとって大きな意味を持った条件は、資金面で上海財界から強力なバックアップを受けることができた点である。同社が増資した時は、中国墾業銀行頭取で銭業公会幹部でもあった秦潤卿をはじめ、

寧波系の著名な金融業者たちがきわめて積極的に出資したことが知られている。彼らの金融支援は、自己資金がきわめて少なかった胡西園にとって、経営発展のために不可欠な要素の一つであった。

【参照文献】

『工商史料』第1輯（上海機製国貨工廠聯合会）

## １１．劉鴻生の石炭－マッチ－セメント多角経営

1920～50年代の中国で最も名の知られた企業経営者の一人が、この劉鴻生（1888～1956年）である。石炭販売業から身を起こし、マッチ製造、セメント製造、毛紡織、琺瑯製品製造、炭鉱開発など、多方面にわたって事業を展開した。

上海の生れで本籍は浙江省定海県という寧波系の上海人。上海の名門ミッションスクール、セントジョン中学から同大学へと進んだが、1906年に中途退学し、租界工部局の巡捕房で働き始めた。当時の校長ポットと衝突したためとも伝えられるが、定かな理由は分からない。父を幼少の頃になくしているので、家族の生活を支える必要もあったのだろう。いずれにせよ外国人居住地区の警察行政を司る機関で通訳を担当した劉鴻生は、毎月80～100元と、当時の若者としてはかなり高額の月給を得ることができた。しかし劉自身は警察の仕事に打込むつもりだったわけではなく、まもなく、開平礦務公司上海事務所の営業マンへと転身している。ビジネスの世界への第1歩である。

開平礦務公司は河北省に位置し、1877年に「官督商辦」という形式で設立された最も長い歴史を誇る近代的炭鉱であって、1900年からイギリス資本の経営になっていた。その後1912年には灤州礦務局を吸収合併し、開灤炭鉱と称するようになる。中国を代表する大規模な外資系近代炭鉱の誕生である。

営業手腕を認められた劉鴻生は、1909年、21歳の若さで開平礦務公司の上海方面向け石炭販売の総責任者に任命された。上海及びその近隣地区での開平炭販売をまかされ、販売収益は本社との間で折半する約束である。買辦といわれる仕事の一つのタイプだった。当時まさに展開しつつあった上海の工業化は大量の石炭を消費するものであり、開平炭の品質には定評がある。こ

の時期、劉鴻生は年に 20 万元以上という巨額の利益を手中にし、多方面の事業に乗り出していくことができた。

　まず最初に手がけたのは、マッチ製造業である。1920 年、江蘇省蘇州に資本金 12 万元、従業員数 400 〜 500 人の蘇州鴻生火柴公司が設立された。劉鴻生がマッチ製造業を手がけた理由については、彼が妻と結婚した際、マッチ工場を経営していた義父から「自分自身の事業は興していない人物」と評されたことに発憤、それに対する対抗心から始めたもの、との説明もなされている。いずれにせよこうした日用雑貨の生産は、当時の機械制軽工業の発展を主導していた分野の一つであり、将来性が見込まれていた。当初の生産設備は日本から輸入したものであり、日本人技術者を招聘して生産を立ち上げている。しかしその後、マッチ製造業に参入する企業が増加し続けた結果、業界は過当競争に陥り企業の経営内容は悪化した。そこで劉鴻生は 1930 年、有力 3 社の合併で資本金 191 万元の大中華火柴公司を誕生させた。他社の吸収合併によって企業を大型化し、市場支配力を確保して苦境を打開しようとしたのである。実際、大中華火柴公司は華中のマッチ市場の半分程度を押さえることに成功し、価格を維持して収益を回復することができた。1936 年には山東省などでマッチを生産していた日本資本とも協力し、中華全国火柴産銷聯営総社という名称の生産販売カルテルを結成し、さらに統制を強化することによって価格維持・収益確保を図っている。

　劉鴻生が始めたもう一つの重要な事業は、セメント製造業であった。第一次世界大戦期〜戦後期の好景気に誘われた建築ブームの中、国内のセメント需要が急拡大したことから、資本金 120 万元の上海水泥公司をやはり 1920 年に設立している。計画段階では日本の小野田セメントに技術供与の可能性を打診したが、同社はすでに大連に自社工場を持っていたことから、劉鴻生の求めに応じなかったといわれる。そのため最終的にはドイツ社から技術導入して操業にこぎつけることができた。ただし上海水泥公司の場合、原料の石灰石と石炭とを遠方から運ばなければならなかったので、その輸送コストがかさんでしまい、営業は必ずしも順調だったわけではない。しかしマッチ製造業の場合と同様、啓新洋灰公司など他の有力メーカーとの間で生産販売カルテルを結成し、営業収益の確保を図ることに成功した。

そのほかに劉鴻生が手がけた主な事業として、1927年に設立された港湾荷受の中華碼頭公司、1930年に設立された章華毛絨紡織公司、やはり1930年に設立されたホーロー製品製造の華豊搪瓷廠、自ら石炭採掘に乗りだした1932年設立の華東煤砿公司などがある。華豊搪瓷廠は当初から日本製の機械と原料を用いており、章華毛絨紡織公司も経営不振のために設備更新を図った際、日本製の紡織機を導入した。

（1）以上の概略から知られるとおり、劉鴻生の企業経営は、きわめて多角的に展開されていたというそのこと自体、一つの興味深い特徴となっている。実は多角化して危険を分散させようという指向性は、たんに企業経営の面に限られたことではなかった。たとえば劉鴻生の子どもたちの留学先は、イギリス（男子4女子1）、アメリカ（同）、日本（男子2女子1）と見事に各国に分散されている。また日中戦争の時期、劉鴻生自身が初め香港に逃れ、その後重慶に入って国民政府の抗戦態勢に協力している間に、彼の子どもたちのうちのある者は父と行動をともにし、ある者は日本軍占領下の上海に留まり残された企業を経営していく責任を負い、ある者はアメリカに再度留学して様子を窺い、さらにある者は中国共産党の抵抗拠点、延安で活動していた。戦後のあらゆる展開に備える人員配置になっていたわけであり、事実、戦後の激変する政治経済情勢に劉鴻生らの企業経営が対応していく上で、こうした配慮はきわめて有効に機能したことが明らかにされている。このような多角化指向については、劉鴻生自身 "Don't leave all eggs in one basket" と自らの信条を日頃から語っていた。

（2）第2の特徴は、同族経営と企業金融の一元化によって、各企業の経営を相当程度まで有機的に統合して展開することが可能になっていたことである。1920年代に設立された劉鴻記帳房は、関連企業の企業金融を統轄する頭脳としての役割を果たした。また1930年に建設された8階建の企業大楼（ビル）には関連企業の本社機能が集中され、相互の調整を容易にする態勢が構築されている。このように一方では多角化を追求しつつ、他方では統合の強化が図られていた点に特徴があった。

（3）第3に生産技術に対する劉鴻生の企業経営の姿勢に、かなり顕著な特徴が見られることも指摘しておく必要がある。それは技術の自主開発能力

には無頓着であるか、或いは大きな興味を示しておらず、かなり積極的に外国から技術を導入し、それによって新たな業種で企業を設立したり経営を発展させたりしていたことである。中国人技術者の採用とその力量の強化は、決して無視されていたわけではないにせよ、やはり低い位置づけになっていた。ここで再び劉鴻生自身の言葉を借りると、"To deal with a devil you know is much easier than a devil you don't know" というわけであって、外国のものを一律に無視し拒否するのではなく、外国のもののうちで良いものを摂取しつつ適宜対処していけばよい、というある種の自信が語られていた。外国企業で長く働いて財をなしたという彼の経歴が、こうした態度を支えていたのかもしれない。

【参照文献】
　『劉鴻生企業史料』（上海社会科学院経済研究所編）
　『実業家劉鴻生伝略』（劉念智）
　Cochran, Sherman, *Encountering Chinese Networks*

## １２．呉蘊初と天厨味精廠

　化学調味料を中国で最初に製造し、一般へ普及させたのが化学技術者呉蘊初（1891～1953年）の設立した天厨味精廠である。上海近郊に位置する江蘇省嘉定県に生まれた呉蘊初は、上海の江南造船所に付設されていた語学スクール「広方言館」に学び、郷里の小学校で半年ほど英語の教員を務めた後、再び上海市内に戻って今度は陸軍部兵工専門学校化学科に入学し、軍需工場の江南製造局で実際に働きながら化学を専攻した。同校卒業後、1913年から武漢の漢陽製鉄所へ化学技師として赴任している。一時天津に硝酸塩製造工場を設立するという計画への参加を誘われたが、この時は結局計画そのものが立消えになった模様である。1916年から漢陽製鉄所で新製品の耐火レンガ製造を担当するとともに、マッチ製造業者に原料の硝酸カリウムを製造供給する熾昌硝碱公司で技術責任者も務めた。

　1920年代初め製鉄所技師の職を辞し上海に三度まいもどった呉は、武漢時代にできたつながりを生かし、熾昌新牛皮膠廠というマッチ製造用原料の製

第 10 章　近代中国の企業経営と経営者群像　　　　249

造工場を設立、上海での事業活動の拠点を定めた。さらに新たな事業展開を模索した呉蘊初は街頭で見かけた日本製化学調味料「味の素」の宣伝販売にヒントを得て、自ら実験を繰返した末、ついに化学調味料「味精」を独自の技術で製造することに成功した。そこで醸造業者の出資を仰いで天厨味精廠を創設、商品生産を開始し、「完全な国産品、品質は味の素に勝り、きれいで安い」を唱い文句に大きな利益を手にしていくのである。1923 年に 5 万元だった資本金は、増資を重ねた結果、1935 年に 220 万元に達した。この間、1928 年には味精の年産が 51 トンを記録し、同じ年の味の素の輸入量 29 トンを上回っている。

　このように化学調味料の製造販売で巨利を得る一方、呉蘊初は他の関連分野にも積極的な投資を進め、化学工業の基礎を確立することに成功した。1929 年に資本金 20 万元で設立された天原電化廠は電解法により塩酸と水酸化ナトリウムを製造する工場であり、これによって化学調味料製造のための原料の一つ塩酸を自力供給する体制を築いている。設備はフランス領インドシナのハイフォンにあった遊休施設を買入れたものだった。また 1935 年には、資本金 100 万元で天利気（窒素）廠を設立、アンモニアと硝酸の生産にも乗りだしていく。この時はアメリカのデュポン社から最新鋭設備を技術導入している。いうまでもなくアンモニア・硝酸等は農薬や火薬を製造する際に欠かせぬ化学原料になるものであり、中国の工業発展全体にとっても大きな意味を持つ事業であった。

　呉蘊初の企業経営の特徴を要約しておこう。

（1）技術者出身で資金力が不足していたというハンディを克服するため、さまざまな方法で資金を蓄積することに意を注いだ。たとえば、契約により味精製造に際して支払われた 1 ポンド当たり 1 角の技術料を個人の収入として消費してしまわず、それを積立金として用いていたこと、1935 年の株式会社への改組時、自分の子どもらの株を集め「公益基金委員会」で集中的に管理し運用したこと、などである。

（2）技術者出身の経営者らしく、常に新技術の採用に積極的な姿勢で臨んでいる。こうした技術に明るい人材を供給したのが、江南製造局という国営重工業部門に属する工場であったことにも留意しておく必要がある。1928 年

には技術開発のための中華工業化学研究所も設立した。ただし呉蘊初の場合、後述する范旭東とは異なり、外国からの技術導入に積極的だった反面、それほど独自の技術開発には固執しなかったという印象を受ける。コスト面を配慮した判断からだったのかもしれない。

(3) 天原電化廠や天利気気（窒素）廠の場合、軍需工業と密接な関係を保って発展していたことを窺わせる史料が散見される。しかしこの点の詳しい解明は今後の課題である。

【参照文献】

　　『呉蘊初企業史料　天厨味精廠巻』（上海市档案館編）
　　『呉蘊初企業史料　天原化工廠巻』（上海市档案館編）

## 13. 范旭東と永利化学

　民国期の中国において化学工業界のトップ企業といえば、この永利化学をおいてほかにない。1910年代末、天津に設立されて発展を遂げ、1930年代半ばには南京にも大規模な工場を建設した。各工場は今も中国化学工業の主力工場に含まれている。

　創立者の范旭東（1883～1945年）は湖南省湘蔭県の生まれ。19世紀末中国の最もラディカルな改革推進勢力、変法派が集まっていた長沙の時務学堂に学び、1901年から1912年まで兄の范静生について日本へ留学した。和歌山中学、岡山の第六高等学校を経て京都帝国大学理学部化学科で冶金などについて学んだことが知られている。帰国後、中華民国政府財政部の造幣廠に勤務。翌13年、教育部総長（大臣に相当）の職にあった兄、静生の助けでヨーロッパを視察、ドイツにおける化学工業の発展ぶりに大きな刺激を受けた。中国に戻ってから、1914年、久大精塩公司を設立、天日乾燥に変え近代的製法を導入、精製度の高い塩を供給して大きな収益を上げた。この成功を基礎に、1918年、資本金40万元で設立したのが永利製鹼公司である。

　永利公司はソルベー法によって塩（$NaCl$）を分解しソーダ灰（$Na_2CO_3$）、炭酸ソーダ（$NaHCO_3$）などを製造した会社である。ソーダ灰や炭酸ソーダの用途は広く、ガラス、食品加工、製紙、染料など多くの分野において不可欠の化学工業

原料とされていた。しかし完全に無色の製品を製造するのが難しく、商業生産に乗るペースは 1926 年までずれ込んだ。1930 年、水酸化ナトリウムの生産にも着手、1934 年には資本金を増額して 850 万元にするとともに社名を永利化学工業公司に改称した。巨額の資本金の一部は、1937 年に南京で操業を開始した硫安・硝酸製造の大規模プラントを建設するために用いられている。この工場は日中戦争期、日本軍によって接収された後、宮崎県延岡に移設、軍の委託を受けた東洋高圧によって操業され、戦後の 1947 年、再び中国に返還されるという数奇な運命をたどった。

（1）企業経営としての永利化学の際立った特徴の一つは、比較的短期間のうちに巨額の資本金を有する大企業に成長していることである。この基礎には、久大精塩公司を経営していた范旭東が、そこで得られる巨利の大部分を化学工業の振興にそそぎ込んでいたという事情があった。それに加え、とくに 1930 年代、銀行資本の積極的な資本参加があったことに注目しておく必要がある。1934 年の増資を例にとると、資本金 850 万元のうち実に 550 万元までを金城・上海商業儲蓄など 4 つの銀行が引受けている。銀行資本は永利化学の事業内容に対し、大きな収益を得る可能性を見いだしていたのである。

（2）また永利化学は各時期の中央政府から、鉄道運賃の割引や各種税金の減免措置など様々な財政的支援を受けることができた。これはたんに政府関係者と密接な人的関係があったからではなく、工業発展の基礎を固める素材産業として、さらには軍需生産に欠かせない化学製品を供給する産業として、政府側が同社の事業に対し高い評価を下していたためであった。

（3）技術開発面についていえば、上海の呉蘊初の企業経営に比べたとき、独自技術の確立に相当の苦心を払っていたことを特徴として指摘できる。ソルベー連合と称された西欧の化学会社連合による技術の独占状態に対抗するため、永利としては独自の技術開発を推進せざるを得なかったのである。炭酸ソーダ製造の際は、アメリカでフランス人技術者から建物位置などに関する大まかな地図を入手するとともに、在米の有望な中国人留学生の力を結集し、詳細な図面を仕上げた。また 1930 年代に新設された硫安・硝酸等の生産工場の場合、アメリカのエンジニアリング会社から基本設計図を入手するとともに、品質面と価格面を総合判断して英・米・独など各国からプラント用

部品を購入している。このように技術開発の手がかりを得るに際しては、常にアメリカの存在が大きな意味を持った。永利化学の技術陣を支えた侯徳榜が清華学堂を経てアメリカに 10 年間留学したというキャリアの持ち主であり、マサチューセッツ工科大学で化学の学位を取得していたことも、恐らくかかわりあったものと見られる。

【参照文献】
　　『侯徳榜』（李祉川・陳韵文）
　　「愛国者的博弈：永利化工、1917-1937」（関文斌 Kwan Manbun ）
　　「永利化学工業公司と范旭東」（貴志俊彦）
　　「幣制改革期における銀行融資
　　　　　── 金城銀行の事例を中心に」（佐野健太郎）
　　「近代中国における塩業改革の進展
　　　　　── 久大精塩公司を中心として」（渡辺惇）

## １４．厳家と大隆機器廠

　中国の機械工業においては国営軍需工業の流れとともに、船舶の修理・部品製造から出発した民間工業の流れが脈々と受継がれている。その後者を代表する民間機械工場の一つ、大隆機器廠にここでは着目しておきたい。

　創設者の厳裕棠（1880～1958 年）は上海人。水道関係の技能工を父に持ち、厳裕棠自身は語学学校で学んだ英語を武器に、まず外国人商社のボーイとして働き始めた。ほどなくして 1900 年頃、父の紹介で公興鉄廠という小さな機械工場に就職、外国船の修理業務を請負うセールスで上海市内を飛び回るようになる。しかし 1902 年、工場主と衝突して独立、合股制で資本金 7500 両の小さな機械工場を開業した。大隆機器廠の誕生である。

　当初、業務は船舶修理に限られていたが、1909 年から日本資本の在華紡、内外綿の紡織機械の修理も請負うようになった。さらに 1910 年代にはイギリス資本の商社恒豊洋行と業務提携し、設計図面の提供と技術指導を受けながら、恒豊洋行名義の機械製品も作るようになった。一種の OEM 生産である。こうして日英両国の有力企業との提携関係を深めたことから、たんに安定し

第 10 章　近代中国の企業経営と経営者群像　　　　　　　　　253

た量の仕事を確保できただけではなく、自社の技術能力を高める機会も獲得できたのである。

　1920 年代に入ると、潅漑用ポンプ、エンジン、精米機なども試作するようになり、工場も移転して規模を拡大、従業員数 700 人以上・旋盤 200 台以上を擁する大きな機械工場へと発展した。同時にこの時期、上海市内の不動産投資にも乗りだし、安全な収益源を確保する一方、1927 年、業績不振に陥っていた蘇州の蘇綸紗廠を買収、その設備更新を担う形で紡織機械の生産販売市場にも参入していく。

　厳裕棠の第 6 子でドイツのベルリン工科大学に留学していた厳慶齢（1909〜1981 年）は、1932 年帰国とともに大隆へ入社、技術開発本部と言うべき「総工程師辦公室」を開設し、変速ギア付旋盤の据付け、特殊鋼を用いた刃の製造など多方面にわたり工場内の技術革新を主導していくことになった。

　こうして大隆は 1937 年、日中戦争開始の前夜までに、資本金 100 万元、従業員数　700 人以上、旋盤 200 台という大きな規模の会社に発展した。日中戦争期になると、日本軍の上海占領下、原工場は日本側に接収され「大陸鉄廠」と改称されたが、大隆を経営していた厳慶齢らは、日本軍の手が暫く及ばなかった租界内部に「泰利機器廠」を創設し、綿業関係の機械を生産して大きな利益を得ることができた。なお戦後再建された大隆機器廠は、現在も上海で石油化学工業設備を手がける相当な規模の機械工場として存続している。その一方、台湾に移り住んだ経営者厳慶齢らも、台元紡織公司及び自動車製造の裕隆汽車公司を軸に有力な企業グループを形成した。

　大隆の企業経営における際だった特徴の一つは、設立当初の十数年間は日本やイギリスなど外国からの技術導入に依存する部分が大きかったのに対し、1930 年代を迎える頃からは、技術の自主開発力の育成にも相当の注意を払うように姿勢を転換していたことである。企業経営の規模拡大がそうした努力を支える条件を作っていたこと、また創設者厳裕棠に替わって登場した二代目経営者厳慶齢が、アメリカ留学の体験と日本視察旅行の成果などを踏まえ、技術力の向上に大きな関心を寄せたこと、などが注目される。

　経営の第二の特質は、綿紡織業に進出し自社製紡織機の販売市場を開拓する手がかりにするとともに、直接は機械工業との関わりがない不動産業へも

投資するなどして、経営多角化を推し進めていたことである。こうした経営の多角化は、収益の安定的な拡大を追求する一手段であり、前述した劉鴻生の場合と同様、リスクの縮小を図るという狙いも含まれていた。厳裕棠の息子たちのうち、大隆機器廠の経営を引継いでいくのは第6子の厳慶齢だけであり、その兄たちはそれぞれ綿紡織業や棉花取引の企業経営を担当している。また日中戦争期、多くのものは上海に残り租界で企業経営を存続させようとしたが、その一方においては、重慶に移り国民政府の抗戦態勢に協力した厳慶祺のような兄弟もいた。厳慶祺は共産党政権成立後も台湾に移らず大陸に留まっている。

【参照文献】
　『大隆機器廠的産生、発展和改造』（上海社会科学院経済研究所編）
　『上海民族機器工業』（上海市工商行政管理局等）

## １５．盧作孚と民生実業公司（汽船）

　四川省出身の知識人盧作孚（1893〜1952年）が創設し、長江航路で急速な成長を遂げた民間汽船会社が民生公司である。四川省合川県の貧しい商人の息子に生まれた盧作孚は、成都や上海に出て学び、中学の教員、地元新聞の記者、社会教育の拠点であった通俗教育館館長といった職に就きながら生き方を模索し、やがて「教育救国」から「実業救国」へと思いを募らせていく。行政頼みの教育事業に限界を感じ、四川の社会経済の根本的な発展を促そうと考えたのである。

　友人を共同事業者に誘い、資金集めに奔走した盧は、ようやく1926年6月10日、重慶で民生実業公司の創立総会を開いた（本社所在地は31年まで合川）。孫文の三民主義の一つである民生主義から「民生」の二字を採り、敢えて最初から「輪船公司」ではなく総合的事業展開を展望する「実業公司」と名乗ったあたりに、盧作孚らの意気込みを感じとるべきであろう。

　創立直後から民生公司は順調に業績を伸ばしていく。その裏には、盧作孚の経営者としての緻密な計算があった。当初は強力な競争相手のいる長江航路を避け、まだ定期航路がなかった重慶－合川間の嘉陵江ルートで事業を開

始したこと、貨物・旅客の混載によるサービス低下を避けるため旅客専用船を採用したこと、自ら26年春に上海へ赴いて検討を重ね、急流の多い四川の河川向けに船体が細く馬力の大きな汽船を注文したこと、など、その一つひとつの配慮が、民生公司を成功に導いていったのである。

26年に資本金5万元、保有船1隻で出発した民生公司は、10年後の36年には資本金167万元、保有船47隻という長江航路有数の汽船会社に発展するとともに、染織工場・機械工場など多くの関連事業も抱える大企業になっていた。急成長の秘密は30年10月〜34年2月の3年半の間に19社を吸収合併したという猛烈な企業合併路線にある。その背後には、劉湘、劉文輝、楊森ら四川の軍事的政治的有力者の支持があった。汽船による兵員輸送ルートの掌握は、軍事的優位の確保に直結する課題だったからである。

もっとも盧作孚自身が企業合併を追求するようになった契機は、30年の上海視察旅行で実感したドイツの地位回復ぶりにあったという。第一次世界大戦における敗北で一度は勢力を失墜したはずのドイツ資本が、企業連合の力に依拠し化学工業・機械工業などの分野で中国市場へ再進出しつつある、――盧作孚の眼にはそう映った。30年の視察旅行は、工場・会社の類だけではなく教育研究施設の視察にも力をいれ、上海のほか南京、蘇州、杭州など江浙一帯の主だった都市、華北の青島、天津、北平、さらには東北地方にまで足を伸ばす大がかりなものであった。日本の東北経営に接した盧作孚は、たんに反発するだけではなく、そこに見られる秩序や正確さに着目し、「最も大切な対策は、中国人自身による事業を発展させ日本人の野望を消し去ることだ」と、いよいよ実業救国の念を強めている。

32年6月、民生公司はついに重慶－上海間の直航航路を開設し上海支店を開業した。三六年には、1464トン3500馬力の上海製新鋭船2隻もこの航路に投入している。この時点で重慶上海間の直航航路に計15隻、1万1000トンの船腹を擁するに至った民生公司は、長江の水運業界の中に揺るがぬ地位を築いたのである。以上のような発展は、民生公司自身に自らの経営地盤の移動という新しい課題をもたらした。草創期の事業は重慶を中心とする四川省内の短距離水運であり、出資者も四川人に限られていた。しかし30年代半ばになると、重慶上海間航路などの長距離水運へ事業の比重が傾き、上海などの有

力者が株主に名を連ねるようになる。要するに四川省内の小企業から、数省にまたがる国内市場を争う大企業への発展である。こうした変化に対応すべく、民生公司は 31 年に本社機能を合川県から重慶市内の事務機構に移し、33 年にはさらにそれを「総公司」と改称し、長江下流の支店・事務所に対する統括機能強化を図っていた。

　1937 年以降、日本の中国侵略によって上海とのつながりが絶たれた重慶地方は、いまや抗戦中国の心臓部になり、四川省内を縦横に行き来する民生公司の汽船は抗戦中国の大動脈となった。盧作孚は 38 年 1 月、国民政府交通部次長に任じられ、抗戦中国を支える船舶輸送ルートの維持という重責も担うことになる。重慶へ、重慶へ、ヒトもモノも、日本の侵略に抵抗するため大移動しつつあった。37 年に旅客 52 万人・貨物 10 万トンという輸送実績であった民生公司が、45 年には旅客 488 万人・貨物 17 万トンという数字を記録している。しかし戦時下の輸送である。日本軍の空襲の中を運航された民生公司の船が無傷ですむはずはない。多くの汽船が損傷を受け、長江に沈み、死傷者を出した。にもかかわらず、一つの企業経営として見た場合、戦時期の民生公司の業績は良好だった。『民生公司史』の詳細な経営分析によれば、異常に高い比率の減価償却費と各種積立金の計上、政府からの巨額の補助金獲得、政府系金融機関からの低利の融資などにより、民生公司は巨額の利益を蓄積することに成功していたのである。39 〜 44 年の営業報告における欠損は、会計処理上の見かけだけの赤字決算に過ぎない。ここでも盧作孚は、冷徹な計算を働かせる経営者としての顔をのぞかせ、戦後の企業展開に備えていた。抗戦期の経済発展とは、まさに抗戦体制という条件に支えられていたのであり、この時期の民生公司のすばらしい業績にしても、その条件に依存したものだったのである。盧作孚がこの時期に資金の内部留保に心を砕いたことは、企業経営者としてはきわめて合理的な選択であった。

　抗戦勝利前夜の 44 年末、国民政府経済使節団の一人としてアメリカにわたった盧作孚は、戦後の事業展開の夢を大きく膨らませていた。民生公司は再び長江航路に復帰し、上海の営業拠点を再建するとともに、上海を中心とする中国の沿海航路へ、さらには外洋航路へと雄飛しなければならない。しかし沿海航路と外洋航路に挑むためには、そのための船を、そして資金を獲得

## 第 10 章　近代中国の企業経営と経営者群像

しなければならなかった。

　盧作孚は 45 年 2 月、アメリカからカナダに赴き、カナダ政府が設けた輸出信用保険から 1500 万カナダドルという多額の融資を引き出し、9 隻の新鋭船を建造することに成功した。そのほかアメリカ・カナダの両国から、3000 トン級のＬＳＴ（大型上陸用舟艇）改造タイプ貨物船 4 隻、3709 トンと 3663 トンの遠洋貨物船各 1 隻など計 20 数隻を購入している。

　こうした準備を踏まえ、46 年 4 月の民生公司董事会は、長江中下流航路と沿海航路へ業務の重点を変更することを決めた。47 年 6 月には、一部古参幹部の反対を押切り、経営拠点の上海への実質的移転も決定した。そして上海－基隆航路（46 年 8 月開設）、上海－青島航路（47 年 2 月）、上海－天津航路（同年 7 月）、上海－広州航路（同）などの沿海航路を開設していくとともに、48 年 4 ～ 5 月には、上海－日本－香港をまわる外洋航海にも成功した。

　沿海と外洋への進出は、戦後、軍需工業主体の重慶経済が急速に衰退していた状況に照らしてみても、合理的な選択だったといえる。しかし急速な経営拡大は、会社に多額の資金負担を強いた。しかも戦後国民政府の経済政策の失敗と内戦激化の影響により、民生公司を取り巻く経営環境は急速に悪化した。45 年に 488 万人であった乗客数が、48 年には 121 万人に激減した。貨物輸送量のみは同時期に 17 万トンから 54 万トンに激増したものの、その大半は低運賃を強いられコスト的に引合わない軍需輸送だった。戦後の民生公司は、果敢に経営を拡大したにもかかわらず、多額の赤字を抱えこむようになっていたのである。

　1910 年代から 20 年代にかけ、重慶から長江を下り、新しい生き方を求める上海行を繰り返した盧作孚は、さまざまな模索の末、重慶地方を拠点とする長江汽船事業に身を投じて成功した。そして 30 年代、汽船業を中心とする民生実業公司の成功は、重慶から上海への企業進出をも可能にした。まさにその時、日本の全面侵略が始まる。長江航路は断絶し、盧作孚らは上海方面からの撤退を余儀なくされ、重慶地方を中心とする内陸地域に活動範囲を封じ込められた。だがそうした状況の下にあっても、彼らはむしろ抗戦中国の大動脈という位置を生かして事業を拡大し、上海での再起と海外雄飛を期して努力を重ね、第二次世界大戦の後、見事にその企図を果たした。重慶から上

海へ、上海から重慶へ、再び重慶から上海へ、そして世界へ、盧作孚の夢は上海を通じ世界に広がった。

【参照文献】
　『民生公司史』（凌耀倫主編）
　『盧作孚与民生公司』（凌耀倫）
　『我的父親盧作孚』（盧国紀）
　『中国的建設問題与人的訓練』（盧作孚）
　『盧作孚集』（章開沅主編、凌耀倫・熊甫編）
　「中国内陸地域の企業経営史研究〔Ⅰ〕
　　── 1920～30年代の民生公司をめぐって」（久保　亨）
　「重慶と上海── 長江水運に生きた盧作孚と民生公司──」（久保　亨）

# 終　章

　本書によって明らかにされたことをまとめておこう。

　まず第1は、第一次世界大戦と第二次世界大戦に挟まれたこの短い時期が、中国の近代企業の発展にとって、きわめて大きな意味を持つ時代だったことである。本書がそれぞれの分析に一章を割いた上海溥益紡（1918年開業）、青島華新紡（1919年開業）、楡次晋華紡（1924年開業）、民生公司（1926年開業）、金城銀行（1917年開業）は、すべてこの時代に開業し、旺盛な企業経営を展開していた。第10章でとりあげた各社も、その大部分は戦間期の設立・開業であった。企業勃興の時代の到来である。そのことの重みに、改めて思いを致さざるを得ない。なぜこの戦間期が、中国の企業勃興時代になったのか？ 別著でも述べたように、国際的には、いわゆるヴェルサイユ＝ワシントン体制の下、欧米以外の地域における政治的経済的な自立と発展が比較的容易な時代になっていたことを指摘しなければならない[1]。また中国の国内事情としては、清末の新政、辛亥革命後に成立した中華民国北京政府（1912-28）の施策、そして国民革命後に成立した南京国民政府（1928-49）の施策が、内容に若干の相異はあるにせよ、基本的にはいずれも近代企業の設立を含む新しい社会経済システムの整備を促すものになっていたことが重要である。

　第2に確認しておきたいことは、地帯構造論の有効性である。同じ中国の企業経営といっても、その発展の経過には地域ごとにきわめて大きな相異があったこと、とくに沿海地域と内陸地域の間には隔絶した差異が見られたことが、本書全体の叙述を通じ、改めて鮮明になった。同じ中国資本紡であっても、沿海地域の上海永安・青島華新などの経営と、内陸地域の楡次晋華・衛輝華新などの経営を比較してみると、資本回転率や売上高利益率などが全く異なるものになっており、その背景には原棉調達市場や製品販売市場が大

きく異なっていたという事情があった（第2～5章）。また個別の企業分析において取りあげた山西省楡次の晋華紡（第4章）と四川省重慶の民生公司（第6章）は、いずれも内陸地域という条件の下で1920年代に成立・発展した企業であった。そして両者とも1930年代の経済恐慌期に深刻な経営難に陥り、沿海地域からの金融的経済的支援を受け、新たな発展をめざすことになっている。

第3に注目しておきたい点は、企業の経営形態において、変化が少なかった部分と、大きく変化した部分とがあった事実である。

近代中国の企業経営に伝統的な合股制の影響が強かったことは、序章でも述べたとおりである。確かに中国の近代企業が創設されてくる最初の段階では、合股制と呼ばれる伝統的な企業経営のスタイルが支配的であり、有限責任の株式会社制度によって調達できる資金の量は限られていた。その結果、申新紗廠のように多額の借入金によって経営を続けざるを得ず、その支払利子の負担が企業経営を圧迫した事例がしばしば見られ、株主を募集する方策として固定配当金制度を設けたため、それが企業経営に大きな負担となった大生紗廠のような事例も少なくなかった。

しかし永安紗廠のように、有限責任の株式会社制度のメリットを十分に意識し、さまざまな方策で株主側への配当金を低く抑えて内部蓄積を進めていた企業が業界トップの地位に就くような変化が生じていたことを見逃すべきではない。創設時には合股制で出発した企業も、多くの場合、株式会社制に改組し資本金を増額して経営規模を拡大する方針を取っている。逆にこうした転換を躊躇した申新紗廠が、表面的には企業規模を拡大していたにもかかわらず、結局、1930年代の半ばに多額の負債を抱え行き詰まったことは、象徴的な事態であった。一言でいえば「合股制から株式会社制へ」という趨勢が確認されるのである。これは当時の中国企業経営をよく観察していた根岸佶の指摘とも符合する興味深い事実である[2]。

要するに「変わらなかったところ」を、必要以上に強調しすぎるのは疑問である。一つの重大な点は1930年代に実施された企業経営の改革が、深刻な内容をともなっていたことである。1930年代の経済恐慌が厳しいものであっただけに、それに対する対応策として打ち出された経営改革の内容も劇的な

ものになった。銀行の管理下、技術者の主導によって推進された綿紡績企業の経営改革は、それを端的に示している。

また家族経営ないし同族経営といわれる問題についても言及しておかなければならない。本稿で取りあげた企業経営に即して言えば、比較的規模の大きな多角経営を展開していた栄家、郭家、厳家、あるいはまたそれぞれの業界におけるトップ企業であった南洋煙草の簡家、永泰絲廠の薛家などは、いずれも同族経営的な色彩を濃厚に漂わせる一族であった。資本の集中を実現し保証する手っとり早い手段の一つが、同族経営であったと見ることができる。ただし同族経営といっても、日本で見られるそれに比べ、かなり異質の部分が存在したことにも留意しておきたい。たとえば先に見た2代目の経営者たちは、いずれも長男ではなかった。長子相続制が根づいていた日本と均分相続制が継承されていた中国とでは、家族・宗族の在り方が違い、社会の在り方が違っていた。そうした相違点は、企業経営の在り方をめぐっても当然存在し得たものといえよう。

なお同じ有限株式会社経営の中においても、外国の技術を積極的に導入、もしくは模倣する路線をとっていた劉鴻生、呉蘊初、余芝卿のような経営者が活躍していた半面、技術の自主開発にかなり執着し、そのための努力を積み重ねていた范旭東や胡西園のような経営者も出てきていたことが確認される。こうした2つのタイプに分かれるに至った背景には、それぞれの産業分野の事情や各企業経営者自身の出身と経験が影響していたように思われる。さらに言えば、企業の自己革新を可能にするような努力を惜しまなかった経営者たちと、そのような問題意識が希薄だった経営者たちという2つのタイプを分けて考える必要がある、と見ることもできよう。

第4に中国の近代企業経営者の世代と出身に着目してみたい。第10章で取りあげた経営者たちの生没年と企業設立年を1枚の図にまとめてみた。これをきわめて大胆に概括するならば、1850年代以前の生まれの鄭観応、張謇らを第1世代に、1860～70年代生まれの薛南溟、簡照南、簡玉階、栄宗敬、栄徳生、余芝卿、郭楽、厳裕棠らを第2世代に、そして第3世代として1880年代以降に生まれた范旭東、劉鴻生、呉蘊初、盧作孚、蔡声白、胡西園、薛寿萱、郭棣活、厳慶齢らを想定することができるかもしれない。第1世代の鄭

図　企業経営者の生没年一覧

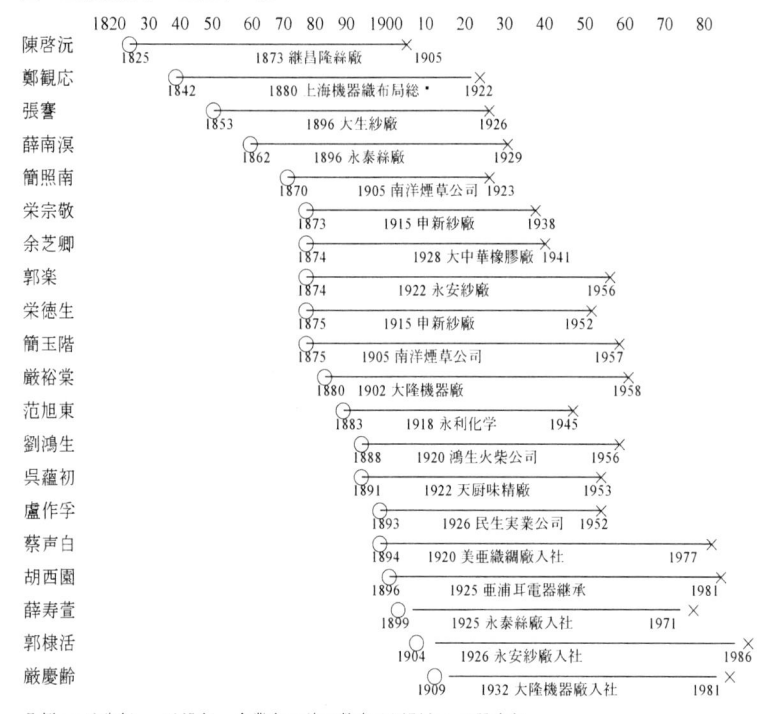

```
         1820 30 40 50 60 70 80 90 1900 10 20 30 40 50 60 70 80
陳啓沅        ○─────────────×
           1825  1873 継昌隆絲廠  1905
鄭観応          ○────────────────×
              1842  1880 上海機器織布局総・ 1922
張謇               ○────────────────×
                 1853  1896 大生紗廠    1926
薛南溟                ○────────────────×
                   1862  1896 永泰絲廠    1929
簡照南                   ○───────────×
                      1870  1905 南洋煙草公司 1923
栄宗敬                    ○────────────────×
                       1873  1915 申新紗廠     1938
余芝卿                     ○────────────────×
                        1874  1928 大中華橡膠廠 1941
郭楽                      ○──────────────────×
                        1874  1922 永安紗廠        1956
栄徳生                     ○──────────────────×
                         1875  1915 申新紗廠       1952
簡玉階                     ○──────────────────×
                         1875  1905 南洋煙草公司    1957
厳裕棠                      ○──────────────────×
                          1880  1902 大隆機器廠      1958
范旭東                        ○────────────×
                            1883  1918 永利化学   1945
劉鴻生                         ○──────────────×
                             1888  1920 鴻生火柴公司 1956
呉藴初                          ○────────────×
                              1891  1922 天厨味精廠  1953
盧作孚                           ○───────────×
                              1893  1926 民生実業公司 1952
蔡声白                           ○─────────────────×
                              1894  1920 美亜織綢廠入社    1977
胡西園                            ○───────────────────×
                               1896  1925 亜浦耳電器継承     1981
薛寿萱                             ○────────────×
                                1899  1925 永泰絲廠入社  1971
郭棣活                              ○──────────────────×
                                 1904  1926 永安紗廠入社      1986
厳慶齢                                ○──────────────×
                                   1909  1932 大隆機器廠入社  1981
```

凡例：○は生年、×は没年、企業名の前の数字は原則として設立年

観応と張謇は伝統的な知識人の世界につながる部分を強く持っており、人間関係の面でも政界・官界とのつながりが深く、それをバックに活躍した点が目につく。それに対し第2世代の人々は、商取引もしくは金融関係の仕事から出発し、そこで得た資金や経験を基盤として近代企業の設立に進んでいった。年齢的には第1世代に属す陳啓・も、この第2世代に近い存在である。一方第3世代になると、いずれも相当高いレベルの近代的教育を受けてきており、中には留学生出身者も含まれている。とくに最後に挙がっている薛寿萱、郭棣活、厳慶齢の3人は、それぞれ一族の経営する企業の産業分野にふさわしい専門的な力量を身につけるように期待され、意識的に養成された感の強い2代目の経営者たちになっている。企業経営の担い手たちもこの戦間期に大きく変化していた。

また世代を超え、さまざまな形の「外国体験」を持つ人々が多くみられるのも、一つの特徴と言えるかもしれない。ここにあげた19人の企業経営者のうち実に12人までが、あるいは華僑として（陳啓■、簡照南、簡玉階、郭楽）、あるいは貿易商の外国駐在員として（余芝卿）、あるいは外国資本に企業経営をまかされた買■として（鄭観応、劉鴻生）、あるいはまた海外留学生として（范旭東、蔡声白、薛寿萱、郭棣活、厳慶齢）、それぞれに異なった形ではあるが豊富な外国体験を持っていた。こうした条件が企業経営の展開にさまざまな影響を及ぼしていたであろうことは疑いない。

第5点として、企業経営と経済政策、経済法制との関連について、本来であれば今一歩考察を深める必要があったように思われる[3]。冒頭にも述べたとおり清末の光緒新政期、中華民国北京政府期、南京国民政府期というそれぞれの時期ごとに、時の政治権力はそれぞれに固有の経済発展政策を掲げ、独自の会社法を定めていた。むろん相互の間には密接な継承関係が認められる部分もあるが、大きく変更されている部分も見られる。そうした一連の問題の考察は、今後の課題とするほかない。

なお本稿で取りあげた企業が、溥益紡の場合を除き、すべて何らかの意味において成果を収めた企業ばかりであったことに十分注意しておかなければならない。やや刺激的な表現を用いるならば、一つの成功した企業の背後には、無数の挫折した企業の屍が累々と横たわっているかもしれないのである。中国的な企業経営の特質を前者の成功事例だけで語ってしまった場合、我々は後者に含まれるたくさんの問題を見逃すことになってしまうであろう。

---

(1) 久保亨『戦間期中国［自立への模索］——関税通貨政策と経済発展』東京大学出版会、1999年。

(2) 根岸佶『商事に関する慣行調査報告書——合股の研究』東亜研究所、1943年。

(3) 久保亨「近現代中国における国家と経済——中華民国期経済政策史論——」山田辰雄編『歴史の中の現代中国』勁草書房、1996年、浜口允子「中国・北洋政府時期における企業活動と『公司条例』」『放送大学研究年報』9号、1992年、川井伸一「中国会社法の歴史的検討——序論」『戦前期中国実態調査資料の総合的研究』（科研費研究成果報告書　代表者本庄比佐子）1998年など参照。

# 補論1　企業史資料集をどう読むべきか
── 『啓新洋灰公司史料』編集用史料カードの検討 ──

　序章で述べたとおり、1980年代にかなりの数の企業史資料集が出版されるようになり[1]、中国においてはもちろんのこと、我国においても、そうした資料集を用いた研究が盛んになった時期があった。近現代中国経済史に関する理解を深める上で、個別企業経営の具体的な実態分析が大きな意味を持つことは疑いない。しかしながら、中国の研究者たちにより編集された資料集はあくまで二次的な史料なのであって、それ以上のものでもそれ以下のものでもありえない。換言すれば、たとえある種の企業内文書が収録されていたとしても、果たしてそれが原文書の内容を忠実に伝えるものであるか否かは一つの問題となる点であり、また所収史料の取捨選択が果たして妥当であるか否かも、検討を要するところなのである。以上のような注意は、編纂された史料集の類を利用する際、常に念頭におかれるべき点であり、改めて強調するまでもない。にもかかわらず敢てこの補論1の基礎になった旧稿を記した理由は、当時の研究の一部に、企業史資料集の利用にあたって慎重な学問的手続きを欠く傾向が見受けられること、そしてたまたま筆者が、資料集の編集用史料カードを閲覧する機会を得たことによる。閲覧できたのは、文革以前に出版された資料集のカードであった。しかし当時発行されたほとんどの資料集が文革以前からの作業の再開・継承という関係にあったこと、そして本書の刊行を準備している2005年の現在も、そのような資料集をどのように使うかは、依然として注意を要する問題の一つであることを考えるならば、この補論1にも、今なお参考になる点が含まれているかもしれない。

　一つの事例としてここでとりあげる資料集は、天津の南開大学経済研究所と経済系の研究者が中心になって編纂した『啓新洋灰公司史料』[2]である。449頁、31万字に達するこの資料集は、清末から民国期にかけ中国セメント業界

を制した啓新洋灰公司（主力工場所在地は河北省唐山）について、「中国民族資本の性質と特徴、及びその発生・発展と変化の過程」（同書、編集に関する説明）を解明すべく、1960年前後に数年がかりで編集された。編集に当たっては、まず会社に保管されていた膨大な量の経営関係史料を南開大学の執筆者グループが借りだし、その主要なものを数千枚の史料カードに筆写し、その後は、この史料カードに基づいて執筆編集作業を進めたという。筆者は南開大学の先生方の好意により、1984年、この史料カードを閲覧することができた[3]。正味10日間ほどの短期間の調査だったとはいえ、原史料の閲覧が困難な当時にあっては、きわめて貴重な体験であった。

　筆者が行った調査は、筆者自身の研究内容に沿って、資料集に引用された部分と、史料カードに記載された史料原文とを比較対照し、その異同を検討するというものであった。全体の量に関して言えば、史料集に引用された部分は、数千枚に達する史料カードの記載内容の、せいぜい1、2割程度に過ぎない。当然のこととはいえ、会社に保管されている原史料全体と比較すれば、きわめて限定された史料しか公刊されていないことになる。しかも公刊された資料集の引用部分と、史料カードの本来の記載内容との間には、要約や簡略化といって済ますわけにはいかないような差異があることにも、気付かされた。換言すれば、編集作業時に、やや強引な恣意的引用が行われた場合もあれば、重要史料が意図的に掲載されなかったのではないか、と見られる場合もあった。以下、例を挙げながら問題点を指摘していきたい。

　まず第1に目につくのは、国民政府の経済政策について、その客観的な効果や意味、経営者側の下した評価などに関する史料が、史料カードにはかなり見いだせるにもかかわらず、資料集では、そうした部分が系統的に削除・省略されたように思われる点である。

　たとえば1933年輸入関税の場合、制定以前の業者側要請文が資料集に収められている（59-61頁）のに対し、制定以後に業者が「業蒙政府俯賜採納、将水泥進口税自毎担0.24関金増至0.50、並経公布施行在案。属会各廠対於政府維護国産之至意、莫不同声感頌。」（中華水泥聯合会→国民政府実業部、1933年7月5日）と国民政府のセメント関税引上げ策を評価した一文は掲載されていない。この7月5日付呈文の一部が資料集55-56頁に収録されているにも

補論1　企業史資料集をどう読むべきか　　267

かかわらず、のことである。さらに史料カードに筆写された南部支店民国22年份営業報告書には、外国製セメントの輸入激減に言及し、「揆其原因、殆不在社会之抵制外貨、而在関税増加所収之効果也。」と外国品ボイコット運動ではなく関税引き上げに大きな意味があることを評価した叙述があった。しかしこの部分も、資料集には収録されていない。

もう一つ例を挙げよう。1946年春から夏にかけ、外国製セメントの輸入が急増した後、業者側は政府の輸入規制策を評価しつつ、さらにそうした対策の強化を求める要請文を提出した。史料カードによれば、その文章の全体は次のようなものであった。「〔……経財政部考慮増改水泥進口税率、一面並函中央銀行酌停供給訂購水泥外匯。凡我同業対政府此種賢明之措置、無不斉声感頌。〕茲査行政院修正之進口貿易暫行辦法、規定外貨水泥之輸入適用限額制度。〔敝会方幸近数月来、洋泥進口日月見減少、国産銷路漸趨開展。〕万一輸入限額一経訂定、則転瞬之間、外貨水泥又将大量湧到。各廠歴劫深重、何堪再遭摧残」（中華水泥工業聯合会→国民政府輸入臨時管理委員会、1946年12月14日）。ところが資料集74頁に引用されたこの史料は、〔　〕部分が削除された内容になっている。そのためセメント業者の団体が国民政府の輸入規制策を評価していた部分は、まったく読み取れなくなってしまった。同様の事例は、1947年から1948年にかけての原料獲得をめぐるやりとりの際にも見いだされる。

以上の例からすると、資料集においては、業者側の要求が国民政府の経済政策に反映されていく過程、並びにそれをある程度評価した業者側が、さらに新たな要求を提出してくる過程が、恐らく意図的に削除していったのではないか、という推測が成り立つ。その結果、中国資本企業と国民政府との関係をめぐり、本来の一次史料から得られるはずの理解と、編纂された資料集が与えるイメージとの間には、相当の距離が生じるものと考えざるを得ない。このことの持つ意味は大きい。

第2に指摘しておきたい問題は、生産過程と販売市場に関する史料の紹介が、資料集ではかなり手薄になっていることである。たとえば1930年代のセメント販売市場についていえば、史料カードは、国民政府関係の公共事業や軍事施設建設関連の軍需が高い比重を占めていたことを明らかにしている。

しかしながら資料集は、そうした事実を明示する史料を、ほとんど収録していない。

例を挙げよう。史料カードに筆写された1934年度の南部支店営業報告書は、主要なセメント販売先として、上海の民間会社の社屋新築工事のほか、浙贛鉄道の建設・江西省の飛行場建設と励志社社屋建設・南京の官公庁建設・鎮江の水路建設などを列挙しており、公共事業、もしくは軍需との密接な関係が明瞭に看取される。それに対し資料集は、この時期のセメント需要先に関する資料を全く収録せず、わずかに編集者が解説の中で「南区銷路又主要集中在上海、大部分用於民用建築……」と記すにとどまっている。一次史料に基づく考察と、資料集の与えるイメージとの間には、やはり少なからず相違があるといえよう。思うにこの場合も、中国資本民間企業と国民政府との関係をいかに理解するかという重要な問題がかかわっている。

以上きわめて簡単に要点のみを記した。企業史資料集は、その編纂時に、様々な偏りを生じざるを得なかった。実は1984年、筆者は、『啓新洋灰公司史料』の編纂に携わった郭士浩教授に対し、失礼も顧みず、直接、こうした問題点についてうかがったことがある。篤実な教授は、たいへん率直に、1960年前後の資料集編纂時には、当時の、かなり偏った政治思想の影響を受けていたことを認めておられた。我々がすでに編纂された企業史資料集を研究に用いる際は、それがあくまで二次的な史料であるという当然の事実を銘記するとともに、それが編纂された時期の歴史的条件を考慮し、他の史料類と比較検討しつつ、慎重に取り扱っていかねばならない。

---

(1) 川井悟「民族工業史・企業史研究への展望」狭間直樹・森時彦編『中国歴史学の新しい波』霞山会、1985年。

(2) 南開大学経済研究所・経済系編『啓新洋灰公司史料』生活・読書・新知三聯書店、1963年。

(3) 史料カード閲覧に際しては、南開大学経済研究所の劉仏丁教授と助手の李宝珠さんに大変世話になった。また資料集編纂者の郭士浩教授にお話を聞くこともできた。すでに劉、郭両教授とも故人になられたが、心よりの謝意を記しておきたい。

# 補論2 中国資本紡の利益率に関する史料の検討
──『中国近代経済史統計資料選輯』第4章第45表をめぐって ──

　中国企業経営史研究の場合、史料整理と分析の方法において基本的な問題点が十分に吟味されてこなかった嫌いがあり、そのことが研究の深化を妨げてきたという面もあった[1]。本稿はそうした問題点の一つを『中国近代経済史統計資料選輯』第4章第45表に即して考察する[2]。

　この表は工業関係の史料をまとめた同書第4章の「(4) 帝国主義和封建勢力双重圧迫下的民族工業」という部分に、「中外紗廠帳面盈利比較、1905-1937」と題して掲載されている。表題のとおりきわめて簡便に中国資本紡と外資紡の利益率の相違を示した史料として、その後、多くの研究者によって参照されてきた。たとえば厳中平『中国棉紡織史稿』(1955年) の215頁 (邦訳297頁) には、この表が掲載されており、日本人研究者もこれを前提に議論を進めることが多かった[3]。

　この「(4) 帝国主義和封建勢力双重圧迫下的民族工業」という部分が導こうとする結論は、要するに、外国資本の優位と中国資本の窮状であり、いかに民族工業が帝国主義によって圧迫されていたかを論証しようとしているのである。確かに、もしこの第45表の数値が正しいとすれば、1932年から37年までの「利益率」(原文では「盈利率」) を単純平均した場合、外資紡の19.7％に対し、中国資本紡は7.8％に過ぎず、両者の間には画然たる落差がある。

　しかし、実はここにあげた二つの百分率は、算出方法がまったく相違しており、当然のことながら、比較すること自体に何の意味もない、性格の異なる二つの数値なのである。そして同じ基準によって払込資本対当期利益率を算出してみるならば、外資紡と中国資本紡の間の差は、より小さなものとなる。その結果、外国資本と中国資本の間の関係についても、原表の与えるイメージを若干修正する必要が出てくることになる。以下、『中国近代経済史統

計資料選輯』所収第 45 表（以下、「統計選輯表」と略称）の原史料に当たり直して調べた結果をまとめ、さらにその他の史料も補足して、この中国資本紡と外資紡の利益率比較という問題を考えておくことにしたい。

「統計選輯表」が資料出典として挙げた文献類は、三つに大別して整理することができる。その第 1 は、すでに公刊されていた研究書や調査報告書の類であって、厳中平著『中国棉業之発展』（国立中央研究院社会科学研究所、1942 年）、中国国民経済研究所編輯、張肖梅著『日本対滬投資』（商務印書館、1937 年）、江蘇省政府実業庁第三科編『江蘇省紡織業状況』（商務印書館、1920 年）、外務省通商局編『清国事情』(1907 年)、東亜研究所編『諸外国の対支投資』(1942 年)、東亜同文会編『中華民国実業名鑑』(1934 年) などであり、前の 3 点が中国側の調査研究、後の 3 点が日本側の調査報告である。これらの文献は、いずれも日本国内の研究機関において眼にすることができ、それぞれの数値の具体的な内容を確かめることができる。第 2 に指摘されるべき資料として、当時発行されていた雑誌に断片的に掲載されていた数値があるが、これはそれほど多くはなく、『紡織周刊』『紡織時報』『経済研究』等の雑誌のうちの 1、2 の号が利用されているに過ぎない。そして以上の類別に含まれない第 3 の種類の資料が、そっけなく「各工場の営業報告書に基づき計算したもの」と記されている 1932 年から 1937 年にかけての中国資本紡に関する数値である。

以上に挙げた第 1 及び第 2 の文献に記載された資料は、確認し得たものに関する限り、いずれも払込資本金と当期利益金（純益）の金額を記載したものである。したがって後者の数値を前者の数値によって除して求めた百分率は、一般に払込資本対当期利益率と呼ばれるものに該当している。なお払込資本金については、期首と期末の平均額などではなく、期末の資本金額をそのまま用いているようである。

問題は「統計選輯表」の使っている第 3 の資料である。出典が明記されていないとはいえ、これは工場名と資本金などを合計した数値がほぼ一致している点から見て、『中国工業』第 1 巻第 8 期に掲載された資料を利用したものと考えて間違いない[4]。1 ヶ所、計算ミスがあるが、これは全体の数値にほとんど影響を及ぼすものではない[5]。重大な問題は、原資料で用いられている「資本」と「利潤」の概念が、払込資本金と当期利益金という概念とはそれぞれ

まったく異なるものであるにもかかわらず、なぜか「統計選輯表」の作成者が、そのことに無頓着に原資料を利用してしまっていることにある。

　汪論文は工業資本の利潤率の算出に際し、独自の主張を打ち出している。それは分母となる「資本金」については、厳密には合致しないとはいえ、現在用いられる経営資本に近い概念を利用していることであり、また分子となる「利潤」については、同じく営業利益に近い概念を使っていることである。汪は「資本」として総資本金額（＝総資産額）を用いてしまうと、実際に経営に用いられている資本金額を過大に評価することになると批判、総資本金額から債券投資、株式投資などの「対外長期投資」額と受取手形、未収金、貸付金、仮払い金などの「対外短期融資」額を差し引いた「本廠実際運用資本額」を用いるべきだとしている（13 及び 14 頁）。現在わが国で経営資本という際は、総資本から、①投資のために持っている有価証券や貸付金、他会社への出資金などと、②遊休資産や未稼働施設など現在稼働していない資本とを差し引いた額が用いられている。汪のいう「本廠実際運用資本」と経営資本の両者は、厳密には一致しないとはいえ、かなり相似した概念であるといってよい。それに対し「利潤」に関しては、減価償却額も差し引いてある当期純益に、支払い利息を加えた数字をもちいるべきだ、というのが汪の主張である（14 頁、なおオリジナルの営業報告書に減価償却額が明記されていない場合は、上記の「実際運用資本額」の 2.5 ％を減価償却額と想定して差し引き、支払い利息が明記されていない場合はそれを借入金総額の 10 パーセントと仮定して、推計が行なわれている。19 頁の付表 3「説明」部分による）。一方、現在わが国で普通にいう営業利益とは、営業外の収支を加減する前の営業活動そのものの利益、即ちそれを経常利益から逆算するためには、営業外収益を経常利益から差し引き、それに営業外費用を加えて求められる数値のことであり、汪のいう「利潤」は、やはり厳密には同じものとはいえないにせよ、ほぼこれに近いものとなっていることが知られよう。従って汪論文の数値を用いて利益率を計算した場合、実質的には、ほぼ経営資本対営業利益率に相当する数値が算出されていることになり、それが経営活動の実態の一側面を反映する数値になっていることは確かである。

**表　汪馥蓀論文所収の中国資本紡経営関連史料，1932-1937**

単位：1,000 元（斜体字は%）

| 年／社名 | ①資産総額 | ②貸付金 | ③運用資金 | ④資本金 | ⑤借入金 | ⑥「利潤」 | ⑦利益金 | ⑧「利潤率」 | ⑨利益率 |
|---|---|---|---|---|---|---|---|---|---|
| 1932 豫豊 | 13,395 | 220 | 13,175 | 4,167 | 4,387 | 1,000 | 561 | 7.6 | 13.5 |
| 申新 | 90,080 | 3,901 | 86,179 | 30,631 | 42,010 | 8,429 | 4,228 | 9.8 | 13.8 |
| (小計) | 103,475 | 4,121 | 99,354 | 34,798 | 46,397 | 9,429 | 4,789 | 9.5 | 13.8 |
| 1933 協豊 | 498 | 20 | 478 | 200 | 264 | 42 | 16 | 8.8 | 8.0 |
| 利用 | 1,034 | 247 | 787 | 720 | 117 | -39 | -51 | -5.0 | -7.1 |
| 崇明 | 2,522 | 514 | 2,008 | 1,500 | 120 | 251 | 239 | 12.5 | 15.9 |
| (小計) | 4,054 | 781 | 3,273 | 2,420 | 501 | 254 | 204 | 7.8 | 8.4 |
| 1934 大通 | 2,295 | 115 | 2,180 | 960 | 968 | 2 | -95 | 0.1 | -9.9 |
| 美恒 | 586 | 7 | 579 | 368 | 218 | -23 | -45 | -4.0 | -12.2 |
| 永安 | 33,376 | 3,905 | 29,471 | 12,000 | 16,174 | 1,585 | *340 | 5.4 | 2.8 |
| 恒大 | 1,715 | 33 | 1,682 | 500 | 1,152 | 106 | -9 | 6.3 | -1.8 |
| 宝興 | 1,875 | 112 | 1,763 | 700 | 961 | 115 | 19 | 6.5 | 2.7 |
| (小計) | 39,847 | 4,172 | 35,675 | 14,528 | 19,473 | 1,785 | 210 | 5.0 | 1.4 |
| 1935 大成 | 5,238 | 165 | 5,073 | 2,000 | 1,979 | 443 | 245 | 8.7 | 12.3 |
| 沙市 | 3,611 | 489 | 3,122 | 1,000 | 2,121 | 274 | 62 | 8.8 | 6.2 |
| 美恒 | 660 | 42 | 618 | 368 | 251 | 80 | 55 | 12.9 | 14.9 |
| 永安 | 28,859 | 4,963 | 23,896 | 12,000 | 9,760 | 741 | *67 | 3.1 | 0.6 |
| 民豊 | 2,583 | 228 | 2,355 | 700 | 1,460 | 253 | 107 | 10.7 | 15.3 |
| 恒大 | 1,582 | 33 | 1,549 | 500 | 992 | 108 | 9 | 7.0 | 1.8 |
| 宝興 | 1,605 | 34 | 1,571 | 700 | 655 | 61 | -5 | 3.9 | -0.7 |
| (小計) | 44,138 | 5,954 | 38,184 | 17,268 | 17,218 | 1,960 | 540 | 5.1 | 3.1 |
| 1936 大成 | 6,519 | 494 | 6,025 | 4,000 | 2,142 | 744 | 530 | 12.3 | 13.3 |
| 沙市 | 3,725 | 561 | 3,164 | 1,000 | 2,084 | 311 | 103 | 9.8 | 10.3 |
| 統益 | 3,845 | 50 | 3,795 | 1,700 | 1,553 | 496 | 341 | 13.1 | 20.1 |
| 大生 | 17,371 | 4,791 | 12,580 | **4,875 | 8,642 | 536 | **305 | 4.3 | 6.3 |
| 美恒 | 710 | 39 | 671 | 400 | 228 | 107 | 84 | 15.9 | 21.0 |
| 永安 | 35,025 | 4,964 | 30,061 | 12,000 | 14,760 | 1,626 | *945 | 5.4 | 7.9 |
| 民豊 | 3,205 | 234 | 2,971 | 700 | 1,297 | 481 | 351 | 16.2 | 50.1 |
| 恒大 | 1,913 | 82 | 1,831 | 500 | 1,162 | 249 | 133 | 13.6 | 26.6 |
| 宝興 | 1,902 | 90 | 1,812 | 700 | 844 | 133 | 49 | 7.3 | 7.0 |
| (小計) | 74,215 | 11,305 | 62,910 | 25,875 | 32,712 | 4,683 | 2,841 | 7.4 | 11.0 |
| 1937 | 2,121 | 143 | 1,978 | 800 | 808 | 240 | 159 | 12.1 | 19.9 |

出所：汪馥蓀「中国工業資本估計的幾個基本問題」『中国工業』第1巻第8期（1949年12月20日）。

注：③；①から②を控除した数値。
　　⑥；当期利益金に支払利息(不明な場合は借入金の10％の額)を加算した数値。汪馥蓀論文19頁。
　　　なお減価償却が計上されていない場合、それを「実際運用資本額」(表の③欄)の2.5％相当として推計し、
　　　その額をもとの当期利益金から差し引く、という操作も行っている。
　　⑦；注記のある場合を除き、下記の計算式により算出。⑥−⑤×0.1。
　　⑧；⑥÷③×100。
　　⑨；⑧÷④×100。
　　＊；『永安紡織印染公司』(中華書局 1964) 341-342 頁所収表による。
　　＊＊；『大生第一紡織公司第38届営業報告』による。

## 補論2 中国資本紡の利益率に関する史料

しかし問題は、「統計選輯表」の作者が用いている外国資本企業関係の資料においては、別の種類の「資本」概念と「利益」概念が採用され、別の種類の利益率が算出されていることである。すなわち他の2系列の資料から導かれている数値は、払込資本対当期利益率であって、経営資本対営業利益率ではない。2種類の利益率は、いずれも資本に対する利益の比率を求めるための数値であるとはいえ、算出の根拠となる数値がそもそも違っており、それを支える考え方も異なる別個の概念であって、決して単純に並べて比較できるものではない。遺憾ながら『中国近代経済史統計資料選輯』168頁所収第45表「中外紗廠帳面盈利比較、1905-1937」は、異なる概念の数値を並べて比較するという初歩的なミスを犯していたことになる。

さて、それでは「統計選輯表」のデータを修正し、同じ種類の利益率を算出して比較した場合、どのような事実が浮かび上がってくるだろうか。修正の方法は二つある。一つはすべての数値を経営資本対営業利益に揃える方法であり、いま一つは、逆に払込資本対当期利益率に揃える方法である。しかしながら前者の修正作業を進めるには、あまりにも史料が不足しているので、本稿においては、後者の修正作業のみを試みておくことにしたい。

集計結果は表に示したとおりである。1932、33、36、37の4年分の平均利益率（表⑨欄の数値）については、「統計選輯表」の平均「盈利率」（汪馥蓀論文のいう「利潤率」、表⑧欄の数値）よりも高い数値が、また1934、35の2年分については、それよりも低い数値が算出されており、単純平均をとってみると、9.6％と「統計選輯表」の7.8％よりもおよそ2割以上高い結果になる。「統計選輯表」の採用した汪馥蓀論文の数値、すなわちほぼ経営資本対営業利益率に相当する数値と、いま我々が新たに算出して得た払込資本対当期利益率の数値との間に、なぜこのような相違が生じてくるのか、十分吟味に値する問題ではある。後者の方が前者より高いという事実が直接的に意味することは、本来の営業収支よりもむしろ営業外収支において、中国資本綿紡績業経営にとって、より有利な状況が存在していた、ということにほかならない。別の言葉でいえば、本来の営業面における不利な状況を、営業外の領域における諸条件（関連企業からの低利の資金調達、巧みな投資活動等）を生かすことによって多少なりともカバーしていた、ということになろう。こ

れは中国資本経営に関する筆者や菊池敏夫氏の考察結果とも、基本的に一致する内容となっている。またたとえば 1934、35 の 2 年分が低い、という点についていえば、最も深刻な不況期に当たっていたこの時期、借入金返済のための支払利子が増加したことなどによって、営業外収支が営業収支よりも著しく悪化したことを意味するものかもしれない。

　次に、外国資本経営との比較をおこなっておこう。中国資本経営の利益率が外国資本経営のそれよりも低い水準で推移している、という事実には変わりがない。ただしもとの「統計選輯表」が提示していた外資紡 19.7％対中国資本紡 7.8％という画然たる落差のイメージは、我々が新たに算出した中国資本紡の払込資本対当期利益率平均 9.6％という数値によって、若干修正を迫られることになる。とくに 1936 年のような好況期の場合、外資紡 17.6％対中国資本紡 11.0％と両者の利益率は相当に接近していたのであり、外国資本の圧倒的な優位と中国資本の窮状ないしは没落傾向のみを強調する旧来の図式は成立しがたい。中国資本紡 15 工場と在華紡の払込資本対当期利益率を比較して下した本書第 5 章の次の評価は妥当なもののように思われる。「総じて、1920 年代半ばから 1930 年代初めまでの好況期と 1936 年からの景気回復期とに、中国資本紡は在華紡に匹敵する業績を収めており、1920 年代前半と 1930 年代前半に生じた不況期に、在華紡より経営状態が悪化したものといえよう」。

---

(1)　本書序章、並びに補論 2 参照。

(2)　厳中平等編『中国近代経済史統計資料選輯』科学出版社、1955 年、168 頁。

(3)　たとえば戦時期の中国綿紡織業を分析した山崎広明「戦時期における在華日本紡績会社の経営動向に関する覚書」『社会科学研究』第 28 巻第 4・5 号、1977 年、158 頁。

(4)　汪馥蓀執筆「中国工業資本估計的幾個基本問題」『中国工業』第 1 巻第 8 期（1949 年 12 月 20 日発行）である（以下「汪論文」と略称）。このうちの主要な部分は、その後、陳真等編『中国近代工業史資料』第 1 輯（1957 年）649-655 頁にも収録され、多くの研究者の目にも触れやすいことになった。

(5)　汪論文から算出した「資本」額より「統計選揖表」の数値の方が 616 千元少ないという 1936 年の分の僅かな不一致は、「統計選輯表」の作成者が「資本」額を求める際、民豊紗廠についてのみ汪論文にある 1936 年の数値（2,971 千元）を用いず、誤って 1935 年の数値（2,355 千元）を使って計算したために生じたミスと推測し得る。

# 付録資料　中国資本紡の経営統計

凡例：

1．経営分析の指標になる下記の比率を算出する基礎データを整理した。
〔本文第5章114頁、表5-7関連〕
　　**払込資本金利益率**＝利益金÷期首期末払込資本金平均額×100
　　　　期首期末払込資本金平均額＝（前期末払込資本金＋当期末払込資本金）÷2
　　　　平均は加重平均
　　　　本文中の「利益率」は、とくに断らない限り、この数値
〔本文第5章120頁、表5-8（資本の収益性）関連〕
　　**総資本経常利益率**＝経常利益÷期首期末総資本平均額×100
　　　　期首期末総資本平均額＝（前期末総資本＋当期末総資本）÷2
　　　　平均は加重平均
　　　　総資本＝資産総額＝負債・資本総額
　　**売上高経常利益率**＝経常利益÷売上高×100
　　**総資本回転率**＝売上高÷期首期末総資本平均額
〔本文第5章123頁、表5-10（資本の安定性）関連〕
　　**自己資本比率**＝自己資本÷総資本×100
　　**固定比率**＝固定資産÷自己資本×100
　　**流動比率**＝流動資産÷流動負債×100
〔本文第5章125頁、表5-13関連〕
　　**売上高対支払利息比率**＝支払利息÷売上高×100

2．それぞれのデータの根拠は後の出所欄に記した。ただし永安紡と晋華紡については、永安紡の貸借対照表と晋華紡の貸借対照表・損益計算書を、末尾に付した分類基準により独自に整理した数値を用いている。

3．本書第5章の基礎になった旧稿の数値の一部は、今回、新たに計算し直した結果に基づき改訂されている。

|  |  | 1922年 | 1923年 | 1924年 |
|---|---|---|---|---|
| 上海永安 | 資本金 | 6,000,000.00 | 6,000,000.00 | 6,000,000.00 |
|  | 自己資本 | 6,680,131.95 | 6,778,700.00 | 6,858,874.76 |
|  | 総資本 | 6,708,879.27 | 7,625,609.00 | 8,434,355.11 |
|  | 固定資産 | 3,689,515.77 | 4,315,877.18 | 5,273,805.43 |
|  | 流動資産 | 3,019,363.50 | 3,309,731.82 | 3,160,549.68 |
|  | 流動負債 | 28,747.32 | 846,909.00 | 1,575,480.35 |
|  | 売上高 | 1,495,929.00 | 9,888,606.00 | 10,520,165.00 |
|  | 当期利益 | 680,131.95 | 210,714.34 | 404,401.57 |
|  | 支払利息 | … | … | … |
|  | 払込資本金利益率 | *11.3* | *3.5* | *6.7* |
|  | 総資本経常利益率 | *10.14* | *2.94* | *5.04* |
|  | 売上高経常利益率 | *45.47* | *2.13* | *3.84* |
|  | 総資本回転率 | *0.22* | *1.38* | *1.31* |
|  | 自己資本比率 | *99.6* | *88.9* | *81.3* |
|  | 固定比率 | *55* | *64* | *77* |
|  | 流動比率 | *10503* | *391* | *201* |
|  | 売上高対支払利息比率 | … | … | … |
| 上海申新一八 | 資本金 | 3,000,000.00 | 3,000,000.00 | 3,000,000.00 |
|  | 売上高 | 5,798,060.00 | 6,057,280.00 | … |
|  | 当期利益 | 718,670.00 | 246,020.00 | … |
|  | 支払利息 | 40,190.00 | 125,290.00 | … |
|  | 払込資本金利益率 | *26.6* | *8.2* | … |
|  | 売上高対支払利息比率 | *0.69* | *2.07* | … |
| 無錫申新三 | 資本金 | 1,500,000.00 | 2,000,000.00 | 2,000,000.00 |
|  | 売上高 | 5,996,600.00 | 7,536,690.00 | 7,072,730.00 |
|  | 当期利益 | 700,650.00 | 140,980.00 | -33,840.00 |
|  | 支払利息 | 370,690.00 | 590,020.00 | 689,650.00 |
|  | 払込資本金利益率 | *46.7* | *8.1* | *-1.7* |
|  | 売上高対支払利息比率 | *6.18* | *7.83* | *9.75* |
| 南通大生一 | 資本金 | *2,575,050.00* | *3,507,050.00* | *3,507,050.00* |
|  | 当期利益 | *-196,074.05* | *-373,080.25* | *-181,088.02* |
|  | 払込資本金利益率 | *-7.7* | *-12.3* | *-5.2* |
| 海門大生三 | 資本金 | *1,983,130.00* | *2,383,105.00* | *2,383,095.53* |
|  | 当期利益 | *34,024.43* | *113,176.38* | *-98,700.31* |
|  | 払込資本金利益率 | *1.7* | *5.2* | *-4.1* |

付録資料　中国資本紡の経営統計　　　　　　　　　　　　277

| 1925年 | 1926年 | 1927年 | 1928年 | 1929年 |
|---|---|---|---|---|
| 6,000,000.00 | 6,000,000.00 | 6,000,000.00 | 6,000,000.00 | 6,000,000.00 |
| 7,160,607.75 | 7,304,719.02 | 8,095,830.49 | 9,526,921.30 | 12,521,225.25 |
| 11,292,070.01 | 11,880,593.22 | 11,989,712.52 | 16,086,334.63 | 24,958,403.12 |
| 7,638,757.31 | 7,517,638.78 | 7,186,117.37 | 8,773,151.84 | 10,590,496.66 |
| 3,653,312.70 | 4,362,954.44 | 4,803,595.15 | 7,313,182.79 | 14,367,906.46 |
| 4,131,462.26 | 4,575,874.20 | 3,893,882.03 | 6,559,413.33 | 12,437,177.87 |
| 11,809,434.00 | 13,828,351.00 | 13,480,000.00 | 19,000,000.00 | 23,580,000.00 |
| 607,066.56 | 574,356.92 | 801,254.70 | 2,035,211.94 | 3,815,343.96 |
| 322,319.00 | 415,228.00 | 433,698.00 | 489,209.00 | 643,084.00 |
| *10.1* | *9.6* | *13.4* | *33.9* | *63.6* |
| *6.15* | *4.96* | *6.71* | *14.50* | *18.59* |
| *5.14* | *4.15* | *5.94* | *10.71* | *16.18* |
| *1.20* | *1.19* | *1.13* | *1.35* | *1.15* |
| *63.4* | *61.5* | *67.5* | *59.2* | *50.2* |
| *107* | *103* | *89* | *92* | *85* |
| *88* | *95* | *123* | *111* | *116* |
| *2.73* | *3.00* | *3.22* | *2.57* | *2.73* |
| 3,000,000.00 | 3,000,000.00 | 3,000,000.00 | 3,000,000.00 | 3,000,000.00 |
| 7,088,080.89 | 6,490,852.56 | 6,834,449.49 | 7,795,845.84 | 7,995,792.39 |
| 492,511.62 | 428,298.15 | 500,192.79 | 645,885.00 | 1,005,247.08 |
| 94,382.55 | 196,974.09 | 133,066.20 | 219,184.20 | 166,957.80 |
| *16.4* | *14.3* | *16.7* | *21.5* | *33.5* |
| *1.33* | *3.03* | *1.95* | *2.81* | *2.09* |
| 2,000,000.00 | 2,000,000.00 | 2,000,000.00 | 3,000,000.00 | 3,000,000.00 |
| 8,689,690.00 | … | 5,758,470.00 | 10,284,100.00 | 9,882,400.00 |
| 312,330.00 | … | 342,300.00 | 1,084,120.00 | 1,201,230.00 |
| 626,490.00 | … | 388,520.00 | 352,700.00 | 583,950.00 |
| *15.6* | … | *17.1* | *43.4* | *40.0* |
| *7.21* | … | *6.75* | *3.43* | *5.91* |
| *3,507,050.00* | *3,507,050.00* | *3,507,050.00* | *3,507,050.00* | *3,507,050.00* |
| *-241,454.28* | *-100,771.03* | *133,633.90* | *764,258.31* | *493,672.78* |
| *-6.9* | *-2.9* | *3.8* | *21.8* | *14.1* |
| *2,383,095.53* | *2,383,085.53* | *2,283,085.53* | *2,283,089.53* | *2,283,080.53* |
| *131,030.92* | *103,708.95* | *76,833.48* | *22,661.14* | *229,135.94* |
| *5.5* | *4.4* | *3.3* | *1.0* | *10.0* |

|  |  | 1930年 | 1931年 | 1932年 |
|---|---|---|---|---|
| 上海永安 | 資本金 | 12,000,000.00 | 12,000,000.00 | 12,000,000.00 |
|  | 自己資本 | 13,540,063.18 | 14,663,906.03 | 16,677,336.21 |
|  | 総資本 | 32,561,098.85 | 35,235,002.06 | 40,918,032.95 |
|  | 固定資産 | 14,955,711.16 | 15,949,900.72 | 15,745,130.07 |
|  | 流動資産 | 17,605,387.69 | 19,285,101.34 | 25,172,902.88 |
|  | 流動負債 | 19,021,035.67 | 20,571,096.03 | 24,240,696.74 |
|  | 売上高 | 32,400,000.00 | 36,000,000.00 | 21,380,000.00 |
|  | 当期利益 | 1,454,740.99 | 2,230,425.37 | 1,522,590.04 |
|  | 支払利息 | … | … | 1,042,285.00 |
|  | 払込資本金利益率 | 16.2 | 18.6 | 12.7 |
|  | 総資本経常利益率 | 5.06 | 6.58 | 4.00 |
|  | 売上高経常利益率 | 4.49 | 6.20 | 7.12 |
|  | 総資本回転率 | 1.13 | 1.06 | 0.56 |
|  | 自己資本比率 | 41.6 | 41.6 | 40.8 |
|  | 固定比率 | 110 | 109 | 94 |
|  | 流動比率 | 93 | 94 | 104 |
|  | 売上高対支払利息比率 | … | … | 4.88 |
| 上海申新一八 | 資本金 | 3,500,000.00 | 3,500,000.00 | 3,500,000.00 |
|  | 売上高 | 7,589,829.36 | 15,264,790.53 | 16,858,320.78 |
|  | 当期利益 | -19,043.19 | 1,269,796.02 | 696,166.80 |
|  | 支払利息 | 423,881.13 | 691,541.43 | 700,597.71 |
|  | 払込資本金利益率 | -0.6 | 36.3 | 19.9 |
|  | 売上高対支払利息比率 | 5.58 | 4.53 | 4.16 |
| 無錫申新三 | 資本金 | 3,000,000.00 | 3,000,000.00 | 3,000,000.00 |
|  | 売上高 | … | … | 11,876,130.00 |
|  | 当期利益 | … | … | 999,000.00 |
|  | 支払利息 | … | … | 622,900.00 |
|  | 払込資本金利益率 | … | … | 33.3 |
|  | 売上高対支払利息比率 | … | … | 5.24 |
| 南通大生一 | 資本金 | 3,507,050.00 | 3,507,050.00 | 4,871,292.45 |
|  | 当期利益 | 100,381.26 | 347,464.33 | -194,667.43 |
|  | 払込資本金利益率 | 2.9 | 9.9 | -4.0 |
| 海門大生三 | 資本金 | 2,283,080.53 | 2,283,080.53 | 3,171,198.86 |
|  | 当期利益 | 28,972.52 | 223,282.02 | 45,081.01 |
|  | 払込資本金利益率 | 1.3 | 9.8 | 1.4 |

| 1933年 | 1934年 | 1935年 | 1936年 |
|---|---|---|---|
| 12,000,000.00 | 12,000,000.00 | 12,000,000.00 | 12,000,000.00 |
| 16,865,145.50 | 17,201,665.88 | 17,267,184.21 | 17,217,328.51 |
| 41,113,590.81 | 33,375,789.07 | 28,859,225.81 | 31,977,613.00 |
| 14,904,184.73 | 15,038,328.94 | 15,858,773.96 | 15,775,880.63 |
| 26,209,406.08 | 18,337,460.13 | 13,000,451.85 | 16,201,732.37 |
| 24,248,445.31 | 16,174,123.19 | 11,592,041.60 | 9,760,284.49 |
| 25,536,760.00 | 30,839,207.00 | 21,589,187.00 | 27,760,000.00 |
| 702,468.58 | 340,228.29 | 66,568.83 | 944,850.86 |
| 1,364,996.00 | ... | 638,525.00 | 659,342.00 |
| 5.9 | 2.8 | 0.6 | 7.9 |
| 1.71 | 0.91 | 0.21 | 3.11 |
| 2.75 | 1.10 | 0.31 | 3.40 |
| 0.62 | 0.83 | 0.69 | 0.91 |
| 41.0 | 51.5 | 59.8 | 53.8 |
| 88 | 87 | 92 | 92 |
| 108 | 113 | 112 | 166 |
| 5.35 | ... | 2.96 | 2.38 |
| 4,200,000.00 | 4,200,000.00 | 4,200,000.00 | 4,200,000.00 |
| 18,792,310.00 | 16,355,150.00 | 15,770,550.00 | 20,034,370.00 |
| 336,230.00 | 247,810.00 | 427,330.00 | 1,449,620.00 |
| 804,670.00 | 826,060.00 | 670,510.00 | 694,460.00 |
| 8.7 | 5.9 | 10.2 | 34.5 |
| 4.28 | 5.05 | 4.25 | 3.47 |
| 5,000,000.00 | 5,000,000.00 | 5,000,000.00 | 5,000,000.00 |
| ... | ... | ... | 12,640,900.00 |
| ... | ... | ... | 1,403,850.00 |
| ... | ... | ... | 301,860.00 |
| ... | ... | ... | 28.1 |
| ... | ... | ... | 2.39 |
| 4,871,292.45 | 4,871,292.45 | 4,871,292.45 | 4,871,292.45 |
| 41,105.45 | -1,220,199.18 | 305,360.46 | ... |
| 0.8 | -25.0 | 6.3 | ... |
| 3,171,198.86 | 3,171,198.86 | 3,171,198.86 | 3,171,198.86 |
| 66,939.84 | -250,198.87 | -56,428.08 | 50,232.29 |
| 2.1 | -7.9 | -1.8 | 1.6 |

|  |  | 1922年 | 1923年 | 1924年 |
|---|---|---|---|---|
| 天津華新 | 資本金 | 2,153,017.00 | 2,421,900.00 | 2,421,900.00 |
|  | 自己資本 | 3,252,012.00 | 3,365,048.00 | 2,926,065.00 |
|  | 総資本 | 4,307,525.00 | 4,479,120.00 | 4,162,017.00 |
|  | 固定資産 | 1,990,166.00 | 1,946,641.00 | 1,852,326.00 |
|  | 流動資産 | 2,278,382.00 | 2,506,759.00 | 2,309,690.00 |
|  | 流動負債 | 1,055,513.00 | 1,114,073.00 | 1,235,951.00 |
|  | 売上高 | 4,851,113.00 | 4,869,047.00 | 4,309,143.00 |
|  | 経常利益 | 419,459.00 | 466,657.00 | 208,405.00 |
|  | 当期利益 | 674,412.71 | 749,157.51 | 260,419.98 |
|  | 支払利息 | 33,659.00 | 39,960.00 | 79,842.00 |
|  | 払込資本金利益率 | *32.4* | *32.8* | *10.8* |
|  | 総資本経常利益率 | *10.68* | *10.62* | *4.82* |
|  | 売上高経常利益率 | *8.65* | *9.58* | *4.84* |
|  | 総資本回転率 | *1.23* | *1.11* | *1.00* |
|  | 自己資本比率 | *75.5* | *75.1* | *70.3* |
|  | 固定比率 | *61* | *58* | *63* |
|  | 流動比率 | *216* | *225* | *187* |
|  | 売上高対支払利息比率 | *0.69* | *0.82* | *1.85* |
| 天津恒源 | 資本金 | 4,000,000.00 | 4,000,000.00 | 4,000,000.00 |
|  | 自己資本 | 4,425,436.00 | 4,125,073.00 | 4,122,000.00 |
|  | 総資本 | 7,307,731.00 | 5,387,050.00 | 5,150,975.00 |
|  | 固定資産 | 4,470,915.00 | 4,297,798.00 | 4,302,251.00 |
|  | 流動資産 | 2,479,292.00 | 779,090.00 | 535,746.00 |
|  | 流動負債 | 2,671,895.00 | 1,113,977.00 | 897,575.00 |
|  | 経常利益 | 76,462.00 | -47,363.00 | -3,073.00 |
|  | 当期利益 | 76,462.00 | -47,363.00 | -3,073.00 |
|  | 支払利息 | 192,475.00 | 199,725.00 | 140,171.00 |
|  | 払込資本金利益率 | *1.9* | *-1.2* | *-0.1* |
|  | 自己資本比率 | *60.6* | *76.6* | *80.0* |
|  | 固定比率 | *101* | *104* | *104* |
|  | 流動比率 | *93* | *70* | *60* |

付録資料　中国資本紡の経営統計　　281

| 1925年 | 1926年 | 1927年 | 1928年 | 1929年 |
|---|---|---|---|---|
| 2,421,900.00 | 2,421,900.00 | 2,421,900.00 | 2,421,900.00 | 2,421,900.00 |
| 2,894,862.00 | 2,703,151.00 | 2,627,458.00 | 2,770,396.00 | ... |
| 4,481,256.00 | 3,737,967.00 | 3,466,252.00 | 3,751,966.00 | ... |
| 1,854,555.00 | 2,048,722.00 | 2,080,633.00 | 2,080,395.00 | ... |
| 2,610,521.00 | 1,640,078.00 | 1,351,414.00 | 1,653,396.00 | ... |
| 1,586,394.00 | 1,034,816.00 | 838,794.00 | 981,570.00 | ... |
| 4,366,155.00 | 4,608,211.00 | 4,502,145.00 | 5,148,864.00 | ... |
| 27,273.00 | -129,626.00 | 28,209.00 | 175,086.00 | ... |
| 211,228.58 | -88,312.03 | 33,809.07 | 181,375.77 | 208,138.88 |
| 114,264.00 | 40,769.00 | 65,011.00 | 68,647.00 | ... |
| 8.7 | -3.6 | 1.4 | 7.5 | 8.6 |
| 0.63 | -3.15 | 0.78 | 4.85 | ... |
| 0.62 | -2.81 | 0.63 | 3.40 | ... |
| 1.01 | 1.12 | 1.25 | 1.43 | ... |
| 64.6 | 72.3 | 75.8 | 73.8 | ... |
| 64 | 76 | 79 | 75 | ... |
| 165 | 158 | 161 | 168 | ... |
| 2.62 | 0.88 | 1.44 | 1.33 | ... |
| 4,000,000.00 | 4,000,000.00 | 4,000,000.00 | 4,000,000.00 | 4,000,000.00 |
| 4,624,226.00 | 4,413,256.00 | 4,031,068.00 | 3,878,894.00 | ... |
| 7,139,105.00 | 7,338,497.00 | 7,020,870.00 | 7,825,120.00 | ... |
| 4,470,905.00 | 4,485,627.00 | 4,601,539.00 | 4,622,089.00 | ... |
| 2,344,712.00 | 2,568,770.00 | 2,157,514.00 | 2,935,062.00 | ... |
| 1,293,401.00 | 1,518,063.00 | 1,303,235.00 | 2,176,659.00 | ... |
| 315,000.00 | 135,000.00 | -140,932.00 | -152,174.00 | ... |
| 315,000.00 | 135,000.00 | -140,932.00 | -152,174.00 | -92,550.00 |
| 185,759.00 | 267,945.00 | 294,033.00 | 276,148.00 | ... |
| 7.9 | 3.4 | -3.5 | -3.8 | -2.3 |
| 64.8 | 60.1 | 57.4 | 49.6 | ... |
| 97 | 102 | 114 | 119 | ... |
| 181 | 169 | 166 | 135 | ... |

|  |  | 1930年 | 1931年 | 1932年 |
|---|---|---|---|---|
| 天津華新 | 資本金 | 2,421,900.00 | 2,421,900.00 | 2,421,900.00 |
|  | 自己資本 | … | … | 3,428,382.44 |
|  | 総資本 | … | … | 5,478,310.78 |
|  | 固定資産 | … | … | 2,786,792.30 |
|  | 流動資産 | … | … | 2,691,518.48 |
|  | 流動負債 | … | … | 2,267,619.00 |
|  | 売上高 | … | … | 3,963,877.46 |
|  | 経常利益 | … | … | 217,690.66 |
|  | 当期利益 | 54,202.89 | 162,647.26 | 160,846.69 |
|  | 支払利息 | … | … | 163,527.11 |
|  | 払込資本金利益率 | 2.2 | 6.7 | 6.6 |
|  | 総資本経常利益率 | … | … | 3.97 |
|  | 売上高経常利益率 | … | … | 5.49 |
|  | 総資本回転率 | … | … | 0.72 |
|  | 自己資本比率 | … | … | 62.6 |
|  | 固定比率 | … | … | 81 |
|  | 流動比率 | … | … | 119 |
|  | 売上高対支払利息比率 | … | … | 4.13 |
| 天津恒源 | 資本金 | 4,000,000.00 | 4,000,000.00 | 4,000,000.00 |
|  | 自己資本 | … | … | … |
|  | 総資本 | … | … | … |
|  | 固定資産 | … | … | … |
|  | 流動資産 | … | … | … |
|  | 流動負債 | … | … | … |
|  | 経常利益 | … | … | … |
|  | 当期利益 | -231,132.00 | -291,664.00 | 26,899.00 |
|  | 支払利息 | … | … | … |
|  | 払込資本金利益率 | -5.8 | -7.3 | 0.7 |
|  | 自己資本比率 | … | … | … |
|  | 固定比率 | … | … | … |
|  | 流動比率 | … | … | … |

付録資料　中国資本紡の経営統計　　　　283

| | 1933年 | 1934年 | 1935年 | 1936年 |
|---|---|---|---|---|
| | 2,421,900.00 | 2,421,900.00 | 2,421,900.00 | 2,421,900.00 |
| | | 2,888,434.87 | ... | ... |
| | | 4,517,835.29 | ... | ... |
| | | 2,810,096.39 | ... | ... |
| | | 1,707,738.90 | ... | ... |
| | | 1,629,400.42 | ... | ... |
| | | 2,267,038.27 | ... | ... |
| | | -133,845.18 | ... | ... |
| | -203,944.52 | -165,499.23 | 117,426.87 | ... |
| | | 160,663.10 | ... | ... |
| | *-8.4* | *-6.8* | *4.8* | ... |
| | ... | *-2.96* | ... | ... |
| | ... | *-5.90* | ... | ... |
| | ... | *0.50* | ... | ... |
| | ... | *63.9* | ... | ... |
| | ... | *97* | ... | ... |
| | ... | *105* | ... | ... |
| | ... | *7.09* | ... | ... |
| | 4,000,000.00 | 4,000,000.00 | ... | ... |
| | ... | ... | ... | ... |
| | ... | ... | ... | ... |
| | ... | ... | ... | ... |
| | ... | ... | ... | ... |
| | ... | ... | ... | ... |
| | ... | ... | ... | ... |
| | -456,591.00 | -458,480.00 | ... | ... |
| | ... | ... | ... | ... |
| | *-11.4* | *-11.5* | ... | ... |
| | ... | ... | ... | ... |
| | ... | ... | ... | ... |
| | ... | ... | ... | ... |

|  |  | 1922年 | 1923年 | 1924年 |
|---|---|---:|---:|---:|
| 天津裕元 | 資本金 | 5,100,000.00 | 5,560,350.00 | 5,560,350.00 |
|  | 自己資本 | 6,421,614.00 | 5,302,549.00 | 4,919,484.00 |
|  | 総資本 | 13,063,612.00 | 12,247,264.00 | 11,223,939.00 |
|  | 固定資産 | 7,974,228.00 | 8,247,436.00 | 8,508,340.00 |
|  | 流動資産 | 4,595,661.00 | 3,383,599.00 | 2,094,412.00 |
|  | 流動負債 | 1,310,432.00 | 1,881,001.00 | 1,898,126.00 |
|  | 売上高 | 6,967,114.00 | 10,520,260.00 | 7,308,737.00 |
|  | 経常利益 | 560,008.00 | -214,778.00 | -287,029.00 |
|  | 当期利益 | 649,041.00 | -743,937.00 | -383,065.00 |
|  | 支払利息 | 315,377.00 | 759,148.00 | 699,050.00 |
|  | 払込資本金利益率 | *13.7* | *-14.0* | *-6.9* |
|  | 総資本経常利益率 | *4.88* | *-1.70* | *-2.45* |
|  | 売上高経常利益率 | *8.04* | *-2.04* | *-3.93* |
|  | 総資本回転率 | *0.61* | *0.83* | *0.62* |
|  | 自己資本比率 | *49.2* | *43.3* | *43.8* |
|  | 固定比率 | *124* | *156* | *173* |
|  | 流動比率 | *351* | *180* | *110* |
|  | 売上高対支払利息比率 | *4.53* | *7.22* | *9.56* |
| 天津北洋 | 資本金 | 2,000,000.00 | 2,478,300.00 | 2,776,700.00 |
|  | 自己資本 | 2,584,172.00 | 3,152,050.00 | 3,064,730.00 |
|  | 総資本 | 4,294,101.00 | 5,153,120.00 | 4,706,638.00 |
|  | 固定資産 | 2,689,510.00 | 2,873,251.00 | 2,855,458.00 |
|  | 流動資産 | 1,445,019.00 | 2,098,830.00 | 1,708,894.00 |
|  | 流動負債 | 511,595.00 | 955,132.00 | 708,799.00 |
|  | 売上高 | 4,321,942.00 | 4,880,142.00 | 4,477,653.00 |
|  | 経常利益 | 165,322.00 | 345,723.00 | 395,103.00 |
|  | 当期利益 | 345,723.00 | 395,103.00 | 34,991.00 |
|  | 支払利息 | 150,430.00 | 208,380.00 | 234,085.00 |
|  | 払込資本金利益率 | *17.3* | *17.6* | *1.3* |
|  | 総資本経常利益率 | *4.47* | *7.32* | *8.01* |
|  | 売上高経常利益率 | *3.83* | *7.08* | *8.82* |
|  | 総資本回転率 | *1.17* | *1.03* | *0.91* |
|  | 自己資本比率 | *60.2* | *61.2* | *65.1* |
|  | 固定比率 | *104* | *91* | *93* |
|  | 流動比率 | *282* | *220* | *241* |
|  | 売上高対支払利息比率 | *3.48* | *4.27* | *5.23* |

付録資料 中国資本紡の経営統計　　　285

| 1925年 | 1926年 | 1927年 | 1928年 | 1929年 |
|---|---|---|---|---|
| 5,560,350.00 | 5,560,350.00 | 5,560,350.00 | 5,560,350.00 | ... |
| 5,191,545.00 | 4,565,547.00 | 4,833,533.00 | 4,506,559.00 | ... |
| 11,872,944.00 | 10,998,852.00 | 12,140,480.00 | 12,183,056.00 | ... |
| 8,366,146.00 | 8,221,108.00 | 8,169,829.00 | 8,068,497.00 | ... |
| 2,884,160.00 | 2,259,422.00 | 2,962,825.00 | 3,359,772.00 | ... |
| 1,981,399.00 | 1,973,305.00 | 2,891,942.00 | 3,261,497.00 | ... |
| 10,436,743.00 | 10,400,681.00 | 10,726,096.00 | 12,307,957.00 | ... |
| 258,972.00 | -301,084.00 | -293,709.00 | -187,165.00 | ... |
| 258,972.00 | -301,084.00 | -293,709.00 | -187,165.00 | ... |
| 673,358.00 | 754,460.00 | 876,355.00 | 845,159.00 | ... |
| *4.7* | *-5.4* | *-5.3* | *-3.4* | ... |
| *2.24* | *-2.63* | *-2.54* | *-1.54* | ... |
| *2.48* | *-2.89* | *-2.74* | *-1.52* | ... |
| *0.90* | *0.91* | *0.93* | *1.01* | ... |
| *43.7* | *41.5* | *39.8* | *37.0* | ... |
| *161* | *180* | *169* | *179* | ... |
| *146* | *114* | *102* | *103* | ... |
| *6.45* | *7.25* | *8.17* | *6.87* | ... |
| 2,689,800.00 | 2,689,800.00 | 2,689,800.00 | 2,689,800.00 | 2,689,800.00 |
| 3,206,349.00 | 2,333,036.00 | 2,198,597.00 | 1,869,562.00 | 1,685,481.00 |
| 5,260,045.00 | 4,108,309.00 | 3,932,168.00 | 3,893,045.00 | 3,309,617.00 |
| 2,922,510.00 | 3,001,807.00 | 3,026,598.00 | 2,926,938.00 | 2,942,122.00 |
| 2,188,242.00 | 989,460.00 | 798,622.00 | 873,466.00 | 286,029.00 |
| 852,312.00 | 1,119,359.00 | 955,342.00 | 1,253,004.00 | 882,107.00 |
| 5,311,205.00 | ... | 4,217,162.00 | 4,316,261.00 | 4,506,627.00 |
| 34,991.00 | ... | -2,143.00 | -40,885.00 | -2,849.00 |
| 269,891.00 | ... | 57.00 | -194,758.00 | -49,895.00 |
| 250,399.00 | ... | 230,561.00 | 189,131.00 | 197,383.00 |
| *9.9* | ... | * | *-7.2* | *-1.9* |
| *0.70* | ... | *-0.05* | *-1.04* | *-0.08* |
| *0.66* | ... | *-0.05* | *-0.95* | *-0.06* |
| *1.07* | ... | *1.05* | *1.10* | *1.25* |
| *61.0* | *56.8* | *55.9* | *48.0* | *50.9* |
| *91* | *129* | *138* | *157* | *175* |
| *257* | *88* | *84* | *70* | *32* |
| *4.71* | ... | *5.47* | *4.38* | *4.38* |

|  |  | 1922年 | 1923年 | 1924年 |
|---|---|---|---|---|
| 青島華新 | 資本金 | 2,027,562.00 | 2,368,849.00 | 2,368,849.00 |
|  | 自己資本 | … | … | … |
|  | 総資本 | … | … | … |
|  | 固定資産 | … | … | … |
|  | 流動資産 | … | … | … |
|  | 流動負債 | … | … | … |
|  | 売上高 | … | … | … |
|  | 経常利益 | … | … | … |
|  | 当期利益 | 375,469.00 | 200,367.00 | 4,284.00 |
|  | 支払利息 | … | … | … |
|  | 払込資本金利益率 | *21.1* | *9.1* | *0.2* |
|  | 総資本経常利益率 | … | … | … |
|  | 売上高経常利益率 | … | … | … |
|  | 総資本回転率 | … | … | … |
|  | 自己資本比率 | … | … | … |
|  | 固定比率 | … | … | … |
|  | 流動比率 | … | … | … |
|  | 売上高対支払利息比率 | … | … | … |
| 石家荘大興 | 資本金 | — | 3,000,000.00 | 3,000,000.00 |
|  | 自己資本 | — | 3,004,286.00 | 3,088,898.00 |
|  | 総資本 | — | 4,385,180.00 | 5,115,350.00 |
|  | 固定資産 | — | 2,670,420.00 | 3,244,609.00 |
|  | 流動資産 | — | 1,714,760.00 | 1,870,741.00 |
|  | 流動負債 | — | 807,780.00 | 1,338,009.00 |
|  | 売上高 | — | 4,801,937.14 | 4,239,231.43 |
|  | 当期利益 | — | 573,114.00 | 688,443.00 |
|  | 支払利息 | — | 58,630.00 | 98,990.00 |
|  | 払込資本金利益率 | — | *19.1* | *22.9* |
|  | 総資本経常利益率 | — | *13.07* | *14.49* |
|  | 売上高経常利益率 | — | *11.94* | *15.23* |
|  | 総資本回転率 | — | *1.10* | *0.89* |
|  | 自己資本比率 | — | *68.5* | *60.4* |
|  | 固定比率 | — | *89* | *105* |
|  | 流動比率 | — | *212* | *140* |
|  | 売上高対支払利息比率 | — | *1.22* | *2.34* |

付録資料　中国資本紡の経営統計　　　　　　　287

| | 1925年 | 1926年 | 1927年 | 1928年 | 1929年 |
|---|---|---|---|---|---|
| | 2,515,100.00 | 2,515,100.00 | 2,515,100.00 | 2,515,100.00 | 2,515,100.00 |
| | … | … | … | … | … |
| | … | … | … | … | … |
| | … | … | … | … | … |
| | … | … | … | … | … |
| | … | … | … | … | … |
| | … | … | … | … | … |
| | 175,553.00 | 231,704.00 | 68,301.00 | 373,621.00 | 333,171.00 |
| | … | … | … | … | … |
| | 7.2 | 9.2 | 2.7 | 14.9 | 13.2 |
| | … | … | … | … | … |
| | … | … | … | … | … |
| | … | … | … | … | … |
| | … | … | … | … | … |
| | … | … | … | … | … |
| | … | … | … | … | … |
| | 3,000,000.00 | 3,000,000.00 | 3,000,000.00 | 3,000,000.00 | 3,000,000.00 |
| | 3,212,627.00 | 3,403,041.00 | 3,608,675.00 | 3,805,952.00 | 3,021,930.00 |
| | 5,588,511.00 | 6,005,676.00 | 6,263,253.00 | 6,537,634.00 | 7,191,694.00 |
| | 3,274,230.00 | 3,274,230.00 | 3,274,230.00 | 3,276,363.00 | 3,462,531.00 |
| | 2,314,281.00 | 2,731,446.00 | 2,989,023.00 | 3,261,271.00 | 3,729,163.00 |
| | 1,359,808.00 | 1,660,444.00 | 1,809,007.00 | 1,594,562.00 | 3,246,914.00 |
| | 6,282,560.00 | 5,790,568.57 | 4,930,295.71 | 5,126,327.14 | 5,627,362.86 |
| | 1,016,076.00 | 942,191.00 | 845,571.00 | 1,137,120.00 | 922,850.00 |
| | 225,678.57 | 225,595.71 | 276,590.00 | 244,344.29 | 269,191.43 |
| | 33.9 | 31.4 | 28.2 | 37.9 | 30.8 |
| | 18.99 | 16.25 | 13.78 | 17.77 | 13.44 |
| | 19.31 | 15.61 | 15.77 | 22.61 | 17.16 |
| | 1.17 | 1.00 | 0.80 | 0.80 | 0.82 |
| | 57.5 | 56.7 | 57.6 | 58.2 | 42.0 |
| | 102 | 96 | 91 | 86 | 115 |
| | 170 | 165 | 165 | 205 | 115 |
| | 3.59 | 3.90 | 5.61 | 4.77 | 4.78 |

| | | 1930年 | 1931年 | 1932年 |
|---|---|---|---|---|
| 青島華新 | 資本金 | 2,700,000.00 | 2,700,000.00 | 2,700,000.00 |
| | 自己資本 | … | 3,637,466.93 | 3,593,623.42 |
| | 総資本 | … | 5,202,222.00 | 5,533,648.00 |
| | 固定資産 | … | 2,758,450.00 | 2,961,787.00 |
| | 流動資産 | … | 2,443,771.82 | 2,571,861.09 |
| | 流動負債 | … | 1,514,474.79 | 1,806,141.16 |
| | 売上高 | … | 5,106,081.79 | 5,066,158.62 |
| | 経常利益 | … | 365,178.50 | 325,968.05 |
| | 当期利益 | 332,457.00 | 365,179.00 | 133,852.00 |
| | 支払利息 | … | 187,684.23 | 206,095.54 |
| | 払込資本金利益率 | 12.7 | 13.5 | 5.0 |
| | 総資本経常利益率 | … | 7.02 | 6.07 |
| | 売上高経常利益率 | … | 7.15 | 6.41 |
| | 総資本回転率 | … | 0.98 | 0.94 |
| | 自己資本比率 | … | 69.9 | 64.9 |
| | 固定比率 | … | 76 | 82 |
| | 流動比率 | … | 161 | 142 |
| | 売上高対支払利息比率 | … | 3.68 | 4.07 |
| 石家荘大興 | 資本金 | 3,000,000.00 | 3,000,000.00 | 3,000,000.00 |
| | 自己資本 | 3,168,986.00 | 3,336,718.00 | 3,556,379.00 |
| | 総資本 | 7,740,587.00 | 8,428,421.00 | 8,032,906.00 |
| | 固定資産 | 3,653,976.00 | 3,753,976.00 | 4,285,313.00 |
| | 流動資産 | 4,086,611.00 | 4,674,445.00 | 3,747,593.00 |
| | 流動負債 | 3,609,368.00 | 3,949,734.00 | 4,338,507.00 |
| | 売上高 | 6,764,420.00 | 6,903,874.29 | 5,589,212.86 |
| | 当期利益 | 962,233.00 | 1,141,969.00 | 138,020.00 |
| | 支払利息 | 362,238.57 | 404,244.29 | 436,014.29 |
| | 払込資本金利益率 | 32.1 | 38.1 | 4.6 |
| | 総資本経常利益率 | 12.89 | 14.13 | 1.68 |
| | 売上高経常利益率 | 15.53 | 16.71 | 2.21 |
| | 総資本回転率 | 0.91 | 0.85 | 0.68 |
| | 自己資本比率 | 40.9 | 39.6 | 44.3 |
| | 固定比率 | 115 | 113 | 120 |
| | 流動比率 | 113 | 118 | 86 |
| | 売上高対支払利息比率 | 5.36 | 5.86 | 7.80 |

付録資料　中国資本紡の経営統計　　289

| 1933年 | 1934年 | 1935年 | 1936年 |
|---|---|---|---|
| 2,700,000.00 | 2,700,000.00 | 2,700,000.00 | 2,700,000.00 |
| ... | 3,528,699.66 | 3,414,696.50 | 4,443,254.18 |
| ... | 5,788,920.00 | 6,016,643.00 | 7,147,371.00 |
| ... | 3,067,321.00 | 3,627,431.00 | 4,453,925.00 |
| ... | 2,721,598.40 | 2,327,200.09 | 2,631,433.63 |
| ... | 2,085,446.85 | 2,488,274.24 | 2,549,714.92 |
| ... | 5,300,184.43 | 4,789,805.48 | 5,334,839.41 |
| ... | 287,873.19 | 153,484.25 | 311,920.64 |
| -29,757.00 | 60,098.00 | -62,013.00 | 235,680.00 |
| ... | 162,816.96 | 203,682.75 | 164,387.70 |
| *-1.1* | *2.2* | *-2.3* | *8.7* |
| ... | *4.97* | *2.60* | *4.74* |
| ... | *5.43* | *3.04* | *6.16* |
| ... | *0.92* | *0.81* | *0.81* |
| ... | *61.0* | *56.8* | *62.2* |
| ... | *87* | *106* | *100* |
| ... | *131* | *94* | *103* |
| ... | *3.07* | *4.25* | *3.08* |
| 3,000,000.00 | 3,000,000.00 | 3,000,000.00 | 3,000,000.00 |
| 3,622,435.00 | 3,859,666.00 | 3,980,945.00 | 4,079,404.00 |
| 7,628,689.00 | 8,087,777.00 | 8,697,719.00 | 8,927,988.00 |
| 4,285,313.00 | 4,285,313.00 | 4,073,478.00 | 4,109,546.00 |
| 3,343,376.00 | 3,802,464.00 | 4,624,241.00 | 4,818,442.00 |
| 3,867,041.00 | 4,228,111.00 | 4,700,429.00 | 4,373,046.00 |
| 5,241,580.00 | ... | ... | 7,303,257.00 |
| 139,213.00 | -145,536.00 | 16,345.00 | 475,538.00 |
| 436,536.00 | ... | ... | 444,928.00 |
| *4.6* | *-4.9* | *0.5* | *15.9* |
| *1.78* | *-1.85* | *0.19* | *5.40* |
| *2.57* | ... | ... | *13.02* |
| *0.67* | ... | ... | *0.83* |
| *47.5* | *47.7* | *45.8* | *45.7* |
| *118* | *111* | *102* | *101* |
| *86* | *90* | *98* | *110* |
| *8.33* | ... | ... | *6.09* |

|  |  | 1922年 | 1923年 | 1924年 |
|---|---|---|---|---|
| 唐山華新 | 資本金 | — | — | 1,854,300.00 |
|  | 当期利益 | — | — | 140,189.00 |
|  | 払込資本金利益率 | — | — | 7.6 |
| 衛輝華新 | 資本金 | 1,112,400.00 | 1,462,400.00 | 1,513,600.00 |
|  | 自己資本 | 1,112,400.00 | 1,605,312.00 | 1,739,951.00 |
|  | 総資本 | 3,632,777.00 | 4,836,811.00 | 4,951,203.00 |
|  | 固定資産 | 1,664,651.00 | 2,982,543.00 | 3,039,426.00 |
|  | 流動資産 | 1,968,126.00 | 1,854,268.00 | 1,911,777.00 |
|  | 流動負債 | 2,520,377.00 | 3,231,499.00 | 3,211,252.00 |
|  | 売上高 | 1,310,466.00 | 4,381,267.00 | 3,770,925.00 |
|  | 当期利益 | -96,495.00 | 142,912.00 | 223,960.00 |
|  | 払込資本金利益率 | *-8.7* | *11.1* | *15.1* |
|  | 総資本経常利益率 | *-2.66* | *3.37* | *4.58* |
|  | 売上高経常利益率 | *-7.36* | *5.02* | *5.49* |
|  | 総資本回転率 | *0.36* | *1.03* | *0.77* |
|  | 自己資本比率 | *30.6* | *33.2* | *35.1* |
|  | 固定比率 | *150* | *186* | *175* |
|  | 流動比率 | *78* | *57* | *60* |
| 楡次晋華 | 資本金 | — | — | 452,200.00 |
|  | 自己資本 | — | — | 452,200.00 |
|  | 総資本 | — | — | 2,694,669.01 |
|  | 固定資産 | — | — | 1,827,405.25 |
|  | 流動資産 | — | — | 715,674.27 |
|  | 流動負債 | — | — | 2,241,686.41 |
|  | 売上高 | — | — | 219,652.05 |
|  | 経常利益 | — | — | -151,589.49 |
|  | 当期利益 | — | — | -151,589.49 |
|  | 支払利息 | — | — | 125,788.21 |
|  | 払込資本金利益率 | — | — | *-33.5* |
|  | 総資本経常利益率 | — | — | *-5.63* |
|  | 売上高経常利益率 | — | — | *-69.01* |
|  | 総資本回転率 | — | — | *0.08* |
|  | 自己資本比率 | — | — | *16.8* |
|  | 固定比率 | — | — | *404* |
|  | 流動比率 | — | — | *32* |
|  | 売上高対支払利息比率 | — | — | *57.27* |

付録資料　中国資本紡の経営統計　　　　　　　　291

| 1925年 | 1926年 | 1927年 | 1928年 | 1929年 |
|---|---|---|---|---|
| 2,081,800.00 | 2,183,900.00 | 2,187,400.00 | 2,187,400.00 | 2,187,400.00 |
| 418,196.00 | 271,736.00 | 195,672.00 | 369,963.00 | 325,467.00 |
| *21.2* | *12.7* | *9.0* | *16.9* | *14.9* |
| 1,515,851.00 | 1,560,980.00 | 1,760,200.00 | 1,944,100.00 | 2,061,200.00 |
| … | … | 1,889,390.00 | 2,233,596.00 | 2,109,078.00 |
| … | … | 4,974,017.00 | 5,459,108.00 | 5,587,369.00 |
| … | … | 2,902,220.00 | 2,923,937.00 | 2,954,373.00 |
| … | … | 2,071,797.00 | 2,535,171.00 | 2,632,996.00 |
| … | … | 3,084,627.00 | 3,225,512.00 | 3,478,291.00 |
| … | … | 2,715,908.00 | 3,469,048.00 | 3,445,829.00 |
| 539,660.00 | 277,987.00 | 74,499.00 | 251,285.00 | 139,133.00 |
| *35.6* | *18.1* | *4.5* | *13.6* | *6.9* |
| … | … | *3.00* | *4.82* | *2.52* |
| … | … | *5.49* | *8.13* | *4.02* |
| … | … | *1.09* | *0.67* | *0.62* |
| … | … | *38.0* | *40.9* | *37.7* |
| … | … | *154* | *131* | *140* |
| … | … | *67* | *79* | *76* |
| 477,700.00 | 615,900.00 | 940,400.00 | 1,158,600.00 | 2,044,100.00 |
| 509,312.18 | 843,926.48 | 1,282,582.17 | 2,315,337.76 | 2,835,277.47 |
| 3,269,306.84 | 3,090,749.41 | 3,294,250.89 | 4,091,081.42 | 5,324,180.24 |
| 1,843,054.52 | 1,843,495.95 | 1,855,519.66 | 1,894,027.80 | 1,927,450.24 |
| 1,274,662.83 | 1,127,276.15 | 1,438,731.23 | 2,197,053.62 | 3,396,730.00 |
| 2,757,772.25 | 2,245,020.93 | 2,010,269.52 | 1,774,429.26 | 2,487,715.57 |
| 1,430,971.82 | 1,975,754.85 | 2,162,071.79 | 2,500,804.07 | 2,545,806.14 |
| 30,892.18 | 228,026.48 | 478,719.91 | 828,316.02 | 395,283.04 |
| 31,612.18 | 228,026.48 | 459,799.91 | 794,431.10 | 395,283.04 |
| 300,220.69 | 251,208.00 | 193,235.50 | 153,935.02 | 276,250.35 |
| *6.8* | *41.7* | *59.1* | *75.7* | *24.7* |
| *1.04* | *7.17* | *15.00* | *22.43* | *8.40* |
| *3.74* | *13.39* | *23.14* | *35.53* | *15.67* |
| *0.48* | *0.62* | *0.68* | *0.68* | *0.54* |
| *15.6* | *27.3* | *38.9* | *56.6* | *53.3* |
| *362* | *218* | *145* | *82* | *68* |
| *46* | *50* | *72* | *124* | *137* |
| *20.98* | *12.71* | *8.94* | *6.16* | *10.85* |

|  |  | 1930年 | 1931年 | 1932年 |
|---|---|---|---|---|
| 唐山華新 | 資本金 | 2,187,400.00 | 2,187,400.00 | 2,187,400.00 |
|  | 当期利益 | 332,779.00 | 720,086.00 | 400,940.00 |
|  | 払込資本金利益率 | *15.2* | *32.9* | *18.3* |
| 衛輝華新 | 資本金 | 2,073,500.00 | 2,074,800.00 | 2,077,900.00 |
|  | 自己資本 | 2,270,341.00 | 2,562,944.00 | 2,862,465.00 |
|  | 総資本 | 5,591,971.00 | 6,419,485.00 | 6,364,967.00 |
|  | 固定資産 | 2,961,560.00 | 3,467,934.00 | 3,487,228.00 |
|  | 流動資産 | 2,630,411.00 | 2,951,551.00 | 2,877,739.00 |
|  | 流動負債 | 3,321,630.00 | 3,856,541.00 | 3,502,502.00 |
|  | 売上高 | 4,727,842.00 | 4,967,484.00 | … |
|  | 当期利益 | 146,556.00 | 431,329.00 | 514,154.00 |
|  | 払込資本金利益率 | *7.1* | *20.8* | *24.8* |
|  | 総資本経常利益率 | *2.62* | *7.18* | … |
|  | 売上高経常利益率 | *3.59* | *8.90* | … |
|  | 総資本回転率 | *0.85* | *0.83* | … |
|  | 自己資本比率 | *40.6* | *39.9* | *45.0* |
|  | 固定比率 | *130* | *135* | *122* |
|  | 流動比率 | *79* | *77* | *82* |
| 楡次晋華 | 資本金 | 3,327,300.00 | 4,000,000.00 | 4,000,000.00 |
|  | 自己資本 | 4,669,146.26 | 4,754,748.67 | 4,585,660.86 |
|  | 総資本 | 6,808,742.68 | 7,483,650.27 | 7,509,627.45 |
|  | 固定資産 | 3,451,807.99 | 3,428,490.53 | 3,874,823.60 |
|  | 流動資産 | 3,356,934.69 | 4,055,159.74 | 3,494,607.01 |
|  | 流動負債 | 2,138,515.22 | 2,727,698.00 | 2,922,868.99 |
|  | 売上高 | 4,295,833.91 | 3,620,752.70 | 4,570,285.88 |
|  | 経常利益 | 815,450.91 | 222,784.53 | 66,448.66 |
|  | 当期利益 | 808,450.91 | 138,048.11 | -140,196.84 |
|  | 支払利息 | 389,340.83 | 461,665.76 | 613,356.50 |
|  | 払込資本金利益率 | *30.1* | *3.8* | *-3.5* |
|  | 総資本経常利益率 | *13.44* | *3.12* | *0.89* |
|  | 売上高経常利益率 | *23.84* | *5.63* | *1.62* |
|  | 総資本回転率 | *0.71* | *0.51* | *0.61* |
|  | 自己資本比率 | *68.6* | *63.5* | *61.1* |
|  | 固定比率 | *74* | *72* | *84* |
|  | 流動比率 | *157* | *149* | *120* |
|  | 売上高対支払利息比率 | *9.06* | *12.75* | *13.42* |

|  | 1933年 | 1934年 | 1935年 | 1936年 |
|---|---|---|---|---|
|  | 2,187,400.00 | 2,187,400.00 | 2,187,400.00 | — |
|  | 146,474.00 | 101,479.00 | 29,450.00 | — |
|  | *6.7* | *4.6* | *1.3* | — |
|  | 2,087,600.00 | 2,087,900.00 | 2,090,100.00 | 2,090,600.00 |
|  | 2,896,143.00 | 2,747,178.00 | 3,103,756.00 | 3,345,774.00 |
|  | 6,813,484.00 | 6,622,090.00 | 7,461,801.00 | 7,675,887.00 |
|  | 3,501,244.00 | 3,557,951.00 | 3,388,686.00 | 3,394,166.00 |
|  | 3,312,240.00 | 3,064,139.00 | 4,073,115.00 | 4,281,721.00 |
|  | 3,917,341.00 | 3,874,912.00 | 4,358,045.00 | 4,330,113.00 |
|  | … | … | … | … |
|  | 148,054.00 | -159,853.00 | -30,309.00 | 238,017.00 |
|  | *7.1* | *-7.7* | *-1.5* | *11.4* |
|  | … | … | … | … |
|  | … | … | … | … |
|  | … | … | … | … |
|  | *42.5* | *41.5* | *41.6* | *43.6* |
|  | *121* | *130* | *109* | *101* |
|  | *85* | *79* | *93* | *99* |
|  | 4,000,000.00 | 4,000,000.00 | 4,000,000.00 | 4,000,000.00 |
|  | 4,745,863.19 | 4,837,453.15 | 5,069,207.77 | 5,769,813.25 |
|  | 7,667,245.43 | 10,617,290.55 | 7,765,367.91 | 8,815,139.15 |
|  | 3,805,744.83 | 3,833,237.62 | 3,811,878.67 | 3,824,946.46 |
|  | 3,448,096.25 | 6,370,648.58 | 3,422,016.38 | 4,458,719.83 |
|  | 2,920,396.64 | 5,779,017.40 | 2,538,024.25 | 2,905,659.08 |
|  | 4,358,746.61 | 5,404,292.33 | … | … |
|  | -56,434.58 | 491,681.22 | 114,397.40 | 394,464.87 |
|  | -273,207.51 | 185,454.76 | -118,068.51 | 394,464.87 |
|  | 504,066.67 | 196,639.49 | 370,079.27 | 109,703.11 |
|  | *-6.8* | *4.6* | *-3.0* | *9.9* |
|  | *-0.74* | *5.38* | *1.24* | *4.76* |
|  | *-1.26* | *10.07* | … | … |
|  | *0.57* | *0.59* | … | … |
|  | *61.9* | *45.6* | *65.3* | *65.5* |
|  | *80* | *79* | *75* | *66* |
|  | *118* | *110* | *135* | *153* |
|  | *11.56* | *3.64* | … | … |

|  |  | 1922年 | 1923年 | 1924年 |
|---|---|---|---|---|
| 武漢裕華 | 資本金 | — | 2,228,571.00 | … |
|  | 総資本 | — | 4,859,149.00 | … |
|  | 固定資産 | — | 3,327,720.00 | … |
|  | 当期利益 | — | 200,000.00 | … |
|  | 払込資本金利益率 | — | 9.0 | … |

出所:

上海永安紡;上海市紡織工業局・上海市工商行政管理局等編『永安紡織印染公司』中華書局、1964年。資本金、自己資本、総資本、固定資産、流動資産、流動負債、当期利益については、同書 335-347 頁に掲載された貸借対照表を参照。一部の数値は後掲の基準によって分類し、独自に集計。売上高は 77 頁、136 頁の表を参照した。経常利益は判明しないため、総資本経常利益率、売上高経常利益率を算出する際は、当期利益を用いた。支払利息は 77 頁、222 頁の表を参照。

上海申新紡第一・八廠;上海社会科学院経済研究所編『茂新、福新、申新系統 栄家企業史料』(以下『栄家史料』)上海人民出版社、上巻(初版 1962 年)再版 1980 年。当期利益は同書 623-626 頁に掲載された表の「股息」と「純利」の合計値。資本金は唐伝泗・徐鼎新氏の 1982.12.18 付筆者宛書簡を参照し、上記の表の股息から逆算し確認した。売上高は同じ表の「収入」を用いたが、これには商品売上以外の収益も含まれており、やや過大に評価されている。支払利息は同じ表の「利息及び財務費用」を参照。

無錫申新紡第三廠;前掲『栄家史料』上巻。当期利益は同書 627-629 頁に掲載された表の「股息」と「純利」の合計値。資本金は唐伝泗・徐鼎新氏の 1982.12.18 付筆者宛書簡を参照し、上記の表の股息から逆算し確認した。売上高は同じ表の「収入」を用いたが、これには商品売上以外の収益も含まれており、やや過大に評価されている。支払利息は同じ表の「利息及び財務費用」を参照。

南通大生紡第一廠;大生系統企業史編写組『大生系統企業史』江蘇古籍出版社、1990 年、南通市档案館等編『大生系統企業档案選編(紡織編 I)』(以下『大生档案』)南京大学出版社、1987 年。1927-35 年の当期利益については『大生系統企業史』241、246 頁を参照した。1922-26 年の当期利益と資本金については、『大生档案』150、151、164、166、168、170、172、174、177、178 頁の原史料を集計した。原史料では支出に分類されている「官利」を、当期利益に含めた。

海門大生紡第三廠;前掲『大生系統企業史』、『大生档案』。1927-36 年の当期利益については『大生系統企業史』241、246 頁を参照した。1922-26 年の当期利益と資本金については、『大生档案』432、438、440、442、447、449、451、452、456、461 頁の原史料を集計した。原史料では支出に分類されている「官利」を、当期利益に含めた。

天津華新紡;中国社会科学院経済研究所「華新紗廠歴史史料」所収史料、方顕廷『中国之棉紡織業』(以下、方編『紡織業』)商務印書館、1934 年。方編『紡織業』の丙廠に該当。資本金と当期利益は「華新紗廠歴史史料」による。1922-28 年の自己資本は方編『紡織業』附録四(戊)表の「純資本」、総資本は同表の「資産総結(=負債総結)」、固定資

付録資料　中国資本紡の経営統計　　　295

| 1925年 | 1926年 | 1927年 | 1928年 | 1929年 |
|---|---|---|---|---|
| … | … | 2,228,571.00 | … | 2,228,571.00 |
| … | … | 6,261,199.00 | … | 7,042,583.00 |
| … | … | 4,010,300.00 | … | 4,210,779.00 |
| … | … | -807,961.00 | … | 968,751.00 |
| … | … | *-36.3* | … | *43.5* |

　　産は同書 270 頁第 94 表の「丙廠、固定資産」、流動資産は同書 270 頁第 95 表の「丙廠、流動資産」、流動負債は同表の「丙廠、流動債務」、売上高は同書附録四（己）表の「銷貨」、経常利益は同表の「経営利」、支払利息は同表の「財務管理支出、利息」を参照。1932 年と 1934 年の自己資本以下のデータは「華新紗廠歴史史料」の原史料を整理し算出。

天津恒源紡：1922-28 年は方編『紡織業』。同書の乙廠に該当。資本金は同書 266 頁後の第 92 表、の「乙廠、資本金」、自己資本は同書附録四（丙）表の「純資本」、総資本は同表の「資産総結（＝負債総結）」、固定資産は同書 270 頁第 94 表の「乙廠、固定資産」、流動資産は同書 270 頁第 95 表の「乙廠、流動資産」、流動負債は同表の「乙廠、流動債務」、経常利益は同書、附録四（丁）表の「経営利」、当期利益は同書 266 頁後の第 92 表、「乙廠、純利」、支払利息は同書、附録四（丁）表の「財務管理支出、利息」を参照。1929-34 年の資本金と当期利益は 1929 年第 10 届帳略、1934年第 15 届帳略（天津市档案館所蔵）。

天津裕元紡：方編『紡織業』。同書の甲廠に該当。資本金は同書 266 頁後の第 92 表、の「甲廠、資本金」、自己資本は同書附録四（甲）表の「純資本」、総資本は同表の「資産総結（＝負債総結）」、固定資産は同書 270 頁第 94 表の「甲廠、固定資産」、流動資産は同書 270 頁第 95 表の「甲廠、流動資産」、流動負債は同表の「甲廠、流動債務」、売上高は同書附録四（乙）表の「銷貨」、経常利益は同表の「経営利」、当期利益は同書 266 頁後の第 92 表、「甲廠、純利」、支払利息は同書、附録四（乙）表の「財務管理支出、利息」を参照。

天津北洋紡：方編『紡織業』。同書の丁廠に該当。資本金は同書 266 頁後の第 92 表、の「丁廠、資本金」、自己資本は同書附録四（庚）表の「純資本」、総資本は同表の「資産総結（＝負債総結）」、固定資産は同書 270 頁第 94 表の「丁廠、固定資産」、流動資産は同書 270 頁第 95 表の「丁廠、流動資産」（1929 年のみ附録四（庚）表による）、流動負債は同表の「丁廠、流動債務」（1929 年のみ附録四（庚）表による）、売上高は同書附録四（辛）表の「銷貨」、経常利益は同表の「経営利」、当期利益は同書 266 頁後の第 92 表、「丁廠、純利」、支払利息は同書、附録四（辛）表の「財務管理支出、利息」を参照。

青島華新紡；青島市工商行政管理局・公私合営青島華新紡織染廠『青島華新的四十年（初稿）解放前部分』1959 年 11 月。資本金と当期利益は『青島華新的四十年』付表による。自己資本、総資本、固定資産、流動資産、流動負債、売上高、経常利益、支払利息は前掲「華新紗廠歴史史料」内の史料から算出。

石家荘大興紡；裕大華紡織資本集団史料編写組『裕大華紡織資本集団史料』（以下『裕大華史料』）湖北人民出版社、1984 年。資本金、自己資本、総資本、固定資産、流動資産、流動負債、当期利益は同書 643-645 頁を参照。売上高は同書 80、199 頁を参照（1931 年以降は「総収入」額を利用。1932 年以前の両表示は、642 頁の注記を参照し 1 元＝ 0.7

|  |  | 1930年 | 1931年 | 1932年 |
|---|---|---:|---:|---:|
| 武漢裕華 | 資本金 | 2,228,571.00 | 2,228,571.00 | 2,228,571.00 |
|  | 総資本 | 7,108,034.00 | 7,108,006.00 | 7,872,556.00 |
|  | 固定資産 | 4,288,136.00 | 4,409,106.00 | 4,553,869.00 |
|  | 当期利益 | 686,069.00 | 352,277.00 | 829,073.00 |
|  | 払込資本金利益率 | *30.8* | *15.8* | *37.2* |

両で換算)。支払利息は同書 87-89 頁、200 頁を参照(1932 年以前の両表示は 1 元= 0.7 両で換算)。

唐山華新紡;前掲「華新紗廠歴史史料」内の史料。

衛輝華新紡;前掲「華新紗廠歴史史料」内の史料。

楡次晋華紡;晋華紡織公司・晋生織染工廠 総管理處『晋華紡織公司・晋生織染工廠三廠概況』晋華紡織公司・晋生織染工廠 総管理處、1937 年 7 月。同書に掲載された貸借対照表と損益計算書の数値を後掲の基準で分類整理し算出。

武漢裕華紡;前掲『裕大華史料』。資本金、総資本、固定資産、当期利益は同書 641-642 頁を参照。

注:
1. それぞれの数値は各社の会計年度の当期末数値。陰暦に合わせ、陽暦の翌年 1 月末を期末にしていた場合もある。
2. 1921 年以前から開業している場合、1922 年の期首期末資本金平均額及び期首期末総資本平均額を算出するためには 1921 年の当期末数値が必要になる。それぞれ下記のとおり。なお前年の数値が不明な場合、平均額ではなく当期末の数値を用いた。

    1921 年期末資本金額(注記がない限り、単位は元)

    | 上海申新一・八廠 | 2,400,000.00 |  | 天津恒源 | 3,484,000.00 |
    |---|---:|---|---|---:|
    | 南通大生一廠 | 2,500,000.00 | (両) | 天津裕元 | 4,400,000.00 |
    | 海門大生三廠 | 1,980,100.00 | (両) | 天津北洋 | 1,935,000.00 |
    | 天津華新 | 2,010,800.00 |  | 青島華新 | 1,531,102.00 |

    1921 年期末総資本額
    | 天津華新 | 3551100 |
    |---|---:|
    | 天津裕元 | 9910847 |
    | 天津北洋 | 3107388 |

3. 売上高が不明な場合、営業外収益などが加算された数値を用いた。それぞれ出所に記した。
4. 当期利益に減価償却費は含まれていない。ただし一部不明な場合がある。
5. 経常利益が不明な場合、総資本経常利益率・売上高経常利益率・総資本回転率を算出する際、当期利益を用いた。

|  | 1933年 | 1934年 | 1935年 | 1936年 |
|---|---|---|---|---|
|  | 2,228,571.00 | 3,000,000.00 | 3,000,000.00 | 3,000,000.00 |
|  | 8,096,355.00 | 7,835,046.00 | 7,941,550.00 | 9,286,720.00 |
|  | 4,656,992.00 | 4,772,305.00 | 4,717,509.00 | 4,741,914.00 |
|  | 688,615.00 | 159,406.00 | 89,399.00 | 703,965.00 |
|  | 30.9 | 6.1 | 3.0 | 23.5 |

## 永安紡の貸借対照表の費目分類
括弧内は日本語訳、もしくは日本語による分類

**資産**
流動資産：現金、銀行銭荘往来（当座預金等）、各号存貨（売掛金）、外埠永安及分荘往来（同上）、各号往来欠款（同上）、応収客戸帳（未収金）、応収未収帳款（同上）、応収漢荘溢利（同上）、暫記欠款（短期貸付金）、附占各公司股份（有価証券）、棉紗、棉布、廃花紗（廃棉、屑糸）、未成包棉紗（仕掛品）、未成包棉布（同上）、棉花、各項物料（補助原料）、顔料及化学薬品（同上）、各埠分荘存花紗布（各地支店在庫品）、布廠建築材料（織布工場建築資材）、付款項（立替払金）、預付費用（前払金）、収買大中華紗廠款（買収準備払込金）、第二廠戦時損失修理費、応収利息等（未収利息等）、募公債折扣等（その他の流動資産）
固定資産：工房房地産（土地建物）、廠基（土地）、家私装修（器具備品）、房屋家私装修（土地建物、器具備品）、各種機器

**負債**
流動負債：各号往来存款（買掛金）、各埠永安及分荘往来（同上）、暫記存款（短期借入金）、各戸存款（同上）、応付工資（未払賃金）、応付電費（未払電力費）、応付利息（未払利息）
固定負債：永安公司代募公債（社債）
自己資本：資本金、公積金（法定積立金）、特別公積金（特別積立）、未領股息（未受領固定配当金）、未領花紅（未受領臨時配当金）、未派股息（未払固定配当金）、未派花紅（未払臨時配当金）、備撤第二廠戦時損失（戦時損失補填準備金）、盈余滚存（前期未処分利益）、本届純利益

## 晋華紡の貸借対照表の費目分類

**資産**
　流動資産：現金、往来款項（当座預金等）、銭業往来（同上）、在放銀行号（同上）、特別往来（同上）、売貨価（売掛金）、期収貨款（同上）、未到原料（前払金）、預交貨価（同上）、預付款項（同上）、期收匯款（未収金）、催収款項（同上）、応収利息（同上）、職工預支（前払賃金）、運棉費（前払棉花輸送費）、未入股款（払込未了資本金）、暫時欠款（短期貸付金）、暫期欠款（同上）、貸出款（同上）、有価証券、棉紗、布疋、股線（撚糸）、絨毯、下脚（廃棉廃花）、存出製品（仕掛品）、半製品（同上）、棉花、花衣（棉花）、材料（補助原料）、物料（同上）、燃料、籌備費（操業準備費）、開辦費（同上）
　固定資産：機器産業（機械設備）、建築産業（土地建物）、地基（土地）、房屋及建築物（建物）、器具家具（備品等）、工具工廠、修繕廠、織毯廠、合股間（撚糸製造工程）、弁事処（事務所）

**負債**
　流動負債：買貨価（買掛金）、訂購貨款（同上）、応付料価（同上）、備付物料価（同上）、商業往来（同上）、預収款項（前受金）、未交製品（同上）、期付成品（同上）、製品售出（同上）、期付款項（未払金）、暫時存款（同上）、怡和洋行機価展期（同上）、展期機価八厘年息（同上）、機器傭金（同上）、産業租価（同上）、收入利息（同上）、応付利息（同上）、期付匯款（支払手形）、票拠貼現（同上）、押匯（同上）、来往貸款（短期借入金）、往来款項（同上）、存入款（同上）、借入款（同上）、透支銀行号（同上）、借入中行廠機押款（同上）、借入中行花紗布抵押透支（同上）、工銀（未払賃金）、工資（同上）、備抵呆帳（その他債務）
　固定負債：定期存款（長期借入金）、総管理処（同上）、工人儲金（労働者貯金）、職工儲金（同上）
　自己資本：股本総額（資本金）、已收股本（同上）、已収未入帳股本（同上）、公積金（法定積立金）、特別公積金（特別積立金）、股利（資本準備金）、未付股利（同上）、攤提存款（同上）、作股股利生息（同上）、股利作股積備（同上）、同寄存（同上）、提存償還中行欠款（同上）、提存各項存款折旧（修繕積立金）、残余変価（その他剰余金）、積余（同上）、去年滾存（繰越利益剰余金）、前期未処分利益屡年損益（同上）、本届純利益

## 晋華紡の損益計算書の費目分類

　售出（売上高）、售出成本（売上原価）、直接成本（同上）、製造費（同上）、提存折旧及開弁費（同上）、售出損益（売上総利益）、保険費（販売管理費）、運費（同上）、運紗費（同上）、運料費（同上）、利息（支払利息）、各項開支（営業外支出）、雑支出（同上）、攤提各費（同上）、手続費（同上）、呆帳（同上）、雑損益（同上）、估価損失（同上）、匯水（送金手数料、営業外支出）、産業租価收入（営業外收入）、残余変価（同上）、積余（同上）、手続費（同上）、售布損益（同上）、雑損益（同上）、兌換升耗（為替差益、営業外收入）、各項攤派（諸税支払い）、諸税（同上）、股利（株主配当金）、純益、純損

# 文 献 目 録

## 一次史料類

上海市档案館所蔵档案（本文中の略称「上档」）、第 198 宗「誠孚企業股份有限公司档案」。全部で 1,799 冊のファイル（巻）に整理され、各ファイルに数点ないし数十点の文書史料が含まれている。会社創設時の名称は誠孚信託公司。元来は委託された資産を管理するための小会社であった。1937 年、上海新裕紡など紡績企業の管理運営を専門的に手がけるべく、金城銀行と中南銀行の 100 ％出資子会社に拡充改組。誠孚企業公司への改称は 1946 年。この会社の詳細については、本書の第 2 章と第 8 章参照。誠孚公司本体の史料とともに、上海新裕紡など管理下にあった企業の経営関係史料を多数含んでいる。

天津市档案館所蔵、恒源紗廠関係史料。1984 年に天津で史料調査した際、当時はまだ未公開だった恒源紗廠の営業報告書の一部を、天津市紡織工業局の王樹和、孫広生両氏の御好意により筆写した。

中国社会科学院経済研究所所蔵「華新紗廠歴史資料」。1960 年代前半頃まで作業が進められていた未整理原稿・史料類（略称「華新資料」）。青島華新紡、天津華新紡、衛輝華新紡などの経営関係史料が含まれている。この史料の詳細については、本書第 5 章の注記を参照。

上海社会科学院経済研究所企業史資料中心所蔵、档案抄件「淪陥区大中華火柴公司、1941-45 年」巻。上海社会科学院経済研究所編『劉鴻生企業史料』を編集するため準備された資料の一部。同センターの黄漢民氏の御好意により筆写した。

大阪大学経済学部所蔵「在華日本紡績同業会資料」。20 世紀前半の中国に設立されていた日本資本の紡績工場、いわゆる在華紡の業界団体史料。戦後、綿業会館に保管され、近年大阪大学に移管された。ただし本稿作成時は東京大学社会科学研究所所蔵のマイクロフィルムによった。

外交史料館所蔵、大正期文書 3-7-2、10「在支内外人経営工場ニ於ケル労働者待遇関係雑件」。

外交史料館所蔵、大正期文書 5-3-2、155-2「大正十四年支那暴動一件、五三十事件、北部支那ノ一」。

外交史料館所蔵、昭和期文書 I-4-4-0、3-1「中国ニ於ケル労働争議、青島」。

一橋大学所蔵、中支那軍票交換用物資配給組合（略称、軍配組合）編「事業報告書」（昭和 15 年度下半期～18 年度上半期）。

## 二次史料、回想録、研究文献類

### 中国語文献（編著者の拼音順）

財政部国定税則委員会『上海物価年刊』1936年版、財政部国定税則委員会、1937年(?)。
陳伯流「我所知道的周作民」、許家駿等編『周作民与金城銀行』中国文史出版社、1993年。
陳礼正・袁恩楨『新亜的歴程 ── 上海新亜製薬廠的過去現在和未来』上海社会科学院出版社、1990年。
陳瑞庭「晋華紡織廠的往昔」『楡次文史資料』第9輯、1987年。
『大公報』（重慶）
大生系統企業史編写組『大生系統企業史』江蘇古籍出版社、1990年
戴一峰「網絡化企業与嵌入性：近代僑批局的制度建構(1850s-1940s)」（張忠民・陸興龍編『企業発展中的制度変遷』2003年所収）。
『紡織時報』
『紡織周刊』
方憲堂主編『上海近代民族巻烟工業』上海社会科学院出版社、1989年。
方顕廷『中国之棉紡織業』商務印書館、1934年。
復旦大学歴史系・歴史研究編輯部・復旦学報編輯部編『近代中国資産階級』出版社、1984年。
『工商半月刊』
顧関林等編著『中国十大銀行家』上海人民出版社、1997年。
関文斌（Kwan Manbun）「愛国者的博弈：永利化工、1917-1937」（張忠民・陸興龍編『企業発展中的制度変遷』2003年所収）。
果鴻孝『中国著名愛国実業家』人民出版社、1988年
郭秀峰「山東濰県土布業概況(3)」『紡織時報』第1219号、1935年9月16日。
華商紗廠聯合会・中華棉産改進会編『中国棉産改進統計会議専刊』1931年。
華新紗廠『青島華新紗廠特刊』1937年8月（略称『華新特刊』）。
黄振炳『走進火花世界』中国商業出版社、2001年。
黄逸峰、姜鐸、唐伝泗、徐鼎新『旧中国民族資産階級』江蘇古籍出版社、1990年。
江川「上海企業之総合観」『華股指南』華股研究週報社、1943年。
江蘇実業庁第三科編『江蘇省紡織業状況』商務印書館、1920年。
江天鳳主編『長江航運史（近代部分）』人民交通出版社、1992年（本書第6章中での略称は『航運史』）。
籍孝存、楊固之「周作民与金城銀行」（1964年執筆）、『天津文史資料選輯』第13輯、1981年。
金城銀行『金城銀行刱立二十年紀念刊』金城銀行、1937年。
晋華紡織公司・晋生織染工廠 総管理處『晋華紡織公司・晋生織染工廠三廠概況』晋華紡織公司・晋生織染工廠 総管理處、1937年7月（本文中の略称は『三廠概況』）、東洋文庫蔵。

孔祥毅等編『閻錫山和山西省銀行』中国社会科学出版社、1980年。
李一翔『近代中国銀行与企業的関係(1897-1945)』海嘯出版事業公司、1997年。
李玉『晩清公司制度建設研究』人民出版社、2002年
李元信編『環球中国名人伝略 —— 上海工商各界之部』上海環球出版公司、1944年。
李祉川・陳韵文『侯徳榜』南開大学出版社、1986年。
林金枝『近代華僑投資国内企業概論』厦門大学出版社、1988年。
林挙百『近代南通土布史』南京大学学報編輯部、1984年。
凌耀倫主編『民生公司史』人民交通出版社、1990年。
凌耀倫『盧作孚与民生公司』四川大学出版社、1988年。
劉恵吾主編『上海近代史』下、華東師範大学出版社、1987年。
劉魯風等編『当代中国的紡織工業』中国社会科学出版社、1984年。
劉明逵・唐玉良主編『中国工人運動史』第4巻、広東人民出版社、1998年。
劉念智『実業家劉鴻生伝略』文史資料出版社、1982年。
盧国紀『我的父親盧作孚』重慶出版社、1984年（本書第6章での略称は『我的父親』）。
盧作孚「超個人成功的事業，超賺銭主義的生意」『新世界』第85期、1936年1月1日。
盧作孚「民生公司的三個運動」盧作孚『中国的建設問題与人的訓練』生活書店、1934年。
盧作孚「航業為什麼要聯成整個的」盧作孚『中国的建設問題与人的訓練』生活書店、1934年。
馬鞍山市政協文史委員会『近代実業家　徐静仁』中国展望出版社、1989年。
馬学新・曹均偉・席翔徳主編『近代中国実業巨子』上海社会科学院出版社、1995年。
茂福申新総公司『茂福申新卅週紀念冊』茂福申新総公司、1929年。
穆湘玥『藕初五十自述、藕初文録』商務印書館、1926年。
南開大学経済研究所・南開大学経済系編『啓新洋灰公司史料』生活・読書・新知三聯書店、1963年。
南通市档案館等編『大生系統企業档案選編（紡織編Ⅰ）』南京大学出版社、1987年。
季崇威「誠孚公司的歴史与現状」『紡織周刊』第9巻第7期、1948年2月。
銭承緒主編「中国金融之組織 —— 戦前与戦後 —— 」『経済研究』第2巻第8期、1941年。
青島工商学会『棉業特刊』1934年4月。
青島市工商行政管理局・公私合営青島華新紡織染廠『青島華新的四十年(初稿)解放前部分』1959年11月(本文中での略称は『華新四十年』)。
青島市政府(?)「青島華新紗廠調査報告」(1929年、青島市档案館館蔵資料第1119号)、青島市档案館・青島市紡織局合編『青島紡織史料』所収。
青島市工商行政管理局史料組編、中国科学院経済研究所・中央工商行政管理局資本主義経済改造研究室主編『中国民族火柴工業』中華書局、1963年。
青島工商学会『棉業特刊』1934年。
青島華新紗廠編『青島華新紗廠特刊』華新紗廠、1937年（本文中での略称は『青島華新』）。

『青島工商季刊』
栄徳生『楽農自訂行年紀事』1943 年。
『山西日報』
上海社会科学院経済研究所編『上海永安公司的産生、発展和改造』上海人民出版社、1981 年。
上海市紡織工業局・上海市工商行政管理局等編『永安紡織印染公司』中華書局、1964 年。
上海市档案館編『旧中国的股份制(1868 年-1949 年)』中国档案出版社、1995 年。
上海市紡織工業局・上海棉紡織工業公司・上海市工商行政管理局 永安紡織印染公司史料組編／中国科学院経済研究所・中央工商行政管理局 資本主義経済改造研究室主編『永安紡織印染公司』中華書局、1964 年（略称『永安』）。)
上海社会科学院経済研究所『上海資本主義工商業的社会主義改造』上海人民出版社、1980 年。
上海百貨公司・上海社会科学院経済研究所・上海市工商行政管理局編著『上海近代百貨商業史』上海社会科学院出版社、1988 年。
上海機製国貨工廠聯合会『工商史料』第一輯、上海機製国貨工廠聯合会、1935 年。
上海機製国貨工廠聯合会『工商史料』第二輯、上海機製国貨工廠聯合会、1936 年。
上海機製国貨工廠聯合会『中国国貨工廠全貌（初編）』上海機製国貨工廠聯合会、1947 年。
上海商業儲蓄銀行調査部『紗』上海商業儲蓄銀行信託部、1931 年。
上海商報社『現代実業家』上海商報社、1935 年。
上海社会科学院経済研究所編『茂新、福新、申新系統　栄家企業史料』上海人民出版社、上巻（初版 1962 年）再版 1980 年、下巻 1986 年（本書中の略称は『栄家』）。
上海社会科学院経済研究所編『劉鴻生企業史料』上海人民出版社、1981 年。
上海市紡織工業局・上海市工商行政管理局等編『永安紡織印染公司』中華書局、1964 年。
上海市工商行政管理局・上海市紡織品公司棉布商業史料組編、中国社会科学院経済研究所主編『上海市棉布商業』中華書局、1979 年。
上海市棉紡織工業同業公会籌備会編『中国棉紡統計史料』上海市棉紡織工業同業公会籌備会、1950 年。
邵怡度「我所知道的周作民先生」、『淮安文史資料』第 7 輯、1989 年。
沈雷春編『中国金融年鑑』中国金融年鑑社、1939 年版。
沈雲龍編『劉航琛先生訪問紀録』中央研究院近代史研究所、1990 年。
沈祖煒『近代中国企業制度和発展』上海社会科学院出版社、1999 年。
実業部国際貿易局『中国実業誌 全国実業調査報告之五 山西省』実業部国際貿易局、1937 年。
史揖堂「青島的紡織工業」商業月報社編『紡織工業』1947 年 J。
譚抗美、本書編書組編『上海紡織工人運動史』中共党史出版社、1991 年。
唐振常主編『上海史』上海人民出版社、1989 年。
童潤夫「人才問題」『紡織周刊』第 1 巻第 23 号、1931 年 9 月。
王笛『跨出封閉的世界 ―― 長江上流区域社会研究』中華書局、1993 年。

王景杭・張沢生「裕元紗廠的興衰史略」『天津文史資料』第 4 輯 1979 年 10 月。
王業鍵『中国近代貨幣与銀行的演進（1644-1937)』中央研究院経済研究所現代経済探討叢書第 2 種、1981 年。
王躍東「徐一清」劉貫文・任茂棠・張海瀛編『三晋歴史人物』第 4 冊、書目文献出版社 1994 年。
王玉茹「中日近代股份公司制度変遷的制度環境比較」（張忠民・陸興龍編『企業発展中的制度変遷』2003年所収)。
王子建・王鎮中『七省華商紗廠調査報告』国立中央研究院社会科学研究所叢刊　第七種、商務印書館、1935 年（本文中での略称は『七省調査』）。
王子建「"孤島"時期的民族棉紡工業」『中国近代経済史研究資料』(10)、上海社会科学院出版社、1990 年。
汪敬虞「中国現代化黎明期西方科技的民間引進」『中国経済史研究』2002 年第 1 期。
隗瀛濤主編『近代重慶城市史』四川大学出版社、1991 年。
呉承明・江泰新主編『中国企業史　近代巻』企業管理出版社、2004 年。
呉承禧『中国的銀行』国立中央研究院社会科学研究所叢刊　第壱種、商務印書館、1934 年。
呉広義・范新宇編『苦辣酸甜 —— 中国著名民族資本家的路』、黒龍江人民出版社、1988 年
呉景平編『抗戦時期的上海経済』上海人民出版社、2001 年。
呉颿『天津市紡紗業調査報告』天津市社会局(?)、1931 年（略称『天津調査』）。
武正国等『晋華風雲録』山西人民出版社、1985 年。
夏東元『鄭観応伝』修訂本、華東師範大学出版社、1984 年。
夏東元編『鄭観応集』上海人民出版社、1982・1988 年。
蕭観耀「1 年来之上海工商企業」『銀行週報』第 29 巻第 9 ～ 12 合併号、1945 年 3 月。
許維雍・黄漢民『栄家企業発展史』人民出版社、1985 年。
徐国懋「周作民対発展民族工業的貢献」『淮安文史資料』第 8 輯、1990 年。
徐栄寿「徐一清与晋華紡織股份有限公司」『太原文史資料』第 6 輯、1986 年。
徐新吾主編『中国近代繅絲工業史』上海人民出版社、1990 年。
徐新吾主編『近代江南絲織工業史』上海人民出版社、1991 年。
徐友春主編『民国人物大辞典』河北人民出版社、1991 年。
厳中平『中国棉業之発展』国立中央研究院社会科学研究所、1942 年。
厳中平『中国棉紡織史稿』科学出版社、1955 年（1963 年再版、原著 1942 年）。
厳中平等『中国近代経済史統計資料選輯』中国科学院経済研究所　中国近代経済史参考資料叢刊第一種、科学出版社、1955 年。
楊固之、談在唐「中南銀行概述」『天津文史資料選輯』第 13 輯、1981 年。
姚其蘇・楊方益「我們所知道的厳恵宇」『鎮江文史資料』第 10 輯、1985 年。
于枇亭「胡筆江与史量才」『邗江文史史料』第 1 輯、1984 年。

裕大華紡織資本集団史料編写組『裕大華紡織資本集団史料』湖北人民出版社、1984 年。
章開沅『開拓者的足跡 ── 張謇伝稿』中華書局、1986 年。
章開沅主編、凌耀倫・熊甫編『盧作孚集』華中師範大学出版社、1991 年。
章開沅・馬敏・朱英『中国近代民族資産階級研究(1860-1919)』華中師範大学出版社、2000 年。
張一農『中国商業簡史』中国財政経済出版社、1989 年。
張郁蘭『中国銀行業発展史』上海人民出版社、1957 年。
張仲礼等編『英美烟公司在華企業資料彙編』中華書局、1983 年。
張忠民・陸興龍編『企業発展中的制度変遷』上海社会科学院出版社、2003 年
張忠民『艱難的変遷　近代中国公司制度研究』上海社会科学出版社、2002 年。
趙岡・陳鐘毅『中国棉業史』聯経出版事業公司、1977 年
浙江省社会科学研究所『浙江人物簡志』(下) 浙江人民出版社、1984 年。
中国近代紡織史編委会編著『中国近代紡織史』紡織出版社、1996 年。
中国科学技術協会編『中国科学技術専家伝略』工程技術編紡織巻 1、中国紡織出版社、1996 年。
中国科学院経済研究所・中央工商行政管理局資本主義経済改造研究室編写『北京瑞蚨祥』生
　　活・読書・新知三聯書店、1959 年。
中国科学院経済研究所・中央工商行政管理局資本主義経済改造研究室主編、青島市工商行政
　　管理局史料組編『中国民族火柴工業』中華書局、1963 年。
中国科学院上海経済研究所・上海社会科学院経済研究所編『南洋兄弟烟草公司』上海人民出
　　版社、1960 年。
中国労工運動史編纂委員会編『中国労工運動史』第 3 巻、中国労工福利出版社、1966年再版
　　（初版は1958年）。
中国民主建国会重慶市委員会・重慶市工商業連合会　文史資料工作委員会『聚興誠銀行』重慶
　　工商史料第6輯、西南師範大学出版社、1988 年。
中国企業概況編輯部『中国企業概況』第 3 巻、企業管理出版社、1988 年。
中国人民銀行上海市分行金融研究室編『金城銀行史料』上海人民出版社、1983 年。
中国人民銀行上海市分行編『上海銭荘史料』上海人民出版社、1960 年。
中国社会科学院経済研究所主編、上海市工商行政管理局・上海市橡膠工業公司史料工作組編
　　『上海民族橡膠工業』中華書局、1979 年。
『中行月刊』
鐘思遠・劉基栄『民国私営銀行史(1911-1949 年)』四川大学出版社、1999 年。
周志俊「青島華新紗廠概況和華北棉紡業一瞥」『工商経済史料叢刊』第 1 輯 1983 年 6 月（周
　　志俊『青島華新紗廠概況』謄写版 1962 年 10 月の改訂版。本文中での略称は『華新概況』)。
周志俊『華新紡織公司概況』1962 年 10 月。
朱沛蓮編『束雲章先生年譜』中央研究院近代史研究所、1992 年。
朱蔭貴「論近代中国股份制企業中制度的中西結合」(張忠民・陸興龍編『企業発展中的制度変

遷』2003年所収)。

鄒迎曦「草堰場大垣商 —— 周扶九的生平和軼事」『大豊県文史資料』第 4 輯、1984 年。

## 日本語文献 (編著者の 50 音順)

阿部武司「綿業」武田晴人編『日本産業発展のダイナミズム』東京大学出版会、1995年。

石井寛治『近代日本金融史序説』東京大学出版会、1999 年。

今井駿「近代四川省におけるアヘン栽培の史的展開をめぐる一考察 —— その数量的盛衰の検討を中心に —— 」『(静岡大学人文学部) 人文論集』第 41 号、1991 年。

今堀誠二「清代における合夥の近代化への傾斜 —— とくに東夥分化的形態について —— 」『東洋史研究』第 17 巻第 1 号、1958 年。

宇佐美誠次郎「支那における紡績業の発達と外国資本」、大日本紡績連合会編『東亜共栄圏と繊維産業』文理書院、1941 年。

内田知行「1930 年代における閻錫山政権の財政政策」『アジア経済』第 25 巻第 7 号、1984 年

内田知行「1930 年代閻錫山政権の対外貿易政策」『中国研究月報』第 548 号、1993 年。

幼方直吉「中支の合股に関する諸問題 —— 主として無錫染織業調査を通じて —— 」(1)-(2)『満鉄調査月報』第 23 巻第 4 号-第 5 号、1943 年。

尾上悦三『中国の産業立地に関する研究』アジア経済研究所、1971 年。

大阪市役所産業部調査課『大阪の護謨工業』〔大阪市産業叢書第 11 輯〕、1932 年。

大野三徳「上海にみる民族資本工業の展開とその性格 —— 南洋兄弟煙草会社の場合 —— 」『高知工業高等 専門学校学術紀要』第 18 号、1982 年。

奥村 哲「抗日戦争前中国工業の研究をめぐって」『東洋史研究』第 35 巻第 2 号、1976 年。

奥村 哲「恐慌下江浙蚕糸業の再編」『東洋史研究』第 37 巻第 2 号、1978 年 (下記の同著『中国の資本主義と社会主義 —— 近現代史像の再構成』に収録)。

奥村 哲「恐慌前夜の江浙機械製糸業」『史林』第 62 巻第 2 号、1979 年 (同上)。

奥村 哲「恐慌下江南製糸業の再編 再論」『東洋史研究』第 47 巻第 4 号、1989 年 (同上)。

奥村 哲『中国の資本主義と社会主義 —— 近現代史像の再構成』桜井書店、2004 年。

籠谷直人『アジア国際通商秩序と近代日本』名古屋大学出版会、2000 年。

笠原十九司「中国民族産業の発展とブルジョアジー —— 五四運動期の上海を中心に —— 」1977 年度歴史学研究会大会近代史部会報告。

金丸裕一「工業史」野澤豊編『日本の中華民国史研究』汲古書院、1995 年。

金丸裕一「中井英基氏の近代中国経営史研究について」『中国近代史研究会通信』第 18 号、1985 年。

金丸裕一「中国『民族工業の黄金時期』と電力産業 —— 1879 ～ 1924 年の上海市・江蘇省を中心に —— 」『アジア研究』第 39 巻第 4 号、1993 年。

神山恒雄「財政政策と金融構造」、石井寛治・原　朗・武田晴人編『日本経済史』〔2〕産業革命期、東京大学出版会、2000年。
川井悟「民族工業史・企業史研究への展望」『東亜』第197号、1983年（のちに狭間直樹・森時彦編『中国歴史学の新しい波』霞山会、1985年に収録）。
川井伸一「戦後中国紡織業の形成と国民政府 ── 中国紡織公司の成立過程 ── 」『国際関係論研究』第6号、1987年。
川井伸一『中国企業とソ連モデル ── 一長制の史的研究』アジア政経学会、1991年。
川井伸一『中国企業改革の研究 ── 国家・企業・従業員の関係 ── 』中央経済社、1996年。
川井伸一「中国会社法の歴史的検討 ── 序論」『戦前期中国実態調査資料の総合的研究』（科研費研究成果報告書　代表者本庄比佐子）1998年。
川井伸一「中紡公司と国民政府の統制 ── 国有企業の自立的経営方針とその挫折 ── 」姫田光義編『戦後中国国民政府史の研究、1945-1949年』中央大学出版部、2001年。
貴志俊彦「永利化学工業公司と范旭東」曽田三郎編『中国近代化過程の指導者たち』東方書店、1997年。
菊池敏夫「南京政府期中国綿業の研究をめぐって」『歴史学研究』第549号、1985年。
菊池敏夫「中国資本紡績業の企業と経営 ── 1920年代の永安紡織印染公司について ── 」『近きに在りて』第13号、1988年。
菊池敏夫「1930年代の金融危機と申新紡織公司」日本上海史研究会編『上海：重層するネットワーク』汲古書院、2000年。
清川雪彦「中国綿工業技術の発展過程における在華紡の意義」『（一橋大学）経済研究』第25巻第3号、1974年。
清川雪彦「戦前中国の蚕糸業に関する若干の考察」『経済研究』第26巻第3号、1975年。
清川雪彦「中国繊維機械工業の発展と在華紡の意義」『経済研究』第34巻第1号、1983年。
久保 亨「書評・高村直助『近代日本綿業と中国』」『史学雑誌』第92編第6号、1983年。
久保 亨「企業史史料をどう読むべきか ── 『啓新洋灰公司史料』編集用史料カードの検討」『中国近代史研究会通信』第18号、1985年。
久保 亨「中国資本紡の利益率に関する史料の補正と考察 ── 『中国近代経済史統計資料選輯』第4章第45表をめぐって」『近代中国研究彙報』12号、1990年。
久保 亨『中国経済100年のあゆみ ── 統計資料で見る中国近現代経済史 ── 』創研出版、1991年。
久保 亨「内陸開発論の系譜」丸山伸郎編『長江流域の経済発展 ── 中国の市場経済化と地域開発』アジア経済研究所、1993年。
久保 亨「書評・鈴木智夫『洋務運動の研究』」『史学雑誌』第102編第12号、1993年。
久保 亨「重慶と上海 ── 長江水運に生きた盧作孚と民生公司 ── 」『月刊しにか』第5巻第6号、1994年6月。
久保 亨「近現代中国における国家と経済 ── 中華民国期経済政策史論 ── 」山田辰雄編『歴

史の中の現代中国』勁草書房、1996年。
久保 亨『20世紀中国の企業経営に関する歴史的研究』科学研究費研究成果報告書、1997年。
久保 亨「書評・中井英基『張謇と中国近代企業』」『社会経済史学』第63巻第4号、1997年。
久保 亨『戦間期中国［自立への模索］── 関税通貨政策と経済発展』東京大学出版会、1999年。
久保 亨「書評・森時彦『中国近代綿業史の研究』」『歴史学研究』第771号、2003年。
久保 亨「二十世紀の中国経済：発展と変化の道程」、加藤弘之・上原一慶編『中国経済』第1部第1章、ミネルヴァ書房、2004年。
黒山多加志・高綱博文「青島における『在華紡』争議」(1982年度日本大学史学会口頭発表) 1982年11月20日。
黒山多加志「綿業における"中国人的経営論"の再検討」『近きに在りて』第5号、1984年.
桑原哲也『企業国際化の史的分析 ── 戦前期日本紡績企業の中国投資』森山書店、1990年。
公大第五廠『山東ニ於ケル紡績業』1933年(略称『公大山東紡績業』)。
神戸高等商業学校『大正十三年夏期海外旅行調査報告』(含佐々木藤一「青島紡績業に就きて」) 1925年（略称『神商24年調査報告』)。
神戸高等商業学校『大正十四年夏期海外旅行調査報告』(含浦野重雄「青島に於ける紡績業」)1926年(略称『神商25年調査報告』)。
神戸商業大学『昭和四年夏期海外旅行調査報告』(含吉岡篤三「青島に於ける邦人紡績業」) 1930年（略称『神商29年調査報告』)。
佐野健太郎「幣制改革期における銀行融資－金城銀行の事例を中心に－」『(高知大学) 高知論叢 社会科学』45号、1992年
在華日本紡績業同業会青島支部『青島に於ける邦人紡績業』1936年（推定）（略称『在華紡青島紡績業』)。
『(青島日本商工会議所)経済週報』
『(青島日本商工会議所)経済時報』
芝池靖夫「1930年代の経済危機下における中国民族資本企業の実態－南洋兄弟烟草公司についてのノート－」『神戸商科大学商大論集』第24巻第1・2・3号、1972年。
島一郎『中国民族工業の展開』ミネルヴァ書房、1978年など。
『上海日本商工会議所年報』
鄒景衡〔池田憲司等訳〕「鄒景衡と永泰絲廠」『近きに在りて』第12号、1987年。
鈴木智夫『洋務運動の研究』汲古書院、1992年。
鈴木智夫「近代中国の企業経営──『栄家企業』の研究──」『岐阜薬科大学教養科紀要』第1号、1989年。
曽田三郎『近代中国製糸業の研究』汲古書院、1994年。
田島信雄・江小涓・丸川知雄編『中国の体制転換と産業発展』東京大学社会科学研究所、2003年。

田中耕太郎・鈴木竹雄『中華民国会社法』中華民国法制研究会、1933年。

高綱博文「黎明期の青島労働運動 —— 1925年の青島在華紡争議について —— 」『東洋史研究』第42巻第2号、1983年9月。

高村直助『近代日本綿業と中国』東京大学出版会、1982年。

(中国綿業史セミナー報告者ほか執筆)「中国産業史研究への模索 ——『中国綿業史セミナー』の開催 —— 」『近きに在りて』第5号、1984年。

青島守備軍民政部『青島ノ工業』青島守備軍民政部、1919年。

青島守備軍民政部『山東ノ労働者』青島守備軍民政部、1921年。

「青島に於ける紡績業」『青島実業協会月報』第35号、1920年12月。

津久井弘光「1923年武漢における対日経済絶交運動と指導層 —— 武漢綿業の展開と関連して —— 」『(日本大学経済学部経済科学研究所)紀要』第21号、1996年。

東亜同文会『支那省別全誌 山西省』東亜同文会、1920年。

東亜同文会研究編纂部(天海謙三郎執筆)『中華民国実業名鑑』東亜同文会、1934年。

東京工業大学『東京工業大学百年史 通史』1985年。

富澤芳亜「近代中国紡織業と洋行 —— 中国紡織業の『黄金時期』における紡績機械輸入 —— 」『史学研究』第224号、1999年

富澤芳亜「劉国鈞と常州大成紡織染股份有限公司」曽田三郎編『中国近代化過程の指導者たち』東方書店、1997年。

富澤芳亜「銀行団接管期の大生第一紡織公司 —— 近代中国における金融資本の紡織企業代理経営をめぐって」『史学研究』第204号、1994年。

富澤芳亜「『満洲事変』前後の中国紡織技術者の日本紡織業認識」、曽田三郎編『近代中国と日本』御茶の水書房、2001年。

中井英基「中国近現代の官・商関係と華僑企業家」『歴史人類学』第26号、1998年。

中井英基『張謇と中国近代企業』北海道大学図書刊行会、1996年。

中嶌太一「1936年前後に於ける中国銀行の生産的投資について」『彦根論叢』第132・133号、1968年。

中村政則・高村直助・小林英夫『戦時華中の物資動員と軍票』多賀出版、1994年。

西川博史『日本帝国主義と綿業』ミネルヴァ書房、1987年。

根岸倍「支那株式会社発達に就て」『東京商科大学研究年報 経済学研究』第6輯1938年。後、同『商事に関する慣行調査報告書 —— 合股の研究』第4編第3章に再録。

根岸佶『商事に関する慣行調査報告書 —— 合股の研究』東亜研究所、1943年。

野沢豊「中国における企業史研究の特質」『中央大学商学論叢』第12巻第3・4号、1971年。

萩原充『中国の経済建設と日中関係』ミネルヴァ書房、2000年。

浜口允子「中国・北洋政府時期における企業活動と『公司条例』」『放送大学研究年報』第9号、1992年。

平野虎雄・山本達弘「山西に於ける織布業に就て」『満鉄調査月報』第21巻第10号、1941年。
藤井茂編『マッチ工業構造論』日本評論新社、1962年。
満鉄経済調査会（甲斐重良）『山東省経済調査資料第2輯　山東に於ける工業の発展〔経調資料第75編〕』1935年（略称『満鉄経調山東工業』）。
満鉄天津事務所調査課(浜正雄)『山東紡績業の概況〔北支経済資料第12輯〕』1936年（略称『満鉄天津山東紡績業』）。
満鉄北支事務局調査部訳『山東棉業調査報告〔北支調査資料第4輯〕』1938年(金城銀行天津調査分部編書の翻訳)。
満鉄北支経済調査所『北支那工場実態調査報告書－天津之部－』満鉄調査部、1939年。
三品頼忠『北支民族工業の発達』中央公論社、1942年。
森時彦「中国紡績業再編期における市場構造 —— 湖南第一紗廠を事例として」『中国国民革命史の研究』、京都大学人文科学研究所、1992年。後、同『中国近代綿業史の研究』に収録。
森時彦『中国近代綿業史の研究』京都大学学術出版会、2001年。
守屋典郎『紡績生産費分析』増補改訂版、御茶の水書房、1973年。初版は1948年
山岡由佳(許紫芬)『長崎華商経営の史的研究 —— 近代中国商人の経営と帳簿 —— 』ミネルヴァ書房、1995年。
横浜税関『清韓商況視察報告』1906年。
米川伸一『紡績業の比較経営史研究 —— イギリス・インド・アメリカ・日本』有斐閣1994年。
米川伸一『東西紡績経営史』同文舘出版、1997年。

## 英語文献 (編著者のアルファベット順)

Brown, R.Ampalavanar ed., *Chinese Business Enterprise*, 4vols., Routledge, 1996.
Chao, Kang (趙岡), *The Development of Cotton Textile Production in China*, Harvard University Press ,1977.
Choi Chi-cheung (蔡志祥), "Competition among brothers: the Kim Tye Lung Company and its associate companies", R.Ampalavanar Brown ed., op.cit.
Cochran, Sherman, *Big Business in China － Sino-Foreign Rivality in the Cigarette Industry 1890-1930 －*,Harvard Univ.Pr.、1980.
Cochran, Sherman, *Encountering Chinese Networks, Western, Japanese, and Chinese Corporations in China, 1880-1937*, University of California Press, 2000.
Cochran, Sherman,'The Roads into Shanghai's Market; Japanese,Western, and Chinese Companies in the Match Trade 1895-1937', Wakeman, Frederic Jr. and Yeh, Wen-hsin, *Shanghai Sojourners* University Press of California,1992.

Dernberger, Robert F., 'The Role of the Foreigner in China's Economic Deve-lopment'、 D.H.Perkins ed. *China's Modern Economy in Historical Perspective*, Stanford Univ.Pr.,1975.

Hou, Chi-ming（侯継明）, *Foreign Investment and Economic Development in China、1840-1937*, Harvard Univ.Pr.,1965.

Köll, Elisabeth, *From Cotton Mill to Business Empire, The Emergence of Regional Enterprises in Modern China*, Harvard University Asia Center, 2003.

Lieu, D.K.(劉大鈞), *The Growth and Industrialization of Shanghai*, China Institute of Pacific Relations,1936.

Redding, S.Gordon, 'Weak organization and strong linkages', Chinese Business Enterprise,vol.2,1996 (Originally published in Gary G. Hamilton ed.,Business Networks and Economic Development in East and Southeast Asia, Centre of Asian Studies,University of Hong.

# あ と が き

　中国の企業経営史に関心を抱くようになってから四半世紀が過ぎた。大学院で中国経済史の勉強を始めた頃、自分の主な関心は1930年代の経済政策に向けられていた。その際、ある経済政策がどのような効果をあげたのか、あるいはあげなかったのか、また、そもそも一つの経済政策が決定されていく時、その背後にどのような利害関係が存在していたのかを明らかにするためには、国民経済レベルでの検討はもちろんのこと、各企業レベルでも具体的な検討を進める必要があった。その結果は、前著『戦間期中国〈自立への模索〉——関税通貨政策と経済発展』（東京大学出版会、1999年）の第7章、第8章に反映されている。そして、その作業を通じて多くの企業経営史史料にめぐりあい、企業経営史それ自体の考察にも関心を抱くようになった。

　本書もまた前著と同様、多くの友人たちと切磋琢磨する中から生み出された成果である。野澤豊先生のゼミ、中国現代史研究会、中国近代史研究会（今は活動を停止している）、中国労働運動史研究会（同上）、綿業史セミナー、蚕糸業史シンポジウム、1980年代から90年代にかけ毎年開催された中国近現代経済史シンポジウムなどを通じ、たくさんのことを学んだ。とくに1983年の綿業史セミナーは、本書第1章でも触れたように日本における中国綿業史研究が飛躍する機会になっただけではなく、毎週のように開いた準備のための勉強会を含め、自分自身の、その後の勉強の基礎を築く場になった。

　理論的な刺激という点から言えば、高村直助氏の著書『近代日本綿業と中国』（東京大学出版会、1982年）に対する書評を執筆する機会を与えられたことが、一つの大きな転機になった。同書には日本における近代経済史研究の膨大な蓄積が凝縮されている。中国経済史研究の分野においても、その水準に、ある程度は対応し得る内容をめざさなければならないと痛感した。

その後、1984年に中国へ留学した際、その直前に発表されていた南開大学経済研究所（天津）の劉仏丁先生の論文を手がかりに、中国社会科学院経済研究所（北京）の呉承明先生の御援助により貴重な史料群に出会うことができた。同年9月、上海社会科学院経済研究所の丁日初先生が王子建先生たちに直接お話を伺う機会を作って下さったことも、今となっては得難い貴重な体験になった。1984年の史料探索の詳しい経緯とその成果については、本書第1章、第3章、第5章、補論などに書き込まれている。1997年、再度留学した折には、上海市档案館と上海市図書館に通いつめ、本書第2章に集約されたような史料を閲覧した。また1984年10月には青島市社会科学研究所の紹介により青島華新紡（当時の国棉第九廠）を、1997年5月には山西大学の毛来霊氏の紹介により楡次の晋華紡を訪れ、関係者の方々にお話を伺った。それぞれの調査結果は第3章と第4章の叙述に生かされている。

以上に記した全ての方々に対し御礼申し上げる。

本書の基礎になった論文、ないし学会報告は、下記のとおりである。補論に収録した短い文章を除き、発表順に掲げた。

「近代中国綿業の地帯構造と経営類型 ── その発展の論理をめぐって ──」『土地制度史学』第113号、1986年　　　　　　　　　　　　　　→　第1章、第5章
「青島における中国紡－在華紡間の競争と協調」『社会経済史学』第56巻第5号、1991年
　　　　　　　　　　　　　　　　　　　　　　　　　　→　序章、第3章
『戦時華中の物資動員と軍票』（中村政則・高村直助・小林英夫編）多賀出版、1994年、〔第12章　戦時上海の物資流通と中国人商〕　　　　　　→　第7章
「中国内陸地域の企業経営史研究〔Ⅰ〕── 1920～30年代の民生公司をめぐって ──」信州大学人文学部『内陸地域文化の人文科学的研究Ⅱ』1995年　→　第6章
『20世紀中国の企業経営に関する歴史的研究』（科学研究費研究成果報告書）1997年
　　　　　　　　　　　　　　　　　　　　　　　　　　→　第10章
「中国内陸地域の企業経営史研究〔Ⅱ〕── 1920～30年代の晋華紡績（山西）をめぐって ──」信州大学人文学部『内陸地域における文化の受容と変容』1997年→　第4章
「中国近代棉紡企業的隘路和出路 ── 上海新裕紗廠個案研究」（上海市中国経済史学会報告）1997年12月　　　　　　　　　　　　　　　　　　→　第2章
「中国資本紡の隘路と脱却の道 ── 上海新裕紡績の事例研究 ──」（第12回中国近現代経済史シンポジウム報告）1998年7月18日　　　　　　　　　→　第2章
「30年代上海棉紡企業的危機与改革」（上海市档案館主催の国際シンポジウム「档案与上海史」報告）1999年12月2～4日　　　　　　　　　　　→　第2章

あとがき　313

『周辺から見た 20 世紀中国 —— 日・韓・台・港・中の対話』（横山宏章・久保亨・川島真編）
　　中国書店、2002 年〔第 2 部第 7 章　周辺的要素の影響下における発展 —— 近代中国
　　企業経営史再考 —— 〕　　　　　　　　　　　　　　　→　序章、第 9 章
『企業発展中的制度変遷』（張忠民・陸興龍主編）上海社会科学院出版社、2003 年〔中国
　　企業経営史上的華僑和留学生 —— "周辺因素"影響下的経済発展〕　→　第 9 章
『上海金融的現代化与国際化』（呉景平・馬長林主編）上海古籍出版社、2003 年〔民国時
　　期上海的工業金融 —— 以金城銀行対於棉紡工業的融資為例 —— 〕　→　第 8 章
「企業史史料をどう読むべきか ——『啓新洋灰公司史料』編集用史料カードの検討」『中
　　国近代史研究会通信』第 18 号、1985 年　　　　　　　　　　　　→　補論一
「中国資本紡の利益率に関する史料の補正と考察 ——『中国近代経済史統計資料選輯』第 4
　　章第 45 表をめぐって —— 」『近代中国研究彙報』第 12 号、1990 年　　→　補論二

　それぞれの論文、ないしは学会報告と本書の内容との対応関係は、矢印の後に記した。ただしこのたび 1 冊の本にまとめるに際し、程度の差こそあれ、どの論文も相当大幅に書き改め、統計数値なども訂正した。とくに第 5 章の統計は、根拠となる中国資本紡の経営関係の詳細なデータを今回、付録資料として掲載し、それに基づいて改めて算出し直したため、全般的に修正されている。旧稿をまとめた時は、電卓を大きくしたような、当時「ポケコン」と呼ばれた機器を使っていた。そのため複雑な計算が多くなるにつれ、若干のミスが生じるのは避け難かった。今回はパソコンの表計算ソフトを用いているので、かなり計算ミスを減少できたはずである。いずれにせよそれぞれの数値の算出根拠を明示してあるので、統計数値に問題があった場合は今後、他の方々によって点検と修正がなされるであろうことを期待している。

　なお近年、中国の学会で発表する機会が増えたこともあり、中国語の論文しか発表していない場合がある。そうした論文は日本語としては今回が初出となる。ただし完全に原文どおりの日本語訳ではなく、適宜補訂している。

　本書の草稿をまとめた後、緻密な中国綿業史研究を進めている富澤芳亜氏に目をとおしていただき、貴重な御助言を得ることができた。記して心より謝意を表したい。むろん氏の助言を十分に生かせなかったのは、筆者が非力のためである。

　本書をこうしてまとめることになった直接のきっかけは、汲古書院の石坂叡志社長のお話であった。実は前著刊行の直後から、そこには収録できなか

った企業経営史関係の研究をまとめようと考え、ある程度まで、自分のパソコンの中で整理を進めていた。しかし多くの研究プロジェクトや共著書編集の責任を負うことになり、自著の編集のため十分な時間を割けなかったこと、そして、こちらの方がもっと大きな理由なのだが、たくさんの統計表を掲載するために必要な手間と経費を考えると、出版社に話を持ち込むことを躊躇せざるを得なかったこと、あまり高価な本にはしたくなかったこと、等々により、計画の具体化は延び延びになっていた。しかし昨年末、田中正俊先生の論文集刊行の集まりがあった際、石坂社長が声をかけて下さったことから、自ら制作した版下に基づく著書刊行という方法を採って、本書の出版が実現することになった。御好意にあつく感謝したい。

       2005 年 3 月 27 日

            久保　亨

# 索　　引

[あ]
アジア太平洋戦争············169,174,176
アメリカ棉（米棉）···37,43,50,61,67,72,74-76,
　107-108,122-123,199

[い]
怡和洋行 → ジャーディン・マセソン商会
灘県（山東省）···············65,83,110
インド棉（印度棉、印棉）·······67,72-73

[う]
売上高利益率 → 利益率
雲南·······················111,168,178

[え]
永安百貨店·······123,137,172,214,217,220
永安紡（上海）··7,23,25,83,98,119-127,130,
　134,136-139,179,214,220,234-236,259-260
永泰製糸················214,238,239,261
永利化学·····200-203,216,220,221,250-252
栄家···············8,231,233,234,261
栄宗敬··················231-233,261
栄徳生··················231-233,261
英米煙草·······················216,242
衛輝（汲県、河南省）··········111,133
沿海地域···10,18,23,25-26,29,90,102,110,113,
　117-129,132,145-146,148,151,156-160,256
　-260
塩商·························30,39,51
閻錫山············88,96,99,102-104,131

[お]
亜浦耳（オペル）電器················244
王子建·········19,27,107-108,139-140,144,
　184,186,210

[か]
化学工業········11,40,169,192,200,203,216,
　249-253,255

家電工業·························244
カルテル············11,167,177,180,246
華僑·····5,6,9,11,13,40,53,137,173,211-223,225,
　234-236,241,263
華新紡（衛輝）··············131,133,259
華新紡（青島）···10,22-23,26,35,57-59,62-63,
　68-81,105,110,118-119,121-125,127,134,
　136-139,153,259
華新紡（天津）···········27,118,126-129
華新紡（唐山）······················143
開灤炭鉱·················63,77-78,245
「改革開放」政策············2,87,222
会社法（公司法）···80,134-136,138-139,143,
　154,263
解雇············44-46,71,100-101,132,176
外国資本···4,5,26,57,72,183,221-222,243,263,
　269-274
蚕·····························82,239
郭家··················136-137,220,235
郭棣活·······················236,261
郭楽············136,214,234-235,261,263
鐘紡················60,68-69,71-72,118
株式会社（股份有限公司）········6-8,80,
　134-136,138-139,143,154,175,198,220-221,
　227,232-235,241-243,249,260-261
株主（股東）···············8,35,135-136
株主総会···34,61-62,80,135-136,143,154,232
官利（股息、股利）···············135,154,229
官僚資本·························4-5
漢口···············37,53,92,100,144,148,151
漢陽製鉄所·······················248
関税············32,132,179,218,266-267
広東···38,68-69,83,109-110,123,137,168,177,
　212,215,217,219-220,225,231-232,234-237,
　241
甘南引·······················156,162

［き］
簀延芳・・・・・・・・・・・・・・・・・・・33,34,47,52,197
冀東貿易・・・・・・・・・・・・・・・・・・・・・・・・・・132
技術者・・・・・・6,18-19,24-25,29,41,47,49-51,64,
　　68,80,90,101,139,219-220,222,226,239,244,
　　246,248-249,251,261
客帮・・・・・・・・・・・・・・・・・・・165-166,177-178
汲県　→　衛輝
共産党　→　中国共産党
恐慌・・・・16,22,30,78,100,102,108,132,196,230,
　　239,260
協大祥・・・・・・・・・・・・・・・・・・・・・166,177,178
金城銀行・・・・・11,31-33,35,39-41,48,50,101,
　　158,187-198,200-203,217,252,259

［く］
軍配組合→中支那軍票交換用物資配給組合
軍票・・・・・・・・・・・・・・・・・・・・・・・164,179,182

［け］
啓新セメント・・・・・・・・・・・63,77,78,138,246,
　　265-268
慶豊紡（無錫）・・・・・・・・・・・・・・・・・117,144
減価償却・・・・・・・32,36,79,115,124-126,129,
　　153,230,235,256,271
厳家・・・・・・・・・・・・・・・・・・・・・・・・・252,261
厳慶齢・・・・・・・・・・・・・・216,253,254,261-263
厳裕棠・・・・・・・・・・・・・・・・・・・・216,252-254
厳恵宇・・・・・・・・・・・・・・・・・・・・31,39,45,197
厳中平・15-16,18-20,22,27,140-141,269-270,274
原棉・・・・15,18,21,24,50,63,66,72-76,79,81,98,
　　100,107,108,111,121,122,126-128,130-131,
　　138,229,259
原棉コスト・・・・・・・・・・・・・36,37,43,46,94,122

［こ］
固定比率・・・・・・・・・・・・・・・7,119,125,129,133
股息　→　官利
股東　→　株主
股份有限公司　→　株式会社
股利　→　官利

胡西園・・・・・・・・・・・・・・・・・・・・・244,245,261
湖南・・・・51,69,111,123,132,148,164,166,250
湖南第一紗廠・・・・・・・・23,25,99,105,144,146
湖北・・・・・・・・・・・・・・・・・・・・・・・・・111,164
湖北織布局・・・・・・・・・・・・・・・・・・・・・・・144
呉蘊初・・・・・・・・・・・・・・・・・・・・・248-251,261
ゴム加工業・・・・・・・170,216,218-219,242-243
恒源紡（天津）・・・27,48,118,125,127-129,142
恒豊紡（上海）・・・・・・・・・・・・・・25,31,144,252
「交字貨」・・・・・・・・・・・・・・・11,179,180,186
交通銀行・・・・・・33,40,157,187,189,201,202
高陽（河北）・・・・・・・・・・・・・・・・・・・・65,110
膠済線・・・・・・・・・・・・・・・・・・・・・・・・・・・110
黄首民・・・・・・・・・・・・・・・・・・31,32,41,47,197
江蘇・・・・・・14,104,109,228,231,246,248,270
江南造船所・・・・・・・・・・・・・・・・・・・・・・248
侯徳榜・・・・・・・・・・・・・・・・・・・・216,220,252
国民政府・・・・17,21,32,76,88,134,138,157-158
　　200,201,218,243,247,254,256-257,259,263,
　　266-268
── 行政院財政部・・・・・・・・・・・・・・・・・・267
── 行政院実業部・・・・・・・・・・・・・・・・・・267
── 全国経済委員会棉業統制委員会・・・48,
　　54-55
公司法　→　会社法
合股制・・・・・・・・8,136,139,232-234,252,260
昆明・・・・・・・・・・・・・・・・・・・・・・・・・・・・178

［さ］
蔡声白・・・・・・・・・・・・215,220,239-240,261,263
済南・・・・・・68,73,83,91,110,122,127,141,218
在華紡・・・7,10,15,16,17,20-23,26,38,49-50,55,
　　57-62,64,66,68-75,77-81,100,106,109-110,
　　112-116,121,123,132,139,165,166,173,214,
　　252,273-274
在庫・・・・32,34,68,79,100,121,130-131,179,181
山西・・・10,26,87,88,92,-96,98-102,110-111,129,
　　131,260
山東・・65-69,110,122,167,168,216,218,243,246
山東棉・・・・・・・・・・・・・・・・・67,72-74,76,86,122

索 引　317

[し]
四川・・・10,38,69,109-111,113,123,132,145-148,
　150-151,154-159,164,166,168,254-256,260
資本回転率・・・・・7,119-121,126,130,214,259
資本金利益率　→　利益率
自己資本比率・・・・・・・・・・7,97,119,124-125,
　128-129,132-133
ジャーディン・マセソン商会（怡和）・・90,95,
　152,157
社会主義的改造・・・・・・・・・・・・・・・・・・2
上海・・・6,9-11,17,25,29-30,37-38,58-59,61,69,
　73,90-91,95,98-101,107-113,116-118,130,132,
　138-139,147-148,150-152,156-158,163-183,
　196,199,212,214,217-219,225-228,231-259
上海機器織布局・・・・・・・・・20,25,225-228
上海市社会局・・・・・・・・・・・・・・・44-46
上海商業儲蓄銀行・・・・・157,187,201-202,217
上海水泥公司・・・・・・・・・・・・・・・・・246
朱公権・・・・・・・・・・・・・・・・・・31,33,47
朱徳・・・・・・・・・・・・・・・・・・・・・・148
周学熙・・・・・・・・・・・・・・・・・57,63,68
周作民・・・・・・32-33,39-41,48-50,189,193-196,
　200-203,217,259
周志俊・・・・・・・・・・・63-64,68,75,77,80,136
重慶・・・・・・・・・・146-152,159,247,254-258,260
徐一清・・・・・・・・・・・・・・・・・96,101,103
徐静仁・・・・・・・・・・30-31,39-40,45,51,196-197
蔣允福・・・・・・・・・・・・・・・・・・32,52-53
蔣介石・・・・・・・・・・・・・・・・・・・・・99
織布業・・・・・・・65-66,91,94,102,110-111,138
織機・・・・42,49,87,94,122,133,240,247,252-253
ジョン・スワイヤーズ＆サン商会（太古）・・・
　152,157,226-227
晋華（楡次）・・・10,23,26,87-102,105,129-133,
　135,259,260
申新紡・・・・・・・・・25,37,117,121,144,178,214,
　231-235,260
振新紡（無錫）・・・・・・・・・・・・・・83,232
新裕紡（上海）・・10,25,26,29,33-35,41-50,101,
　195-197,199,202

人民共和国　→　中華人民共和国
[す]
ストライキ・・・・・・・・・・・・・・31,59,70,72,122
鄒景衡・・・・・・・・・・・・・・・・・・・・・215,239
住友・・・・・・・・・・・・・・・・・・・・・・・194
[せ]
セメント製造業・・・・・・・・169,245-246,266-268
占領（日本軍による）・・・・・・163-164,172,
　177,181-183,239,247,253
生産性・・・・・24,36,38-39,43,46,60-62,101,120,
　122,157
製糸業・・・・・・・9,58,160,170,174,178,214,219,
　232,236-240
製造コスト・・・・36,41-42,61-62,79,99,121-122
製粉業・・・・・・・・・・・・・169,170,219,231,232
正太線（石太線）・・・・・・・・・・・・・・87,92
誠孚信託公司・・・・34-35,45,47-51,101,118,193,
　195-200,202,259
石太線　→　正太線
石家荘・・・・・・87,92,110-111,127,129,134,136
浙江・・・・・・・・・・・・201-202,239,242,244-245
薛家・・・・・・・・・・・・・・・・・・・・・238,261
薛寿萱・・・・・・・・・・・・・・・・・214,239,261-263
薛祖康・・・・・・・・・・・・・・・・・・・・215,239
薛南溟・・・・・・・・・・・・・・・・・214,238-239,261
陝西・・・・・・・・・・・・・・・・・87,110,132,168

[そ]
ソーダ製造業・・・・・・・・・・・・・・・・200,250
租界・・・30,35,46,168-169,173-174,178,196,199,
　244-245,253-254
総経理・・・・・・・・・・31-33,39-41,47,96,193,202
租廠制（製糸業）・・・・・・・・・・・・・9,238-239
[た]
太古洋行　→　ジョン・スワイヤーズ商会
太原・・・・・・・・・・・・・・・・・・87,92,94-95,104
台湾・・・・・・・・・・・・・・・・・15,104,188,253,254
大興紡（石家荘）・・・・・・・・・129,130-134,136
大生紡（南通、海門）・・・・・20,24,28,30,51,54,

117,188,196,228-231,260
大成紡（常州）・・・・・・・・・・・・・・・・・・・23-25,105
大中華ゴム（橡膠）・・・・・・・・・・216,242-243
大中華マッチ（火柴）・・・・167,170,182,246
大日本紡績 ・・・・・・・・・・・・・・・・・・・・・・・55,59-60
大隆機器廠・・・・・・・・・・・・・・・・・・・・・216,252-254
煙草製造業・・・・・・・・・・・・・・・・・・・・・・・・・215,241

［ち］
中華工業總連合会・・・・・・・・・・・・・・・・・・・・・・・214
中華人民共和国・・2,4,24,146,163,188,199,202
中華民国・・・・・・134,189,192,228,250,259,263
中華民国政府財政部・・・・・・・・・・・・・・・・・・・・250
中国共産党・・・・・・・・・・・・・・・・・・・2,35,88,247,254
中国銀行・・・97,100-102,104,133,157,187-188,
 201-202,240
中国資本・・・・4,5,10,15-27,29,50,57-59,61-62,
 72,74-75,79,81,83,100,105-106,112-118,121
 138-139,149,155,163,166,168,170,180-181,
 183,191,212,220,222,235-236,259,267-270,
 273-274
中国内衣廠・・・・・・・・・・・・・・・・・・・・・・・・・・・・・215
中南銀行・・・・・31,33,35,39,40,50,53,158,189,
 196-198,201-202,217
張謇・・・・・・・・・・・・・・・20,28,30,228-231,261-262
長江航路・・・・・・148,150-151,157,159,254-257
張振勲・・・・・・・・・・・・・・・・・・・・・・・・・・・・・・・・・216
張祖煕・・・・・・・・・・・・・・・・・・・・・・・・・・・・・・・・・・68
張裕醸酒公司・・・・・・・・・・・・・・・・・・・・・・・・・・216
賃金・・・・・・・・33,36,41-46,50,70-72,122,132,
 156-157,174
陳啓阮・・・・・・・・・・・・・・・・・219,236,237,262,263
陳光甫・・・・・・・・・・・・・・・・・・・・・・・・・・・・・・・・・217
青島・・22,26,57-61,64-71,73-81,91,105,110,113,
 118-119,121-125,127,132,134,136-139,153,
 166,180,255,257,259
青島工商学会・・・・・・・・・・・・・・・・・74-76,85,122
鎮江・・・・・・・・・・・・・・・・・・・・・・・39-40,51,110,268

［つ］
通成公司・・・・・・・・・・・・・・・・・・・・・・・・・・・・33,48

積立金・・・・・・・・79,124,128,135-136,152-154,
 161,249,256

［て］
帝国主義・・・・・・・・・・・・・・・・・・・4,27,113,155,269
電器 → 家電
鄭観応・・・・・・・・・・・・・・・・・・・・・・225-228,261,263
天原電化廠 ・・・・・・・・・・・・・・・・・・・・・・・・249,250
天津・・・・・・・・17,19,39,40,48,57,90,92,94,96,
 109,110,113,125-129,132,138-139,180,189,
 197,200,250,255,257
天厨味精廠 ・・・・・・・・・・・・・・・・・・・・・221,248-250

［と］
董事会・・・・・・・・・・・・・・・・・・・・・・・・・・・・・・80,257
鄧小平・・・・・・・・・・・・・・・・・・・・・・・・・・・・・・・・・148
東北・・・・・・・・・・・・・・・100,110,113,132,138,255
童潤夫・・・・・・・・・・・・・・・・・・・・・・・・・・44,49,55,197

［な］
内外綿・・・・・・57,60,66-67,69,71,74-75,85,252
内部蓄積・・・・・・・・・119,125,128-129,133-136,
 138-139,159,214,230,260
内部留保・・・・・・・・・・・・・・・・・・・・・・・・153,161,256
内陸地域・・・10,17,18,22-26,29,35,87,90,91,93,
 95,96,99,102,110-114,118-120,123,127,129-
 134,138-139,145-146,150,156-158,164-165,
 168,176,257-260
中支那軍票交換用物資配給組合（軍配組合）
 ・・・・・11,164,169,174,176,179-180,182,183
長崎紡・・・・・・・・・・・・・・・・・・・・・・・・・・・・・・60,77
南京・・・・・19,76,110,151,200,250-251,255,268
南洋兄弟煙草・・・・・・・・・・・・・・・215,219,241,242

［に］
日清汽船・・・・・・・・・・・・・・・・・・・・・・・・・・・・・・152
日清戦争・・・・・・・・・・・・・・・・・・・・・・・・・・228,232
日清紡・・・・・・・・・・・・・・・・・・・・・・・・・・・・59,60,71
日中戦争・・・・・23,43,46,88,139,151,164,168,
 180-181,183,193,239,247,251,253,254
日本品ボイコット運動・・・・・・・・21,100,132,
 179,218-219,267

索　　引　　　319

日本留学···50-51,64,96,193,195,200,215-217,
　　221,239
[ね]
ネットワーク················8,9,220,241
[の]
農村市場········66,110,111,131,132,138
[は]
ハイドラフト··41-42,49-50,60-64,71,122,132
買辦·······4-6,156,198,214,222,226,245,263
八・一三事変·····················35,169
范旭東·······200-203,216,250-252,261,263
[ひ]
美亜織物（絹・人絹織物）·······215,220,
　　239-240
[ふ]
不況············100,116-119,121-123,132,
　　138,156,230,274
布荘································165,166
富士紡························59,60,74
武漢···23,25,57,108,111,113,132,146,233,248
福建······················38,53,166,212
太糸綿糸······15,21-23,38,59,65,67-68,89,
　　108-109,122
文革·························2,265
[へ]
幣制改革·······················101,132
米棉　→　アメリカ棉
北京（北平）···95,96,134,163,180,189,192,
　　255,259,263
[ほ]
方顕廷··················19,27,127,142
北洋紡（天津）·········27,118,125-129,138
細糸綿糸···16,21-23,38,59,65-68,72,108,109,
　　121
『紡織時報』··········18,82-83,85-86,99,
　　103-104,131,142-143,270

『紡織周刊』·················18,55,270
紡績機·········22,28,30,95,98,226,229,230
[ま]
マッチ············167-168,171,180-183,
　　217-218,245-246,248
繭··························219,232,237-239
[み]
三井······························194-195
三菱······························194-195
民生実業公司·······10,26,145,146,149-159,
　　210,254-260
民族資本··········4,5,18,212,240,242,266
民豊紡（常州）·····················144,274
[む]
無錫··········57,83,110,117,140-141,144,
　　160,231-233,238-239
[め]
棉花　→　原棉
棉花改良運動····················74-76
棉業統制委員会　→　国民政府全国経済
　　　　　　　　委員会棉業統制委員会
[ゆ]
裕華紡（武漢）················23,25,136
裕元紡（天津）·······27,36,52,118,125-129,
　　196-197
[よ]
余芝卿·····················242,261,263
撚糸·······················22,68-69,83,110
撚糸機·················60,62-63,80,89
四行儲蓄会············31,33,39,51,189
[り]
利益金処分··········80,135-136,193,199
利益配分·····················149,225,232
利益率
　　売上高利益率····35,37,46,50,98,121-122,
　　130,132,171,178,259

資本金利益率‥‥‥7,78,97-99,102,114-119,
　　　125-128,152,155-156,171,269-274
李升伯‥‥‥‥‥‥‥‥‥42,44-45,48,54-55
留学生‥‥‥5,6,11,50-51,64,194,200,211-217,
　　　220-222,239,251,262-263
流動比率‥‥‥‥‥‥‥7,119,125,129,133
劉鴻生‥‥‥‥8,167,186,245-248,254,261,263
輪船招商局‥‥‥‥‥‥‥‥‥‥152,156

［れ］
麗新（無錫）‥‥‥‥‥‥110,117,140,144

［ろ］
盧作孚‥‥‥‥146-150,153-156,158,160-162,
　　　254-258,261
労資紛糾‥‥‥‥‥‥‥‥‥‥‥‥‥‥45
労働組合‥‥‥‥‥‥‥‥‥‥‥‥‥70-71
労働者‥‥‥‥17,31,41-46,64-65,69-72,90-91,
　　　100,102,122,132,140,142,156-158,236-239

久保　亨（くぼ　とおる）
1953 年生れ。信州大学人文学部教授。
『戦間期中国〈自立への模索〉── 関税通貨政策と経済発展』
　　東京大学出版会、1999 年
『興亜院と戦時中国調査』（共編著）岩波書店、2002 年
『重慶国民政府史の研究』（共編著）東京大学出版会、2004 年


## 戦間期中国の綿業と企業経営

2005 年 5 月 5 日　初版発行

著　者　久　保　　　亨
発行者　石　坂　叡　志
印刷所　モ　リ　モ　ト　印　刷
製本所　佐久間紙工製本所

発行所　汲　古　書　院
102-0072 東京都千代田区飯田橋 2-5-4
電話 03(3265)9764 FAX03(3222)1845

© 2005 Toru Kubo　ISBN 4-7629-2738-4　C3022